高等院校土建类专业"互联网+"创新规划教材

钢结构设计及施工

主　编　王丽英　骆文进　雷李梅
副主编　曾　虹　邬志红　郑刚兵
　　　　周　亮　郭盈盈
参　编　覃　钢　王红梅　彭　红　涂　飞

北京大学出版社
PEKING UNIVERSITY PRESS

内 容 简 介

本书根据新形势下高职高专建筑工程技术等土建类专业教学改革的要求,依据国家颁布的新规范、新标准,结合编者长期的教学经验及工程实践,以本专业领域的职业岗位能力需求和执业要求为培养标准编写而成。本书共分为 10 章,主要内容包括绪论、钢结构的材料、钢结构的连接工程、钢结构的构件、钢结构施工图识读、钢结构加工制作及组装施工、钢结构吊装及安装工程施工、压型金属板安装工程施工、钢结构涂装工程施工、钢结构施工安全及环境保护。每章包括教学要求、本章导读、本章小结、习题等内容模块,习题设置与当前职业能力考试紧密结合。

本书可作为高职高专建筑工程技术、道路桥梁工程技术、市政工程技术、土木工程检测技术、工程监理等相关专业教材,也可作为应用型本科院校土建类专业及成人教育、岗位培训的教材,还可作为工程技术和施工管理人员的参考书。

图书在版编目(CIP)数据

  钢结构设计及施工/王丽英,骆文进,雷李梅主编.—北京:北京大学出版社,2020.12
  北大版·高等院校土建类专业"互联网+"创新规划教材
  ISBN 978-7-301-31350-3

  Ⅰ.①钢… Ⅱ.①王… ②骆… ③雷… Ⅲ.①钢结构—结构设计—高等学校—教材 ②钢结构—工程施工—高等学校—教材 Ⅳ.①TU391.04②TU758.11

  中国版本图书馆 CIP 数据核字(2020)第 104452 号

书 名	钢结构设计及施工 GANGJIEGOU SHEJI JI SHIGONG
著作责任者	王丽英 骆文进 雷李梅 主编
策划编辑	吴 迪
责任编辑	吴 迪
数字编辑	蒙俞材
标准书号	ISBN 978-7-301-31350-3
出版发行	北京大学出版社
地 址	北京市海淀区成府路 205 号 100871
网 址	http://www.pup.cn 新浪微博:@北京大学出版社
电子邮箱	编辑部 pup6@pup.cn 总编室 zpup@pup.cn
电 话	邮购部 010-62752015 发行部 010-62750672 编辑部 010-62750667
印 刷 者	北京虎彩文化传播有限公司
经 销 者	新华书店
	787 毫米×1092 毫米 16 开本 23.75 印张 570 千字 2020 年 12 月第 1 版 2025 年 7 月第 4 次印刷
定 价	59.00 元

未经许可,不得以任何方式复制或抄袭本书之部分或全部内容。
版权所有,侵权必究
举报电话: 010-62752024 电子邮箱: fd@pup.cn

前言

本书按照国家高等职业教育教材建设要求，以及高职高专建筑工程技术等土建类专业的教学改革的要求，并根据《钢结构设计标准》（GB 50017—2017）和其他新规范、新技术、新标准、新工艺进行编写。教材内容的编写以专业能力为导向，以满足后续课程学习和职业发展为基本要求，积极与相关企业合作，努力开发"学习性"工作任务，使"学习性"工作任务最大限度地贴近实际工作，指导土建类专业从业人员和学生进行学习和工作。

本书在编写过程中遵循"由浅入深、层次分明、重点突出、理论联系实际"的编写思路，融入建筑行业职业标准、结构工程师职业资格考试、建筑领域"四新"技术等内容，结合国内外近年来有关钢结构设计及施工的最新研究成果和发展水平，按照"知识够用、实用、适量拓展"的原则，力求更好、更全面地满足土建施工及相关领域技能型人才的学习需求。

针对"钢结构设计及施工"课程的特点，为了使学生能够更加直观地认识和了解钢结构材料性能、连接特点、施工工艺、制作安装、吊装施工技术，更快速地读懂施工图纸，同时也方便教师教学，编者按照"互联网＋教材"的模式整理了本书的配套数字资源，并以二维码形式在书中呈现，供学生使用。

本书为集体编写的成果，主编为重庆建筑工程职业学院王丽英、骆文进、雷李梅，副主编为重庆建筑工程职业学院曾虹、重庆交通职业学院邬志红、杭州华新检测技术股份有限公司郑刚兵、重庆市建筑科学研究院周亮、重庆建筑工程职业学院郭盈盈，参与编写的还有重庆建筑工程职业学院覃钢和彭红、重庆能源职业学院王红梅、遵义华丽家族置业有限公司涂飞。具体编写分工：邬志红编写第1、10章，王丽英和郭盈盈编写第2、3、4章，雷李梅编写第5章，曾虹编写第6、9章，骆文进编写第7、8章，郑刚兵、周亮、覃钢为本书编写提供了大量的素材和工程实践资源，王红梅、彭红、涂飞辅助主编人员进行文档、图片、视频等资源的收集和整理。

本书在编写过程中，参考了国内外同行和同类教材的相关资料，得到了相关企业专家、工程师及兄弟院校专家同行的帮助和支持，在此一并表示感谢。由于编者水平有限，书中不当之处在所难免，恳请使用本书的广大读者提出宝贵意见和建议。

【资源索引】

编　者

2020年6月

目 录

第 1 章	绪论 ······ 1
1.1	我国钢结构发展概况 ······ 2
	1.1.1 钢结构的发展历史 ······ 2
	1.1.2 钢结构的发展前景 ······ 3
1.2	钢结构的类型及组成 ······ 3
	1.2.1 钢结构的类型 ······ 3
	1.2.2 钢结构的组成 ······ 4
1.3	钢结构的特点与应用范围 ······ 4
	1.3.1 钢结构的特点 ······ 4
	1.3.2 钢结构的应用范围 ······ 5
本章小结 ······ 6
习题 ······ 7

第 2 章 钢结构的材料 ······ 8
- 2.1 钢材的主要性能 ······ 9
  - 2.1.1 钢材的力学性能 ······ 9
  - 2.1.2 工艺性能 ······ 12
- 2.2 钢材性能的影响因素 ······ 14
  - 2.2.1 化学成分的影响 ······ 14
  - 2.2.2 冶炼、浇铸、轧制过程的影响 ······ 15
  - 2.2.3 温度的影响 ······ 17
  - 2.2.4 硬化的影响 ······ 17
  - 2.2.5 复杂应力状态的影响 ······ 18
  - 2.2.6 应力集中的影响 ······ 19
- 2.3 钢材的种类及选用 ······ 19
  - 2.3.1 钢结构对材料的要求 ······ 19
  - 2.3.2 钢材的破坏形式 ······ 20
  - 2.3.3 钢材的分类 ······ 20
  - 2.3.4 钢材的牌号 ······ 21
  - 2.3.5 钢材的规格 ······ 22
  - 2.3.6 钢材的选用 ······ 24
  - 2.3.7 钢材的质量控制 ······ 26
- 本章小结 ······ 28
- 习题 ······ 28

第 3 章 钢结构的连接工程 ······ 30
- 3.1 概述 ······ 31
- 3.2 钢结构焊缝连接计算 ······ 33
  - 3.2.1 焊接原理 ······ 33
  - 3.2.2 焊缝的形式 ······ 34
  - 3.2.3 焊缝的构造 ······ 35
  - 3.2.4 焊缝的计算 ······ 38
- 3.3 钢结构焊接施工 ······ 45
  - 3.3.1 焊接人员资格 ······ 45
  - 3.3.2 焊接材料 ······ 45
  - 3.3.3 焊接施工工艺 ······ 49
  - 3.3.4 焊接应力与焊接变形 ······ 53
- 3.4 钢结构焊接质量控制 ······ 55
  - 3.4.1 钢结构焊缝检测 ······ 55
  - 3.4.2 钢结构焊接常见施工质量问题及防治 ······ 59
- 3.5 钢结构螺栓连接计算 ······ 62
  - 3.5.1 普通螺栓连接的计算与构造 ······ 62
  - 3.5.2 高强度螺栓连接的计算与构造 ······ 68
- 3.6 钢结构螺栓连接施工 ······ 75
  - 3.6.1 普通螺栓连接施工 ······ 75
  - 3.6.2 高强度螺栓连接施工 ······ 78
- 3.7 钢结构螺栓连接质量控制 ······ 81
  - 3.7.1 普通螺栓连接质量控制 ······ 81
  - 3.7.2 高强度螺栓连接质量控制 ······ 85
- 本章小结 ······ 89
- 习题 ······ 90

第 4 章 钢结构的构件 ······ 92
- 4.1 轴心受力构件 ······ 93
  - 4.1.1 轴心受力构件的截面形式及应用 ······ 93

4.1.2　轴心受力构件的强度
　　　　　和刚度 …………………… 94
　　4.1.3　轴心受压构件的稳定性 …… 96
　　4.1.4　轴心受压构件的柱头
　　　　　和柱脚 …………………… 108
4.2　受弯构件 …………………………… 118
　　4.2.1　受弯构件的截面形式
　　　　　及要求 …………………… 118
　　4.2.2　梁的强度和刚度 …………… 120
　　4.2.3　梁的稳定性验算 …………… 125
　　4.2.4　型钢梁的设计 ……………… 138
　　4.2.5　组合梁的设计 ……………… 139
　　4.2.6　其他类型梁 ………………… 142
本章小结 ………………………………… 145
习题 ……………………………………… 145

第5章　钢结构施工图识读 …………… 148

5.1　钢结构识图基本知识 ……………… 149
　　5.1.1　各种规格钢材的图示 ……… 149
　　5.1.2　钢结构连接方法的图示 …… 151
　　5.1.3　钢结构构件的代号 ………… 153
　　5.1.4　焊缝标准节点图 …………… 154
5.2　钢结构设计深度及表示方法 ……… 155
　　5.2.1　钢结构图纸的分类 ………… 155
　　5.2.2　钢结构图纸的识读 ………… 156
5.3　门式刚架施工图识读 ……………… 157
　　5.3.1　门式刚架的结构组成 ……… 157
　　5.3.2　门式刚架施工图识读
　　　　　介绍 ……………………… 159
5.4　多高层钢框架结构施工图识读 …… 172
　　5.4.1　多高层钢框架的结构
　　　　　组成 ……………………… 172
　　5.4.2　钢框架施工图识读 ………… 176
5.5　网架结构施工图 …………………… 193
　　5.5.1　网架的结构形式分类 ……… 193
　　5.5.2　网架的节点 ………………… 197
本章小结 ………………………………… 199
习题 ……………………………………… 199

第6章　钢结构加工制作及组装施工 … 201

6.1　钢结构加工生产准备 ……………… 202
　　6.1.1　审查施工图 ………………… 202

　　6.1.2　备料 ………………………… 203
　　6.1.3　编制工艺规程 ……………… 204
　　6.1.4　施工工艺准备 ……………… 204
　　6.1.5　加工场地布置 ……………… 206
6.2　钢零件及钢部件加工 ……………… 206
　　6.2.1　钢结构放样与号料 ………… 206
　　6.2.2　钢材的切割下料 …………… 208
　　6.2.3　钢构件成型和矫正 ………… 210
　　6.2.4　钢构件边缘加工 …………… 217
　　6.2.5　钢构件制孔 ………………… 219
6.3　钢构件组装及预拼装施工 ………… 220
　　6.3.1　钢构件组装施工 …………… 220
　　6.3.2　钢构件预拼装施工 ………… 222
6.4　钢结构加工制作质量通病
　　　及防治 …………………………… 224
　　6.4.1　钢零件及钢部件加工质量通病
　　　　　与防治 …………………… 224
　　6.4.2　钢构件组装施工质量通病与
　　　　　防治 ……………………… 228
　　6.4.3　钢构件预拼装施工质量通病
　　　　　与防治 …………………… 230
本章小结 ………………………………… 232
习题 ……………………………………… 232

第7章　钢结构吊装及安装工程
　　　施工 …………………………… 234

7.1　钢结构安装常用设备及吊具 ……… 235
　　7.1.1　起重吊装设备 ……………… 235
　　7.1.2　起重吊装吊具 ……………… 244
7.2　钢结构安装准备 …………………… 253
　　7.2.1　文件资料准备 ……………… 253
　　7.2.2　技术准备 …………………… 253
7.3　单层钢结构安装施工 ……………… 256
　　7.3.1　钢结构吊装方案 …………… 256
　　7.3.2　单层钢结构安装 …………… 257
　　7.3.3　多层及高层钢结构安装 …… 272
本章小结 ………………………………… 281
习题 ……………………………………… 281

第8章　压型金属板安装工程施工 …… 282

8.1　压型金属板材料的质量要求及
　　　选用 ……………………………… 283

8.1.1 压型金属板的类型 …… 283
8.1.2 压型金属板质量要求 …… 289
8.1.3 压型金属板选用 …… 290
8.2 压型金属板的制作 …… 291
 8.2.1 压型金属板制作的一般规定 …… 291
 8.2.2 压型金属板外观检查 …… 293
8.3 压型金属板的安装 …… 293
 8.3.1 压型金属板安装要求 …… 293
 8.3.2 压型金属板配件 …… 294
 8.3.3 压型金属板连接 …… 295
 8.3.4 压型金属板安装介绍 …… 297
 8.3.5 围护结构的安装 …… 299
 8.3.6 墙板与墙梁的连接 …… 301
 8.3.7 屋面压型钢板的腐蚀处理 …… 301
8.4 压型金属板工程的质量控制 …… 302
本章小结 …… 304
习题 …… 305

第9章 钢结构涂装工程施工 …… 306

9.1 钢材涂装表面处理 …… 307
 9.1.1 表面油污的清除 …… 307
 9.1.2 表面旧涂层的清除 …… 308
 9.1.3 表面锈蚀的清除 …… 309
 9.1.4 表面粗糙度的增大 …… 313
9.2 钢结构涂装施工方法和机具 …… 314
 9.2.1 钢结构涂装施工方法 …… 314
 9.2.2 钢结构涂装施工机具 …… 317
9.3 钢结构防火涂料涂装 …… 317
 9.3.1 构件耐火极限等级 …… 317
 9.3.2 常用防火涂料及其选用 …… 318
 9.3.3 防火涂装施工 …… 321
 9.3.4 防火涂装质量控制 …… 326
9.4 钢结构防腐涂装 …… 326
 9.4.1 油漆、防腐涂料的要求与选用 …… 326
 9.4.2 锈蚀等级和除锈标准 …… 329
 9.4.3 钢结构涂装防护 …… 330

 9.4.4 常用防腐涂料施工 …… 333
 9.4.5 钢结构金属镀层防腐 …… 336
 9.4.6 防腐涂装质量控制 …… 336
9.5 钢结构涂装质量通病及防治 …… 337
 9.5.1 涂装前的准备 …… 337
 9.5.2 涂料的选择 …… 338
 9.5.3 误涂装 …… 339
 9.5.4 涂装遍数与涂层厚度 …… 339
 9.5.5 涂层表面裂缝 …… 340
本章小结 …… 340
习题 …… 340

第10章 钢结构施工安全及环境保护 …… 342

10.1 登高安全技术 …… 343
 10.1.1 登高脚手架安全技术 …… 344
 10.1.2 钢挂梯安全技术 …… 346
10.2 钢筋连接及安全技术 …… 347
 10.2.1 钢筋连接方法 …… 347
 10.2.2 钢筋连接安全技术 …… 349
 10.2.3 钢筋加工安全技术 …… 350
10.3 钢结构涂装施工安全技术 …… 352
 10.3.1 涂装施工安全技术要求 …… 352
 10.3.2 涂装施工与防火、防爆 …… 353
 10.3.3 涂装施工与防尘、防毒 …… 354
10.4 环境保护措施 …… 354
 10.4.1 施工期间卫生管理 …… 355
 10.4.2 施工期间污染控制 …… 358
本章小结 …… 360
习题 …… 360

附录 …… 362

参考文献 …… 371

第1章 绪论

教学要求

能力要求	相关知识	权重
(1) 理解钢结构的概念； (2) 了解我国钢结构的发展现状及前景	(1) 钢结构的概念； (2) 我国钢结构的发展现状及前景	30%
(1) 理解钢结构的类型及组成； (2) 掌握钢构件间的连接方法	(1) 钢结构的类型及组成； (2) 钢构件间的连接方法	35%
(1) 掌握钢结构的特点； (2) 掌握钢结构的适用范围	(1) 钢结构的特点； (2) 钢结构的适用范围	35%

本章导读

钢结构是由钢制材料组成的结构，主要由型钢和钢板等制成的钢梁、钢柱、钢桁架等构件组成，各构件或部件之间通常采用焊缝、螺栓或铆钉连接，是主要的建筑结构类型之一。因其自重较小，且施工简便，广泛应用于大型厂房、桥梁、场馆、超高层建筑等领域。本章主要讲述我国钢结构发展概况、钢结构的类型及组成、钢结构的特点与应用范围。

1.1 我国钢结构发展概况

1.1.1 钢结构的发展历史

钢结构主要由型钢和钢板等制成的钢梁、钢柱、钢桁架等构件组成，因其自重较轻且施工简便，广泛应用于大型厂房、场馆、超高层建筑等领域。钢结构由生铁结构逐步发展而来，中国是最早用铁制造承重结构的国家，远在秦始皇时代（公元前259～前210年），就有了用铁建造的桥墩，而后在深山峡谷上建造铁链悬桥、铁塔等，这些均表明了我国古代建筑和冶金技术方面的高超水平。

中国古代时期在金属结构方面虽有卓越成就，但近代以来，由于受到内部的束缚和外部的侵略，相当一段时间内发展较为缓慢。即使这样，我国工程师和工人仍有不少优秀设计和创造，如1927年建成的沈阳皇姑屯机车厂钢结构厂房，1931年建成的广州中山纪念堂钢结构圆屋顶，1937年建成的钱塘江大桥等。

20世纪50年代后，钢结构的设计、制造、安装水平有了很大提高，建成了大量钢结构工程，有些在规模和技术上已达到世界先进水平。例如，采用大跨度网架结构的首都体育馆、上海体育馆、深圳体育馆，大跨度三角拱形式的西安秦始皇兵马俑陈列馆，悬索结构的北京工人体育馆、浙江体育馆，高耸结构的200m高广州广播电视塔、210m高上海广播电视塔、194m高南京跨江线路塔、325m高北京环境气象监测桅杆等，板壳结构中有效容积达 $5.4 \times 10^4 \mathrm{m}^3$ 的湿式储气柜等。

20世纪90年代以来，随着钢结构设计理论、制造、安装等方面的迅猛发展，各地建成大量高层钢结构建筑、轻型钢结构和高耸结构建筑。例如，可容纳8万名观众的上海体育场（图1.1），主体建筑东西跨度288.4m、南北跨度274.7m、建筑高度70.6m；广州新白云国际机场航站楼首期工程的建筑面积达 $3.5 \times 10^5 \mathrm{m}^2$（图1.2），航站楼钢屋盖面积 $1.6 \times 10^5 \mathrm{m}^2$，全部采用相贯焊接的圆管及方管圆弧形钢桁架结构，是中国目前规模较大的空心管结构工程；天津周大福金融中心大厦塔楼最大高度530m（图1.3），由4层地下室、5层裙楼和100层大楼组成，塔楼采用"钢筋混凝土核心筒＋钢框架"的结构体系，核心筒最大高度471m，核心筒顶至95层设钢桁架转换层，高度为10m。

图1.1 上海体育场内景图

图1.2 广州新白云国际机场航站楼内视图

图 1.3 天津周大福金融中心大厦效果图

1.1.2 钢结构的发展前景

钢结构的许多新设计理念、结构形式、制造安装技术都在不断创新，一方面解决了工程建设中的具体难题，另一方面又为钢结构市场发展提供了技术支持。特别是北京奥运工程建设中，重点钢结构工程具有前所未有的挑战和创新，如复杂的空间结构设计和制造安装、弯扭构件制造、钢结构预应力的施加、单元构件滑移及整体提升技术等。在攻克这些难关后，钢结构行业整体水平上了一个台阶，有的技术、工艺甚至跻身国内外先进行列。

钢结构建筑的主要构件由工厂加工，现场装配施工，没有空气污染和噪声，也不会对森林等资源造成破坏，并且建筑材料可以回收再利用，减少了固体垃圾的产生，有利于人与自然的和谐发展，是工业化程度较高的绿色建筑产品。在建筑领域推进钢材的利用，还有助于化解我国严重过剩的钢材产能，有利于国家的长期可持续发展。因此，钢结构作为新型制造业，在国民经济建设领域正在发挥重要作用。在我国鼓励社会与环境协调发展的阶段，建筑钢结构具备的卓越优势使其具备广阔的发展空间。

1.2 钢结构的类型及组成

1.2.1 钢结构的类型

钢结构是各类工程结构中应用比较广泛的一种建筑结构。由于使用功能及结构组成方式不同，钢结构主要分为厂房类钢结构、桥梁类钢结构、海上采油平台钢结构及卫星发射钢塔架等。下面主要介绍前两类钢结构。

1. 厂房类钢结构

厂房类钢结构是指主要的承重构件由钢材组成，如钢柱子、钢结构基础、钢梁、钢屋架及钢屋盖等。厂房类钢结构主要包括轻型钢结构厂房和重型钢结构厂房。

2. 桥梁类钢结构

桥梁类钢结构在公路、铁路领域广泛应用，如板梁桥、桁架桥、拱桥、悬索桥、斜拉桥等。

1.2.2 钢结构的组成

1. 钢结构的结构形式

钢结构由钢拉杆、钢压杆、钢梁、钢柱、钢桁架、钢索等基本构件组成，其结构形式如下。

① 梁式结构，包括主次梁系、交叉梁系、单独吊车梁等。

② 桁架式结构，包括平面屋架、空间网架、橡檩屋盖体系、由三面或更多面平面桁架组成的塔桅结构等。

③ 框架式结构，由钢梁、钢柱相互连接而成的平面或空间框架，它们之间可为铰接，也可为刚接。

④ 拱式结构，由桁架式或实腹式钢拱组成。

以上所有钢结构中构件的主要受力状态一般为受弯、受剪、轴心受拉、轴心受压、偏心受拉和偏心受压。

2. 钢构件的组成材料

各种钢构件的主要组成材料为角钢、工字钢、槽钢、钢管等。

3. 钢构件间的连接方法

① 焊缝连接（主要连接方式），包括电弧焊、电阻焊和气焊。其中，电弧焊的焊缝质量比较可靠，是最常用的焊接方法，分为手工电弧焊和自动或半自动埋弧焊。焊缝形式主要有对接焊缝和角焊缝两种。

② 螺栓连接，包括普通螺栓和高强度螺栓。

③ 铆钉连接，用一端带有铆钉头的铆钉加热到适当温度后插入铆钉孔，再用铆钉枪挤压另一端形成铆钉头，以此连接钢构件。其最大优点是韧性和塑性较好、传力可靠，但因其构造复杂、用钢量大，目前几乎被淘汰。

1.3 钢结构的特点与应用范围

1.3.1 钢结构的特点

① 材料强度高，自重轻，弹性模量高。

与混凝土和木材相比，其密度与屈服强度的比值相对较低，因而在同样

【钢结构建房速度】

受力条件下钢结构的构件截面小，自重轻，便于运输和安装，适于跨度大、高度大、承载重的结构。

② 钢材韧性、塑性好，材质均匀，结构可靠性高。

钢材适于承受冲击和动力荷载，具有良好的抗震性能。钢材内部组织结构均匀，近于各向同性匀质体。钢结构的实际工作性能比较符合计算理论，所以钢结构可靠性高。

③ 钢结构制造安装机械化程度高。

钢结构构件便于在工厂制造、工地拼装。工厂机械化制造钢结构构件成品精度高、生产效率高、工地拼装速度快、工期短。钢结构是工业化程度最高的一种结构。

④ 钢结构密封性能好。

由于焊接结构可以做到完全密封，可以做成气密性及水密性均很好的高压容器、大型油池、压力管道等。

⑤ 钢结构耐热不耐火。

当温度在150℃以下时，钢材性质变化很小，因而钢结构适用于热加工车间，但结构表面受150℃左右的热辐射时，要采用隔热板加以保护；温度在300～400℃时，钢材强度和弹性模量均显著下降；温度在600℃左右时，钢材的强度趋于零。在有特殊防火需求的建筑中，钢结构必须采用耐火材料加以保护以提高耐火等级。

⑥ 钢结构耐腐蚀性差。

钢材在潮湿和腐蚀性介质的环境中容易锈蚀。一般钢结构要除锈、镀锌或涂刷涂料，且要定期维护。对处于海水中的海洋平台结构，需采用"锌块阳极保护"等特殊措施予以防腐。

⑦ 低碳、节能、绿色环保，可重复利用。

钢结构建筑拆除几乎不会产生建筑垃圾，钢材可以回收再利用。

1.3.2 钢结构的应用范围

随着我国国民经济的不断发展和科学技术的进步，以及钢结构所具有的很多优点，其在我国的应用范围也在不断扩大，主要包括以下几个方面。

（1）大跨度钢结构

结构跨度越大，自重在荷载中所占的比例就越大，减轻结构的自重会带来明显的经济效益。钢材强度高、结构自重轻的优势正好适合于大跨结构，因此钢结构在大跨空间结构和大跨桥梁结构中得到广泛应用。钢结构所采用的结构形式有空间桁架、网架、网壳、悬索（包括斜拉体系）、张弦梁、实腹或格构式拱架和框架等。

（2）工业厂房钢结构

吊车起重量较大或者工作较繁重车间的主要承重骨架多采用钢结构。另外，有强烈辐射热的车间，也经常采用钢结构。结构形式多为由钢屋架和阶梯形柱组成的门式刚架或排架，也有采用钢网架做屋盖的结构形式。

（3）建筑钢结构

钢结构具有优良的综合效益指标，近年来在多高层民用建筑中也得到广泛应用。其结构形式主要有多层框架结构、框架-支撑结构、框筒结构、悬挂结构、巨型框架结构等。

(4）高耸钢结构

高耸结构包括塔架和桅杆结构，如高压输电线路的塔架，广播、通信和电视发射用的塔架和桅杆，火箭（卫星）发射塔架等。

(5）可拆卸钢结构

钢结构不仅自重轻，还可以用螺栓或其他便于拆装的手段来连接，因此非常适用于需要搬迁的结构，如建筑工地、油田和需野外作业的生产和生活用房的骨架等。钢筋混凝土结构施工用的模板和支架，以及建筑施工用的脚手架等也大量采用钢材制作。

(6）轻型钢结构

钢结构自重轻不仅对大跨度结构有利，对屋面活荷载特别轻的小跨度结构也有优越性。因为当屋面活荷载特别轻时，小跨度结构的自重也成为一个重要因素。冷弯薄壁型钢屋架在一定条件下的用钢量比钢筋混凝土屋架用钢量还少。轻钢结构的结构形式有实腹变截面门式刚架、冷弯薄壁型钢结构（包括金属拱形波纹屋盖）及钢管结构等。

(7）受动力荷载影响的钢结构

由于钢材具有良好的韧性，设有较大锻锤或产生动力作用的其他设备的厂房，即使屋架跨度不大，也往往由钢制成。对于抗震能力要求高的结构，采用钢结构也是比较适宜的。

(8）容器和其他构筑物

冶金、石油、化工企业中大量采用钢板做成的容器结构，包括油罐、煤气罐、高炉、热风炉等。此外，经常使用的还有皮带通廊栈桥、管道支架、锅炉支架等其他钢构筑物，海上采油平台也大都采用钢结构。

本章小结

本章讲述了钢结构的发展历史与前景，钢结构的类型、特点及应用范围三大部分。由于使用功能及结构组成方式不同，钢结构主要分为厂房类钢结构、桥梁类钢结构、海上采油平台钢结构及卫星发射钢塔架等。钢结构由钢拉杆、钢压杆、钢梁、钢柱、钢桁架、钢索等基本构件组成，结构形式主要有梁式结构、桁架式结构、框架式结构、拱式结构。

与其他建筑结构相比，钢结构的特点有：材料强度高，自重轻，弹性模量高；钢材韧性、塑性好，材质均匀，结构可靠性高；制造安装机械化程度高；密封性能好；耐热不耐火；低碳、节能、绿色环保，可重复利用；但钢结构耐腐蚀性差。

钢结构应用范围不断扩大，主要应用于以下几个方面：大跨度钢结构、工业厂房钢结构、建筑钢结构、高耸钢结构、可拆卸钢结构、轻型钢结构、受动力荷载影响的钢结构、容器和其他构筑物。

习题

简答题
1. 钢结构的发展前景如何?
2. 钢结构的类型有哪些?
3. 钢结构间的连接方法有哪些?
4. 钢结构的结构形式有哪些?
5. 与其他材料相比,钢结构的特点有哪些?

第2章 钢结构的材料

教学要求

能 力 要 求	相 关 知 识	权　重
（1）理解钢材单向拉伸时的力学性能； （2）掌握钢材力学性能指标的含义及应用； （3）识记钢材工艺性能试验及指标	（1）钢材单向拉伸试验应力-应变曲线阶段划分； （2）基本力学性能指标； （3）钢材工艺性能试验及指标	30%
（1）掌握影响钢材性能的因素； （2）理解不同的因素是如何对钢材性能产生影响的； （3）重点掌握温度及应力集中对钢材性能的影响	（1）不同的化学成分对钢材性能有不同的影响； （2）冶炼、浇筑、轧制等过程对钢材性能的影响； （3）温度、硬化条件对钢材性能的影响； （4）复杂应力及应力集中的影响	35%
（1）掌握钢材的分类及常见种类； （2）理解钢材的破坏形式并注意区别； （3）掌握钢材牌号的表示方法； （4）掌握钢材规格并应用； （5）理解钢材选用的原则及要求，掌握钢材质量控制方法	（1）钢材的种类划分； （2）钢材破坏形式、区别及联系； （3）钢材的牌号表示及应用； （4）钢材的规格表示及应用； （5）钢材选用的要求和规则，钢材质量控制	35%

本章导读

钢结构所用材料主要包括钢材和连接（焊缝连接、螺栓连接、铆接连接）所用的材料，其中钢材用量最大。为了保证钢结构功能（安全、适用、耐久）的要求，钢结构材料的性能首先必须满足力学性能的基本要求。本章主要讲述钢材力学性能的指标及影响钢材力学性能的因素，钢材的种类、规格及牌号，钢材质量的控制方法。

2.1 钢材的主要性能

钢材的性能主要包括力学性能（抗拉性能、冲击韧性、耐疲劳和硬度等）和工艺性能两个方面。只有熟悉并掌握钢材的各种性能才能真正做到正确、经济、合理地选择和使用钢材。

2.1.1 钢材的力学性能

钢材的力学性能通常指钢厂生产供应的钢材在各种作用下（如拉伸、冷弯和冲击等单独作用下）显示出的各种性能，包括强度、塑性、冷弯性能及韧度等。钢材的力学性能需由相应试验测定，试验用试件的制作和试验方法均需执行相关国家标准。

1. 拉伸性能

因为拉伸是建筑钢材的主要受力形式，所以拉伸性能是表示钢材性能和选用钢材的重要指标。

将低碳钢（软钢）按规定制成标准试件如图 2.1 所示，其单向拉伸性能通过在常温（10～35℃）、静载（满足静力加载的加载速度）下进行一次加载拉伸试验所得到的钢材应力-应变（σ-ε）曲线来显示，如图 2.2 所示。从图中可以看出，低碳钢整个受力过程分为 4 个阶段，即弹性阶段（O-b）、屈服阶段（b-c）、强化阶段（c-e）和颈缩阶段（e-f）。

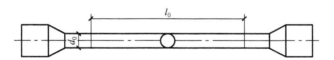

图 2.1 单向静力拉伸试验标准试件

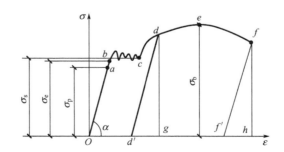

图 2.2 钢材单向拉伸试验应力-应变（σ-ε）曲线

（1）弹性阶段（O-b）

在拉伸的初始阶段，σ-ε 曲线（O-a 段）为一直线，满足胡克定理，此阶段称为线性阶段。

线性阶段的最高点（a 点对应的应力）称为材料的比例极限（σ_p），线性阶段直线的斜率即为材料的弹性模量 E，$E=\sigma/\varepsilon$。弹性模量的大小反映了钢材抵抗弹性变形的能力，是钢材在受力条件下计算结构变形的重要指标。线性阶段后，σ-ε 曲线逐渐变弯（a-b 段），应力-应变不再成正比，但此时仍处于弹性阶段。若在整个弹性阶段卸载，应力-应变曲线会沿原线路返回，荷载卸到零时，变形也完全消失。卸载后变形能完全消失的最大应力（b 点对应的应力）称为材料的弹性极限（σ_e），一般对于钢材等材料，其 σ_e 与 σ_p 非常接近。

（2）屈服阶段（b-c）

超过弹性阶段后，继续加载，应力几乎不变，只是在某一微小范围内上下波动，而应变却急剧增长，发生明显的塑性变形，这种现象称为屈服。使材料发生屈服的应力（c 点对应的应力）称为屈服应力或屈服极限（σ_s），此时钢材的强度称为屈服强度（f_y）。

钢材屈服后会产生较大的塑性变形，已不能满足使用要求，因此屈服强度是确定钢材强度等级的重要依据，也是结构构件计算时确定钢材强度设计值的重要依据。

（3）强化阶段（c-e）

当应力超过屈服强度后，从微观角度来说，由于钢材内部组织中的晶格错位、畸变和挤紧，阻止了晶格进一步滑移，使得钢材得到强化，所以钢材抵抗塑性变形的能力又重新提高，c-e 呈上升曲线，称为强化阶段。对应于最高点 e 的应力值（σ_b）称为极限抗拉强度，简称抗拉强度（f_u）。

屈服强度和抗拉强度之比（即屈强比＝σ_s/σ_b）能反映钢材强度的利用率和结构的安全储备，反映了结构的安全可靠程度。屈强比越小，其结构的安全可靠程度越高，但屈强比过小，又说明钢材强度的利用率偏低，造成钢材浪费。建筑结构合理的屈强比一般为 0.60～0.75。

若在强化阶段卸载，则卸载过程的应力-应变曲线为一条斜线（如 d-d' 斜线），其斜率与弹性阶段的直线段斜率大致相等。当卸载至零时，变形并未完全消失，应力减小至零时残留的应变称为塑性应变或残余应变，相应地应力减小至零时消失的应变称为弹性应变。卸载完后，立即再加载，则加载时的应力-应变关系基本上沿卸载时的直线变化。因此，如果将卸载后已有塑性变形的试样重新进行拉伸试验，其比例极限或弹性极限将得到提高，塑性变形将减小，这一现象称为冷作硬化。

（4）颈缩阶段（e-f）

试件受力达到最高点 e 后，其抵抗变形的能力明显降低，变形迅速发展，应力逐渐下降，试件被拉长，在有杂质或缺陷处，断面急剧缩小，直到断裂。故 e-f 段称为颈缩阶段。

中碳钢与高碳钢（硬钢）的拉伸曲线与低碳钢（软钢）不同，屈服现象不明显，难以测定屈服点，如图 2.3 所示，规定产生残余变形为原标距长度的 0.2% 时所对应的应力值为硬钢的屈服强度，也称条件屈服点，用 $\sigma_{0.2}$ 表示。

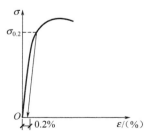

图 2.3 无明显屈服点钢材的应力-应变关系曲线

2. 塑性

建筑钢材应具有很好的塑性，钢材的塑性通常用伸长率和断面收缩率来表示。

(1) 伸长率

将拉断后的试件拼合起来,测定出标距范围内长度 l_1(mm),其与试件原标距 l_0(mm)之差为塑性变形值,塑性变形值与 l_0 之比称为伸长率 δ,伸长率 δ 按下式计算。

$$\delta = \frac{l_1 - l_0}{l_0} \tag{2.1}$$

式中:δ——伸长率(当 $l_0 = 5d_0$ 时,为 δ_5;当 $l_0 = 10d_0$ 时,为 δ_{10});

l_0——试件原标距长度(当 $l_0 = 5d_0$ 或 $l_0 = 10d_0$)(mm);

l_1——试件拉断后标距间长度(mm)。

(2) 断面收缩率

$$\psi = \frac{A_0 - A_1}{A_0} \times 100\% \tag{2.2}$$

式中:A_0——试件原横截面面积(mm²);

A_1——试件颈缩时断口处横截面面积(mm²)。

伸长率与断面收缩率相比较为准确可靠;断面收缩率测量误差大,离散性大;伸长率 δ 是衡量钢材塑性的重要指标,δ 越大说明钢材的塑性越好。对于钢材而言,一定的塑性变形能力,可保证应力重新分布,避免应力集中,从而结构的安全性越大。对于同一种钢材,其 $\delta_5 > \delta_{10}$。

3. 冲击韧性

冲击韧性是指钢材抵抗冲击荷载而不被破坏的能力。钢材的冲击韧性可用冲击试验来判定,并用冲击韧度(即用击断试样所需的冲击功 A_{kv})表示,单位为 J。如图 2.4 所示,试验时采用截面为 10mm×10mm、长 55mm 且中间开有 V 形缺口的长方体试件,放在冲击试验机上用摆锤击断,击断时所需的冲击功 A_{kv} 越大,表明钢材的冲击韧性越好。

钢材的冲击韧性也可用梅氏试验法检测,如图 2.4 所示,即用有刻槽的 U 形标准试件在冲击试验机的一次摆锤冲击下,以破坏后缺口处单位面积上所消耗的功(J/cm³)来表示,其符号为 α_k。试验时将试件放置在固定支座上,然后以摆锤冲击试件刻槽的背面,使试件承受冲击弯曲断裂。α_k 值越大,冲击韧性越好。对于经常受较大冲击荷载作用的结构,应选用 α_k 值大的钢材。

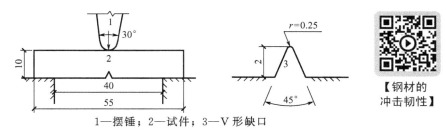

1—摆锤;2—试件;3—V 形缺口

图 2.4 冲击韧性试验及试件缺口形式(单位:mm)

【钢材的冲击韧性】

钢材的冲击韧性与钢材的质量、缺口形状、加载速度、加载时间、试件厚度和温度有关,其中温度的影响最大。大量试验表明,温度越低,冲击韧性越低。但不同牌号和质量等级的钢材,其降低规律有很大不同。

4. 耐疲劳性

钢材在交变荷载反复作用下，往往在最大应力远小于其抗拉强度时就会发生破坏，这种现象称为钢材的耐疲劳性。疲劳破坏的危险应力用疲劳强度（或称疲劳极限）来表示，它是指疲劳试验时试件在交变应力作用下，于规定的周期基数内不发生断裂所能承受的最大应力。一般把钢材承受交变荷载 $10^6 \sim 10^7$ 次时不发生破坏的最大应力作为疲劳强度。在设计承受反复荷载且需进行疲劳验算的结构时，需了解所用钢材的疲劳极限。

研究证明，钢材的疲劳破坏是拉应力引起的，首先在局部开始形成微细裂纹，其后由于裂纹尖端处产生应力集中使裂纹迅速扩展直至钢材断裂。因此，钢材的内部成分的偏析、夹杂物的多少及最大应力处的表面光洁程度、加工损伤等，都是影响钢材疲劳强度的因素。疲劳破坏一般突然发生，属于脆性破坏，因而具有很大的危险性，一旦破坏往往造成严重事故。

5. 硬度

硬度是指金属材料在表面局部体积内，抵抗硬物压入表面的能力，即材料表面抵抗塑性变形的能力。测定钢材硬度采用压入法，即以一定的静荷载（压力）把测试设备的压头压在金属表面，然后测定压痕的面积或深度来确定硬度。按压头或压力的不同，测试方法有布氏法、洛氏法等，相应的硬度试验指标称布氏硬度（HB）和洛氏硬度（HR）。较常用的方法是布氏法，其硬度指标是布氏硬度值。

各类钢材的 HB 值与抗拉强度有关。材料的强度越高，塑性变形抵抗力越强，硬度值也就越大。抗拉强度与布氏硬度的经验关系如下。

当 HB<175 时，$\sigma_b \approx 0.36 HB$；当 HB>175 时，$\sigma_b \approx 0.35 HB$。根据这一关系，可以直接在钢结构上测出钢材的 HB 值，并估算该钢材的 σ_b。

6. 耐久性

钢材的耐久性主要是其耐腐蚀性能。对于长期暴露于空气中或经常处于干湿交替环境下的钢结构，更易产生锈蚀破坏。腐蚀对钢结构的危害不仅局限于对钢材有效截面的均匀削弱，而且由此产生的局部锈坑会导致应力集中，从而降低结构的承载力，使其产生脆性破坏，故对钢材的防锈蚀问题及应采取的防腐措施应特别引起重视。

2.1.2 工艺性能

良好的工艺性能可以保证钢材顺利通过各种加工，使钢材制品的质量不受影响。冷弯、冷拉、冷拔及焊接性能均是建筑钢材的重要工艺性能。

1. 冷弯性能

冷弯性能是指钢材在常温下承受弯曲变形的能力。钢材的冷弯性能指标是以试件弯曲的角度 α 和弯心直径对试件厚度（或直径）的比值（d/a）表示。

钢材的冷弯试验是在冷弯试验机上，将直径（或厚度）为 a 的试件，按标准规定的弯心直径 d（$d=na$），弯曲到规定的弯曲角度（180°或 90°）时，试件的弯曲处不发生裂缝、裂断或起层，即认为冷弯性能合格。钢材弯曲时的弯曲角越大，弯心直径越小，则表示其冷弯性能越好，如图2.5所示。

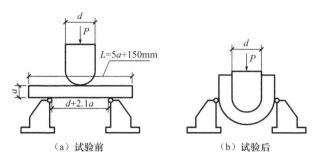

图 2.5　冷弯性能试验

冷弯试验更有助于发现钢材的某些内在缺陷。冷弯是对钢材塑性更严格的检验，它能揭示钢材是否存在内部组织不均、内应力和夹杂物等缺陷，冷弯试验对焊接质量也是一种严格的检验，能揭示焊件在受弯表面存在未熔合、微裂纹及夹杂物等缺陷。因此，当重要结构中要求钢材具备良好的冷热加工性能时，应具备冷弯性能合格保证。

冷弯试验的目的、主要仪器设备、试验方法及步骤如下。

① 目的：检验钢材常温下承受规定弯曲程度的变形能力，从而确定其塑性和可加工性能，并显示其缺陷。

② 主要仪器设备：压力试验机、万能试验机、特殊试验机、冷弯压头等。

③ 试验方法及步骤如下。

A. 试件长度 $5a+150\text{mm}$，a 为试件的计算直径（单位为 mm）。

B. 弯心直径和弯曲角度，按热轧钢材分级及相应的技术要求表选用。一般Ⅱ级钢材弯心直径 $d=3a$（$a=6\sim 25\text{mm}$）。

C. 按试验图调整两支辊间距离，使之等于 $d+2.1a$。

D. 按试验图装置试件后，平稳地施加荷载，钢材需绕弯心弯曲到要求的弯曲角度。

④ 结果鉴定。

试件弯曲后，检查弯曲处的外缘及侧面，如无裂缝、断裂或起层现象，即认为冷弯试验合格，否则为不合格。

2. 焊接性能

在建筑工程中，各种型钢、钢板、钢筋及预埋件等需用焊接加工。钢结构有90%以上是焊接结构。焊接的质量取决于焊接工艺、焊接材料及钢材焊接性能。

钢材的可焊性是指钢材是否适应通常的焊接方法与工艺性能，主要包括两个方面的要求：①通过一定的焊接工艺保证焊接接头具有良好的力学性能；②施工过程中，选择适宜的焊接材料和焊接工艺参数后，有可能避免焊缝金属和钢材影响区产生热（冷）裂纹。

钢筋焊接时应注意的问题：冷拉钢筋的焊接应在冷拉之前进行；钢筋焊接之前，焊接部位应清除铁锈、熔渣、油污等；应尽量避免不同国家的进口钢筋之间或进口钢筋与国产钢筋之间的焊接。

钢材的焊接性能除了与含碳量等化学成分密切相关外，还与钢的塑性及冲击韧度存在密切关系。一般来说，冲击韧度合格的钢材，其焊接质量也容易保证。

3. 冷加工性能及时效处理

(1) 冷加工强化处理

【钢材是如何变成钳子的】

将钢材在常温下进行冷加工（如冷拉、冷拔或冷扎），使之产生塑性变形，从而提高屈服强度，但钢材的塑性、韧性及弹性模量则会降低，这个过程称为冷加工强化处理。建筑工地或预制构件厂常用的方法是冷拉和冷拔。

冷拉是将轧制钢筋用冷拉设备加力进行张拉，使之伸长。钢材经冷拉后屈服强度可提高20%～30%，可节约钢材10%～20%，钢材经冷拉后在屈服阶段缩短，伸长率降低，材质变硬。冷拔是将光圆钢筋通过硬质钨合金拔丝模孔强行拉拔，每次拉拔断面缩小应在10%以下。钢筋在冷拔过程中，不仅受拉，同时还受到挤压作用，因而冷拔的作用比纯冷拉作用效果更好。经过一次或多次冷拔后的钢筋，表面光洁度高，屈服强度提高40%～60%，但塑性大大降低，具有硬钢的性质。建筑工程常采用对钢筋进行冷拉和对盘条进行冷拔的方法，以达到节约钢材的目的。

(2) 时效

钢材经冷加工后，在常温下存放15～20d 或加热至100～200℃，保持2h 左右，其屈服强度、抗拉强度及硬度进一步提高，而塑性及韧性继续降低，这种现象称为时效。前者称为自然时效，后者称为人工时效。研究表明冷拉时效以后，屈服强度和抗拉强度均得到提高，但塑性和韧性则相应降低。钢材经过冷加工后，一般进行时效处理，通常强度较低的钢材宜采用自然时效，强度较高的钢材则采用人工时效。

2.2 钢材性能的影响因素

在一般情况下，钢结构常用的结构钢既有较高的强度又有很好的塑性和韧性，是理想的承重结构材料；但是，有很多因素影响钢材的力学性能，会显著降低塑性和韧性。主要影响因素如下。

2.2.1 化学成分的影响

钢由多种化学成分组成，化学成分及含量直接影响钢材的结晶组织，导致钢材的力学性能发生改变。铁（Fe）是钢材的基本元素，在碳素结构钢中纯铁含量约占99%，碳及其他元素仅占1%，但对钢材的力学性能却有决定性影响；其他元素包括锰（Mn）、硅（Si）、硫（S）、磷（P）、氧（O）、氮（N）。低合金钢中还有少量的合金元素，如铜（Cu）、钒（V）、钛（Ti）、铌（Nb）等。

碳是使钢材获得足够强度的主要元素。碳含量提高，则钢材强度提高，但同时塑性、冲击韧性、冷弯性能、可焊性及抗腐蚀能力下降。为使钢材具有良好的综合性能，结构钢材的碳含量不能过高，一般碳含量不应超过0.22%；对于焊接结构，碳含量应低于0.2%。

锰为一种较弱的脱氧剂，含适量锰可使钢材强度提高，并可降低有害元素硫、氧的热脆影响，改善钢材的热加工性能及热脆倾向；对其他性能如塑性及冲击韧性只有轻微降低，故一般限定含量：碳素钢为0.3%～0.8%，低合金高强度结构钢为1.0%～1.7%。

硅为一种较强的脱氧剂，含适量硅可使钢材强度大为提高，对其他性能影响不大，但过量（达1%左右）也会导致其塑性、冲击韧性、焊接性下降，冷弯性能及耐锈蚀性能恶化，故一般限定硅含量：碳素钢为0.07%～0.3%，低合金高强度结构钢不超过0.55%。

锰和硅是钢材中的有利元素，它们都是炼钢时的脱氧剂。加适量的硅可提高钢材强度，而对塑性、冲击韧性、冷弯性能和可焊性无显著的不良影响。但过量的硅将降低钢材的塑性、冲击韧性、抗腐蚀能力和可焊性。含适量的锰，在提高钢材强度的同时不会影响其塑性和冲击韧性，且可消除硫对钢的热脆影响；但锰含量过高，会使钢材的可焊性降低。故应限制锰和硅的含量。

硫一般以硫化铁的形式存在，高温时会熔化而导致钢材变脆（如焊接或热加工时便有可能引起热裂纹），即热脆，故一般应严格控制硫含量：碳素钢为0.035%～0.05%；低合金高强度结构钢为0.025%～0.045%；型钢的要求更严，为0.01%～0.015%。

磷虽能提高钢材的强度及耐锈蚀性能，但会导致钢材的塑性、冲击韧性、焊接性及冷弯性能严重降低，特别是在低温时会使钢材变脆，即冷脆，故一般情况下磷含量也应严格控制：碳素钢为0.035%～0.045%，低合金高强度结构钢为0.025%～0.045%。

硫和磷是钢中的两种有害成分，它们降低钢材的塑性、冲击韧性、可焊性和抗疲劳性能。硫和磷可在高温和低温时使钢材变脆，分别称为热脆和冷脆。一般硫和磷的含量应不超过0.05%和0.045%。但是，磷可提高钢材的强度和耐锈蚀性。可使用的高磷钢，其磷含量高达0.12%，这时应减少钢材中的含碳量，以保持一定的塑性和冲击韧性。

氧和氮也是钢中的有害元素，在金属熔化状态下会从空气中进入。氧能使钢热脆，其作用比硫剧烈；氮能使钢冷脆，与磷作用相似，因此其含量必须严格控制。钢在冶炼过程中，应根据需要进行不同程度的脱氧处理。

钒、铌、钛等元素在钢中形成细微碳化物，适量加入能起到细化晶粒和弥散强化的作用，从而提高钢材的强度和冲击韧性，还可保持良好的塑性。我国的低合金钢都含有这三种元素，作为锰以外的合金元素。铜在钢中属于杂质成分，它可以显著提高钢材的耐锈蚀性能，也可以提高钢材的强度，但对钢材的可焊性有不利影响。

2.2.2 冶炼、浇铸、轧制过程的影响

1. 冶炼过程中的影响

钢材冶炼主要是以高炉炼成的生铁和直接还原法炼成的海绵铁以及废钢为原料，用不同的方法炼成钢，主要有平炉和氧气转炉两种方法，冶炼而成的钢分别称为平炉钢和氧气转炉钢。

【钢材的冶炼及浇铸过程】

（1）偏析

钢材中化学成分不均匀称为偏析，偏析易造成钢材塑性、冲击韧性、冷弯性能及焊接性变差。例如，沸腾钢在冶炼过程中由于脱氧脱氮不彻底，其偏析现象比镇静钢要严重得多。

（2）非金属夹杂

非金属夹杂主要指硫化物及氧化物等掺杂在钢材中而使钢材性能变差，如硫化物易导致钢材热脆，氧化物则严重降低钢材的力学性能及工艺性能。

（3）裂纹

冶炼过程中，一旦出现裂纹，则将严重影响钢材的冲击韧性、冷弯性能及抗疲劳性能。

（4）分层

钢材在厚度方向不密合，形成多层的现象称为分层。分层将从多方面严重影响钢材性能，如大大降低钢材的冲击韧性、冷弯性能、抗脆断能力及抗疲劳性能，尤其是在承受垂直于板面的拉力时易产生层状撕裂。

2. 浇铸过程中的影响

钢材浇铸是将钢材熔炼成符合一定要求的液体并浇进铸型里，经冷却凝固、清整处理后得到有预定形状、尺寸和性能的铸件的工艺过程。按照浇铸过程脱氧程度不同，钢可分为沸腾钢、镇静钢、特殊镇静钢和半镇静钢。

沸腾钢为脱氧不完全的钢，其特点是钢中含硅量很低，通常铸成不带保温帽的上小下大的钢锭；优点是钢的收得率高，生产成本低，表面质量和深冲性能好；缺点是钢的杂质多，成分偏析较大，所以性能不均匀。

镇静钢为完全脱氧的钢，通常铸成带保温帽的上大下小的钢锭，浇铸时钢液镇静不沸腾。由于锭模上部有保温帽（在钢液凝固时作补充钢液用），这节帽头在轧制开坯后需切除，故钢的收得率低，但组织致密，偏析小，质量均匀。优质钢和合金一般都是镇静钢。

半镇静钢为脱氧较完全的钢，脱氧程度介于沸腾钢和镇静钢之间，浇铸时有沸腾现象，但较沸腾钢弱。这类钢具有沸腾钢和镇静钢的某些优点，在冶炼操作上较难掌握。

特殊镇静钢是比镇静钢脱氧程度更充分彻底的钢，特殊镇静钢的质量最好，适用于特别重要的结构工程。

3. 轧制过程中的影响

轧制是将金属坯料通过一对旋转轧辊的间隙（各种形状），因受轧辊的压缩使截面减小、长度增加的压力加工方法，是生产钢材常用的加工方法，分为热轧和冷轧。

（1）压缩比与轧制方向将影响其性能

压缩比大的小型钢材如薄板、小型钢等的强度、塑性、冲击韧性等性能优于压缩比小的大型钢材，故规范中钢材的力学性能标准往往根据其性能进行划分，经过多次轧制形成的薄钢板比轧制次数少的厚钢板强度高。因此垂直于钢板平面方向（通常称为"Z向"）尽量避免受到拉力作用，否则应当要求钢材具备足够的Z向性能，尤其采用焊缝连接的钢结构中，当钢板厚度大于40mm且承受沿板厚度方向的拉力时，为避免焊接时产生层状撕裂，需采用抗层状撕裂的钢材（简称为"Z向钢"）时要做Z向性能测试。另外，钢材的性能还与轧制方向有关，钢材顺着轧制方向的力学性能优于垂直于轧制方向的力学性能。

（2）轧制后是否热处理及其处理方式也将影响其性能

轧制后是否热处理及其处理方式也将影响其性能，如轧制后采用淬火后回火的调质工艺处理，不仅可改善钢材的内部组织、消除残余应力，还可显著提高钢材强度。

2.2.3 温度的影响

1. 正温

钢材的机械性能随温度的变化而有所变化。在正温度范围内（0℃以上），温度升高不超过200℃时，钢材的性能变化不大；在250℃左右，钢材的f_u略有提高，但塑性和冲击韧性均下降，此时钢材破坏常呈脆性破坏特征，钢材表面氧化膜呈现蓝色，称为蓝脆，钢材应避免在蓝脆温度范围内进行热加工；当温度在260~320℃时，钢材有徐变现象；当温度超过300℃时，钢材的f_u、f_y和E开始显著下降，而δ显著增大；当温度超过400℃时，钢材的f_u、f_y和E都急剧降低，达到600℃时其承载力几乎丧失（图2.6）。因此，当结构长期受辐射热达150℃以上，或可能受灼热熔化金属侵害时，钢结构便应考虑设置隔热保护层。

2. 负温

当材料由常温降到负温时，钢材强度略有提高，但塑性和冲击韧性降低，材料变脆，随着温度继续降低到某一负温区间时，其冲击韧性陡降，破坏特征明显地由塑性破坏转变为脆性破坏，出现低温冷脆破坏。图2.7所示为钢材冲击韧性与温度的关系曲线，其拐点所对应的温度T_0称为脆性转变温度。设计中选用钢材时，应使其脆性转变温度区的下限温度T_1低于结构所处的工作环境温度，才可保证钢结构低温工作安全。因此，在低温工作的结构往往要有负温（如0℃、−20℃或−40℃）冲击韧性的合格保证，以防止发生低温脆断。

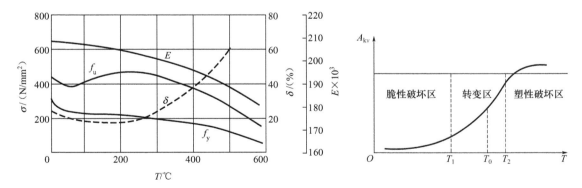

图2.6 温度对钢材性能的影响　　　　图2.7 冲击韧性与温度的关系曲线

2.2.4 硬化的影响

钢材在常温下加工称为冷加工。冷拉、冷弯、冷压、冲孔、机械剪切等冷加工使钢材产生很大的塑性变化，从而使f_y提高，但同时降低了钢材的塑性和冲击韧性，这种现象称为冷加工硬化（应变硬化）。钢结构设计一般不利用冷加工硬化造成的强度提高，对直接承受动力荷载的钢结构应设法消除冷加工硬化的影响，如将局部硬化部分用刨边或扩钻予以消除。

在高温时熔化于纯铁体中的少量氮和碳,随着时间的推移逐渐从纯铁体中析出,形成自由氮化物和碳化物存在于纯铁体晶粒间的滑动面上,阻碍了纯铁体晶粒间的滑移,从而使钢材的强度提高,塑性和冲击韧性下降,这种现象称为时效硬化。不同种类钢材的时效硬化过程可从几小时到数十年。为加快测定钢材时效后的性能,常先使钢材产生10%的塑性变形,再加热到200～300℃,然后冷却到室温进行试验。这样可使时效在几小时内完成,称为人工时效。有些重要结构要求对钢材进行人工时效,然后测定其冲击韧性,以保证结构具有长期的抗脆性破坏能力。

2.2.5 复杂应力状态的影响

在单向拉力作用下,当单向应力达到屈服强度 f_y 时,钢材屈服而进入塑性状态。在复杂应力如平面或立体应力作用下,钢材的屈服并不只取决于某一方向的应力,而是由反应各方向应力综合影响的某个"应力函数",即所谓的"屈服条件"来确定。根据材料强度理论的研究和试验验证,能量强度理论能较好地阐明接近于理想弹-塑性体的结构钢材的弹-塑性工作状态。在复杂应力状态下(图2.8),钢材的屈服条件可以用折算应力 σ_{eq} 与钢材在单向应力时的屈服强度 f_y 相比较来判断。

$$\sigma_{eq}=\sqrt{\sigma_x^2+\sigma_y^2+\sigma_z^2-(\sigma_x\sigma_y+\sigma_y\sigma_z+\sigma_z\sigma_x)+3(\tau_{xy}^2+\tau_{yz}^2+\tau_{zx}^2)} \quad (2.3)$$

当 $\sigma_{eq} < f_y$ 时,为弹性状态;当 $\sigma_{eq} \geqslant f_y$ 时,为塑性状态(屈服)。

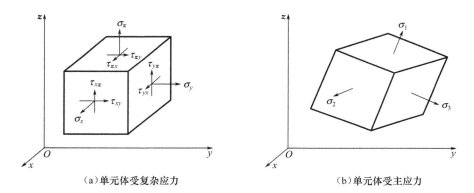

(a) 单元体受复杂应力　　　　　　(b) 单元体受主应力

图 2.8　复杂应力状态

在一般梁中,只存在正应力 σ 和剪应力 τ,则式(2.3)变为

$$\sigma_{eq}=\sqrt{\sigma^2+3\tau^2} \quad (2.4)$$

而在纯剪时,$\sigma=0$,取 $\sigma_{eq}=f_y$,可得 $\tau=f_y/\sqrt{3}=0.58f_y$,即剪应力达到 $0.58f_y$ 时,钢材进入塑性状态。所以《钢结构设计标准》取钢材的抗剪强度设计值为抗拉强度设计值的 0.58 倍。

若复杂应力状态采用主应力 σ_1、σ_2 和 σ_3 来表示,则折算应力为

$$\sigma_{eq}=\sqrt{\frac{1}{2}[(\sigma_1-\sigma_2)^2+(\sigma_2-\sigma_3)^2+(\sigma_3-\sigma_1)^2]} \quad (2.5)$$

由式(2.5)可见,当钢材处于同号三向主应力(σ_1,σ_2,σ_3)作用且彼此相关不大,

即当 $\sigma_1 \approx \sigma_2 \approx \sigma_3$ 时，即使各主应力很高，材料也很难进入屈服状态和有明显的变形。但是由于高应力的作用，聚集在材料内的体积改变导致应变能很大，因而材料一旦遭受破坏，便呈现出无明显变形征兆的脆性破坏特征。

2.2.6 应力集中的影响

钢结构的构件中有时存在着孔洞、槽口、凹角、截面的厚度和宽度突然改变，以及钢材内部缺陷等，此时，构件中的应力分布变得很不均匀，在缺陷或截面变化处附近将产生局部高峰应力，其余部位应力较低且分布极不均匀，这种现象称为应力集中。图2.9所示为应力集中对钢材性能的影响。

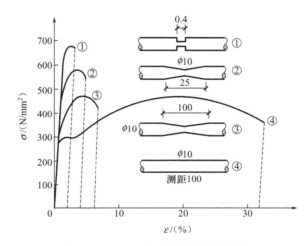

图2.9 应力集中对钢材性能的影响

力学分析表明，在应力高峰区域存在着同号的双向或三向应力。由能量强度理论得知，这种同号的双向或三向应力场有使钢材变脆的趋势。应力集中系数越大，变脆的倾向越大。但由于结构钢材塑性较好，在静力荷载作用时，其能使应力进行重分配，直到构件全截面的应力都达到屈服强度。因此，应力集中一般不影响构件的静力极限承载力，设计时可不考虑其影响。但在负温下或动力荷载作用下工作的结构，其应力集中的不利影响将十分突出，是引起脆性断裂的根源，故在设计中应采取措施避免或减少应力集中。

在钢结构的设计、制造、安装和使用过程中，应积极采取措施，减少或消除上述促使钢材变脆的各种因素的影响，防止脆性断裂发生。

2.3 钢材的种类及选用

【轴承钢到底是什么钢？】

2.3.1 钢结构对材料的要求

建筑钢结构对材料的要求主要表现为以下几方面。

① 强度要求，即对材料屈服强度与抗拉强度的要求。材料强度高有利于减小结构自重。

② 塑性、冲击韧性要求，即要求钢材具有良好的适应变形与抗冲击能力，以防止脆性破坏。

③ 耐疲劳性能及适应环境能力要求，即要求材料本身具有良好的抗动力荷载性能及较强的适应低、高温等环境变化的能力。

④ 冷、热加工性能及焊接性能要求。

⑤ 耐久性能要求，主要指材料的耐锈蚀能力要求，即要求钢材具备在外界环境作用下仍能维持其原有力学及物理性能基本不变的能力。

⑥ 生产与价格方面的要求，即要求钢材易于施工、价格合理。

2.3.2 钢材的破坏形式

钢材的破坏形式分为塑性破坏与脆性破坏两类。

塑性破坏的特征为：钢材在断裂破坏时产生很大的塑性变形，又称为延性破坏，其断口呈纤维状，色发暗，有时能看到滑移的痕迹，如图2.10（a）所示。钢材的塑性破坏可通过采用一种标准圆棒试件进行拉伸破坏试验加以验证。钢材在发生塑性破坏时变形特征明显，很容易被发现并及时采取补救措施，因而不致引起严重后果；而且适度的塑性变形能起到调整结构内力分布的作用，使原来结构应力不均匀的部分趋于均匀，从而提高结构的承载力。

脆性破坏的特征为：钢材在断裂破坏时没有明显的变形征兆，其断口不齐，呈有光泽的晶粒状，如图2.10（b）所示。钢材的脆性破坏可通过采用一种比标准圆棒试件更粗并在其中部位置车削出小凹槽（凹槽处的净截面积与标准圆棒的相同）的试件进行拉伸破坏试验加以验证。由于脆性破坏具有突然性，无法预测，故其比塑性破坏要危险得多，在钢结构工程设计、施工与安装中应采取适当措施尽量避免。

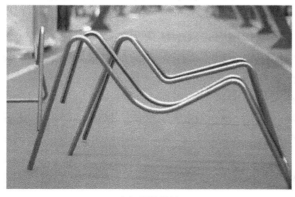 

（a）塑性破坏　　　　　　　　　　　　（b）脆性破坏

图2.10 钢材脆性破坏和塑性破坏

2.3.3 钢材的分类

按冶炼方法，钢可分为转炉钢和平炉钢。转炉钢主要是在转炉内以液态生铁为原料，将高压空气或氧气从转炉的顶部、底部、侧面吹入炉内熔化的生铁液中,使生铁中的杂质被氧化去除而炼成的钢;平炉钢质量好,但冶炼时间长,成本高。转炉钢质量与平炉钢相当,但其生产成本较低。

按脱氧方法,钢可分为沸腾钢(F)、半镇静钢(b)、镇静钢(z)和特殊镇静钢(Tz),镇静钢和特殊镇静钢的代号可以省去。镇静钢脱氧充分,沸腾钢脱氧较差,半镇静钢介于镇静钢和沸腾钢之间。

按化学成分,钢可分为碳素钢和合金钢。

按成型方法,钢可分为轧制钢、锻钢、铸钢。

按用途,钢可分为结构钢、工具钢、特殊钢。

在建筑工程中通常采用的是碳素结构钢、低合金高强度结构钢、耐候钢和其他高性能钢材。

2.3.4 钢材的牌号

钢材的牌号简称为钢号。下面分别对碳素结构钢、合金结构钢的钢号表示方法及其代表含义进行简述。

1. 碳素结构钢

碳素结构钢按质量等级分为 A、B、C、D 四级,其质量从前至后依次提高。A 级钢只保证抗拉强度、屈服点、伸长率,必要时还可附加冷弯试验的要求,化学成分中的碳、锰可以不作为交货条件。B 级、C 级、D 级钢保证抗拉强度、屈服点、伸长率、冷弯和冲击韧性(分别为+20℃,0℃,-20℃)等力学性能,化学成分中控制碳、硫、磷的极限含量。

普通碳素结构钢号由 Q+数字+质量等级符号+脱氧方法符号组成,其表示方法如图 2.11 所示。

"Q",代表钢材的屈服点,后面的数字表示屈服点数值,单位是 MPa。例如 Q235 表示屈服点 (σ_s) 为 235 MPa 的碳素结构钢。另外,专门用途的碳素钢,例如桥梁钢、船用钢等,基本上采用碳素结构钢的表示方法,但在钢号最后附加表示用途的字母。

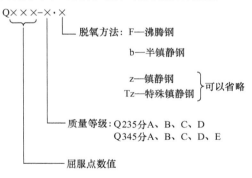

图 2.11 普通碳素结构钢号组成

Q235 是建筑工程中常用的碳素结构钢,其具有较高强度和较好的塑性、韧性,同时还具有较好的可焊性。Q235 钢材其屈服点、抗拉强度、伸长率、冷弯与质量等级无关,但与钢材厚度有关,冲击韧性与质量等级有关。

优质碳素结构钢号表示如下。

① 钢号开头的两位数字表示钢的碳含量,以平均碳含量的万分之几表示,例如平均碳含量为 0.45% 的钢,钢号为 "45",它不是顺序号,所以不能读成 45 号钢。

② 锰含量较高的优质碳素结构钢,应将锰元素标出,例如 50Mn。

③ 沸腾钢、半镇静钢及专门用途的优质碳素结构钢应在钢号最后特别标出，例如平均碳含量为 0.1% 的半镇静钢，其钢号为 10b。

2. 合金结构钢

合金结构钢号开头的两位数字表示钢的碳含量，以平均碳含量的万分之几表示，其表示方法如图 2.12 所示。

图 2.12　合金结构钢号组成

钢中主要合金元素，除个别微合金元素外，一般以百分之几表示。当平均合金含量＜1.5% 时，钢号中一般只标出元素符号，而不标明含量，但在特殊情况下易致混淆者，在元素符号后亦可标以数字"1"，例如钢号"12CrMoV"和"12Cr1MoV"，前者铬含量为 0.4%～0.7%，后者为 0.9%～1.2%，其余成分全部相同。当合金元素平均含量≥1.5%、≥2.5%、≥3.5%……时，在元素符号后面应标明含量，可相应表示为 2、3、4……，例如 18Cr2Ni4WA。

钢中的钒（V）、钛（Ti）、铝（Al）、硼（B）、稀土（RE）等合金元素，均属微合金元素，虽然含量很低，仍应在钢号中标出。例如 20MnVB 钢中，钒为 0.07%～0.12%，硼为 0.001%～0.005%。

高级优质钢应在钢号最后加"A"，以区别于一般优质钢。专门用途的合金结构钢，钢号冠以（或后缀）代表该钢种用途的符号。例如，铆螺专用的 30CrMnSi 钢，钢号表示为 ML30CrMnSi。

钢材宜采用 Q235、Q345、Q390、Q420、Q460 和 Q345GJ 钢，其质量应分别符合现行国家标准《碳素结构钢》（GB/T 700—2006）、《低合金高强度结构钢》（GB/T 1591—2018）和《建筑结构用钢板》（GB/T 19879—2015）的规定。

2.3.5　钢材的规格

钢结构所用钢材种类按市场供应主要有热轧成型的钢板、型钢，以及冷弯成型的薄壁型钢与压型钢板等，如图 2.13～图 2.15 所示。

1. 钢板

钢板的标注符号为"—（截面代号）宽度×厚度×长度"，单位为 mm，也可用"—宽度×厚度"或"—厚度"来表示。例如，钢板"—360×12×3600"，可表示为"—360×12"或直接用符号"—12"表示。常用钢板有：

① 薄钢板（厚度 0.2～4mm）；
② 厚钢板（厚度 4～60mm）；
③ 特厚板（板厚大于 60mm）；
④ 扁钢（厚度 4～60mm，宽度 12～200mm）。

2. 热轧型钢

钢结构常用的型钢有角钢、槽钢、工字钢、H 型钢、T 型钢、钢管等（图 2.13）。除

H型钢和钢管为热轧和焊接成型外,其余型钢均为热轧成型,现分述如下。

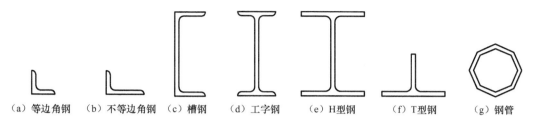

图 2.13　热轧型钢

① 角钢。角钢分为等边角钢和不等边角钢两种。角钢标注符号为"边宽×厚度"(等边角钢)或"长边宽×短边宽×厚度"(不等边角钢),单位为 mm,如"100×8"和"100×80×8"。

② 槽钢。槽钢有热轧普通槽钢和轻型槽钢两种。槽钢规格用槽钢符号(普通槽钢和轻型槽钢的符号分别为"["与"Q[")和截面高度(单位为 cm)表示。当腹板厚度不同时,还要标注出腹板厚度类别符号 a、b、c,如[10、[20a、Q[20a。与普通槽钢截面高度相同的轻型槽钢,其翼缘和腹板均较薄,截面面积小但回转半径大。

③ 工字钢。工字钢分为普通工字钢和轻型工字钢两种。其标注方法与槽钢相同,但符号应改为"I",如 I18、I50a、QI50。

④ H型钢与T型钢。H型钢与T型钢比工字钢的翼缘宽度大,并为等厚度,截面抵抗矩较大且质量较小,便于与其他构件连接。热轧H型钢分为宽、中、窄翼缘型,它们的代号分别为 HW、HM 和 HN。其标注方法与槽钢相同,但符号应改为"H",如 HW260a、HM360、HN300b。T型钢是由H型钢对半分割而成。

⑤ 钢管。钢结构中常用的钢管有热轧无缝钢管和焊接钢管,用"ϕ外径×壁厚"表示,单位为 mm,如"ϕ60×6"。

3. 冷弯型钢与压型钢板

① 冷弯薄壁型钢。冷弯薄壁型钢(图 2.14)是采用薄钢板冷轧而成的。与相同截面积的热轧型钢相比,其截面抵抗矩大,钢材用量可显著减少。其截面形式和尺寸可按工程要求合理设计,壁厚一般为 1.5～5mm,但因板壁较薄,对锈蚀影响较为敏感,故对于承重结构受力构件,其壁厚不宜小于 2mm。

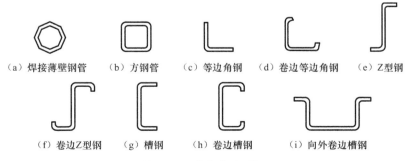

图 2.14　冷弯薄壁型钢

常用冷弯薄壁型钢按截面形式分为等边角钢、卷边等边角钢、Z型钢、卷边Z型钢、槽钢、

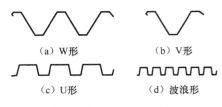

图 2.15 部分压型钢板

卷边槽钢（C 型钢）、钢管等。

② 冷弯厚壁型钢。冷弯厚壁型钢是用厚钢板（厚度大于 6mm）冷弯成的方管、矩形管、圆管等。

③ 压型钢板。压型钢板（图 2.15）为冷弯型钢的另一种形式，它是用厚度为 0.32～2mm 的镀锌或镀铝锌钢板、彩色涂层钢板经冷轧（压）而成的各种类型的波形板。冷弯型钢和压型钢板分别适用于轻钢结构的承重构件和屋面、墙面构件。

4. 其他钢材的使用

当上述钢材不能满足要求时，还可选用优质碳素结构钢或其他低合金结构钢。当在有腐蚀介质环境中使用钢结构时，可采用耐候钢，具体可参考《钢结构材料手册》。

2.3.6 钢材的选用

1. 选用钢材需考虑的因素

钢材的选择既要确定所用钢材的钢号，又要提出应有的力学性能和化学成分保证项目，这是钢结构设计的首要环节。选材的基本原则是既要保证安全可靠，又要经济合理。钢材的质量等级越高，其价格也越高。因此，应根据结构的不同特点来选择适宜的钢材。

选用钢材时，不注重钢材的受力特性或过分注重强度与质量等级都是不合适的，前者容易使钢材发生脆性破坏，后者会导致钢材价格过高，造成浪费。因此，正确的做法是应根据结构的不同特点来选择适宜的钢材。通常应综合考虑以下因素。

（1）结构的重要性

根据结构破坏后的严重性，首先应判明建筑物及其构件的分类（分为重要、一般、次要）与安全等级（分为一级、二级、三级）。

（2）荷载的性质

要考虑结构所受荷载的特性，如是静力荷载还是动力荷载，是直接动力荷载还是间接动力荷载。

（3）连接方法

需考虑钢材是采用焊缝连接还是非焊缝连接形式，以便选择符合实际要求的钢材。

（4）结构的工作环境

需考虑结构的工作温度及周围环境中是否有腐蚀性介质。

（5）钢材的厚薄

需选用厚度较大的钢材时，应考虑其厚度方向抗撕裂性能较差的因素，而决定是否选择 Z 型钢。

2. 《钢结构设计标准》的相关规定

按照上述原则，《钢结构设计标准》结合我国多年来的工程实践和钢材生产情况，对承重结构的钢材推荐采用 Q235、Q345、Q390、Q420 钢。

沸腾钢质量虽然较差，但在常温、静力荷载下的力学性能和焊接性能与镇静钢差异并不明显，故仍可用于一般承重结构。然而，《钢结构设计标准》对下列情况中的焊接承重结构和构件仍然规定不应采用 Q235 沸腾钢。

① 直接承受动力荷载或振动荷载，且需验算疲劳强度的结构。

② 工作环境温度低于 $-20℃$ 时的直接承受动力荷载或振动荷载但可不验算疲劳强度的结构，以及承受静力荷载的受弯及受拉的重要承重结构。

③ 工作温度低于或等于 $-30℃$ 的所有承重结构。

用于承重结构的钢材，应具有屈服强度、抗拉强度、伸长率、硫和磷含量的合格保证，用于焊接结构的钢材还应具有冷弯试验和碳当量的合格保证。这是《钢结构设计标准》的强制性条文，是焊接承重结构钢材应具有的强度和塑性性能的基本保证，也是焊接性能保证的要求。对于承受静力荷载或间接承受动力荷载的结构，如一般的屋架、托架、梁、柱、天窗架、操作平台或者类似结构的钢材等，可按此要求选用，如对于 Q235 钢，可选用 Q235-B·F 或 Q235-B。

《钢结构设计标准》进一步规定：对于需要验算疲劳强度的焊接结构和起重量大于或等于 50t 的中级工作制吊车梁，以及承受静力荷载的重要的受拉及受弯焊接结构的钢材，还应具有常温（+20℃）冲击韧性的合格保证，即应选用各钢号的 B 级钢材。当结构工作温度低于 0℃ 但不低于 $-20℃$ 时，Q235、Q345 钢应具有 0℃ 冲击韧性的合格保证，即应选用 Q235-C 和 Q345-C 钢；对于 Q390、Q420 钢，应具有 $-20℃$ 冲击韧性的合格保证，即应选用 Q390-D 和 Q420-D 钢。当结构工作温度低于 $-20℃$ 时，对于 Q235、Q345 钢，应具有 $-20℃$ 冲击韧性的合格保证，即应选用 Q235-D 和 Q345-D 钢；对于 Q390、Q420 钢，应具有 $-40℃$ 冲击韧性的合格保证，即应选用 Q390-E 和 Q420-E 钢。

3. 钢材的代用

钢结构所选用钢材的钢号和对钢材的性能要求，施工单位不宜随意更改或代用。钢结构工程所采用的钢材必须附有钢材的质量证明书，各项指标应符合设计文件的要求和国家现行有关标准的规定。钢材代用一般须与设计单位共同研究确定，同时应注意以下几点。

① 钢号满足设计要求，但生产厂家提供的材质保证书中缺少设计部门提出的部分性能要求时，应做补充试验。对于补充试验的试件数量，每炉钢材、每种型号规格一般不宜少于 3 个。

钢材性能虽然能满足设计要求，但钢号的质量优于设计单位提出的要求时，应注意节约。例如，在普碳钢中以镇静钢代替沸腾钢，优质碳素钢代替普通碳素钢（20 钢代替 Q235）等都要注意节约，不要随意以优代劣，不要使质量差别过大。

② 普通低合金钢的相互代用，要更加谨慎，除力学性能满足设计要求外，在化学成分方面还应注意可焊性。重要的结构要有可靠的试验依据。

③ 如钢材性能满足设计要求，而钢号质量低于设计要求，一般不允许代用。如结构性质和使用条件允许，在材质相差不大的情况下，经设计单位同意也可代用。

④ 当钢材的钢号和性能都与设计单位提出的要求不符时，首先应检查是否合理，然后按钢材的设计强度重新计算，根据计算结果改变结构的截面、焊缝尺寸和节点构造。

在普通碳素钢中，以 Q215 代替 Q235 不经济，因为 Q215 的设计强度低，代用后结构的截面和焊缝尺寸都要增大很多。以 Q275 代替 Q235，Q275 一般按照 Q235 的强度被使用，但制作结构时应该注意冷作和焊接的一些不利因素。Q275钢不宜在建筑结构中使用。

⑤ 对于成批混合的钢材，用于主要承重结构时，必须逐根按现行标准对其化学成分和力学性能分别进行试验，如检验不符合要求，可根据实际情况将钢材用于非承重结构。

⑥ 钢材力学性能所需的保证项目仅有一项不合格者，可按以下原则处理。

A. 当冷弯合格时，抗拉强度的上限值可以不限。

B. 伸长率比设计的数值低1%时，允许使用，但不宜用于考虑塑性变形的构件。

C. 冲击功值按一组3个试样单值的算术平均值计算，允许其中一个试样单值低于规定值，但不得低于规定值的70%。

⑦ 采用进口钢材时，应验证其化学成分和力学性能是否满足相应钢号的标准。

⑧ 钢材的规格尺寸与设计要求不同时，不能随意以大代小，须经计算后才能代用。

⑨ 如钢材供应不全，可根据钢材选择的原则灵活调整。建筑结构对材质的要求为：受拉构件高于受压构件，焊接结构高于螺栓或铆钉连接结构，厚钢板结构高于薄钢板结构，低温结构高于常温结构，受动力荷载的结构高于受静力荷载的结构。例如，桁架中上下弦可用不同的钢材。遇到碳含量高或焊接困难的钢材，可改用螺栓连接，但须与设计单位商定。

2.3.7 钢材的质量控制

《钢结构工程施工质量验收标准》（GB 50205—2020）（简称《验收标准》）将检验项目分为"主控项目"和"一般项目"，且只规定了合格质量标准。

主控项目——对材料、构（配）件、设备或建筑工程的施工质量起决定性作用的检验项目。

一般项目——对施工质量不起决定性作用的检验项目。

（1）检验批合格质量标准的规定

① 主控项目必须符合《验收标准》规定的合格质量标准。

② 一般项目的检验结果应有80%及以上的检查点（值）符合合格质量标准偏差值的要求，且最大值（最小值）不应超过其允许偏差值的1.2倍。

③ 质量证明文件应完整。

（2）分项工程合格质量标准的规定

① 各检验批应符合合格质量标准。

② 各检验批质量验收记录、质量证明文件等应完整。

（3）分部（子分部）工程合格质量标准的规定

① 各分项工程质量均应符合合格质量标准。

② 质量控制资料和文件应符合要求且完整。

③ 有关安全及功能的检验和见证检测结果应符合规范规定的相应合格质量标准。

④ 有关观感质量应符合《验收标准》规定的相应合格质量标准。

（4）当钢结构工程质量不符合《验收标准》规定的合格质量标准时的处理规定

① 经返工重做或更换材料、构件、成品等的检验批，应重新进行验收。

② 经有资质的检测单位检测鉴定能够达到设计要求或规范规定的合格质量标准的

检验批，应予以验收。

③ 经有资质的检测单位检测鉴定达不到设计要求，但经原设计单位核算认可能够满足结构安全和使用功能的检验批，可予以验收。

④ 经返修或加固处理的分项、分部工程，虽然改变外形尺寸但仍能满足安全使用要求的，可按处理技术方案和协商文件进行二次验收。

⑤ 通过返修或加固处理仍不能满足安全使用要求的，严禁验收。

（5）对属于下列情况之一的钢材应进行抽样复验，其复验结果应符合现行国家产品标准和设计要求

① 国外进口钢材。

② 钢材混批。

③ 板厚等于或大于 40mm 且设计有 Z 向性能要求的厚板。

④ 建筑结构安全等级为一级大跨度钢结构中主要受力构件所采用的钢材。

⑤ 设计有复验要求的钢材。

⑥ 对质量有异议的钢材。

检查数量：全数检查。

检验方法：检查复验报告。

（6）化学成分分析（主控项目）

① 检验指标：C、Si、Mn、S、P 及其他合金元素。

② 依据标准：《钢和铁 化学成分测定用试样的取样和制样方法》（GB/T 20066—2006）、《建筑结构检测技术标准》（GB/T 50344—2019）。

③ 取样方法及数量：钢材化学成分分析，可根据需要进行全成分分析或主要成分分析。所采用的取样方法应保证分析试样能代表抽样产品的化学成分平均值。分析试样应去除表面涂层、除湿、除尘，以及除去其他形式的污染。分析试样应尽可能避开孔隙、裂缝、疏松、毛刺、折叠或其他表面缺陷。制备的分析试样的质量应足够大，以便可能进行必要的复检验。对屑状或粉末状样品，其质量一般为 100g。可采取钻、切、车、冲等方法制取屑状样品。不能用钻取方法制备屑状样品时，样品应该切小或破碎，然后用破碎机或振动磨粉碎。振动磨有盘磨和环磨。制取的粉末分析试样应全部通过规定孔径的筛。钢材化学成分分析每批钢材取 1 个试样。

（7）力学性能检验（主控项目）

① 检验指标：屈服点、抗拉强度、伸长率、冷弯性能、冲击功。

② 依据标准：《钢和铁 化学成分测定用试样的取样和制样方法》（GB/T 20066—2006）、《建筑结构检测技术标准》（GB/T 50344—2019）。

③ 取样方法及数量：应在外观及尺寸合格的钢材上取样，产品应具有足够大的尺寸。取样时应防止出现过热、加工硬化现象而影响力学性能。取样的位置及方向应符合相关规定。对于钢结构工程用碳素结构钢、合金结构钢而言，其钢材进场后的抽样检验的批量应符合的规定是，以同一牌号、同一等级、同一品种、同一尺寸、同一交货状态的钢材不大于 60t 为一批。当工程没有与结构同批的钢材时，可在构件上截取试样，冲击试验取 3 个试样。当被检验的屈服点或抗拉强度不满足要求时，应补充取样进行拉伸试验。补充试验应将同类构件同一规格的钢材划为一批，每批抽样 3 个。

本章小结

本章简要介绍了钢结构对材料的要求和塑性破坏、脆性破坏两种基本的破坏形式，着重介绍了屈服强度、抗拉强度、伸长率、冷弯性能、冲击韧性等钢材的力学性能及影响钢材力学性能的各种因素。钢结构有塑性破坏和脆性破坏两种破坏形式，应根据结构的重要性、荷载性质、结构的连接方法、结构的工作温度等不同情况选择其钢号和材质。衡量钢材强度的指标是屈服点、抗拉强度，衡量钢材塑性的指标是伸长率和冷弯性能，衡量钢材冲击韧性的指标是冲击韧性值。影响钢材性能的因素除化学成分外，还有冶炼轧制工艺、加工工艺、受力状态、构造情况、重复荷载和环境温度等。

习 题

一、单项选择题

1. 钢材在低温下，塑性（　　），冲击韧性下降。
   A. 提高　　　　B. 下降　　　　C. 不变　　　　D. 可能提高也可能下降

2. 钢材应力-应变关系的理想弹塑性模型是（　　）。

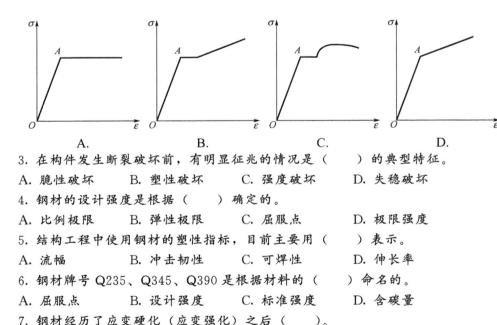

   　　A.　　　　　　B.　　　　　　C.　　　　　　D.

3. 在构件发生断裂破坏前，有明显征兆的情况是（　　）的典型特征。
   A. 脆性破坏　　B. 塑性破坏　　C. 强度破坏　　D. 失稳破坏

4. 钢材的设计强度是根据（　　）确定的。
   A. 比例极限　　B. 弹性极限　　C. 屈服点　　　D. 极限强度

5. 结构工程中使用钢材的塑性指标，目前主要用（　　）表示。
   A. 流幅　　　　B. 冲击韧性　　C. 可焊性　　　D. 伸长率

6. 钢材牌号 Q235、Q345、Q390 是根据材料的（　　）命名的。
   A. 屈服点　　　B. 设计强度　　C. 标准强度　　D. 含碳量

7. 钢材经历了应变硬化（应变强化）之后（　　）。
   A. 强度提高　　B. 塑性提高　　C. 冷弯性能提高　D. 可焊性提高

8. 型钢中的 H 型钢和工字钢相比，（　　）。
   A. 两者所用的钢材不同　　　　B. 前者的翼缘相对较宽
   C. 前者的强度相对较高　　　　D. 两者的翼缘都有较大斜度

9. 钢材是理想的（　　）。

A. 弹性体　　　　B. 塑性体　　　　C. 弹塑性体　　　　D. 非弹性体

二、名词解释

1. 屈服强度
2. 伸长率
3. 蓝脆现象
4. 应力集中
5. 钢材的疲劳

三、简答题

1. 钢结构对钢材性能有哪些要求？这些要求用哪些指标来衡量？
2. 钢材受力有哪两种破坏形式？它们对结构安全有何影响？
3. 影响钢材性能的主要因素有哪些？低温条件及复杂应力作用下的钢结构有哪些特殊要求？
4. 建筑钢材的选材原则是什么？
5. 钢结构牌号的表示方法是什么？
6. 当钢结构工程质量不符合《验收标准》规定的合格质量标准时，应如何处理？
7. 对属于哪些情况的钢材应进行抽样复验，其复验结果应符合现行国家产品标准和设计要求？

第3章 钢结构的连接工程

📚 教学要求

能 力 要 求	相 关 知 识	权　重
（1）理解焊缝连接原理，掌握焊缝形式及构造要求，能对工程构件焊缝连接进行计算和简单设计； （2）理解螺栓连接原理，掌握螺栓连接种类及构造要求，能对工程构件螺栓连接进行计算和简单设计	（1）焊缝连接形式及构造要求； （2）焊缝连接计算； （3）螺栓连接的种类及构造要求； （4）螺栓连接计算	40%
（1）掌握焊接人员资格与要求，焊接材料的种类及应用，理解焊接施工工艺； （2）掌握螺栓连接施工的常识、连接件种类及施工工艺	（1）焊接人员资格及要求，焊接材料的种类及应用，焊接施工工艺； （2）螺栓连接施工的常识、施工工艺	35%
（1）掌握焊缝检测方法、无损检测的内容及要点； （2）掌握焊接施工常见质量问题及防治措施； （3）掌握普通螺栓与高强度螺栓施工质量问题及防治措施	（1）焊缝检测方法，无损检测； （2）焊接施工常见质量问题及防治措施； （3）普通螺栓与高强度螺栓施工质量问题及防治措施	25%

📚 本章导读

钢结构的连接方式主要有焊缝连接、螺栓连接和铆钉连接，连接时一般采用一种连接方式,也可采用螺栓连接和焊缝连接的混合连接方式。几种连接方式各有特点,其直接影响结构的构造、制造工艺和工程造价,特别是连接质量直接影响结构的安全性和使用寿命,因此选择合适的连接方式、保证连接的质量在钢结构制作与安装工程中至关重要。本章主要介绍钢结构中的焊缝连接和螺栓连接的构造要求、连接计算受力分析、施工工艺、质量控制等,其中焊缝连接和螺栓连接的受力分析及施工技术是重点和难点。

3.1 概述

钢结构是由若干构件组合而成的。连接的作用就是通过一定的手段将板材或型钢组合成构件,或将若干构件组合成整体结构,以保证其共同工作。因此,连接方式及其质量优劣直接影响钢结构的工作性能。钢结构的连接必须符合安全可靠、传力明确、构造简单、方便施工和节约钢材的原则。

钢结构主要有焊缝连接、螺栓连接、铆钉连接和混合连接几种连接方式(图3.1),其中铆钉连接现在已基本不被采用,梁、柱翼缘连接处常采用栓焊混合连接。

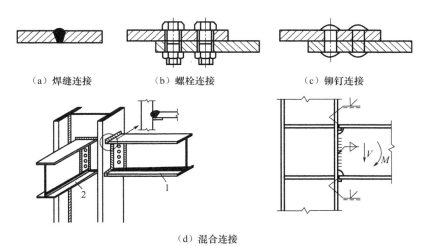

(a)焊缝连接　　(b)螺栓连接　　(c)铆钉连接

(d)混合连接

图3.1 钢结构的连接方式

1. 焊缝连接

焊缝连接是目前钢结构最主要的连接方式。其优点是构造简单,加工方便,节约钢材,连接的刚度大,密封性能好,易于采用自动化作业。但焊缝连接会产生残余应力和残余变形,且连接的塑性和韧性较差。

2. 螺栓连接

螺栓连接可分为普通螺栓连接和高强度螺栓连接两种。

(1)普通螺栓连接

【普通螺栓与高强度螺栓的区分】

普通螺栓分为A、B、C三级。A级与B级为精制螺栓,C级为粗制螺栓。C级螺栓材料性能等级为4.6级或4.8级,小数点前的数字表示螺栓成品的抗拉强度不小于400N/mm²,小数点及小数点后的数字表示其屈强比(屈服强度与抗拉强度之比)

为 0.6 或 0.8。A 级和 B 级螺栓性能等级为 8.8 级，其抗拉强度不小于 800N/mm²，屈强比为 0.8。

C 级螺栓由未经加工的圆钢轧制而成，由于螺栓表面粗糙，一般采用在单个零件上一次冲成或采用钻模钻成设计孔径的孔（Ⅱ类孔）。螺栓孔的直径比螺杆的直径大 1.5～3mm（表 3.1）。C 级螺栓连接，由于螺杆与螺栓孔之间有较大间隙，受剪力作用时，将会产生较大的剪切滑移，因此连接的变形大；但 C 级螺栓安装方便，且能有效传递拉力，故一般可用于沿螺杆轴向受拉的连接中，以及次要结构的抗剪连接或安装时的临时固定。

表 3.1　C 级螺栓孔径

螺杆公称直径/mm	12	16	20	22	24	27	30
螺栓孔公称直径/mm	13.5	17.5	22	24	26	30	33

A、B 级精制螺栓是由毛坯在车床上经过切削加工精制而成。其表面光滑，尺寸准确，螺杆直径与螺栓孔径相同，对成孔质量要求高。由于它有较高的精度，因而抗剪性能好，但制作和安装复杂、价格较高，已很少在钢结构中采用。

（2）高强度螺栓连接

高强度螺栓连接传递剪力的机理和普通螺栓不同，后者靠螺杆承压和抗剪来传递剪力，而高强度螺栓连接主要是靠被连接板件间的强大摩擦阻力来传递剪力。可见，要保证高强度螺栓连接的可靠性，就必须首先保证被连接板件间具有足够大的摩擦阻力。

高强度螺栓连接的优点是施工简便、受力好、耐疲劳、可拆换、工作安全可靠，因此已广泛用于钢结构连接中，尤其适用于承受动力荷载的结构中。

高强度螺栓连接受剪力时，按其传力方式不同又可分为摩擦型和承压型两种。前者仅靠被连接板件间的强大摩擦阻力传递剪力，以摩擦阻力刚好被克服作为连接承载力的极限状态。其对螺栓孔的质量要求不高（Ⅱ类孔），但为了增大被连接板件接触面间的摩擦阻力，对连接的各接触面应进行处理。后者是靠被连接板件间的摩擦力和螺杆共同传递剪力，以螺杆被剪坏或被压（承压）坏作为承载力的极限。其承载力比摩擦型高，可节约螺栓。但因其剪切变形比摩擦型大，故只适用于承受静力荷载和对结构变形不敏感的结构中，不得用于直接承受动力荷载的结构中。

高强度螺栓一般采用 45 钢、40B 钢和 20MnTiB 钢加工而成，经热处理后，螺栓抗拉强度应分别不低于 800N/mm² 和 1000N/mm²，即前者的性能等级为 8.8 级，后者的性能等级为 10.9 级。高强度螺栓摩擦型连接的孔径比螺栓公称直径 d 大 1.5～2.0mm，高强度螺栓承压型连接的孔径比螺栓公称直径 d 大 1.0～1.5mm。

3. 铆钉连接

铆钉连接由于构造复杂、费钢费工，现已很少采用。但是铆钉连接的塑性较好、韧度较高，传力可靠，质量易于检查，在一些重型和直接承受动力荷载的结构中有时仍然采用。

4. 混合连接

实际工程中，梁翼缘与柱翼缘全熔透焊接、梁腹板与柱翼缘螺栓连接是目前栓焊混合连接应用的基本模式,如图 3.1(d)所示,其在梁、柱节点连接中起到一定作用,也是建筑行业发展的需要。

3.2 钢结构焊缝连接计算

【埋弧焊】

3.2.1 焊接原理

钢结构常用的焊接方法是电弧焊,包括手工电弧焊、自动或半自动埋弧焊及气体保护焊等。

1. 手工电弧焊

手工电弧焊原理如图 3.2 所示。其电路由焊条、焊钳、焊件、电焊机和导线等组成。通电引弧后,在涂有焊药的焊条端和焊件的间隙中产生电弧,使焊条熔化,熔滴滴入被电弧吹成的焊件溶池中,同时焊药燃烧,在熔池周围形成保护气体;稍冷后在焊缝熔化金属的表面又形成熔渣,隔绝熔池中的液体金属和空气中的氧、氮等气体的接触,避免形成脆性易裂的化合物。焊缝金属冷却后便与焊件熔为一体。

手工电弧焊具有设备简单、适用性强的优点,特别是对于短焊缝或曲折焊缝的焊接,或在施工现场进行高空焊接时,只能采用手工焊接,所以它是钢结构中最常用的焊接方法。但其生产效率低,劳动强度大,焊缝质量取决于焊工的技术水平和状态,焊缝质量波动较大。

2. 自动或半自动埋弧焊

自动或半自动埋弧焊的原理如图 3.3 所示。其主要设备是电焊机,它可沿轨道按设定的速度移动。通电引弧后,电弧的作用使埋于焊剂下的焊丝和附近的焊剂熔化,熔渣浮在熔化的焊缝金属上,使熔化金属不与空气接触,并供给焊缝金属必要的合金元素,随着电焊机的自动移动,颗粒状的焊剂不断由料斗漏下,电弧完全被埋在焊剂之内,同时焊丝也自动边熔化边下降,故称为自动埋弧焊。如果电焊机的移动是由人工操作,则称为半自动埋弧焊。

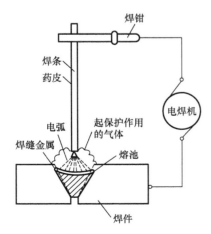

图 3.2 手工电弧焊原理

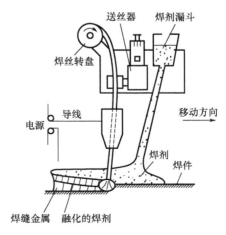

图 3.3 自动埋弧焊原理

采用自动埋弧焊时焊缝质量稳定，焊缝内部缺陷少，塑性和韧性好，因此其质量比手工电弧焊好。但它只适合焊接较长的直线焊缝。半自动埋弧焊质量介于自动埋弧焊和手工电弧焊之间，因由人工操作，故适合于焊接曲线或任意形状的焊缝。自动或半自动埋弧焊应采用与焊件金属强度相匹配的焊丝和焊剂。焊丝应符合《熔化焊用钢丝》（GB/T 14957—1994）的规定，焊剂种类根据焊接工艺要求确定。

3. 气体保护焊

气体保护焊是利用惰性气体或二氧化碳气体作为保护介质的一种电弧熔焊方法。它直接依靠保护气体在电弧周围形成局部的保护层，以防止有害气体侵入，从而保持焊接过程稳定。气体保护焊又称为气电焊。

气体保护焊的优点是焊工能够清楚地看到焊缝成型的过程，熔滴过渡平缓，焊缝强度比手工电弧焊高，焊缝的塑性和抗腐蚀性能好。其适用于全位置的焊接，但不适于野外或有风的地方施焊。

3.2.2 焊缝的形式

1. 焊缝的连接形式

焊缝的连接形式按被连接钢材的相互位置可分为对接、搭接、T形连接和角接四种形式（图3.4）。

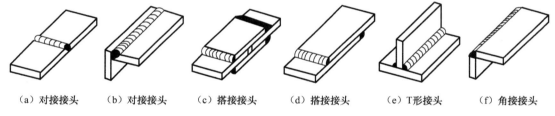

(a) 对接接头　　(b) 对接接头　　(c) 搭接接头　　(d) 搭接接头　　(e) T形接头　　(f) 角接接头

图 3.4　焊缝的连接形式

根据焊缝的熔敷金属是否充满整个连接截面，对接焊缝还可分为焊透和不焊透两种形式。在承受动荷载的结构中，垂直于受力方向的焊缝不宜采用不焊透的对接焊缝。不焊透的对接焊缝必须在设计图中注明坡口形式和尺寸，其计算厚度 h_e 不得小于 $1.5\sqrt{t}$，其中 t 为坡口所在焊件的较大厚度，单位为 mm。

2. 焊缝的形式

按焊缝的构造不同，可分为对接焊缝和角焊缝。按作用力与焊缝方向之间的关系，对接焊缝分为对接正焊缝和对接斜焊缝。角焊缝可分为正面角焊缝（端缝）、侧面角焊缝和斜焊缝（图3.5）。

角焊缝沿长度方向的布置分为连续角焊缝和间断角焊缝（图3.6）。连续角焊缝的受力性能较好，为主要的角焊缝形式；间断角焊缝容易引起应力集中现象，重要的结构应避免，但可用于一些次要的构件或次要的焊缝连接中。一般的受压构件中应满足 $l \leqslant 15t$，受拉构件中应满足 $l \leqslant 30t$，t 为较薄焊件的厚度。

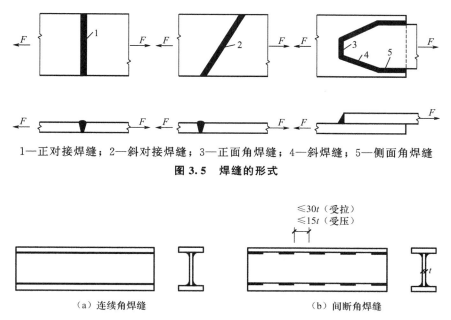

1—正对接焊缝；2—斜对接焊缝；3—正面角焊缝；4—斜焊缝；5—侧面角焊缝

图 3.5　焊缝的形式

（a）连续角焊缝　　　　　　　（b）间断角焊缝

图 3.6　连续角焊缝和间断角焊缝

焊缝按施焊位置分为平焊、立焊（竖焊）、横焊、仰焊四种（图 3.7），平焊焊接工作最方便，质量也最好，应用较多。立焊和横焊的质量及生产效率比平焊差一些；仰焊的操作最困难，且焊缝质量不易保证，应避免采用。

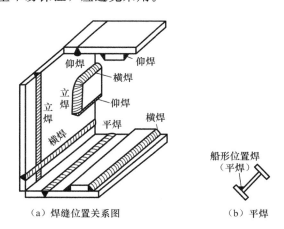

（a）焊缝位置关系图　　　　　（b）平焊

图 3.7　焊缝按施焊位置分类

3.2.3　焊缝的构造

1．对接焊缝的构造

（1）坡口形式

对接焊缝的焊件常需要做成坡口，故又叫坡口焊缝。坡口形式宜根据板厚和施工条件按有关现行国家标准的要求选用，对接焊缝板边的坡口形式有I形、单边V形、V形、J形、U形、K形和X形等（图3.8）。

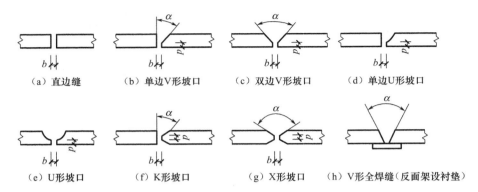

α
b
p
(a) 直边缝
(b) 单边V形坡口
(c) 双边V形坡口
(d) 单边U形坡口
(e) U形坡口
(f) K形坡口
(g) X形坡口
(h) V形全焊缝（反面架设衬垫）

图3.8 对接焊缝的坡口形式

当焊件厚度 $t \leqslant 6$mm时，可采用I形坡口；当焊件厚度 $6\text{mm} < t \leqslant 20$mm时，可采用具有斜坡口的单边V形或V形坡口；当焊件厚度 $t > 20$mm时，则采用U形、K形或X形坡口。

(2) 引弧板

引弧板

图3.9 对接焊缝用引弧板

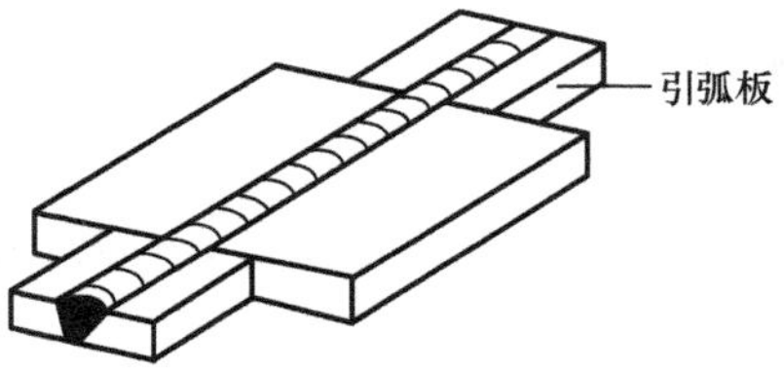

对接焊缝施焊时的起点和终点常因起弧和灭弧出现弧坑等缺陷，此处极易产生裂纹和应力集中，对承受动力荷载的结构尤为不利。为避免焊口缺陷，可在焊缝两端设引弧板（图3.9），起弧、灭弧只在这里发生，焊完后将引弧板切除，并将板边沿受力方向修磨平整。

(3) 截面的改变

在对接焊缝的拼接处，当焊件的宽度不同或厚度相差4mm以上时，应分别在宽度方向或厚度方向从一侧或两侧做成坡度不大于1/4（对承受动荷载的结构）或1/2.5（对承受静荷载的结构）(图3.10)，以使截面平缓过渡，使构件传力平顺，减少应力集中。当厚度不同时，坡口形式应根据较薄焊件厚度来取用，焊缝的计算厚度等于较薄焊件的厚度。

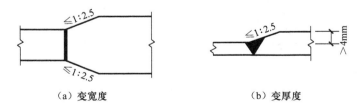

≤1:2.5
≤1:2.5
(a) 变宽度
≤1:2.5
>4mm
(b) 变厚度

图3.10 变截面钢板的拼接

2. 角焊缝的构造

(1) 截面形式

角焊缝按两焊脚边的夹角可分为直角角焊缝［图3.11 (a)、(b)、(c)］和斜角角焊缝［图3.11 (d)、(e)、(f)、(g)］两种。在建筑钢结构中，最常用的是直角角焊缝，斜角角焊缝主要用于钢管结构中。

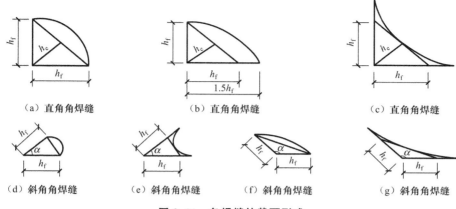

图 3.11 角焊缝的截面形式

(2) 构造要求

① 最小焊脚尺寸。

为保证角焊缝的最小承载力,并防止焊缝因冷却过快而产生裂纹,角焊缝的最小焊脚尺寸应满足:$h_f \geqslant 1.5\sqrt{t}$,其中 t(mm)为较厚焊件厚度(当采用低氢型碱性焊条施焊时,t 可采用较薄焊件厚度)。对于埋弧自动焊,$h_{f,\min}$ 可减小 1mm;对于 T 形连接的单面角焊缝,$h_{f,\min}$ 应增加 1mm。角焊缝最小焊脚尺寸宜按表 3.2 取值,承受动荷载时,角焊缝焊脚尺寸不宜小于 5mm。

表 3.2 角焊缝的最小焊脚尺寸 单位:mm

母材厚度 t	角焊缝最小焊角尺寸 f_h
$t \leqslant 6$	3
$6 < t \leqslant 12$	5
$12 < t \leqslant 20$	6
$20 < t$	8

② 最大焊脚尺寸。

角焊缝的焊脚尺寸过大,焊缝收缩时将产生较大的焊接残余应力和残余变形,且热影响区扩大易产生脆裂,较薄焊件易烧穿。角焊缝的焊脚尺寸不宜大于较薄焊件的 1.2 倍,但板件(厚度为 t)边缘的角焊缝最大焊脚尺寸尚应符合下列要求。

A. 当 $t \leqslant 6$mm 时,取 $h_{f,\max} \leqslant t$;

B. 当 $t > 6$mm 时,取 $h_{f,\max} \leqslant t - (1 \sim 2)$mm。

③ 最小计算长度。

角焊缝的焊缝长度过小,焊件局部受热严重,且施焊时起落弧坑相距过近,加之其他缺陷的存在,使焊缝不够可靠。因此,侧面角焊缝或正面角焊缝的最小计算长度不得小于 $8h_f$,且不小于 40mm。

④ 侧面角焊缝的最大计算长度。

侧面角焊缝在弹性阶段的应力沿长度方向分布不均匀,两端大、中间小。当侧面角焊缝长度太大时,焊缝两端应力可能达到极限而破坏,而焊缝中部的应力还较低,这种应力分布不均匀对承受动荷载的结构尤为不利。因此，侧面角焊缝的计算长度不宜大于 $60h_f$，当大于上述数值时，其超过部分在计算中不予考虑。但当内力沿侧面角焊缝全长分布时则不受此限制。

⑤ 在搭接连接中，为减小因焊缝收缩产生过大的残余应力及因偏心产生的附加弯矩，要求搭接长度不得小于较小焊件厚度的 5 倍，且不小于 25mm（图 3.12）。

⑥ 板件的端部仅用两侧焊缝连接时（图 3.13），为避免应力传递过于弯折而致使板件应力过于不均匀，应使焊缝长度 $l_w \geq b$；同时，为避免因焊缝收缩引起板件变形拱曲过大，应满足 $b \leq 16t$（当 $t > 12$mm 时）或 190mm（当 $t \leq 12$mm 时），其中 t 为较薄焊件的厚度。

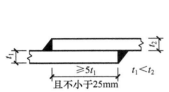

图 3.12 搭接长度要求

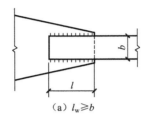

(a) $l_w \geq b$

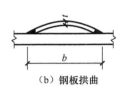

(b) 钢板拱曲

图 3.13 仅用两侧焊缝连接的构造要求

⑦ 圆形塞焊缝的直径不应小于 $t+8$mm，其中 t 为开孔焊件的厚度，且焊脚尺寸应符合下列要求。

A. 当 $t \leq 16$mm 时，$h_f = t$；

B. 当 $t > 16$mm 时，$h_f > t/2$ 且 $h_f \geq 16$mm。

⑧ 当角焊缝的端部在焊件的转角处时，为避免起落弧缺陷发生在应力集中较大的转角处，宜连续绕过转角加焊 $2h_f$，并计入焊缝的有效长度之内（图 3.14）。

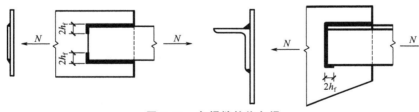

图 3.14 角焊缝的绕角焊

3.2.4 焊缝的计算

1. 对接焊缝

本书只介绍焊透对接焊缝的计算。

(1) 轴心受力对接焊缝的计算

对接焊缝受垂直于焊缝长度方向的轴心力（拉力或压力）[图 3.15（a）] 时，其焊缝强度按下式计算。

$$\sigma = \frac{N}{A_w} = \frac{N}{l_w h_e} \leq f_t^w \text{ 或 } f_c^w \tag{3.1}$$

式中：N——轴心力（拉力或压力）；

l_w——焊缝的计算长度（当未采用引弧板施焊时，每条焊缝取实际长度减去 $2t$；即 $l_w=l-2t$；当采用引弧板施焊时，取焊缝的实际长度）；

h_e——在对接接头中取连接件的较小厚度，在 T 形接头中取腹板厚度；

A_w——焊缝的计算截面面积，$A_w=l_w h_e$；

f_t^w、f_c^w——对接焊缝的抗拉、抗压强度设计值，见附表 6。

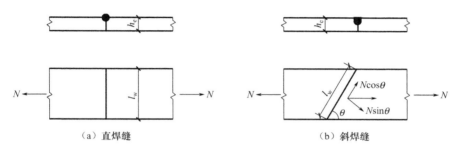

图 3.15 轴心受力对接焊缝

由于一级或二级焊缝与母材强度相等，因此只有焊缝质量等级为三级时才需按式（3.1）进行抗拉强度验算。如果采用直焊缝不能满足强度要求时，可采用斜焊缝[图 3.15（b）]。计算表明，焊缝与作用力间的夹角满足 $\tan\theta \leqslant 1.5$ 时，斜焊缝的强度不低于母材强度，可不再进行验算。但斜焊缝比正对接焊缝费料，不宜多用。

【例 3.1】试验算图 3.15 所示钢板的对接焊缝强度，图中 $l=550$mm，$t_e=22$mm，轴心力的设计值 $N=2300$kN。钢材为 Q235—B·F，手工焊，焊条 E43 型，焊缝质量标准三级，未采用引弧板。

【解】查附表 6 得焊缝抗拉强度设计值 $f_t^w=175$N/mm²，$f_v^w=120$N/mm²。

直缝连接时计算长度 $l_w=(550-2\times 22)$mm$=506$mm。焊缝正应力为

$$\sigma=\frac{N}{A_w}=\frac{N}{l_w t}=\left(\frac{2300\times 10^3}{506\times 22}\right)\text{N/mm}^2=206.61\text{ N/mm}^2 > f_t^w=175\text{ N/mm}^2$$

不满足要求。改用斜焊缝，取截割斜度为 1.5：1，即 $\theta=56°$，则焊缝长度为

$$l_w=\frac{l}{\sin\theta}-2t=\left(\frac{550}{\sin 56°}-2\times 22\right)\text{mm}=620\text{mm}$$

故此时焊缝的正应力为

$$\sigma=\frac{N\sin\theta}{l_w t}=\left(\frac{2300\times 10^3\times \sin 56°}{620\times 22}\right)\text{N/mm}^2=139.79\text{N/mm}^2 < f_t^w=175\text{N/mm}^2$$

剪应力为

$$\tau=\frac{N\cos\theta}{l_w t}=\left(\frac{2300\times 10^3\times \cos 56°}{620\times 22}\right)\text{N/mm}^2=94.29\text{N/mm}^2 < f_v^w=120\text{N/mm}^2$$

经验算该焊缝连接满足强度要求。

(2) 弯矩、剪力共同作用时对接焊缝的计算

对接焊缝在弯矩和剪力共同作用下（图 3.16）应分别验算其最大正应力和剪应力。正应力和剪应力的验算公式如下。

$$\sigma_{\max}=\frac{M}{W_w}\leqslant f_t^w \tag{3.2}$$

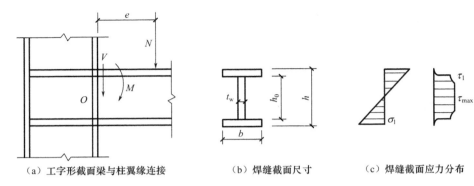

(a) 工字形截面梁与柱翼缘连接　　(b) 焊缝截面尺寸　　(c) 焊缝截面应力分布

图 3.16　对接焊缝受弯矩和剪力共同作用

$$\tau_{\max}=\frac{VS_\mathrm{w}}{I_\mathrm{w}t_\mathrm{w}}\leqslant f_\mathrm{v}^\mathrm{w} \tag{3.3}$$

式中：M、V——焊缝承受的弯矩和剪力；

$\quad\quad I_\mathrm{w}$、W_w——焊缝计算截面的惯性矩和抵抗矩；

$\quad\quad S_\mathrm{w}$——计算剪应力处以上（或以下）焊缝计算截面对中和轴的面积矩；

$\quad\quad t_\mathrm{w}$——计算剪应力处焊缝计算截面的宽度；

$\quad\quad f_\mathrm{v}^\mathrm{w}$——对接焊缝的抗剪强度设计值。

对于矩形焊缝截面，因最大正（或剪）应力处正好剪（或正）应力为零，故可按式（3.2）、式（3.3）分别进行验算。对于工字形或 T 形焊缝截面，除按式（3.2）和式（3.3）验算外，在同时承受较大正应力 σ_1 和较大剪应力 τ_1 处（梁腹板横向对接焊缝的端部），则还应按下式验算其折算应力。

$$\sigma_2=\sqrt{\sigma_1^2+3\tau_1^2}\leqslant 1.1f_\mathrm{t}^\mathrm{w} \tag{3.4}$$

$$\sigma_1=\sigma_{\max}\frac{h_0}{h},\quad \tau_1=\frac{VS_\mathrm{w1}}{I_\mathrm{w}t_\mathrm{w}}$$

式（3.4）中系数 1.1 是考虑要验算折算应力的地方只是局部区域，在该区域同时遇到材料最坏的概率是很小的，因此将强度设计值提高 10%。

【例 3.2】某 8m 跨度简支梁的截面和荷载设计值（含梁自重）如图 3.17 所示。在距支座 2.4m 处有翼缘和腹板的拼接连接，试设计其拼接的对接焊缝。已知钢材为 Q345，采用 E50 型焊条，手工焊，三级质量标准，施焊时采用引弧板。

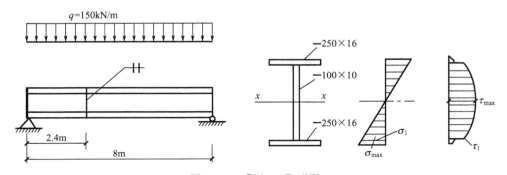

图 3.17　【例 3.2】附图

【解】（1）距支座 2.4m 处的内力

$$M = qab/2 = [150 \times 2.4 \times (8-2.4)/2] \text{kN·m} = 1008 \text{kN·m}$$
$$V = q(l/2 - a) = [150 \times (8/2 - 2.4)] \text{kN} = 240 \text{kN}$$

（2）焊缝计算截面的几何特征值

$$I_w = [(250 \times 1032^3 - 240 \times 1000^3)/12] \text{mm}^4 = 2898 \times 10^6 \text{mm}^4$$
$$W_w = (2898 \times 10^6 / 516) \text{mm}^3 = 5.6163 \times 10^6 \text{mm}^3$$
$$S_{w1} = (250 \times 16 \times 508) \text{mm}^3 = 2.032 \times 10^6 \text{mm}^3$$
$$S_w = (2.032 \times 10^6 + 10 \times 500 \times 500/2) \text{mm}^3 = 3.282 \times 10^6 \text{mm}^3$$

（3）焊缝强度计算

查附表 6 查得 $f_t^w = 260 \text{N/mm}^2$，$f_v^w = 175 \text{N/mm}^2$。

$$\sigma_{\max} = \frac{M}{W_w} = \left(\frac{1008 \times 10^6}{5.6163 \times 10^6}\right) \text{N/mm}^2 = 179.5 \text{N/mm}^2 < f_t^w = 260 \text{N/mm}^2 \text{（满足要求）}$$

$$\tau_{\max} = \frac{VS_w}{I_w t_w} = \left(\frac{240 \times 10^3 \times 3.282 \times 10^6}{2898 \times 10^6 \times 10}\right) \text{N/mm}^2 = 27.2 \text{N/mm}^2 < f_v^w = 175 \text{N/mm}^2 \text{（满足要求）}$$

$$\sigma_1 = \sigma_{\max} \frac{h_0}{h} = (179.5 \times 1000/1032) \text{N/mm}^2 = 173.9 \text{N/mm}^2$$

$$\tau_1 = \frac{VS_{w1}}{I_w t_w} = \left(\frac{240 \times 10^3 \times 3.282 \times 10^6}{2898 \times 10^6 \times 10}\right) \text{N/mm}^2 = 16.8 \text{N/mm}^2$$

$$\sigma_2 = \sqrt{\sigma_1^2 + 3\tau_1^2} = (\sqrt{173.9^2 + 3 \times 16.8^2}) \text{N/mm}^2$$
$$= 176.3 \text{N/mm}^2 < 1.1 f_t^w = 1.1 \times 260 = 286 \text{N/mm}^2 \text{（满足要求）}$$

2. 角焊缝

（1）直角角焊缝的受力特点

角焊缝（图 3.18）受力后，其应力状态极为复杂。通过对直角角焊缝进行的大量试验结果表明：侧面角焊缝的破坏截面以 45°喉部截面居多；而端焊缝则多数不在该截面破坏，并且端焊缝的破坏强度是侧焊缝的 1.35~1.55 倍。因此，偏于安全地假定直角角焊缝的破坏截面在 45°喉部截面处，即图 3.18 中的 AE 截面，AE 截面（不考虑余高）为计算时采用的截面，

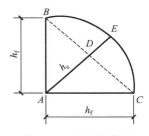

图 3.18　角焊缝截面

称为有效截面，其截面高度为有效高度或计算高度 h_e，截面面积为 $h_e l_w$。

由于角焊缝的应力分布十分复杂，因此正面角焊缝与侧面角焊缝工作差别很大，要精确计算很困难。因此，计算时均按破坏时计算截面上的平均应力来确定其强度，并采用统一的强度设计值 f_f^w，见附表 6。

（2）直角角焊缝的计算公式

① 在通过焊缝形心的拉力、压力或剪力作用下。

当作用力垂直于焊缝长度方向时：

$$\sigma_f = \frac{N}{h_e l_w} \leqslant \beta_f f_f^w \tag{3.5}$$

当作用力平行于焊缝长度方向时：

$$\tau_f = \frac{N}{h_e l_w} \leqslant f_f^w \tag{3.6}$$

式中：N——轴心力（拉力、压力或剪力）；

σ_f——按焊缝有效截面计算的垂直于焊缝长度方向的应力；

τ_f——按焊缝有效截面计算的沿焊缝长度方向的剪应力；

β_f——端焊缝的强度设计值增大系数，对于承受静力荷载和间接承受动力荷载的结构，$\beta_f=1.22$，对于直接随动力荷载的结构，$\beta_f=1.0$；

h_e——角焊缝的有效高度，取 $h_e=0.7h_f$（h_f 为焊脚尺寸）；

l_w——焊缝的计算长度，考虑到角焊缝的两端不可避免地会有弧坑等缺陷，所以角焊缝的计算长度等于其实际长度减去 $2h_f$。

② 在弯矩、剪力和轴心力共同作用下。

如图 3.19 所示，焊缝的 A 点为最危险点。

由轴心力 N 产生的垂直于焊缝长度方向的应力为

$$\sigma_f^N = \frac{N}{A_w} = \frac{N}{2h_e l_w} \tag{3.7a}$$

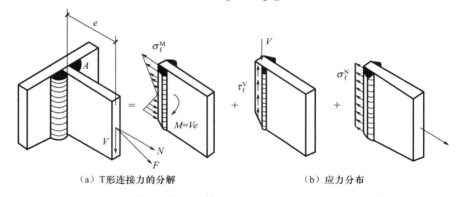

（a）T形连接力的分解　　　　（b）应力分布

图 3.19　弯矩、剪力和轴心力共同作用时 T 形接头角焊缝

由剪力 V 产生的平行于焊缝长度方向的应力为

$$\tau_f^N = \frac{V}{A_w} = \frac{V}{2h_e l_w} \tag{3.7b}$$

由弯矩 M 引起的垂直于焊缝长度方向的应力为

$$\sigma_f^M = \frac{M}{W_w} = \frac{6M}{2h_e l_w^2} \tag{3.7c}$$

将垂直于焊缝方向的应力 σ_f^N 和 σ_f^M 相加，于是有

$$\sqrt{\left(\frac{\sigma_f^N + \sigma_f^M}{\beta_f}\right)^2 + \tau_f^2} \leqslant f_f^w \tag{3.8}$$

式中：A_w——角焊缝的有效截面面积；

W_w——角焊缝的有效截面模量。

注意，对于承受静力荷载和间接承受动力荷载的结构中的斜角角焊缝，按式(3.5)～式(3.8)计算时，应取 $\beta_f=1.0$；对于直接承受动力荷载的结构，$\beta_f=1.22$。

③ 角钢连接角焊缝的计算。

角钢与连接板用角焊缝连接可以采用两侧焊缝、三面围焊和 L 形围焊三种形式（图 3.20），为避免偏心受力，应使焊缝传递的合力作用线与角钢杆件的轴线相重合。

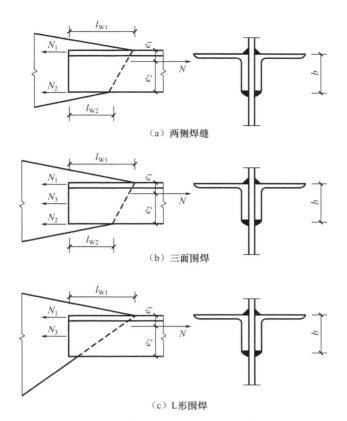

图 3.20 角钢与连接板的角焊缝连接

A. 仅采用两侧焊缝连接时 [图 3.20 (a)]。

设 N_1、N_2 分别为角钢肢背和肢尖焊缝承受的内力,由平衡条件得:

$$N_1 = \frac{e_2}{b}N = K_1 N \tag{3.9a}$$

$$N_1 = \frac{e_1}{b}N = K_2 N \tag{3.9b}$$

式中:e_1、e_2——角钢与连接板贴合肢重心轴线到肢背与肢尖的距离;

b——角钢与连接板贴合肢的肢宽;

k_1、k_2——角钢肢背与肢尖焊缝的内力分配系数,按表 3.3 取用。

计算出 N_1、N_2 后,可根据构造要求确定肢背和肢尖的焊脚尺寸 h_{f1} 与 h_{f2},然后分别计算角钢肢背和肢尖焊缝所需的长度。

$$\sum l_{w1} = \frac{N_1}{0.7 h_{f1} f_f^w} \tag{3.10a}$$

$$\sum l_{w2} = \frac{N_2}{0.7 h_{f2} f_f^w} \tag{3.10b}$$

B. 采用三面围焊连接时 [图 3.20 (b)]。

首先根据构造要求选取端焊缝的焊脚尺寸 h_f,并计算其所能承受的内力(设截面为双角钢的 T 形截面)。

$$N_3 = 2 \times 0.7 h_f l_w \beta_f f_f^w \tag{3.11}$$

由平衡条件得

$$N_1 = k_1 N - \frac{N_3}{2} \tag{3.12a}$$

$$N_2 = k_2 N - \frac{N_3}{2} \tag{3.12b}$$

这样即可由 N_1、N_2 分别计算角钢肢背和肢尖的侧面焊缝长度。

C. 采用 L 形围焊连接时 [图 3.20（c）]。

L 形围焊中由于角钢肢尖无焊缝，在式（3.12b）中，令 $N_2=0$，则有

$$N_3 = 2k_2 N \tag{3.13a}$$

$$N_1 = N - N_3 = (1 - 2k_2)N \tag{3.13b}$$

显然，求得 N_1、N_3 后，即可分别计算出角钢正面角焊缝和肢背侧面角焊缝长度。

表 3.3 角钢侧面角焊缝内力分配系数

角钢类型		等边角钢	不等边角钢（短边相连）	不等边角钢（长边相连）
连接情况				
分配系数	角钢肢背 k_1	0.70	0.75	0.65
	角钢肢尖 k_2	0.30	0.25	0.35

【例 3.3】 在图 3.21 所示角钢和节点板采用两侧焊缝的连接中，$N=660\text{kN}$（静荷载设计值），角钢为 $2 \llcorner 110 \times 10$，节点板厚度 $t_1=12\text{mm}$，钢材为 Q235—A·F，焊条牌号为 E43 型，手工焊。试确定所需角焊缝的焊脚尺寸 h_f 和焊缝长度。

【解】 查附表 6 得角焊缝的强度设计值 $f_f^w = 160\text{N/mm}^2$。

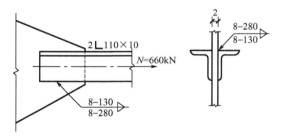

图 3.21 【例 3.3】附图

由构造要求：$h_f > 1.5\sqrt{t} = 1.5\sqrt{12} = 5.2\text{mm}$，$h_f \leq t-(1\sim 2)=10-(1\sim 2)=8\sim 9\text{mm}$，角钢肢尖和肢背都取 $h_f = 8\text{mm}$。

焊缝受力：$N_1 = k_1 N = 0.7 \times 660 = 462\text{kN}$，$N_2 = k_2 N = 0.3 \times 660 = 198\text{kN}$。

所需焊缝长度：

$$l_{w1} = \frac{N_1}{2h_e f_f^w} = \left(\frac{462 \times 10^3}{2 \times 0.7 \times 8 \times 160}\right)\text{mm} = 258\text{mm}$$

$$l_{w2} = \frac{N_2}{2h_e f_f^w} = \left(\frac{198 \times 10^3}{2 \times 0.7 \times 8 \times 160}\right)\text{mm} = 110\text{mm}$$

因需增加 $2h_f = 16\text{mm}$ 长的焊口，故肢背侧焊缝的实际长度取为 280mm，肢尖侧焊缝的实际长度取为 130mm。

3.3 钢结构焊接施工

3.3.1 焊接人员资格

钢结构焊接有关人员需具备一定的资格，要求如下。

① 焊接技术人员应接受过专门的焊接技术培训，且有一年以上焊接生产或施工实践经验。

② 焊接技术负责人除应满足①的规定外，还应具有中级以上技术职称，承担焊接等级为 C 级和 D 级焊接工程的施工单位，其焊接技术负责人应具有高级技术职称。

③ 焊接检验人员应接受过专门的技术培训，有一定的焊接实践经验和技术水平检验人员上岗资格证。

④ 无损检测人员必须由专业机构考核合格，其资格证应在有效期内，并按考核合格项目及权限从事无损检测和审核工作。承担焊接难度等级为 C 级和 D 级焊接工程无损检测审核人员应具备现行国家标准《无损检测人员资格鉴定与认证》(GB/T 9445—2008) 中的 3 级要求。

⑤ 焊接工人应按所从事钢结构的钢材种类、焊接节点形式、焊接方法、焊接位置等要求进行技术资格考试，并取得相应的资格证书，其施焊范围不得超越资格证书的规定。

⑥ 焊接热处理人员应具备相应的专业技术，用电加热设备加热时，其操作人员应经过专业培训。

3.3.2 焊接材料

钢结构中焊接材料需适应焊接场地、焊接方法、焊接方式，特别需要与焊件钢材的强度和材质要求相适应。焊接材料的品种、规格、性能等应符合国家现行有关产品标准和设计要求，常用焊接材料产品标准应按表 3.4 的规定采用，焊条、焊丝、焊剂、电渣焊熔嘴等焊接材料应与设计选用的钢材相匹配，且应符合现行国家标准《钢结构焊接规范》(GB 50661—2011) 的规定。

表 3.4 常用碳钢焊条

焊条型号	药皮类型	焊接位置	电流种类
E43 系列表示熔敷金属抗拉强度＞420MPa（43kgf/mm^2）			
E4300	特殊型	平、立、仰、横	交流或直流正、反接
E4303	钛钙型		
E4310	高纤维素钠型		直流反接
E4312	高钛钠型	平、立、仰、横	交流或直流正接
E4313	高钛钾型		交流或直流正、反接
E4316	低氢钾型		交流或直流反接

续表

焊条型号	药皮类型	焊接位置	电流种类
E4320	氧化铁型	平	交流或直流正、反接
E4322	氧化铁型	平	交流或直流正接
E4323	铁粉钛钙型	平、平角焊	交流或直流正、反接
E4327	铁粉氧化铁型	平	交流或直流正、反接
E50系列表示熔敷金属抗拉强度＞490MPa（50kgf/mm²）			
E5001	钛铁矿型	平、立、仰、横	交流或直流正、反接
E5011	高纤维素钾型	平、立、仰、横	交流或直流反接
E5023	铁粉钛钙型	平、平角焊	交流或直流正、反接
E5028	铁粉低氢型	平、仰、横、立向下	交流或直流反接

注：1. 焊接位置栏中文字含义，平表示平焊、立表示立焊、仰表示仰焊、横表示横焊、平角焊表示水平角焊、立向下表示向下立焊。
    2. 焊接位置栏中立和仰系指适用于立焊和仰焊的直径不大于4.0mm的E5014、E××15、E××16、E5018和E5018M型焊条及直径不大于5.0mm的其他型号焊条。
    3. E4322型焊条适宜单道焊。

1. 焊条

焊条是供手工电弧焊用的熔化电极，由焊芯和药皮两部分组成，如图3.22所示。

1—夹持端；2—药皮；3—引弧端；4—焊芯
图3.22 焊条组成示意

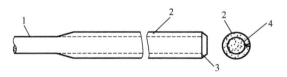
【焊条分类和电流选择】

手工电弧焊时，焊条一方面传导焊接电流和引弧，同时焊条熔化后又作为填充金属直接过渡到熔池里，与液态的熔化的基本金属熔合而形成焊缝。焊缝质量与焊条质量密切相关。

（1）焊条药皮的质量

焊条药皮的质量应符合下列规定。

① 焊条药皮应均匀、紧密地包覆在焊芯周围，整根焊条药皮上不应有影响焊接质量的裂纹、气泡、杂质及剥落等缺陷。

② 焊条引弧端药皮应倒角，焊芯端面应露出，以保证易于引弧。

（2）手工焊接用焊条型号

手工焊常用的焊条有碳钢焊条和低合金钢焊条。其牌号为E43、E50和E55型等，其中E表示焊条，两位数字表示焊条熔敷金属抗拉强度的最小值（单位为kgf/mm²）。手工焊采用的焊条应符合国家标准的规定，焊条的选用应与主体金属相匹配。一般情况下，对Q235钢采用E43型焊条，对Q345钢采用E50型焊条，对Q390和Q420钢采用E55型焊条。当不同强度的两种钢材进行连接时，宜采用与低强度钢材相适应的焊条。常用碳钢焊条和低合金钢焊条规格分别如表3.4、表3.5所示。

表 3.5　常用低合金钢焊条

焊条型号	药皮类型	焊接位置	电流种类
E50 系列表示熔敷金属抗拉强度>490MPa（50kgf/mm²）			
E5003-X	钛钙型	平、立、仰、横	交流或直流正、反接
E5015-X	低氢钠型		直流反接
E5020-X	高氧化铁型	平角焊	交流或直流正接
E5027-X	铁粉氧化铁型	平角焊	交流或直流正接
E55 系列表示熔敷金属抗拉强度>540MPa（55kgf/mm²）			
E5500-X	特殊型	平、立、仰、横	交流或直流正、反接
E5515-X	低氢钠型		直流反接
E5516-X	低氢钾型		交流或直流反接
E60 系列表示熔敷金属抗拉强度>590MPa（60kgf/mm²）			
E6000-X	特殊型	平、立、仰、横	交流或直流正、反接
E6015-X	低氢钠型		直流反接
E6016-X	低氢钾型		交流或直流反接
E70 系列表示熔敷金属抗拉强度>690MPa（70kgf/mm²）			
E7010-X	高纤维素钠型	平、立、仰、横	直流反接
E7013-X	高钛钾型		交流或直流正、反接
E75 系列表示熔敷金属抗拉强度>740MPa（75kgf/mm²）			
E7515-X	低氢钠型	平、立、仰、横	直流反接
E7516-X	低氢钾型		交流或直流反接
E7518-X	铁粉低氢型		
E80 系列表示熔敷金属抗拉强度>780MPa（80kgf/mm²）			
E8015-X	低氢钠型	平、立、仰、横	直流反接
E8018-X	铁粉低氢型		
E85 系列表示熔敷金属抗拉强度>830MPa（85kgf/mm²）			
E8515-X	低氢钠型	平、立、仰、横	直流反接
E8516-X	低氢钾型		交流或直流反接
E8518-X	铁粉低氢型		
E90 系列表示熔敷金属抗拉强度>880MPa（90kgf/mm²）			
E9015-X	低氢钠型	平、立、仰、横	直流反接
E9016-X	低氢钾型		交流或直流反接
E100 系列表示熔敷金属抗拉强度>980MPa（100kgf/mm²）			
E10015-X	低氢钠型	平、立、仰、横	直流反接
E10016-X	低氢钾型		交流或直流反接

注：1. 焊条型号编写方法如下：字母"E"表示焊条；前两位数字后面如 0（如 50 改为 500）表示熔敷金属抗拉强度的最小值，单位为 MPa；第三位数字表示焊条的焊接位置；"0"和"1"表示焊条适用于全位置焊接（平焊、立焊、仰焊及横焊），"2"表示焊条适用于平焊及平角焊；第三位和第四位数字组合时表示焊接电流种类及药皮类型；后缀字母为熔敷金属的化学成分分类代号，并以短画"-"与前面数字分开，如还具有附加化学成分时，附加化学成分直接用元素符号表示，并以短画与前面后缀字母分开。

2. 后缀字母"X"代表熔敷金属化学成分分类代号 A_1、B_1、B_2 等。

(3) 焊条质量检验

为保证焊条质量，焊条应具有质量合格证，不得使用无合格证的焊条。对有合格证但怀疑质量的，应按批抽查检验，合格后方可使用。焊条检验主要有以下几种方法。

① 焊接检验。质量好的焊条焊接中电弧燃烧稳定，焊条药皮和焊芯熔化均匀同步，电弧无偏移，飞溅少，焊缝表面熔渣厚薄覆盖均匀，保护性能好，焊缝成型美观，脱渣容易。此外，还应对焊缝金属的化学成分、力学性能、抗裂性能进行检验，保证各项指标在国家标准或部级标准规定的范围内。

② 焊条药皮外表检验。用肉眼观察药皮表面光滑细腻、无气孔、无药皮脱落和机械损伤，药皮偏心应符合《非合金钢及细晶粒钢焊条》（GB/T 5117—2012）规定，焊芯无锈蚀现象。

③ 焊条药皮强度检验。将焊条平置1m高，自由落到光滑的厚钢板表面，如果药皮无脱落，即证明药皮强度达到了质量要求。

④ 焊条受潮检验。使焊条在焊接回路中短路数秒钟，如果药皮有气，或焊接中有药皮成块脱落，或产生大量水汽，有爆裂现象，则说明焊条受潮。受潮严重的焊条不得使用，受潮不严重时干燥后再用。

【焊丝走丝技术】

2. 焊丝、焊剂

(1) 焊丝、焊剂型号表示方法

① 焊丝、焊剂的型号是根据各种焊丝与焊剂组合而形成的熔敷金属的力学性能、热处理状态进行划分的。

② 焊丝-焊剂组合型号编制方法为F××××-H×××。其中，字母"F"表示焊剂；"F"后面的数字表示焊丝-焊剂组合的熔敷金属抗拉强度最小值；强度级别后面的字母表示试件的状态，其中"A"表示焊态，"P"表示焊后热处理状态；字母"A"或"P"后面的数字表示熔敷金属冲击吸收能量不小于27J时的最低试验温度；后面表示焊丝的牌号，如果需要标注熔敷金属中扩散氢含量时，可用后缀"H×"表示。

完整的焊丝、焊剂型号实例如图3.23所示。

图3.23 焊丝、焊剂型号

(2) 焊丝的选择

① 在选择埋弧焊用焊丝时，最主要的是考虑焊丝中Mn、Si和合金元素的含量。无论是采用单道焊还是多道焊，应考虑焊丝可熔敷金属中过渡的Mn、Si和合金元素对熔敷金属力学性能的影响。

② 熔敷金属中必须保证最低的Mn含量，防止产生焊道中心裂纹。使用低Mn焊丝

匹配中性焊剂易产生焊道中心裂纹，此时应改用高 Mn 焊丝和活性焊剂。

③ 对于某些中性焊剂，采用 Si 代替 C 和 Mn，并将其含量降到规定值。使用这样的焊剂时，不必采用 Si 脱氧焊丝；对于其他不添加 Si 的焊剂，要求采用 Si 脱氧焊丝，以获得合适的润湿性和防止气孔产生。因此，焊丝、焊剂制造厂应相互配合，以使两种产品在使用时互补。

④ 在单道焊焊接被氧化的母材时，特别是当在有氧化皮的母材上焊接时，由焊剂、焊丝提供充分的脱氧成分，可以防止产生气孔。一般来说，Si 比 Mn 具有更强的脱氧能力，因此必须使用 Si 脱氧焊丝和活性焊剂。

（3）焊丝、焊剂的质量要求

焊丝质量要求如下。

① 焊丝表面应光滑，无毛刺、凹陷、裂纹、折痕、氧化皮等缺陷或其他不利于焊接操作及对焊缝金属性能有不利影响的外来物质。

② 焊丝表面允许有不超出直径允许偏差一半的划伤及不超出直径偏差的局部缺陷存在。

③ 根据供需双方协议，焊丝表面可采用镀铜，其镀层表面应光滑，不得有肉眼可见的裂纹、麻点、锈蚀及镀层脱落等。

焊剂质量要求如下。

① 焊剂为颗粒状，焊剂能自由地通过标准焊接设备的焊剂供给管道、阀门和喷嘴。

② 焊剂中水的质量分数不大于 0.10%。

③ 焊剂中机械夹杂物的质量分数不大于 0.30%。

④ 焊剂的 S、P 的质量分数分别为不大于 0.060% 和 0.080%。根据供需双方协议，也可以制造 S、P 含量更低的焊剂。

（4）焊剂类型及作用

焊剂根据生产工艺的不同分为熔炼焊剂、黏结焊剂和烧结焊剂；按照焊剂中添加的脱氧剂、合金剂，又可分为中性焊剂、活性焊剂和合金焊剂。

【焊剂的概念和类型】

焊剂的主要作用有以下几点。

① 保护作用。焊剂熔化后成为黏稠状液体，覆盖在焊接区和焊缝上，既可防止空气侵入，对液态金属起机械保护作用，又可降低焊缝冷却速度，改善焊缝成型。

② 冶金作用。焊剂通过冶金反应，有脱氧、渗入合金和防止气孔产生的作用，能向焊缝过渡有益的合金元素，改善熔敷金属的化学成分，提高焊缝金属的力学性能。根据要求向熔敷金属中渗入特殊化学元素，能使熔敷金属具有耐磨、耐腐蚀、耐高温等特殊性能。

③ 改善焊接工艺性能。焊接中加入稳弧剂及其他特殊成分，可改善埋弧焊的工艺性能，如容易引弧、电弧稳定、焊缝成型好、焊后容易脱渣等。

3.3.3　焊接施工工艺

1. 钢结构施工焊接工艺的基本组成

钢结构焊接制造是从焊接生产的准备工作开始的，然后从材料入库真正开始了焊接制造工艺过程，最后是合格产品入库全过程。

① 生产的准备工作。钢结构焊接生产的准备工作是钢结构制造工艺过程的开始，包括连接生产任务，审查与熟悉结构图样，了解产品技术要求，在进行工艺分析的基础上，制定全部产品的工艺流程，进行工艺评定，编制工艺规程及全部工艺文件、质量保证文件，订购金属材料和辅助材料，编制用工计划、能源需用计划，根据需要订购或自行设计制造装配-焊接设备和装备，根据工艺流程的要求对生产面积进行调整和建设等。

② 材料库的主要任务是材料的保管和发放，对材料进行分类、储存和保管并按规定发放，材料库主要有两种：一种是金属材料库，主要存放保管钢材；另一种是焊接材料库，主要存放焊丝、焊剂和焊条。

③ 焊接生产的备料加工工艺是基于合格的原材料，首先进行材料预处理，包括矫正、除锈、表面防护处理、预落料等。除材料预处理外，备料还包括放样、划线、号料、下料、边缘加工、矫正（含二次矫正）、成型加工、端面加工及号孔等为装配提供合格零件的过程。

④ 装配-焊接工艺充分体现了焊接生产的特点。它包括边缘清理、装配、焊接。装配-焊接顺序可分为整装-整焊、部件装配焊接-总装配焊接、交替装焊三种类型，主要按产品结构的复杂程度、变形大小和生产批量选定。装配-焊接过程中时常还穿插其他加工，如机械加工、预热及焊后热处理、零部件矫形等，贯穿整个生产过程的检验工序也穿插其中。

⑤ 焊后热处理是焊接工艺的重要组成部分。焊后热处理不仅可以消除或降低结构的焊接残余应力，稳定结构的尺寸，而且能改善接头的金相组织，提高接头的各项性能，如抗冷裂性、抗应力腐蚀性、抗脆断性、热强性等。根据焊件材料的类型可以选用下列不同种类的焊后热处理：消除应力处理、回火、正火＋回火、调质处理、固熔处理（只用于奥氏体不锈钢）、稳定化处理（只用于稳定性奥氏体不锈钢）、时效处理（用于沉淀硬化钢）。

⑥ 检验工序贯穿整个生产过程。检验工序从原材料的检验开始，随后在生产加工每道工序中都要采用不同的工艺进行不同内容的检验，最后制成品还要进行最终质量检验。最终质量检验可分为：焊接结构的外形尺寸检查，焊缝的外观检查，焊接接头的无损检测，焊接接头的密封性检查，结构整体的耐压检查。检验是对生产实行有效监督，从而保证产品质量的重要手段。

⑦ 钢结构的后处理是指在所有制造工序和检验程序结束后，对焊接结构整个内外表面或部分表面或仅限焊接接头及邻近区进行修正和清理，清除焊接表面残余的飞溅，消除击弧点及其他工艺检测引起的缺陷。修正的方法通常采用小型风动工具和砂轮打磨，氧化皮、污点、锈斑和其他附着物的表面清理可采用砂轮、钢丝刷和抛光机等进行，大型焊件的表面清理最好采用喷丸处理，以提高结构的抗疲劳强度。不锈钢焊件的表面处理通常采用酸洗法，酸洗后再做钝化处理。

⑧ 产品的涂饰（喷漆、做标志及包装）是焊接生产的最后环节，产品涂装质量决定了产品的表面质量。

2. 钢结构施工焊接工艺要求

(1) 焊前准备

组焊前的准备工作是为了保证焊接质量，必须对其严格实施过程控制，如对焊接材料、拼装质量、焊工资质等实施过程控制。相应要求如下。

① 钢结构焊接工程中所用的焊条、焊剂必须有出厂质量合格证或质量复试报告。

② 所有焊接工人必须持证上岗。

③ 钢结构拼装人员必须熟悉相关构件的图纸和技术质量要求，拼装时认真调整各接口连接质量，测量好各主要框形结构的对角线及结构长宽方向尺寸，各项主要尺寸必须符合图纸和钢结构拼装技术要求，以防止各接口错边超限的情况发生。

④ 各型钢构件因变形影响组装和焊接质量的应及时予以修整，并满足相应的技术要求。

⑤ 焊缝坡口面及周边相关范围内的油漆、锈斑、氧化渣及污垢必须清除干净，坡口面必须用磨光机磨光。

⑥ 组装后的坡口夹角应控制在图纸要求的技术范围内，坡口间隙、焊缝接口的错边量必须控制在技术范围内。

⑦ 对于主要受力构件的焊缝，焊接前须加设引弧板和灭弧板，不允许在工件上任意引弧。

⑧ 焊接材料（焊条）的选择应符合同母材等强度的原则，碱性焊条使用前应严格烘干，酸性焊条若有受潮情况应进行烘干，否则不得使用。

（2）焊接缺陷的防止方法

① 夹渣防止方法：加工的坡口形状、尺寸应符合规定的要求，组装间隙、坡口钝边不宜过小，单面焊后，背面应采用电刨清根或电砂轮清根，清除焊缝根部的未焊透和夹渣等缺陷。

② 气孔防止方法：严格清除坡口的表面及周边的油漆、氧化物等杂质，焊条应按其品种的烘干温度规定要求认真烘干，风雨天无保证设施不得施工焊接。

③ 咬边防止方法：焊接电流不宜太大，运条手法和停顿时间应控制掌握好。

④ 弧坑防止方法：主要焊缝要加设引弧板和灭弧板，焊缝接头处和边缘处应缓慢熄弧，慢慢拉开焊条，对弧坑处须采用断弧焊，必须填满弧坑，同时掌握好各焊缝转角处焊接技术，不允许有明显的弧坑。

3. 焊缝接头

（1）焊缝处理

① 焊缝的起头。焊缝的起头是指刚开始焊接处的焊缝。

由于刚开始焊接，起头处工件的温度较低，如果不加以注意，这里的焊缝往往熔深浅、余高大，并且经常会产生夹渣、未焊透等缺陷。为减少或避免这些缺陷，可在引燃电弧后，先将电弧拉长一些，对焊件进行必要的预热；待起头处开始熔化，掌握好焊条角度，并适当压低电弧，然后使之转入正常焊接。

② 焊缝的收尾。焊缝的收尾是指一条焊缝焊完后如何收弧。

焊接结束时，若立即将电弧熄灭，则收尾处会产生凹陷很深的弧坑，不仅会降低焊缝收尾处的强度，还容易产生弧坑裂纹。此外，过快拉断电弧，熔池中的气体来不及逸出，会产生气孔等缺陷。为防止出现这些缺陷，必须填满焊缝收尾处的弧坑。采用表3.6所示方法可获得较好的焊缝收尾。

表 3.6 焊缝的收尾方法

项　目	内　容	用　途
反复断弧法	焊条移到焊缝终点时，在弧坑处反复熄弧、引弧数次，直到填满弧坑为止	适用于薄板和大电流焊接时的收尾，不适于碱性焊条收尾
划圈收尾法	焊条移到焊缝终点处，沿弧坑做圆圈运动，直到填满弧坑再拉断电弧	适于厚板收尾
转移收尾法	焊条移至焊缝终点时，在弧坑处稍作停留，将电弧慢慢抬高，引到焊缝边缘的母材坡口内，这时熔池会逐渐缩小，凝固后一般不出现缺陷	适用于换焊条或临时停弧时的收尾
回焊法	焊条移至焊缝终点时，电弧稍作停留，并向与焊接方向相反的方向回烧一段很小的距离，然后立即拉断电弧；由于熔池中液态金属较多，凝固时会自动填满弧坑	适用于碱性焊条收尾

（2）焊缝的接头类型及注意事项

① 焊缝的接头类型。

后焊焊缝与先焊焊缝的连接处叫作焊缝的接头。由于受焊条长度的限制，或焊接位置的限制，两段焊缝的接头是不可避免的。接头处的焊缝应力求均匀，防止产生过高、脱节、宽窄不一致等缺陷。焊缝接头有四种类型，如图 3.24 所示。

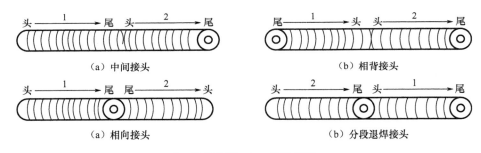

1—先焊焊缝；2—后焊焊缝

图 3.24 焊缝接头的四种类型

A. 中间接头。中间接头是后焊焊缝从先焊焊缝收尾处开始焊接，如图 3.24（a）所示。这种接头最好焊，操作适当时几乎看不出接头。接头时在弧坑前 10mm 附近引燃电弧；当电弧长度比正常电弧稍长时，立即回移至弧坑处，压低电弧，稍作摆动；再转入正常焊接状态，向前移动。这种接头方法用得最多，适用于单层焊及多层焊的表面接头。

由于操作方法不同，中间接头分类如表 3.7 所示。

B. 相背接头。相背接头是将两段焊缝的起头处接在一起，如图 3.24（b）所示。这要求先焊焊缝起头稍低；后焊焊缝应在先焊焊缝起头处前 10mm 左右引弧，然后稍拉长电弧，并将电弧移至接头处，覆盖在先焊焊缝的端部，待熔合好，再向焊接方向移动。这种接头往往比焊缝高，接头前可将先焊焊缝的起头处用角向磨光机磨成斜面，然后接头。

表 3.7　中间接头分类

项目	内容
热接头	这种接头方法接头时不敲渣，关键是动作要快，前一根焊条的电弧刚熄灭，立即换好焊条并引燃电弧。在熔池尚未凝固、熔渣仍在红热状态下接头效果较好。接头质量好的另一关键是焊接工人必须能够凭经验确定熔池的正确位置和大小，否则接头成型不好
冷接头	这种接头方法接头时需敲渣，使先焊焊缝的弧坑暴露出来，再按前述热接头方法进行接头。冷接头的方法比较好掌握，但接头较慢

C. 相向接头。相向接头是两段焊缝的收尾处接在一起，如图 3.24（c）所示。当后焊焊缝焊到先焊焊缝的收弧处时，应降低焊接速度，将先焊焊缝的弧坑填满后，以较快的速度向前焊一段，然后熄弧。为了好接头，先焊焊缝的收尾处焊接速度要快些，使焊缝较低，最好呈斜面，而且弧坑不能填得太满。若先焊焊缝收尾处焊缝太高，为保证接好头，可预先磨成斜面。

D. 分段退焊接头。分段退焊接头是后焊焊缝的收尾与先焊焊缝起头处接在一起，如图 3.24（d）所示，这要求先焊焊缝起头处较低，最好呈斜面。后焊焊缝焊至先焊焊缝始端时，改变焊条角度，将前倾改为后倾，使焊条指向先焊焊缝的始端，拉长电弧，待形成熔池后再压低电弧，并往返移动，最后返回至原来的熔池处收弧。

② 接头注意事项。

A. 接头要快。接头是否平整，与焊接工人操作技术水平有关，同时还和接头处的温度有关，温度越高，接头处熔合得越好；填充的金属越合适（不多不少），接头越平整。因此，中间接头时，息弧时间越短越好，换焊条越快越好。

B. 接头错开。多层、多道焊时，每层焊道和不同层的焊道的接头必须相互错开一段距离，不允许接头互相重叠或在一条线上，以免影响接头强度。

C. 处理好接头处的先焊焊缝。为了保证好接头及接头质量，接头处的先焊焊道必须处理好，没有夹渣及其他缺陷，最好焊透，接头区呈斜坡状。如果发现先焊焊缝太高，或有缺陷，最好先将缺陷清除掉，并打磨成斜坡状。

3.3.4　焊接应力与焊接变形

1. 焊接应力与焊接变形的概念

在施焊过程中，钢结构会在焊缝及附近区域局部范围内被加热至钢材熔化，焊缝及附近的温度最高可达 1500℃ 以上，并由焊缝中心向周围区域急剧下降，这样，施焊完毕冷却过程中，由于焊缝各部分之间热胀冷缩不同步及不均匀，将使结构在受外力之前还会在焊件内部产生残余应力，并引起变形，称为焊接残余应力和焊接残余变形。

2. 焊接残余应力与焊接残余变形的危害及应对措施

（1）焊接残余应力与焊接残余变形的危害

焊接残余应力会使钢材抗冲击断裂能力及抗疲劳破坏能力降低，尤其是低温下受冲击荷载的结构，焊接应力的存在更容易引起低温工作应力状态下的脆断。

焊接残余变形会使结构构件不能保持正确的设计尺寸及位置，影响结构正常工作，严重时还会使各构件无法安装就位。

（2）应对措施

为减少或消除焊接残余应力与焊接残余变形的不利影响，可在设计、制造等方面采取相应的措施。

① 设计方面。

A. 选用适宜的焊脚尺寸和焊缝长度，最好采用细长焊缝，不用粗短焊缝。

B. 焊缝应尽可能布置在结构的对称位置上，以减少焊接残余变形。

C. 对接焊缝的拼接处应做成平缓过渡，以减少连接处的应力集中。

D. 不宜采用带锐角的板料作为肋板，板料的锐角应切掉，以免焊接时锐角处板材烧损从而影响连接质量。

E. 焊缝不宜过于集中，应均匀对称分布，以防焊接变形受到过大约束而产生过大的残余应力导致裂纹出现，如图 3.25 所示。

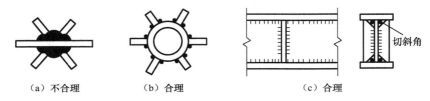

图 3.25　减小焊接残余应力的设计措施

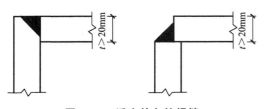

图 3.26　适宜的角接焊缝

F. 焊缝尺寸要适当，在满足焊缝强度和构造要求的前提下，可采用较小的焊缝尺寸。对于焊件厚度大于 20mm 的角接焊缝，应采用收缩时不易引起层状撕裂的构造，如图 3.26 所示。

G. 尽量避免三向焊缝相交。应采用使次要焊缝中断而主要焊缝连续通过的构造。对于直接承受动力荷载的吊车梁受拉翼缘处，尚应将加劲肋切短 50～100mm，以提高抗疲劳强度。

H. 要注意施焊方便，尽量避免采用仰焊及立焊等。

② 制造方面。

A. 焊前预热或焊后后热法。对于小尺寸焊件，焊前预热，或焊后回火加热至 60℃ 左右，然后缓慢冷却，可以消除焊接应力与焊接变形。

B. 选择合理的施焊次序。例如，钢板长焊缝实行分段倒方向施焊，如图 3.27（a）所示；对于厚焊缝，采用分层施焊，如图 3.27（b）所示；工字形顶焊接时，采用按对角跳焊，如图 3.27（c）所示；钢板分块拼接，当采用对接焊缝拼接时，纵、横两方向的对接焊缝可采用十字形交叉或 T 形交叉，当采用 T 形交叉时，交叉点的间距不得小于 200mm，如图 3.27（d）所示。

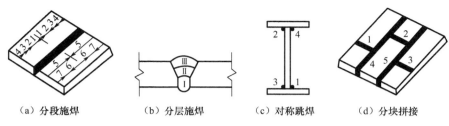

图 3.27 合理的施焊次序

C. 施焊前给构件施加一个与焊接变形方向相反的预变形,使之与焊接所引起的变形相互抵消,从而达到减小焊接变形的目的,如图 3.28(a)所示。

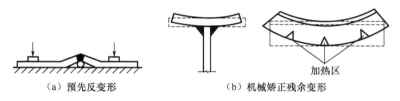

图 3.28 减小焊接残余变形的工艺措施

D. 对于已经产生焊接残余变形的结构,可局部加热后用机械的方法进行矫正,如图 3.28(b)所示。

E. 对于焊接残余应力,可采取退火法或锤击法等措施来消除或减小。退火法是构件焊成后再加热到 600~650℃,然后慢慢冷却,从而消除或减小焊缝的不均匀收缩和冷却速度,这是减小和消除焊接残余应力和焊接残余变形的有效方法。

焊接结构是否需要采取焊前预热或焊后热处理等特殊措施,应根据钢结构材质、焊件厚度、焊接工艺、施焊时气温及结构的性能要求等因素综合确定,并在设计文件中加以说明。

3.4 钢结构焊接质量控制

3.4.1 钢结构焊缝检测

钢结构焊接常用的检验方法有破坏性检验和非破坏性检验两种,应针对钢结构的性能和对焊缝质量的要求选择合理的检验方法。对于重要结构或要求焊缝金属与被焊金属等强度的对接焊缝,必须采用精确的检验方法。焊缝的质量等级不同,其检验方法和数量也不相同,如表 3.8 所示。一级、二级焊缝的质量等级及缺陷分级应符合表 3.9 的规定。

对于不同类型的焊接接头和不同的材料,可以根据图纸要求或有关规定选择一种或几种检验方法,以确保质量。

1. 焊缝外观检验

焊缝外观检验主要是查看焊缝成型是否良好,焊道与焊道过渡是否平滑,焊渣、飞溅物等是否清理干净。

表 3.8 焊缝不同质量等级的检验方法

质量级别	检验方法	检验数量	备注
一级	外观检验	全部	有疑点时用磁粉复验
	超声波检验	全部	
	X射线检验	抽查焊缝长度的2%,至少应有一张底片	缺陷超出规范规定时,应加倍透照,如不合格,应100%透照
二级	外观检验	全部	
	超声波检验	抽查焊缝长度的2%	有疑点时,用X射线透照复验,如发现有超标缺陷,应用超声波全部检查
三级	外观检验	全部	

表 3.9 焊缝质量等级及缺陷分级

焊缝质量等级		一级	二级
内部缺陷超声波探伤	评定等级	Ⅱ	Ⅲ
	检验等级	B级	B级
	探伤比例	100%	20%
内部缺陷射线探伤	评定等级	Ⅱ	Ⅲ
	检验等级	AB级	AB级
	探伤比例	100%	20%

注:探伤比例的计数方法应按以下原则确定:①对于工厂制作焊缝,应按每条焊缝计算百分比,且探伤长度应不小于200mm,当焊缝长度不足2000mm时,应对整条焊缝进行探伤;②对于现场安装焊缝,应按同一类型、同一施焊条件的焊缝条数计算百分比,探伤长度不小于200mm,且不少于1条焊缝。

焊缝外观检验时,应先将焊缝上的污垢除净后,凭肉眼目视焊缝,必要时用5~20倍的放大镜,看焊缝是否存在咬边、弧坑、焊瘤、夹渣、裂纹、气孔、未焊透等缺陷。

① 普通碳素结构钢应在焊缝冷却到工作地点温度以后进行,低合金结构钢应在完成焊接以后进行。

② 焊缝金属表面焊波应均匀,不得有裂纹、夹渣、焊瘤、烧穿、弧坑和针状气孔等缺陷,焊接区不得有飞溅物。

③ 焊缝的裂纹还可用硝酸酒精侵蚀检查,即将可疑处漆膜除净、打光,用丙酮洗净,滴上浓度为5%~10%的硝酸酒精(光洁程度高时浓度宜低),有裂纹即会有褐色显示,重要焊缝还可采用红色渗透液着色探伤。

④ 二级、三级焊缝外观质量标准应符合相关规定。

⑤ 对接焊缝及完全熔透组合焊缝尺寸允许偏差应符合相关规定。

2. 焊缝无损检测

焊缝无损检测是指用超声探伤、射线探伤、磁粉探伤或渗透探伤等手

【超声波探伤】

段,在不损坏被检验焊缝性能和完整性的情况下,对焊缝质量是否符合规定要求和设计意图所进行的检测。

焊缝无损检测不但具有探伤速度快、效率高、轻便实用的特点,而且对焊缝内危险性缺陷(包括裂缝、未焊透、未熔合)检验的灵敏度较高,成本也低,只是探伤结果较难判定,受人为因素影响大,且探测结果不能直接记录存档。

(1)检测要求

焊缝无损检测应符合下列规定。

① 无损检测应在外观检验合格后进行。

② 焊缝无损检测报告签发人员必须持有相应探伤方法的Ⅱ级或Ⅱ级以上资格证书。全焊透的三级焊缝可不进行无损检测。

③ 设计文件指定进行射线探伤或超声波探伤不能对缺陷性质做出判断时,可采用射线探伤进行检测、验证。

④ 下列情况之一应进行表面检测。

A. 外观检验发现裂纹时,应对该批中同类焊缝进行100%的表面检测。

B. 外观检验怀疑有裂纹时,应对怀疑的部位进行表面探伤。

C. 设计图纸规定进行表面探伤时。

D. 检验员认为有必要时。

【射线探伤的原理】

⑤ 铁磁性材料应采用磁粉探伤进行表面缺陷检测。确因结构原因或材料原因不能使用磁粉探伤时,方可采用渗透探伤。

⑥ X射线(或γ射线)检测。X射线应用比γ射线广泛,它适用于厚度不大于30mm的焊缝,大于30mm的可用γ射线。X射线可以有效检验出整个焊缝透照区内所有的缺陷,缺陷定性及定量迅速、准确,相片结果能永久记录并存档。

(2)焊缝破坏性检验

焊缝破坏性检验如表3.10所示。

表3.10 焊缝破坏性检验

项 目		内 容 说 明
力学性能试验	焊接接头的拉伸试验	拉伸试验不仅可以测定焊接接头的强度和塑性,同时还可以发现焊缝断口处的缺陷,并能验证所用焊材和工艺正确与否。拉伸试验应按《金属材料 拉伸试验 第1部分:室温试验方法》(GB/T 228.1—2010)进行
	焊接接头的弯曲试验	弯曲试验用来检验焊接接头的塑性,还可以反映出接头各区域的塑性差别,暴露焊接缺陷和考核熔合线的结合质量。弯曲试验应按《焊接接头弯曲试验方法》(GB/T 2653—2008)进行
	焊接接头的冲击试验	冲击试验用以考核焊缝金属和焊接接头的冲击韧性与缺口敏感性,应按《焊接接头冲击试验方法》(GB/T 2650—2008)进行
	焊接接头的硬度试验	硬度试验可以测定焊缝和热影响区的硬度,还可以间接估算出材料的强度,用以比较出焊接接头各区域的性能差别及热影响区的淬硬倾向

续表

项　　目	内　容　说　明
折断面检验	为了保证焊缝在剖面处断开，可预先在焊缝表面沿焊缝方向刻一条沟槽，槽深约为厚度的 1/3，然后用拉力机或锤子将试样折断。在折断面上能发现各种内部肉眼可见的焊接缺陷，如气孔、夹渣、未焊透和裂缝等，还可判断断口是韧性破坏还是脆性破坏。焊缝折断面检验具有简单、迅速、易行和不需要特殊仪器与设备的优点，可在生产和安装现场广泛采用
钻孔检验	对焊缝进行局部钻孔检查，是在没有条件进行非破坏性检验情况下才采用的，一般可检查焊缝内部的气孔、夹渣、未焊透和裂纹等缺陷
金相检验	金相检验主要是研究、观察焊接热过程所造成的金相组织变化和微观缺陷。金相检验可分为宏观金相检验与微观金相检验。金相检验的方法是，在焊接试板（工件）上截取试样，经过打磨、抛光、浸蚀等步骤，然后在金相显微镜下进行观察。必要时可把典型的金相组织摄制成金相照片，以供分析研究。通过金相检验可以了解焊缝结晶的粗细程度、熔池形状及尺寸、焊接接头各区域的缺陷情况

（3）焊缝缺陷返修

焊缝检出缺陷后，必须明确标定缺陷的位置、性质、尺寸、深度部位，制定相应的返修方法。

① 焊缝外观缺陷的返修。外观缺陷的返修比较简单，当焊缝表面缺陷超过相应质量验收标准时，对气孔、夹渣、焊瘤、余高过大等缺陷应采用砂轮打磨、铲凿、钻、铣等方式去除，必要时应进行焊补；对焊缝尺寸不足、咬边、弧坑未填满等缺陷应进行焊补。

② 焊缝内部缺陷的返修。

A. 根据无损检测的结果，找到缺陷部位，确定缺陷类别，分析原因，参照原来的焊缝工艺文件，编制专用的焊接返修工艺文件，并由有经验的焊接工人持证返修。

B. 用砂轮打磨或碳弧气刨清除缺陷。缺陷为裂纹时，碳弧气刨前应在裂纹两端钻止裂孔并清除裂纹及其两端各 50mm 长的焊缝或母材。

C. 清除缺陷时应将刨槽加工成四侧边斜面角大于 10° 的坡口，并应修整表面、磨除气泡渗碳层，必要时应采用渗透探伤或磁粉探伤方法确定裂纹是否彻底清除。

D. 焊补时应在坡口内引弧，熄弧时应填满弧坑；多层焊的焊层之间接头应错开，长度应不小于 100mm；当焊缝长度超过 500mm 时，应采用分段退焊法。

E. 返修部位应连续焊成，如中断焊接，应采取后热、保温措施，防止产生裂纹。焊接前宜用磁粉或渗透探伤方法检查，确认无裂纹后方可继续补焊。

F. 焊补时应使用小的焊接线，即采用细焊条、小电流、短电弧、低电压，焊条不做横向摆动。

G. 严格控制道间温度，除表面一道外，其余各道焊后应立即用圆头夹嘴锤趁热击打焊缝。

H. 焊接修补的预热温度应比相同条件下正常焊接的预热温度高，并应根据工程节点的实际情况确定是否需要采用超低氢型焊条焊接或进行焊后消氢处理。

Ⅰ. 返修焊接应填报返修施工记录及返修前后的无损检测报告，作为工程验收及存档资料。

③ 焊缝返修的允许次数。

A. 厚工件的焊缝正、反面各作为一个部位对待，同一部位焊缝返修不应超过两次。

B. 同一部位的焊缝经过两次返修后仍不合格，须由焊接责任工程师主持专题分析会议，重新拟定专用返修工艺文件，经企业总工程师批准，并由项目总监理工程师认可后方可返修。

3.4.2 钢结构焊接常见施工质量问题及防治

1. 焊接材料不匹配

（1）质量通病现象

焊条、焊丝、焊剂、电渣焊熔嘴等焊接材料与母材不匹配。

（2）预防治理措施

焊条、焊丝、焊剂、电渣焊熔嘴等焊接材料与母材的匹配度应符合设计要求及国家标准。焊条、焊剂、药芯焊丝、电渣嘴等在使用前，应按其产品说明书及焊接工艺文件的规定进行烘焙和存放；应全数检验质量证明书和烘焙记录。

2. 焊缝表面缺陷

（1）质量通病现象

① 焊缝成型不良。不良的焊缝成型表现在焊喉不足、增高过大、焊脚尺寸不足等，其产生原因为：操作不熟练，焊接电流过大或过小，焊件坡口不正确等。

② 咬边。其产生原因为：电流太大，电弧过长或运条角度不当，焊接位置不当。咬边处会造成应力集中，降低结构承受动力荷载的能力和抗疲劳强度。

为避免咬边缺陷，在施焊时应正确选择焊接电流和焊接速度，掌握正确的运条方法，采用合适的焊条角度和电弧长度。

③ 焊瘤。焊瘤是指在焊接过程中，熔化金属流淌到焊缝以外未熔化的母材上所形成的金属瘤。焊瘤处常伴随产生未焊透或缩孔等缺陷。

产生焊瘤的原因有：焊条质量不好，焊条角度不当，焊接位置及焊接规范不当。

④ 夹渣。夹渣是指残存在焊缝中的熔渣或其他非金属夹杂物。

产生夹渣的原因有：焊接材料质量不好，熔渣太稠；焊件上或坡口内有锈蚀或其他杂质未清理干净；各层熔渣在焊接过程中未彻底清除；电流太小，焊速太快；运条不当。

⑤ 未焊透。未焊透是指焊缝与母材金属之间或焊缝层间的局部未熔合。

产生未焊透的原因有：焊接电流太小，焊接速度太快；坡口角度太小，焊条角度不当；焊条有偏心；焊件上有锈蚀等未清理干净的杂质。

⑥ 气孔。气孔是指焊缝表面和内部存在近似圆球形或洞形的孔穴。

产生气孔的原因有：碱性焊条受潮；酸性焊条的烘焙温度高；焊件不清洁；电流过大，使焊条发红；电弧太长，电弧保护失效；极性不对；用气体保护焊时，保护气体不纯；焊丝有锈蚀。

⑦ 裂纹。根据裂纹形成时期的不同，可以将裂纹分成热裂纹和冷裂纹两大类。热裂纹是在钢锭凝固过程中或凝固后不久形成，冷裂纹是在钢锭冷却到固态相变时形成。冷裂纹形成时有金属响声，亦称"响裂"。热裂纹的断口粗糙、无光泽；冷裂纹的断口光滑、有金属光泽。

（2）预防措施

① 焊缝成型不良和咬边。

A. 可以用车削、打磨、铲或碳弧气刨等方法清除多余的焊缝金属或部分母材，清除后所存留的焊缝金属或母材不应有割痕或咬边。清除焊缝不合格部分时，不得过分损伤母材。

B. 修补焊缝前，应先将待焊接区域清理干净。

C. 修补焊缝时所用的焊条直径要略小，一般直径不宜大于4mm。

D. 选择合适的焊接规范。

② 焊瘤。防止焊瘤产生的办法是：尽可能使焊口处于平焊位置进行焊接，正确选择焊接规范，正确掌握运条方法。对于焊瘤的修补一般是用打磨的方法将其打磨光顺。

③ 夹渣。为防止夹渣，在焊接前应选择合理的焊接规范及坡口尺寸，掌握正确的操作工艺及使用工艺性能良好的焊条，坡口两侧要清理干净，多道、多层焊时要注意彻底清除每道、每层的熔渣，特别是碱性焊条，清渣时应认真仔细。

修补时，夹渣缺陷一般应用碳弧气刨将其有缺陷的焊缝金属除去，重新补焊。

④ 未焊透。未焊透缺陷会降低焊缝强度，易引起应力集中，导致裂纹和结构破坏。

其防治措施是选择合理的焊接规范，正确选用坡口形式、尺寸、角度和间隙，采用适当工艺和正确的操作方法。

⑤ 气孔。焊缝上产生气孔将减小焊缝的有效工作截面，降低焊缝力学性能，破坏焊缝的致密性。连续气孔会导致焊接结构的破坏。

其防治措施为：焊前必须彻底清除焊缝坡口表面的水、油、锈等杂质，合理选择焊接规范和运条方法，焊接材料必须按工艺规定的要求烘焙，在风速大的环境中施焊应采取防风措施。超过规定的气孔必须刨去后重新补焊。

⑥ 低温裂纹。

A. 选用低氢或超低氢焊条或其他焊接材料。

B. 对焊条或焊剂等进行必要的烘焙，使用时注意保管。

C. 焊前应将焊接坡口及其附近的水分、油污、铁锈等杂质清理干净。

D. 选择正确的焊接顺序和焊接方向，一般长构件焊接时最好采用由中间向两端对称施焊的方法。

E. 进行焊前预热及后热控制冷却速度，以防止热影响区硬化。

⑦ 高温裂纹。

选择适当的焊接电压、焊接电流，焊道的成型控制在宽度与高度之比为1∶1.4较合适。

弧坑裂纹也是高温裂纹的一种，其产生原因主要是弧坑处的冷却速度过快，弧坑处凹形未充分填满。其防治措施是安装必要的引弧板和引出板，焊接因故中断时或在焊缝终端注意填满弧坑。

焊接裂纹的修补措施如下。

① 通过超声波或磁粉探伤检查出裂纹的部位和界限。

② 沿焊接裂纹界限各向焊缝两端延长50mm，将焊缝金属或部分母材用碳弧气刨等刨去。

③ 选择正确的焊接规范、焊接材料，采取预热、控制层间温度和后热等工艺进行补焊。

3. 焊缝内部缺陷

(1) 质量通病现象

焊缝内部缺陷检验应在外观检验合格后进行。内部缺陷主要包括片状夹渣、气孔、未焊透表面裂缝和气孔等。

(2) 预防治理措施

对有缺损的钢构件，应按《钢结构加固技术规范》(CECS77—1996)对其承载力进行评估，并采取相应措施进行修补。当缺损性质严重、影响结构的安全时，应立即采取卸荷加固措施。对于一般缺损，可按下列方法进行焊接修复或补强。

① 当缺损为裂纹时，应精确查明裂纹的起止点，在起止点钻直径为12～16mm的止裂孔，并根据具体情况采用下列方法修补。

② 对孔洞类缺损的修补：应将孔边修整后采用两面加盖板的方法补强。

4. 焊接缺陷

(1) 质量通病现象

焊接缺陷主要包括气孔及焊坑、卷入熔渣、熔合不佳、焊道成型不佳、飞溅、咬边、裂纹等。

(2) 产生原因与预防措施

① 气孔及焊坑。

产生原因：电弧电压不合适，焊丝干伸长过短，焊丝受潮，钢板上有大量的锈或涂料，焊枪的倾斜角度不对，特种横向焊接速度过快。

预防措施：将电弧电压调整到合适值，焊丝干伸长度保持在30～50mm范围内，焊接前在250～350℃温度下烘1h，将待焊区域的锈及其他妨碍焊接的杂质清除干净，焊枪向前进方向倾斜70°～90°，调整焊接速度。

② 卷入熔渣。

产生原因：电弧电压过低，持枪的姿势和方法不正确，焊丝干伸长度过长，电流过低，焊接速度过慢，前一道的熔渣没有清除干净，打底焊道的熔敷金属不足，坡口过于狭窄，钢板倾斜（下倾）。

预防措施：电弧电压要适当；应熟练掌握持枪的姿势和方法；焊丝伸长一般应保持在30～50mm范围；提高焊接速度；每道焊缝焊完后，应彻底清除熔渣；在进行打底电焊时，电压要适当，持枪姿势、方法要正确；坡口应近似于手工电弧焊的坡口形状；钢板保持平衡，加快焊接速度。

③ 熔合不佳。

产生原因：电流过低，焊接速度过慢，电弧电压过高，持枪姿势不对，坡口形状不当。

预防措施：特别是要提高加工过的焊道一侧的电流，焊接速度稍微加快一些。将电弧调至适当值，熟练掌握持枪姿势和方法，坡口应接近手工电弧焊时的坡口形状。

④ 焊道成型不佳。

产生原因：持枪不熟练，坡口面内的熔接方法不当，因焊嘴磨损致使焊丝干伸长度发生变化，焊丝凸出的长度产生了变化。

预防措施：焊接速度要均衡，横向摆动要小，宽度要保持一致；要熟悉熔接要领；更换新的焊嘴；焊丝的凸出要保持一致。

⑤ 飞溅。

产生原因：电弧电压不稳定，焊丝干伸长过长，焊接电流过低，焊枪的倾斜角度不当或过大，焊丝受潮，焊枪不佳。

预防措施：将电弧电压调整好；焊丝干伸长度一般保持在 30～50mm 范围；电流调整合适；焊枪尽可能保持接近于垂直的角度，避免过大或过小倾斜；焊接前在 250～350℃ 高温下烘干 1h；调整焊枪内的控制线路、进给机构及导管电缆的内部情况。

3.5 钢结构螺栓连接计算

3.5.1 普通螺栓连接的计算与构造

【螺栓制作过程】

1. 普通螺栓连接的构造

（1）螺栓规格

钢结构采用的普通螺栓形式为六角头型，其代号用字母 M 和公称直径的毫米数表示。螺栓直径 d 应根据整个结构及其主要连接的尺寸和受力情况选定，受力螺栓一般采用 M16、M20、M24 等。

B 级普通螺栓的孔径 d_0 较螺栓公称直径 d 大 0.2～0.5mm，C 级普通螺栓的孔径 d_0 较螺栓公称直径 d 大 1.0～1.5mm，高强度螺栓摩擦型连接可采用标准孔、大圆孔和槽孔。

（2）螺栓的排列

螺栓的排列有并列布置和错列布置两种基本形式（图 3.29）。并列布置简单，但栓孔对截面削弱较大；错列布置紧凑，可减少截面削弱，但排列较繁杂。

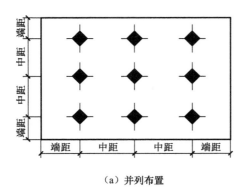

(a) 并列布置　　　　　　　　　(b) 错列布置

图 3.29　螺栓的排列

螺栓在构件上的排列应同时考虑受力要求、构造要求及施工要求。据此，《钢结构设计标准》做出了螺栓最小和最大容许距离的规定，如表3.11所示。

表3.11 螺栓或铆钉的孔距和边距值

名称	位置和方向			最大容许距离（取两者的较小值）	最小容许距离
中心间距	外排（垂直或顺内力方向）			$8d_0$ 或 $12t$	$3d_0$
	中间排	垂直内力方向		$16d_0$ 或 $24t$	
		顺内力方向	构件受压力	$12d_0$ 或 $18t$	
			构件受拉力	$16d_0$ 或 $24t$	
	沿对角线方向			—	
中心至构件边缘距离	顺内力方向			$4d_0$ 或 $8t$	$2d_0$
	垂直于内力方向	剪切边或人工气割边			$1.5d_0$
		轧制边、自动气割或锯割边	高强度螺栓		$1.5d_0$
			其他螺栓或铆钉		$1.2d_0$

注：1. d_0 为螺栓或铆钉的孔径，t 为外层较薄板件的厚度。
  2. 钢板边缘与刚性构件（如角钢、槽钢等）相连的螺栓或铆钉的最大间距可按中间排的数值采用。

从受力角度出发，螺栓端距不能太小，否则孔前钢板有被剪坏的可能；螺栓端距也不能过大，螺栓端距过大不仅会造成材料浪费，对受压构件而言还会产生压屈"鼓肚"现象。

从构造角度考虑，螺栓的栓距及线距不宜过大，否则被连接构件间的接触不紧密，潮气就会侵入板件间的缝隙内，造成钢板锈蚀。

从施工角度来说，布置螺栓还应考虑拧紧螺栓时所必需的施工空隙。

（3）螺栓的其他构造要求

① 每一杆件在节点上以及拼接接头的一端，永久性的螺栓数不宜少于两个。对组合构件的缀条，其端部连接可采用一个螺栓。

② C级螺栓宜用于沿其杆轴方向的受拉连接，在下列情况下可用于受剪连接。

A. 承受静力荷载或间接承受动力荷载结构中的次要连接。

B. 不承受动力荷载的可拆卸结构的连接。

C. 临时固定构件用的安装连接。

③ 对直接承受动力荷载的普通螺栓连接应采用双螺帽或其他能防止螺帽松动的有效措施。

2. 普通螺栓连接的计算

普通螺栓连接的受力形式（图3.30）可分为三类：外力与栓杆垂直的受剪螺栓连接，外力与栓杆平行的受拉螺栓连接，同时受剪和受拉的螺栓连接。

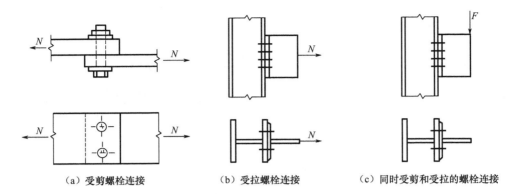

(a) 受剪螺栓连接　　　　(b) 受拉螺栓连接　　　　(c) 同时受剪和受拉的螺栓连接

图 3.30　普通螺栓连接的受力形式分类

（1）受剪螺栓连接

① 受力特点。

【螺栓连接时各部分受力状况分析】

受剪螺栓连接依靠栓杆抗剪和栓杆对孔壁的承压传力。规范规定普通螺栓以螺栓最后被剪断或孔壁被挤压破坏为极限状态。

受剪螺栓连接达到极限状态时，可能出现以下五种破坏类型。

A. 当栓杆较细、板件较厚时，栓杆可能先被剪断［图 3.31（a）］。

B. 当栓杆较粗、板件相对较薄时，板件可能先被挤压破坏［图 3.31（b）］，由于栓杆和板件的挤压是相对的，故薄板被挤压破坏就用螺栓承压破坏代替。

C. 当栓孔对板的削弱过于严重时，板可能在栓孔削弱的净截面处被拉（或压）破坏［图 3.31（c）］。

D. 当端距太小，如 $a_1 < 2d_0$（d_0 为栓孔直径）时，端距范围内的板件可能被栓杆冲剪破坏［图 3.31（d）］。

E. 当栓杆太长，如 $\sum t > 5d$（d 为栓杆直径）时，栓杆可能产生过大的弯曲变形，称为栓杆的受弯破坏［图 3.31（e）］。

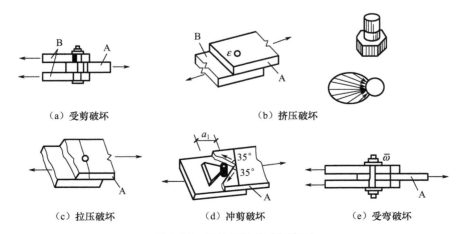

(a) 受剪破坏　　　　　　　　(b) 挤压破坏

(c) 拉压破坏　　　　(d) 冲剪破坏　　　　(e) 受弯破坏

图 3.31　螺栓连接的破坏类型

为保证螺栓连接能安全承载，对于图 3.31（a）、（b）所示类型的破坏，通过计算单个螺栓承载力来控制；对于图 3.31（c）所示类型的破坏，则由验算构件净截面强度来控制；对于图 3.31（d）、(e) 所示类型的破坏，通过保证螺栓间距及边距不小于规定值（表 3.10）来控制。

② 计算方法。

受剪螺栓中，假定栓杆剪应力沿受剪面均匀分布，孔壁承压应力换算为沿栓杆直径投影宽度内板件面上均匀分布的应力，那么有以下公式。

一个螺栓受剪承载力设计值为：

$$N_v^b = n_v \frac{\pi d^2}{4} f_v^b \tag{3.14}$$

一个螺栓承压承载力设计值为：

$$N_c^b = d \sum t f_c^b \tag{3.15}$$

式中：n_v——螺栓受剪面数，$n_v=1$（单剪），$n_v=2$（双剪），$n_v=4$（四剪）（图 3.32）；

$\sum t$——在同一受力方向的承压构件的较小总厚度；

d——螺杆直径；

f_v^b、f_c^b——分别为螺栓的抗剪和承压强度设计值，见附表 7。

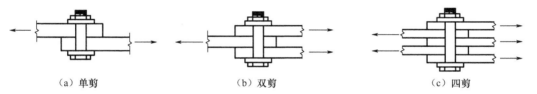

（a）单剪　　　　　　（b）双剪　　　　　　（c）四剪

图 3.32　受剪螺栓连接

这样，单个受剪螺栓的承载力设计值应取 N_v^b、N_c^b 中的较小值，即 $N_{min}^b = \min(N_v^b$、$N_c^b)$。每个螺栓在外力作用下所受实际剪力应满足：$N_v^b \leqslant N_{min}^b$。

受剪螺栓连接受轴心力作用时计算如下。

首先，计算出连接所需螺栓数目。由于轴心拉力通过螺栓群中心，可假定每个螺栓受力相等，则连接一侧所需螺栓数 n 为：

$$n \geqslant \frac{N}{N_{min}^b} \tag{3.16}$$

由于沿受力方向的连接长度 $l_1 > 15d_0$（d_0 为螺栓孔径）时，上述关于每个螺栓受力相等的假定才能成立，当 $l_1 > 15d_0$ 时，螺栓的抗剪和承压强度设计值应乘以折减系数 β 予以降低，以防沿受力方向两端的螺栓提前破坏。

$$\beta = 1.1 - \frac{l_1}{150 d_0} \tag{3.17}$$

当 $l_1 > 60 d_0$ 时，一律取 $\beta = 0.7$。

其次，对构件净截面强度进行验算。构件开孔处净截面强度应满足：

$$\sigma = \frac{N}{A_n} \leqslant f \tag{3.18}$$

式中：A_n——连接件或构件在所验算截面处的净截面面积；

N——连接件或构件验算截面处的轴心力设计值；

f——钢材的抗拉（或抗压）强度设计值。

必须要指出的是，净截面强度验算应选择最不利截面，即内力最大或净截面面积最小的截面，如图 3.33 所示。

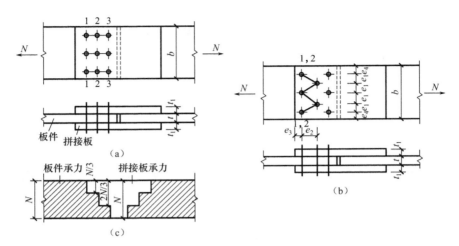

图 3.33 受剪螺栓群的净截面面积

a. 当螺栓并列布置时。

构件的最不利截面为 1—1 截面，其最大内力为 N，净截面面积为：

$$A_n = (b - n_1 d_0)t \tag{3.19}$$

b. 当螺栓错列布置时。

构件可能沿 1—1 截面直线破坏，也可能沿折线截面 2—2 处破坏，因此需要对两个截面分别进行净截面强度验算，以确定最不利截面。折线截面 2—2 的净截面面积为：

$$A_n = [2e_4 + (n_2 - 1)\sqrt{e_1^2 + e_2^2} - n_2 d_0]t \tag{3.20}$$

式中：n_1、n_2——截面 1—1 和折线截面 2—2 上的螺栓孔数目；

t——构件的厚度；

b——构件的宽度；

【例 3.4】 两截面为 14mm×400mm 的钢板，采用双盖板和 C 级普通螺栓拼接，采用 M20 螺栓及 Q235 钢材，承受轴心拉力设计值 $N=940$kN，试设计此连接，如图 3.34 所示。

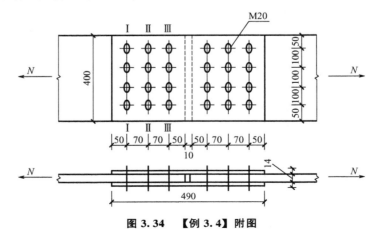

图 3.34 【例 3.4】附图

【解】 ① 确定连接盖板截面。

采用双盖板拼接，截面尺寸选为 7mm×400mm，与被连接钢板截面面积相等，钢材也采用 Q235。

② 确定所需螺栓数目和螺栓排列布置。由附表 7 查得 $f_v^b=140\text{N}/\text{mm}^2$，$f_c^b=305\text{N}/\text{mm}^2$。单个螺栓受剪承载力设计值为：

$$N_v^b = n_v \frac{\pi d^2}{4} f_v^b = \left(2 \times \frac{3.14 \times 20^2}{4} \times 140\right)\text{N} = 87920\text{N}$$

单个螺栓承压承载力设计值为：

$$N_c^b = d \sum t f_c^b = (20 \times 14 \times 305)\text{N} = 85400\text{N}$$

则连接一侧所需螺栓数目为：

$$n = \frac{N}{N_{\min}^b} = \frac{940 \times 10^3}{85400} = 11(\text{个})(\text{取 } n=12 \text{ 个})$$

螺栓采用图 3.34 所示并列布置。连接盖板尺寸采用 2—7mm×400mm，其螺栓的中距、边距和端距均满足表 3.11 所示构造要求。

③ 验算连接板件的净截面强度。

由附表 1 查得 $f=215\text{N}/\text{mm}^2$，连接钢板在截面Ⅰ—Ⅰ受力最大为 N，连接盖板则是截面Ⅲ—Ⅲ受力最大为 N，但因两者钢材、截面均相同，故只验算连接钢板即可。取螺栓孔径 $d_0=21.5\text{mm}$。

$$A_n = (b - n_1 d_0)t = [(400 - 4 \times 21.5) \times 14]\text{mm}^2 = 4396\text{mm}^2$$

$$\sigma = \frac{N}{A_n} = \left(\frac{940 \times 10^3}{4396}\right)\text{N}/\text{mm}^2 = 213.8\text{N}/\text{mm}^2 < f = 215\text{N}/\text{mm}^2 (\text{满足要求})$$

(2) 受拉螺栓连接

① 普通受拉螺栓的破坏形式。

受拉螺栓的破坏形式是栓杆被拉断，拉断的部位通常位于螺纹削弱的截面处，因此一个受拉螺栓的承载力设计值应根据螺纹削弱处的有效直径或面积来确定。

② 受拉螺栓连接受轴心力作用时的计算方法。

由于受拉螺栓的最不利截面在螺纹削弱处，因此，计算时应根据螺纹削弱处的有效直径 d_e 或有效面积 A_e 来确定其承载力。一个受拉螺栓的承载力设计值为

$$N_t^b = A_e f_t^b = \frac{1}{4}\pi d_e^2 f_t^b \tag{3.21}$$

式中：d_e、A_e——分别为螺栓螺纹处的有效直径和有效面积，如表 3.12 所示；
f_t^b——螺栓抗拉强度设计值，如表 3.15 所示。

假定各螺栓所受拉力相等，则连接所需螺栓数目为

$$n = \frac{N}{N_t^b} \tag{3.22}$$

(3) 同时承受剪力和拉力的螺栓连接

当螺栓同时承受剪力和拉力时，连接螺栓安全工作的强度条件是连接中最危险螺栓所承受的剪力和拉力应满足下面的相关公式。

$$\sqrt{\left(\frac{N_v}{N_v^b}\right)^2 + \left(\frac{N_t}{N_t^b}\right)^2} \leqslant 1 \tag{3.23}$$

$$N_v \leqslant N_c^b$$

式中： N_v——连接中一个螺栓所承受的剪力；

N_t——连接中一个螺栓所承受的拉力；

N_v^b、N_c^b、N_t^b——分别为一个螺栓的抗剪、承压和抗拉承载力设计值。

表 3.12 螺栓的有效面积

螺栓直径 d/mm	螺距 P/mm	螺栓有效直径 d_e/mm	螺栓有效面积 A_e/mm²	螺栓直径 d/mm	螺距 P/mm	螺栓有效直径 d_e/mm	螺栓有效面积 A_e/mm²
16	2.0	14.1236	156.7	30	3.5	26.7163	560.6
18	2.5	15.6545	192.5	33	3.5	29.7163	693.6
20	2.5	17.6545	244.8	36	4.0	32.2472	816.7
22	2.5	19.6545	303.4	39	4.0	35.2472	975.8
24	3.0	21.1854	352.5	42	4.5	37.7781	1121
27	3.0	24.1854	459.4	45	4.5	40.7781	1306

【例 3.5】试验算图 3.35 所示普通螺栓连接的强度。采用 C 级普通螺栓 M20，孔径 21.5mm，采用 Q235 钢材。

【解】查附表 7 可得：$f_t^b = 170\text{N/mm}^2$，$f_c^b = 305\text{N/mm}^2$，$f_v^b = 140\text{N/mm}^2$；查表 3.12 得：$A_e = 244.8\text{m}^2$。螺栓同时受剪和受拉，剪力和拉力分别为

$V = (100 \times 4/5)\text{kN} = 80\text{kN}$，$N = (100 \times 3/5)\text{kN} = 60\text{kN}$

单个螺栓实际承受的剪力和拉力分别为

$$N_v = \frac{V}{n} = \left(\frac{80}{4}\right)\text{kN} = 20\text{kN}, \quad N_t = \frac{N}{n} = \left(\frac{60}{4}\right)\text{kN} = 15\text{kN}$$

单个普通螺栓的抗剪和抗拉承载力设计值为

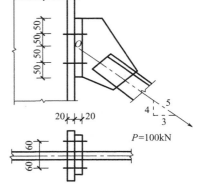

图 3.35 【例 3.5】附图

$$N_v^b = n_v \frac{\pi d^2}{4} f_v^b = \left(1 \times \frac{3.14 \times 20^2}{4} \times 140 \times 10^{-3}\right)\text{kN} = 43.96\text{kN}$$

$$N_t^b = A_e f_t^b = (244.8 \times 170 \times 10^{-3})\text{kN} = 41.62\text{kN}$$

当螺栓同时承受剪力和拉力时，有

$$\sqrt{\left(\frac{N_v}{N_v^b}\right)^2 + \left(\frac{N_t}{N_t^b}\right)^2} = \sqrt{\left(\frac{20}{43.96}\right)^2 + \left(\frac{15}{41.62}\right)^2} = 0.58 < 1$$

$$N_v = 20\text{kN} < N_c^b = d\sum t f_c^b = (20 \times 20 \times 305 \times 10^{-3})\text{kN} = 122\text{kN}（满足要求）$$

3.5.2 高强度螺栓连接的计算与构造

1. 高强度螺栓连接的工作性能

高强度螺栓连接根据受力不同分为摩擦型和承压型两种。如图 3.36 所示，高强度螺

栓连接主要是靠被连接板件间的强大摩阻力来抵抗外力。其中，高强度螺栓摩擦型连接单纯依靠被连接件间的摩阻力传递剪力，以摩阻力刚被克服，连接钢板间即将产生相对滑移为承载力极限状态。而高强度螺栓承压型连接的传力特征是剪力超过摩擦力时，被连接件间产生

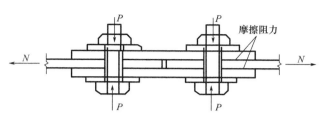

图3.36 高强度螺栓连接

相互滑移，螺杆与孔壁接触，螺杆受剪，孔壁承压，以螺栓受剪或钢板承压破坏为承载力极限状态，其破坏形式同普通螺栓连接。

为保证高强度螺栓连接具有连接所需要的摩擦阻力，必须采用高强钢材，在螺杆轴向应有强大的预拉力（其反作用力使被压接板件受压），且被连接板件间应通过处理使其具有较大的抗滑移系数。

（1）高强度螺栓的材料和工作性能

高强度螺栓的性能等级有10.9级（有20MnTiB钢和35VB钢）和8.8级，小数点前数字是螺栓热处理后的最低抗拉强度，小数点后数字是屈强比（屈服强度f_y与抗拉强度f_u的比值）。高强度螺栓孔应采用钻成孔，孔径比杆径略大，摩擦型螺栓的孔径比螺栓公称直径d大1.5～2.0mm，承压型螺栓的孔径比螺栓公称直径d大1.0～1.5mm。高强度螺栓在构件上排列布置的构造要求与普通螺栓相同。

（2）高强度螺栓的预拉力

高强度螺栓的预拉力是通过拧紧螺母实现的。一般采用扭矩法、转角法和扭断螺栓尾部法来控制预拉力。扭矩法是采用可直接显示扭矩的特制扳手，根据事先测定的扭矩与螺栓拉力之间的关系施加扭矩至规定的扭矩值；转角法分初拧和终拧两步，初拧是先用普通扳手使被连接构件相互紧密贴合，终拧是以初拧贴紧做出的标记位置为起点[图3.37（a）]，根据螺栓直径和板厚度所确定的终拧角度，用长扳手旋转螺母，拧至预定角度的梅花卡头切口处截面[图3.37（b）]来控制预拉力数值。

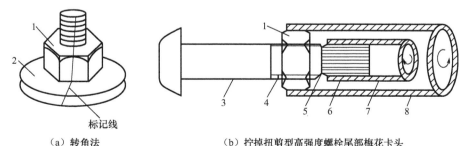

（a）转角法　　　　　　（b）拧掉扭剪型高强度螺栓尾部梅花卡头

1—螺母；2—垫圈；3—栓杆；4—螺纹；5—槽口；
6—螺栓尾部梅花卡头；7、8—电动扳手小套筒和大套筒

图3.37 高强度螺栓的紧固方法

高强度螺栓的预拉力值应尽可能高些，但须保证螺栓在拧紧过程中不会屈服或断裂，所以控制预拉力是保证连接质量的关键因素。高强度螺栓的设计预拉力值由螺栓的材料强度

和有效截面确定，并且考虑了以下情况。

① 在拧紧螺栓时，扭矩使螺栓产生的剪应力将降低螺栓的承拉能力，故对材料抗拉强度除以系数1.2。

② 施工时，为补偿螺栓松弛所造成的预拉力损失，要对螺栓超张拉5%~10%，故需乘以折减系数0.9。

③ 鉴于螺栓材质的不定性，也需乘以折减系数0.9。

④ 按抗拉强度f_u而不是屈服强度f_y计算预拉力，再引进一个附加安全系数0.9。考虑以上因素，所以预拉力的计算公式为

$$P=\frac{0.9\times0.9\times0.9f_uA_e}{1.2}=0.6075f_uA_e \tag{3.24}$$

式中：A_e——高强度螺栓螺纹处的有效截面面积；

　　　f_u——螺栓材料经热处理后的最低抗拉强度，对于8.8级取830N/mm²，对于10.9级取1040N/mm²。

按式（3.24）计算，并取5kN的整倍数，即得规范规定的预拉力设计值P，每个高强度螺栓的预拉力设计值如表3.13所示。

表3.13　每个高强度螺栓的预拉力P　　　　　　　　　　　　　单位：kN

螺栓的性能等级	螺栓公称直径/mm					
	M16	M20	M22	M24	M27	M30
8.8级	80	125	150	175	230	280
10.9级	100	155	190	225	290	355

（3）高强度螺栓连接的摩擦面抗滑移系数

高强度螺栓摩擦型连接完全依靠被连接件间的摩擦阻力传力，而摩擦阻力的大小除了与螺栓的预拉力有关外，还与被连接件材料及其接触面的表面处理所确定的摩擦面抗滑移系数μ有关。一般干净的钢材轧制表面，若不经处理或只用钢丝刷除去浮锈，则其μ值很小；若对轧制表面进行处理，提高其表面的平整度、清洁度及粗糙度，则μ值可以提高。高强度螺栓连接时必须采用钻成孔，就是为了防止冲孔造成钢板下部表面不平整。为了增加摩擦面的清洁度及粗糙度，一般采用下列方法。

① 喷砂或喷丸。用直径为1.2~1.4mm的砂粒在一定压力下喷射钢材表面，可除去表面浮锈及氧化铁皮，提高其表面的粗糙度，因此μ值得以增大。由于喷丸处理的质量优于喷砂，目前大多采用喷丸法。

② 喷砂（丸）后涂无机富锌漆。表面喷砂或喷丸后若不立即组装，则可能会受到污染或生锈，为此常在表面涂一层无机富锌漆，但这样处理会使摩擦面μ值减小。

③ 喷砂（丸）后生赤锈。实践及研究表明，喷砂（丸）后若在露天放置一段时间，让其表面生出一层浮锈，再用钢丝刷除去浮锈，可增加表面的粗糙度，μ值也会增大。规范中也推荐了这种方法，但规定其μ值与喷砂或喷丸处理后的μ值相同。

【高强度螺栓摩擦面滑移系数试验】

规范规定的摩擦面抗滑移系数μ值如表3.14所示。承压型连接的板件接触面只要求清除油污及浮锈。

表 3.14 摩擦面抗滑移系数 μ

连接处构件接触面的处理方法		构件的钢号				
		Q235 钢	Q345 钢	Q390 钢	Q420 钢	Q460 钢
普通钢结构	喷硬质石英砂或铸钢棱角砂	0.45	0.45	0.45		
	喷丸（喷砂）	0.40	0.40	0.40		
	喷丸（喷砂）后生赤锈	0.45	0.45	0.45		
	钢丝刷清除浮锈或未经处理的干净轧制面	0.30	0.35	0.40		
冷弯薄壁型钢结构	喷丸（喷砂）	0.35	0.40	—	—	—
	热轧钢材轧制面清除浮锈	0.30	0.35	—	—	—
	冷轧钢材轧制面清除浮锈	0.25	—	—	—	—

注：当连接构件采用不同钢号时，μ 值应按相应的较低值取用。

实践证明，构件摩擦面涂红丹后，抗滑移系数 μ 值很小，经处理后仍然较小，摩擦面应严格避免涂染红丹。另外，若构件在潮湿或淋雨状态下进行拼装，也会减小 μ 值，故应采取防潮措施并避免雨天施工，以保证连接处表面干燥。

2. 高强度螺栓连接计算

高强度螺栓连接由抗剪受力特征分为摩擦型连接和承压型连接两种。摩擦型连接在抗剪设计时，以最危险螺栓所受剪力达到接触面间可能产生的最大摩擦力设计值为极限状态；承压型连接在受剪时则允许摩擦力被克服，并产生相对滑移，之后外力可继续增加，以栓杆或孔壁承压的最终破坏为极限状态，在受拉时，两者无区别。以下高强度螺栓连接计算主要分为三部分。

（1）一个高强度螺栓摩擦型连接的承载力

① 受剪连接承载力。

一个高强度螺栓摩擦型连接中单个螺栓的设计承载力，与其预拉力 P、连接中的摩擦面抗滑移系数 μ 值及摩擦面 n_f 有关。计入抗力分项系数后，单个螺栓的承载力设计值为

$$N_v^b = 0.9 n_f \mu P \tag{3.25}$$

式中：n_f——螺栓的传力摩擦面数；

μ——摩擦面的抗滑移系数，按表 3.14 采用；

P——高强度螺栓的预拉力，按表 3.13 采用。

式（3.25）中的 0.9 为螺栓抗力分项系数 $\gamma_R = 1.111$ 的倒数。

② 高强度螺栓摩擦型连接受剪力时的计算。

高强度螺栓摩擦型连接受剪力的，将单个普通螺栓的承载力设计值 N_{min}^b 改成单个高强度螺栓的承载力设计值 N_v^b 即可。

高强度螺栓摩擦型连接构件净截面强度验算与普通螺栓连接有区别，应特别注意。由于高强度螺栓摩擦型连接是依靠被连接件接触面的摩擦力传递剪力，假定每个螺栓传递的内力相等，且接触面的摩擦力均匀地分布于螺栓四周，则每个螺栓所传递的内力在螺栓孔

中心线前面和后面各占一半。这种通过螺栓孔中心线前面板件的接触面传递摩擦力的现象称为"孔前传力"。开孔截面 1—1 处的净截面强度应按下式验算。

$$\sigma = \frac{N'}{A_n} = \left(1 - 0.5\frac{n_1}{n}\right)\frac{N}{A_n} \leqslant f \tag{3.26}$$

由分析可知,最外列以后各螺栓处构件的内力显著减小,只有在螺栓数目显著增多的情况下才有必要做补充验算。因此,通常只需验算最外列螺栓处有孔构件的净截面强度。此外,由于 $N' < N$,所以除对有孔截面进行验算外,还应对毛截面进行验算,即应验算 $\sigma = \frac{N}{A} \leqslant f$。

③ 受拉连接承载力。

为保证高强度螺栓在承受拉力作用时能使被连接板保持一定的压紧力,规范规定在杆轴方向承受拉力的高强度螺栓摩擦型连接中,单个高强度螺栓摩擦型连接受拉承载力设计值为

$$N_t^b = 0.8P \tag{3.27}$$

④ 同时承受拉力和剪力连接的承载力。

规范规定,当高强度螺栓摩擦型连接同时承受摩擦面间的剪力和螺杆轴向的外拉力时,其承载力应按下式计算。

$$\frac{N_v}{N_v^b} + \frac{N_t}{N_t^b} \leqslant 1 \tag{3.28}$$

式中:N_v、N_t——分别为一个螺栓所承受的剪力和拉力;

N_v^b——一个高强度螺栓的抗剪承载力设计值;

N_t^b——一个高强度螺栓的抗拉承载力设计值。

(2) 一个高强度螺栓承压型连接的承载力

① 受剪连接承载力。

高强度螺栓承压型连接的计算方法与普通螺栓连接相同,仍可用前面的公式计算单个螺栓的抗剪承载力设计值,只是应采用高强度螺栓承压型连接的强度设计值。

② 受拉连接承载力。

承压型连接同高强度螺栓抗拉承载力的计算公式与普通螺栓相同,只是抗拉强度设计值不同。

③ 同时承受剪力和拉力连接的承载力。

同时承受剪力和杆轴方向拉力的承压型高强度螺栓连接的计算方法与普通螺栓相同,即

$$\sqrt{\left(\frac{N_v}{N_v^b}\right)^2 + \left(\frac{N_t}{N_t^b}\right)^2} \leqslant 1 \tag{3.29}$$

$$N_v \leqslant \frac{N_c^b}{1.2} \tag{3.30}$$

式中:N_v、N_t——分别为一个螺栓所承受的剪力和拉力;

N_v^b——一个剪力螺栓的抗剪承载力设计值;

N_t^b——一个拉力螺栓的抗拉承载力设计值;

N_c^b——一个剪力螺栓的承压承载力设计值。

根据以上分析,现将各种受力状态下单个螺栓(包括普通螺栓和高强度螺栓)的承载力设计值的计算式列于表 3.15,便于读者对照与应用。

表 3.15 单个螺栓承载力设计值

序号	螺栓种类	受力状态	计算公式	备注
1	普通螺栓	受剪	$N_v^b = n_v \dfrac{\pi d^2}{4} f_v^b$ $N_c^b = d \sum t f_c^b$	取两者中的较小值
		受拉	$N_t^b = A_e f_t^b = \dfrac{1}{4} \pi d^2 f_t^b$	
		兼受剪拉	$\sqrt{\left(\dfrac{N_v}{N_v^b}\right)^2 + \left(\dfrac{N_t}{N_t^b}\right)^2} \leqslant 1$ 且 $N_v = \dfrac{V}{n} \leqslant N_c^b$	
2	高强度螺栓摩擦型	受剪	$N_v^b = 0.9 n_f \mu P$	
		受拉	$N_t^b = 0.8P$	
		兼受剪拉	$\dfrac{N_v}{N_v^b} + \dfrac{N_t}{N_t^b} \leqslant 1$	
3	高强度螺栓承压型	受剪	$N_v^b = n_v \dfrac{\pi d^2}{4} f_v^b$,$N_c^b = d \sum t f_c^b$	当剪切面在螺纹处时,$N_v^b = n_v \dfrac{\pi d^2}{4} f_v^b$
		受拉	$N_t^b = A_e f_t^b = \dfrac{1}{4} \pi d^2 f_t^b$	
		兼受剪拉	$\sqrt{\left(\dfrac{N_v}{N_v^b}\right)^2 + \left(\dfrac{N_t}{N_t^b}\right)^2} \leqslant 1$ 且 $N_v \leqslant \dfrac{N_c^b}{1.2}$	

【例 3.6】 如图 3.38 所示为一轴心受拉钢板用双盖板和高强度螺栓摩擦型连接的拼装接头,已知钢材为 Q345,钢板截面为 300mm×16mm,盖板截面为 300mm×10mm,螺栓为 10.9 级 M20,接触面喷砂后涂无机富锌漆,试确定该拼接的最大承载力设计值 N。

【解】 (1) 按螺栓连接强度确定 N

由表 3.13 和表 3.14 查得 $P = 155$kN,$\mu = 0.40$,则
$$N_v^b = 0.9 n_f \mu P = (0.9 \times 2 \times 0.4 \times 155) \text{kN} = 111.6 \text{kN}$$

(2) 按钢板截面强度确定 N

构件厚度 $t = 16$mm 小于两盖板厚度之和 $2t_1 = 20$mm,所以按构件钢板计算。

① 计算毛截面强度。

由附表 1 查得 $f = 305$ N/mm²,$A = bt = (300 \times 16)$mm² $= 4800$ mm²。

则 $N = fA = (305 \times 4800 \times 10^{-3})$ kN $= 1464$kN。

② 计算第一列螺栓处净截面强度。
$$A_n = (b - n_1 d_0)t = [(300 - 4 \times 22) \times 16] \text{mm}^2 = 3392 \text{ mm}^2$$

根据"孔前传力"原则,由开口截面净截面验算公式推算可得
$$N = \dfrac{A_n f}{1 - 0.5 n_1 / n} = \left(\dfrac{3392 \times 305}{1 - 0.5 \times 4/12} \times 10^{-3}\right) \text{kN} = 1241.5 \text{kN}$$

因此,该拼接的最大承载力设计值 $N = 1241.5$kN,由钢板的净截面强度控制。

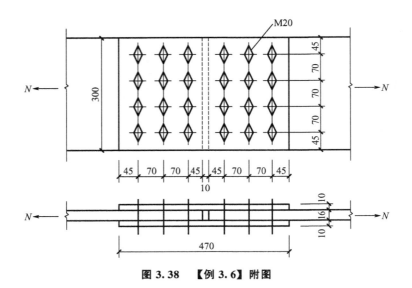

图 3.38　【例 3.6】附图

【例 3.7】 试设计一双盖板拼接的钢板连接，如图 3.39 所示，钢材为 Q345，高强度螺栓等级为 8.8 级 M20，连接处构件接触面用喷砂处理，作用在螺栓群形心处的轴心拉力设计值为 $N=180\text{kN}$，试设计此连接。

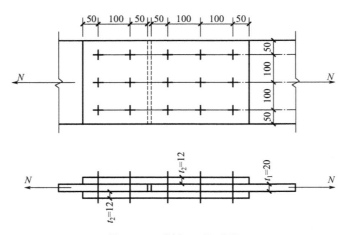

图 3.39　【例 3.7】附图

【解】（1）采用摩擦型连接时

由表 3.13 和表 3.14 查得 8.8 级 M20 高强度螺栓 $P=125\text{kN}$、$\mu=0.4$，单个螺栓承载力设计值为

$$N_v^b = 0.9 n_f \mu P = (0.9 \times 2 \times 0.4 \times 125)\text{kN} = 90\text{kN}$$

一侧所需螺栓数 n 为

$$n = \frac{N}{N_v^b} = \frac{800}{90} = 8.89$$

取 $n=9$，如图 3.39 右侧所示。

(2) 采用承压型连接时

单个螺栓承载力设计值为

$$N_v^b = n_v \frac{\pi d^2}{4} f_v^b = \left(2 \times \frac{3.14 \times 20^2}{4} \times 12 \times 250 \times 10^{-3}\right) \text{kN} = 157 \text{kN}$$

$$N_c^b = d \sum t f_c^b = (20 \times 20 \times 590 \times 10^{-3}) \text{kN} = 236 \text{kN}$$

一侧所需螺栓数 n 为：

$$n = \frac{N}{N_{\min}^b} = \frac{800}{157} = 5.1$$

取 $n=6$，如图 3.39 左侧所示。

3.6 钢结构螺栓连接施工

3.6.1 普通螺栓连接施工

1. 普通螺栓常识

螺栓按照性能等级分为 4.6 级、4.8 级、5.6 级、8.8 级、10.9 级、12.9 级等 16 个等级，其中 8.8 级（含 8.8 级）以上螺栓材质为低碳合金钢或中碳钢并经热处理，称为高强度螺栓，其余为普通螺栓。

(1) 螺栓的直径与螺纹长度

螺栓直径原则上应由设计人员按等强度原则通过计算确定，但对于某一项工程，螺栓直径规格应尽可能少，有的还需要适当归类，以便施工和管理。螺栓直径应与被连接件的厚度相匹配。

普通螺栓的螺纹长度如表 3.16 所示。

(2) 螺栓的匹配

建筑钢结构中选用螺母应与相匹配的螺栓性能等级一致。当拧紧螺母达到规定程度时不允许发生螺纹脱扣现象。因此，可选用栓接结构用大六角头螺母及相应的栓接结构用大六角头螺栓、平垫圈，使连接副能避免因超拧而引起的螺纹脱扣。

表 3.16 普通螺栓的螺纹长度 单位：mm

l	b
$l \leqslant 125$	$2d+6$
$125 < l \leqslant 200$	$2d+12$
$l > 200$	$2d+25$

注：d 为螺纹直径，l 为螺栓的公称长度。

螺母性能等级分为 4 级、5 级、6 级、8 级、9 级、10 级、12 级等，其中 8 级（含 8 级）以上螺母与高强度螺栓匹配，8 级以下螺母与普通螺栓匹配，螺母与螺栓性能等级相匹配的情况参照相关规范。

螺母的螺纹应和螺栓相一致，一般应为粗牙螺纹（除非特殊注明用细牙螺纹），螺母的力学性能主要是螺母的保证应力和硬度，其值应符合相关规范规定。

(3) 垫圈

常用钢结构螺栓连接的垫圈按其形状及使用功能的分类如表 3.17 所示。

表 3.17 常用钢结构螺栓连接的垫圈分类

项 目	内 容
圆平垫圈	圆平垫圈一般放置于紧固螺栓头及螺母的支承面下面,用来增加螺栓头及螺母的支承面,同时避免被连接件表面损伤
方形垫圈	方形垫圈一般放置于地脚螺栓头及螺母支承面下,用来增加支承面及遮盖较大螺栓孔眼
斜垫圈	斜垫圈主要用于工字钢、槽钢翼缘倾斜面的垫平,使螺母支承面垂直于螺杆,避免紧固时螺母支承面和被连接的倾斜面局部接触,以确保连接安全
弹簧垫圈	可避免螺栓拧紧后在动荷载作用下产生振动和松动,依靠垫圈的弹性功能及斜口摩擦面来避免螺栓松动,一般用于有动荷载(振动)或经常拆卸的结构连接处

2. 螺栓连接

(1) 普通螺栓连接要点

① 螺栓一端只能垫一个垫圈,不得采用大螺母代替垫圈,螺栓紧固应牢固、可靠,不应少于2个螺距。

② 螺栓连接时,为了使连接处螺栓受力均匀,螺栓的紧固次序应从中间开始,对称向两边进行。对大型接头应采用复拧,即两次紧固方法,以保证接头内各螺栓能均匀受力。

③ 工字钢、槽钢等有斜面的螺栓连接宜采用斜垫圈,同一个连接接头螺栓数量不应少于2个,螺栓紧固后外露螺扣应不少于2扣。

④ 普通螺栓紧固检验一般采用锤击法。即用0.3kg小锤,一手扶螺栓头,另一手用锤敲,要求螺栓头不偏移、不松动,锤声比较清脆,否则说明螺栓紧固质量不好,需要重新紧固施工。

⑤ 螺栓孔不得采用气割扩孔。

(2) 螺栓的紧固

① 为了使螺栓受力均匀,应尽可能减少连接件变形对紧固轴力的影响,保证节点连接螺栓的质量。螺栓紧固必须从中心开始,对称施拧。

② 成组螺母的拧紧。在拧紧成组螺母时,必须按照一定的顺序进行,并做到分次序逐步拧紧(一般分3次拧紧),否则会使零件或螺杆松紧不一致,甚至变形。

在拧紧长方形布置的成组螺母时,必须从中间开始,逐渐向两边对称扩展,如图3.40(a)所示。在拧紧方形或圆形布置的成组螺母时,必须对称进行,如图3.40(b)、(c)所示。

(3) 螺栓防松

一般螺纹连接均具有自锁性,当所受静力荷载和工作温度变化不大时,不会自行松脱。但在冲击、振动或变荷载作用下,以及当工作温度变化较大时,这种连接就有可能松动,从而影响工作,甚至发生事故。为保证连接安全可靠,对螺纹连接必须采取有效的防松措施。常用的防松措施如表3.18所示。

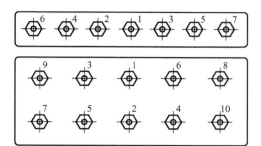 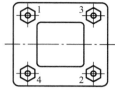 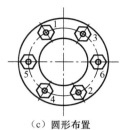

(a) 长方形布置　　　　　　(b) 方形布置　　　　(c) 圆形布置

图 3.40　拧紧成组螺母的方法

表 3.18　常用的防松措施

项　目	内　容
增大摩擦力	这类防松措施是使拧紧的螺纹之间不因外荷载变化而失去压力，因此始终有摩擦阻力防止连接松脱；增大摩擦力的防松措施有安装弹簧垫圈和使用双螺母等
机械防松	这类防松措施是利用各种止动零件，通过阻止螺纹零件的相对转动来达到防松目的。机械防松较为可靠，因此应用较多。常用的机械防松措施有开口销与槽形螺母、止动垫圈与螺母、止退垫圈与圆螺母、串联钢丝等
不可拆防松措施	利用定位焊、定位铆等方法将螺母固定在螺栓或被连接件上，或者把螺钉固定在被连接件上，以达到防松的目的

（4）普通螺栓紧固施工注意事项

① 检查连接板板面质量。板面应平整，无飞边、毛刺、油污等。检查结构安装的整体尺寸，其必须合格。

② 结构应当整体调校符合安装尺寸要求。必要时可加装临时螺栓固定，用不少于连接处孔数的 1/3 且不少于 2 个螺栓进行临时性固定。

③ 节点板孔应配钻或模钻，以保证孔大小和间距。扩孔应采用铰刀而不应采取气割。

④ 螺栓应能自由放入而不应用外力或锤击放入，以免破坏螺纹。安装方向应大体一致。

⑤ 螺栓安装应先主结构，后次结构；节点板安装应从中间向四周扩展，尽量避免应力集中。板间应贴实，安装后螺栓应基本留有 2 个扣距。

⑥ 用 0.3mm 塞尺检查板面紧贴程度。局部间隙大于 3.0mm 时，应矫平连接板。

⑦ 节点的螺栓孔穿过螺栓时，其穿入方向宜一致，以方便施工为原则。当错孔而不能穿入螺栓时，用撬棍、插钎或冲钉校准孔位。

⑧ 当错孔量为螺栓直径的 0.1 倍以下时，可用铰刀铣孔，其孔径不应大于 1.2 倍螺栓直径；当错孔量为螺栓直径的 0.1 倍及以上时，应更换连接板或用与母材相匹配的低氢型焊条补孔，磨平后重新钻孔。

⑨ 普通螺栓连接对螺栓紧固轴力没有要求，可采用普通扳手紧固。螺栓紧固应使被连接件接触面、螺栓头和螺母与构件表面密贴，无明显间隙，每个节点的螺栓应全部装齐。

⑩ 螺栓的紧固次序应从中间开始,对称向两边进行,对于大型接头应采用复拧保证各接头内各螺栓均匀受力。

⑪ 对安装好的螺栓或其他紧固件应进行复查,可以用小锤敲击检查。螺栓过拧后应更换新螺栓,而不得重复使用。

⑫ 在有倾斜面上安装时应加斜垫圈,斜垫圈的倾角应与原倾角相同,以保证轴力与接触面垂直。

3.6.2 高强度螺栓连接施工

1. 高强度螺栓常识

(1) 高强度螺栓分类

高强度螺栓从外形上可分为大六角头和扭剪型两种,按性能等级可分为8.8级、10.9级、12.9级等。高强度螺栓和与之配套的螺母与垫圈合称连接副,须经热处理后方可使用。

① 大六角头高强度螺栓。目前,我国使用的大六角头高强度螺栓有8.8级和10.9级两种。大六角头高强度螺栓连接副含有一个螺栓、一个螺母、两个垫圈(螺头和螺母两侧各一个垫圈)。当螺栓、螺母、垫圈组成一个连接副时,其性能等级应匹配。钢结构用大六角头高强度螺栓连接副匹配组合应符合表3.19的规定。

表3.19 大六角头高强度螺栓连接副匹配组合

螺 栓	螺 母	垫 圈
10.9S	10H	(35~45) HRC
8.8S	8H	(35~45) HRC

② 扭剪型高强度螺栓。目前,我国使用的扭剪型高强度螺栓只有10.9级一种,推荐采用的钢号为20MnTiB钢。扭剪型高强度螺栓连接副由一个螺栓、一个螺母、一个垫圈组成。螺栓、螺母、垫圈组成一个连接副时,其性能等级要匹配。

无论是大六角头高强度螺栓还是扭剪型高强度螺栓,其性能等级和力学性能都应符合国家标准《钢结构用高强度大六角头螺栓、大六角螺母、垫圈技术条件》(GB/T 1231—2006)、《钢结构用扭剪型高强度螺栓连接副》(GB/T 3632—2008)的要求,如表3.20所示。

表3.20 高强度螺栓的性能等级和力学性能

螺栓种类	性能等级	采用钢号	规定非比例延伸强度 $R_{p0.2}$/MPa	抗拉强度 R_m/MPa
大六角头高强度螺栓	8.8S	45、35、20MnTiB、ML20MnTiB、35VB	660	830~1030
	10.9S	20MnTiB、ML20MnTiB、35VB	940	1040~1240
扭剪型高强度螺栓	10.9	20MnTiB、ML20MnTiB、35VB、35CrMo	940	1040~1240

高强度螺栓性能等级的含义是国际通用的标准，相同性能等级的螺栓，不管其材料和产地的区别，其性能是相同的，设计上只选用性能等级即可。高强度螺栓采用高强度材料制造。高强度螺栓的螺杆、螺母和垫圈都由高强度钢材制作，常用45钢、40硼钢和20锰钛硼钢。

（2）高强度螺栓连接副

① 扭剪型高强度螺栓连接副。

扭剪型高强度螺栓连接副是一整套的含意，包括一个螺栓、一个螺母和一个垫圈。对性能等级为10.9级的扭剪型高强度螺栓连接副，应按现行国家标准《钢结构用扭剪型高强度螺栓连接副》（GB/T 3632—2008）进行验收，螺栓生产厂家应随产品提供产品质量证明文件，内容如下。

A. 材料、炉号、化学成分。

B. 规格、数量。

C. 机械性能试验数据。

D. 连接副紧固轴力（预拉力）的平均值、标准偏差及测试环境温度。

E. 出厂日期和批号。

施工单位应对其进场的扭剪型高强度螺栓连接副进行紧固轴力（预拉力）复验，复验按照现行国家标准规定进行。

② 高强度大六角头螺栓连接副。

高强度大六角头螺栓连接副是一整套的含意，包括一个螺栓、一个螺母和两个垫圈。对于性能等级为8.8级、10.9级的高强度大六角头螺栓连接副，应按现行国家标准进行验收，螺栓生产厂家应随产品提供产品质量证明文件，其内容同扭剪型高强度螺栓连接副。

施工单位应对其进场的高强度大六角头螺栓连接副进行扭矩系数复验，复验按照现行国家标准《钢结构工程施工质量验收标准》（GB 50205—2020）的规定进行。

③ 高强度螺栓连接副复验（预拉力、扭矩、扭矩系数）。

A. 预拉力复验。

复验用的螺栓连接副应在施工现场待安装的螺栓批中随机抽取，每批应抽取8套连接副。

【螺栓扭矩系数检测】

连接副预拉力可采用经计量检定、校准合格的轴力计进行测试。试验用的电测轴力计、油压轴力计、电阻应变仪、扭矩扳手等计量器具，应在试验前进行标定，其误差不得超过2%。

采用轴力计方法复验连接副预拉力时，应将螺栓直接插入轴力计。紧固螺栓分初拧、终拧两次进行。初拧应采用手动扭矩扳手或专用定扭矩电动扳手，初拧值应为预拉力标准值的50%左右。终拧应采用专用电动扳手，直至尾部梅花卡头被拧掉，读出预拉力值。

每套连接副只做一次试验，不得重复使用。在紧固中垫圈发生转动时，应更换连接副，重新做试验。复验扭剪型高强度螺栓连接副的紧固预拉力和标准偏差应符合表3.21的规定。

表3.21 扭剪型高强度螺栓连接副的紧固预拉力和标准偏差

螺栓规格/mm	M16	M20	M22	M24
紧固预拉力的平均值 $\bar{P}$/kN	99～120	154～186	191～231	222～270
标准偏差 σ_p/kN	10.1	15.7	19.5	22.7

B. 扭矩检验。

高强度螺栓连接副扭矩检验是含初拧、复拧、终拧扭矩的现场无损检测。检验所用的扭矩扳手其扭矩精度误差应不大于3%。原则上检验法与施工法应相同。扭矩检验应在施拧后1h以后、24h之前完成。

C. 扭矩系数复验。

复验用螺栓连接副应在施工现场待安装的螺栓批中随机抽取，每批应抽取8套连接副进行复验。连接副扭矩系数复验用的计量器具应在试验前进行标定，误差不得超过2%。

每套连接副只应做一次试验，不得重复使用。在紧固中垫圈发生转动时，应更换连接副，重新做试验。每组8套连接副扭矩系数的平均值应为0.11~0.15，标准偏差不大于0.01。

2. 高强度螺栓连接

(1) 高强度螺栓连接的安装与紧固

① 高强度螺栓的安装。

高强度螺栓应能自由穿入螺栓孔内，严禁用锤子强行打入或用扳手强行拧入。一组高强度螺栓宜按同一方向穿入螺孔内。

不得使用高强度螺栓兼作临时螺栓，以防损伤螺纹，从而引起扭矩系数的变化。

高强度螺栓的安装应在结构构件中心位置调整后进行，其穿入方向应以施工方便为准，并力求一致。

高强度螺栓孔不应采用气割扩孔，扩孔数量应征得设计同意，扩孔后的孔径不应超过 $1.2d$ （d 为螺栓直径）。

高强度螺栓的拧紧分为初拧、终拧。对于大型节点分为初拧、复拧、终拧。

工地储存高强度螺栓时，应放在干燥、通风、防雨、防潮的仓库内，并不得损伤螺纹和沾染脏物。连接副入库应按包装箱上注明的规格、批号分类存放。

高强度螺栓安装时，要按使用部位领取相应规格、数量、批号的连接副，当天没有用完的螺栓必须放回干燥、洁净的容器内，妥善保管并尽快使用完毕，不得乱扔、乱放。

高强度螺栓使用前应进行外观检查，表面油膜正常无污物的方可使用。开包时应核对螺栓的直径、长度。使用过程中不得雨淋，不得接触泥土、油污等脏物。

② 高强度螺栓的紧固。

高强度螺栓的紧固是用专门扳手拧紧螺母，使螺杆内产生要求的拉力。一个接头上的高强度螺栓应从螺栓群中部开始安装，逐个拧紧。初拧、复拧、终拧应从螺栓群中部开始向四周扩展逐个拧紧，每拧一遍均应用不同颜色的油漆做上标记，防止漏拧。

接头如有高强度螺栓连接又有电焊连接时，是先紧固还是先焊接应按设计要求规定的顺序进行；设计无规定时，按先紧固后焊接（即先栓后焊）的施工工艺顺序进行，先终拧完高强度螺栓再焊接焊缝。

高强度螺栓的紧固应从刚度大的部位向不受约束的自由端进行，同一节点内应从中间向四周进行，以使板间密贴。初拧和终拧都应当进行登记并填表。

大六角头高强度螺栓一般拧紧方法如表3.22所示。

表 3.22　大六角头高强度螺栓一般拧紧方法

项　目	内　　容
扭矩法	初拧用定扭矩扳手以终拧扭矩的 30%～50% 进行，使接头各钢板达到充分密贴，再用电动扭剪型扳手把梅花卡头拧掉，使螺杆达到设计要求的轴力。若由于板层较厚、板叠较多、安装时发现连接部位有轻微翘曲的连接头等，使初拧的板层达不到充分密贴时，应增加复拧，复拧时扭矩和初拧时扭矩相同或略大
转角法	分初拧和终拧两次进行。初拧用定扭矩扳手以终拧扭矩的 30%～50% 进行，使接头各层钢板达到充分密贴，再在螺母和螺杆上通过圆心画一条直线，然后用扭矩扳手转动螺母一定的角度，使螺栓达到终拧要求。转动角度的大小在施工前由试验统计确定

（2）高强度螺栓安装后的检查

① 大六角头螺栓安装后的检查。

扭矩检查应在螺栓终拧 1h 以后、24h 之前完成。用小锤（0.3kg）敲击法对高强度螺栓进行普查，以防漏拧。

应对每个节点螺栓数的 10%，但不少于 1 个进行扭矩检查。根据高强度螺栓拧紧的方法分为扭矩法检查和转角法检查。

检查发现有不符合规定的，应再扩大检查 10%，如仍有不合格的，则整个节点的高强度螺栓应重新拧紧。

② 大六角头高强度螺栓施工质量应有下列原始检查验收记录：高强度螺栓连接副复验数据、抗滑移系数试验数据、初拧扭矩、终拧扭矩、扭矩扳手检查数据和施工质量检查验收记录等。

③ 扭剪型高强度螺栓施工质量应有下列原始检查验收记录：高强度螺栓连接副复验数据、抗滑移系数试验数据、初拧扭矩、扭矩扳手检查数据和施工质量检查验收记录等。

④ 扭剪型高强度螺栓终拧检查，以目测尾部梅花卡头拧断为合格。尾部梅花卡头未被拧掉的应按扭矩法或转角法检验。

3.7　钢结构螺栓连接质量控制

3.7.1　普通螺栓连接质量控制

1. 普通螺栓施工质量要求

① 自攻钉、拉铆钉、射钉等其规格尺寸应与被连接钢板相匹配，其间距、边距等应符合设计要求。

② 对于永久性普通螺栓连接，自攻钉、拉铆钉、射钉等与钢板的连接，用小锤敲击检查，要求无松动、颤动和偏移，锤击声音清脆。

③ 各节点螺栓排列位置和方向应保持一致，其外观尺寸应按规定进行检查。

2. 普通螺栓连接施工常见质量问题原因分析及防治措施

（1）永久性连接的普通螺栓轴力有明显损失

① 原因分析。

用于永久性连接的普通螺栓，在螺母下垫多个垫圈或用大螺母替代垫圈可能产生间隙，导致螺栓轴力损失。同时，多个垫圈或大螺母的弹性变形也会引起螺栓轴力的损失；另外，这种做法对外观质量和节点构造也会产生不良影响。

② 防治措施。

A. 用于永久性连接的普通螺栓，每个螺栓一端只能垫一个垫圈，且不得用大螺母替代垫圈。

B. 应根据连接板叠合的厚度合理选择螺栓长度，使螺栓拧紧后外露螺纹不应少于2个螺距。

C. 安装节点时，连接板叠合间隙较大，原来选择的螺栓长度不够时，可用较长的螺栓将连接板叠合紧固密贴后，再替换原来选用的螺栓。

D. 严禁用超长螺栓加垫多个垫圈或用大螺母替代垫圈。

（2）螺栓孔错位，安装无法通过

① 原因分析。

A. 零部件制造、加工、焊接等工艺不合理，产生偏差。

B. 在小件拼装、焊接时产生误差或变形。

C. 安装工艺不合理，使其孔位出现偏差。

② 防治措施。

A. 钢结构零件应根据施工图或施工规范的规定，采用合理的工艺进行加工。

B. 结构件在画线时，批量零件应用统一样板进行。少量零件画线时应由其纵横线的中心对称向外进行，以保证零件孔中心的位置和边缘尺寸正确。

C. 认真检查剪切或钻孔加工前的零件，以防止在作业过程中零件的边缘和孔心、孔距尺寸产生偏差。

D. 零部件小单元拼装焊接要求如下。

a. 为避免焊接变形使孔位移产生偏差，应在底样上按孔位选用画线或以插销、挡铁等方法限位固定。

b. 为避免孔位移产生偏差，可将拼装件在底样上按实际位置进行拼装。

c. 为避免零件孔位偏差，应认真矫正钻孔前的零件变形。

d. 钻孔及焊接后的变形在矫正时均应避开孔位及其边缘。

E. 安装时应采用合理的工艺。

按规范或设计规定，检查螺栓直径与螺栓孔径的配合尺寸及其精度。

构件安装时，为了减少因构件自身应力及挠度而导致的孔位偏移，应先用钢冲或锥形撬杠穿入连接板孔内定位，在上下叠板孔重合后，再穿入所有螺栓，暂不紧固。当个别孔产生位移，无法穿入螺栓时，可采取略大于孔径的钢冲或锥形撬杠打入来调整。紧固螺栓群应由构件中心向边缘、对称、依次、均匀地进行。

F. 螺栓孔产生位移，无法穿入螺栓时，可用机械扩钻孔法调整位移，严禁用气割扩孔法。

（3）螺栓的螺纹损伤

① 原因分析。

普通螺栓储存、运输时碰伤。构件用螺栓连接后，螺栓伸出螺母外的长度部分锈蚀。螺栓的螺纹损伤会降低连接结构的强度或缩短设计规定的正常使用期限。

② 防治措施。

A. 普通螺栓在储存、运输和施工过程中应防止其受潮生锈、沾污和碰伤。

B. 使用前对螺栓进行挑选。

C. 施工中剩余的螺栓必须按批号单独存放，不得与其他零部件混放在一起，以防撞击。

D. 用钢丝刷清理螺纹段的油污、锈蚀等杂物。

E. 螺纹损伤的螺栓不能作为临时螺栓使用。为了防止螺纹损伤，高强度螺栓不得作为临时安装螺栓使用。

F. 安装孔必须符合设计要求，使螺栓能顺畅穿入孔内，不得强行将螺栓击入孔内。

G. 对连接构件不重合的孔应进行修理，达到要求后方可进行安装。

H. 安装时为防止穿入孔内的螺纹被损伤，每个节点用的临时螺栓和冲钉不得少于安装的1/3，且至少应穿2个临时螺栓。冲钉穿入的数量不宜多于临时螺栓的30%，否则当其中一构件窜动时使孔产生位移，导致孔内螺纹在侧向水平力或垂直力作用下产生剪切损伤，降低了螺栓截面的受力强度。

I. 为防止安装紧固后的螺栓锈蚀、损伤，应将伸出螺母外的螺纹部分涂上工业凡士林或黄干油等进行防腐保护。特殊重要部位的连接结构，为防止外露螺纹腐蚀、损伤，也可加装专用螺母，其顶端在具有防护盖的压紧螺母或防松副螺母保护下，可避免腐蚀生锈和被外力损伤。

J. 使螺母与螺栓配套顺畅通过螺纹段。配套的螺栓组件使用时不宜互换。

（4）连接构件接触不严密

① 原因分析。

A. 构件与连接板存在弯曲变形，接触面间有杂物。

B. 安装前，构件及连接板接触表面的不平整度未经调整处理或处理方法不合理。

C. 连接构件的规格种类、厚度不统一。

以上均可造成连接后的构件接触面间存在间隙，从而影响螺栓连接的结构强度。

② 防治措施。

A. 连接构件及连接板存在各种变形，在安装前应进行认真矫正，使其接触面水平、严密。

B. 构件安装前应对其接触表面及其孔壁周边的锈蚀、焊渣、毛刺和油污等预先清理干净，以保证连接紧密贴合。

C. 连接件表面接触应平整。当构件与拼装的连接板面有间隙，且板面接触间隙不大于1.0mm时，可不做处理，如图3.41（a）所示；当接触间隙在1.0～3.0mm时，应将构件厚的一侧边缘加工（削薄）成倾向较薄的一侧的过渡缓坡，如图3.41（b）所示；当接触间隙大于 3.0mm 时，可加入垫板调平，如图 3.41（c）所示；二层或三层叠板连接的间隙大于 3.0mm 及以上时，也可采取加入垫板调平的方式处理，如图 3.41（d）所示。

D. 当有坡度的型钢翼缘件和不等厚板件连接时，为保持接触面紧密贴合，并保证连接后的结构件传力均匀，应根据其斜度、厚度之差分别用平垫板和斜垫板进行调整垫平。

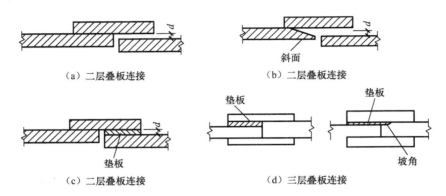

（a）二层叠板连接　　（b）二层叠板连接

（c）二层叠板连接　　（d）三层叠板连接

图 3.41　叠层板面接触间隙处理示意

(5) 螺栓伸出螺母外长度不一

① 原因分析。

A. 螺栓长度规格不统一。

B. 构件变形未经矫平便直接使用。

C. 将厚构件代替薄构件。

② 防治措施。

A. 螺栓要统一存放，不得与类似的连接零件掺混。

B. 工程用的螺栓、螺母、垫圈等连接零件应有产品质量合格证明并符合设计要求。

C. 螺栓连接构件的紧固程序应合理。

普通螺栓连接的紧固施工以操作者的手感及连接接头的外形控制为准，通俗来说就是一个操作工使用普通扳手靠自己的力量拧紧螺母，只要保证被连接接触面密贴、无明显间隙即可。

为了使连接接头中螺栓受力均匀，螺栓的紧固次序应从中间开始，对称向两边进行。对大型接头应采用复拧，即两次紧固方法，以保证接头内各螺栓受力均匀。

D. 作业前要矫平构件在剪切、钻孔和拼焊时产生的各种变形，以免因紧固的螺栓受力不均导致连接件接触面间不能全面贴合，并局部产生空隙，造成紧固后的螺栓伸出螺母的长度不一。

普通螺栓连接紧固检验比较简单，一般采用锤击法。即用 0.3kg 小锤，一手扶螺栓头（或螺母），另一手用锤敲。要求螺栓头（或螺母）不偏移、不颤动、不松动，锤声比较清脆，否则说明螺栓紧固质量不好，需要重新紧固施工。

E. 由于紧固力不均造成螺栓伸出螺母外的长度不一，应处理伸出过长、过短的螺栓。

处理时用扳手先将伸出过长的螺栓进行松放调整，然后进行长、短螺栓的紧固。在紧固长、短螺栓的同时，将上下、左右相邻而未调的螺栓略加紧固，使全部螺栓受力均匀，达到统一的伸出长度。

F. 当螺栓规格掺混，螺栓本身长度超长或过短，使得伸出螺母外的螺纹过长或螺纹不足2个螺距时，应卸除超长或过短的螺栓，换上符合设计要求的同一材质、规格的螺栓。更换螺栓时应单个进行，不宜一并同步进行。

（6）紧固后的螺栓防松

① 原因分析。

普通螺栓连接后的钢结构，在动力荷载、振动力、冲击力和温差变异较大的外力作用下，如未采取相应的防松措施，螺栓、螺母的正常连接容易自行松脱，从而造成结构连接强度的降低。

② 防治措施。

A. 副螺母防松。在紧固后的螺母上面增加一个较薄的副螺母（但应使螺栓伸出副螺母的长度不少于2个螺距），使两螺母之间产生轴向压力，并增加螺栓、螺母凸凹螺纹的咬合自锁长度，以达到相互约束避免螺母松动的目的。

B. 设置永久防松措施。将螺母紧固后，用尖锤或钢冲在螺栓伸出螺母的侧面，或靠近螺母上平面的螺纹处进行对称点铆（3~4处），使螺栓上的螺纹被铆成乱丝并呈凹陷状，以免破坏螺纹使螺母无法进行旋转，从而起到防松作用。

C. 放弹簧垫圈。在螺母下面垫一开口弹簧垫圈，或在开口垫圈下面再加垫一平垫圈。

3.7.2 高强度螺栓连接质量控制

1. 高强度螺栓施工注意事项

① 螺栓穿入方向以方便施工为准，每个节点要整齐一致。螺母、垫圈均有方向要求，螺栓、螺母均标有级别与生产厂家。

② 已安装的高强度螺栓严禁用火焰或电焊切割梅花卡头。

③ 因空间狭窄，高强度螺栓扳手不宜操作部位可采用加高套管或用手动扳手安装；高强度螺栓若超拧，应更换并废弃换下来的螺栓，不得重复使用。

④ 安装中的错孔、漏孔不允许用气割开孔，错孔应严格按要求进行处理。

⑤ 当气温低于10℃时，应停止作业；当摩擦面潮湿或暴露于雨雪中时，应停止作业。高强度螺栓在包装、运输与使用中应尽量保持出厂状态。

⑥ 施工前必须对扭矩扳手进行标定，终拧时，大六角头螺栓应按施工扭矩施拧；扭剪型螺栓用专用电动扳手施拧，拧掉梅花卡头。

⑦ 高空施工时严禁乱扔螺栓、螺母、垫圈及尾部梅花卡头，上述物品应严格回收，以免坠落伤人。

⑧ 施拧后应及时涂防锈漆。对于露天使用或接触腐蚀性气体的钢结构，在高强度螺栓拧紧检查验收合格后，连接处板缝应及时用防水或耐腐蚀的腻子封闭；母材生浮锈后，在组装前必须用钢丝刷清除掉浮锈。

⑨ 要求初拧、复拧、终拧在24h内完成。

⑩ 再次使用的连接板需再次处理。连接板叠的错位或间隙必须按照规范的要求进行处理，确保结合面贴实。

2. 高强度螺栓施工常见质量问题原因分析及防治措施

(1) 高强度螺栓出现裂纹

① 原因分析。

A. 螺栓在锻造、热处理及其他成型工序过程中,金属受到过高的应力造成裂纹产生。

B. 金属含有其他元素的夹杂物,导致沿金属晶粒边界出现裂纹。

C. 安装中使用扭矩值过大或超拧,从而造成螺栓出现裂纹。螺栓出现裂纹会影响连接强度和耐火性。

② 防治措施。

A. 使用前发现裂纹,根据工程的重要性进行专家鉴定,超过允许值应退货。

B. 制造高强度螺栓材料有 45 钢、35 钢、20MnTiB 钢、40B 钢、40Cr 钢,其化学元素含量符合要求,没有其他杂质。高强度螺栓锻造、热处理及其他成型工序,都必须按照各工序的合理工艺进行。

C. 严格执行过程检验,发现问题找出原因及时解决,运到现场再依次逐个进行着色。

D. 高强度螺栓连接副终拧后,螺栓螺纹外露应为 2~3 个螺距,其中允许有 10% 的螺栓外露 1 个螺距或 4 个螺距。

E. 对于高强度螺栓的表面质量检验按以下相关规定执行。

连接构件存在的各种变形安装前应进行认真矫正,使其接触面达到设计要求。

连接构件在安装前对其接触表面及其孔壁周边的锈蚀、焊渣、毛刺和油污等杂物均应预先清理干净,然后进行摩擦面的处理加工,以保证连接紧密贴合。

对有坡度的型钢翼缘件和不等厚板件连接时,为控制接触面的紧密贴合,并保证连接后构件传力均匀,根据其斜度、厚度之差,应分别用斜垫板和平垫板进行调整垫平。

高强度螺栓的连接件表面接触应平整,当构件与拼装的接触板面有间隙时,应根据间隙大小进行处理。

在高强度螺栓储存、运输和施工过程中,应采取措施来防止其受潮生锈、沾污和碰伤。螺母与螺栓应配套顺畅通过螺纹段。配套的螺栓组件使用时不宜互换,禁止将高强度螺栓作为临时安装螺栓使用,安装孔必须符合设计要求。

(2) 高强度螺栓连接副质量不合格

① 原因分析。

A. 材质和制作工艺不合理,连接副表面出现发丝裂纹;代用长度不够标准化或规范不清楚。

B. 高强度螺栓连接副由于运输、存放、保管不当,沾染污物,表面生锈,螺纹损伤,直接影响连接副的紧固轴力和扭矩系数。

② 防治措施。

A. 高强度螺栓连接副运输应轻装、轻卸,避免损伤螺纹;必须按照规定进行存放、保管,以免沾染污物或生锈;所用材质必须经过化验符合标准,严格制作工艺流程;用磁粉探伤或超声波探伤检查连接副是否有发丝裂纹情况,合格后才能出厂;出厂时必须有质量保证书,高强度螺栓连接副长度必须符合标准和设计要求。

B. 高强度螺栓连接副施拧前,必须对其选材、制作工艺进行检验。检验结果应符合国家标准后才能使用。

C. 施拧前进行严格检查，不得使用螺纹损伤的连接副。对沾染污物和生锈的连接副要按有关规定去除污物和除锈。

D. 根据设计有关规定及工程重要性，运到现场的连接副必要时要逐个或批量按比例进行着色和磁粉探伤检查，严禁使用裂纹超过允许规定的连接副。

E. 螺栓螺扣外露长度应为2~3扣，其中允许有10%的螺栓螺扣外露1扣或4扣。

F. 复检不符合规定的连接副，生产厂家、设计、监理单位协商解决，或做废品处理。

(3) 紧固力矩不准确

① 原因分析。

A. 高强度螺栓施工人员没有经过专门培训，不懂得操作规程。

B. 扭矩扳手给定的扭矩值有误。

C. 手动或电动扳手不准确，选用工具不合理。

D. 螺孔不重合。

② 防治措施。

A. 施工人员必须经过专业培训，扭矩扳手使用前必须校正。

B. 定期校正手动或电动扳手的扭矩值，其偏差不得大于5%。

C. 螺孔不重合或有偏差时，应用冲钉或经过修整将孔位找正，确保孔壁对螺杆不产生过大挤压和摩擦。

D. 紧固一般应从节点刚度较大的部位向约束较少的部位进行。工字钢应按上翼缘→翼缘→腹板次序紧固。螺栓群应由中间向两端依次对称紧固，如图3.42（a）所示。有两个连接构件时，应先紧固主要构件，后紧固次要构件，如图3.42（b）所示。

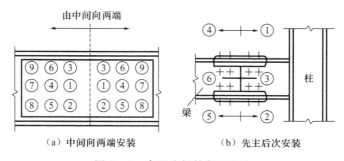

(a) 中间向两端安装　　(b) 先主后次安装

图3.42　高强度螺栓紧固顺序

E. 扭剪型高强度螺栓尾部梅花卡头如果表示终拧结束，不得用火焰切断卡头。安装时装配面应保持干净，不得在雨雪天安装高强度螺栓。

F. 加强自检和抽查。抽查数量为每节点面螺栓量的10%，但不少于1个。采用转角法施工时，初拧结束后，应在螺母与螺杆同一处刻画出终拧角的起始线和终止线，以待检查。

G. 采用扭矩法施工时，抽查时实测紧固力矩与设计要求的紧固力矩偏差不得大于±10%。

(4) 高强度螺栓孔处理不当

① 原因分析。

A. 制孔不正或安装位置不正等，随意扩孔，可能引起以后安装节点中出现连锁孔位不正现象，影响结构安装连接质量和安装精度。

B. 扩孔时采用强行冲孔、气割扩孔等不合理的扩孔方法,会导致孔壁边缘鼓凸、不规则扩孔径过大等,从而使螺栓预拉力受到损失或削弱构件的有效面积,影响节点的连接质量。

② 防治措施。

A. 控制钢构件制作时的制孔精度和构件安装精度,从根本上控制孔位正确。

B. 高强度螺栓连接构件螺孔必须采用连接板叠钻孔成孔,孔边应无飞边、毛刺。

C. 螺孔偏差超过规定时,应用与母材力学性能相当的焊条补焊,严禁用钢块填塞。

D. 高强度螺栓安装时,遇到螺孔不正,应认真研究分析,确定螺孔错位原因。在排除非安装精度不正原因后,才能进行正孔或扩孔。

E. 对于错位较大的螺孔,可采用铰刀扩孔。

F. 对于错位不大的螺孔,利用各螺栓与螺孔间的间隙调整孔位,可采用冲钉校正孔位,但不得强行冲孔,以免螺孔壁严重鼓凸变形,从而影响高强度螺栓的施工质量。

(5) 连接板叠不密贴

① 原因分析。

高强度螺栓紧固不按顺序,易使连接板叠不密贴和各螺栓预拉力值的离散度增大。

A. 高强度螺栓紧固应按事先设定的顺序进行。

顺序设定的原则是由螺栓群或节点板接缝中间向四周施拧,即由约束较大的节点向约束较小的边缘施拧。

B. 高强度螺栓一般紧固顺序为从螺栓群中间顺序向外侧进行紧固。

C. 工字梁接头的紧固顺序如图 3.43 所示,工字梁接头按①~⑥的顺序进行,即按柱右侧上下翼缘→柱右侧腹板→另一侧(左侧)上下翼缘→另一侧(左侧)腹板的次序进行。

D. 螺栓群接头。螺栓群接头的紧固顺序如图 3.44 所示,即为柱侧连接板→腹板连接板→上翼连接板→下翼连接板。各板按顺序号紧固。

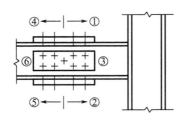

图 3.43 工字梁接头的紧固顺序

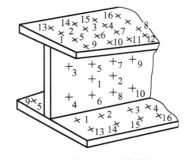

图 3.44 螺栓群接头的紧固顺序

(6) 高强度螺栓连接摩擦面处理不合格

① 原因分析。

A. 高强度螺栓连接摩擦面处理方法不当。

B. 未经处理的摩擦面未加保护,沾有污物、雨水等。

② 防治措施。

A. 高强度螺栓连接摩擦面必须进行处理,处理方法按设计要求。

B. 采用喷砂（丸）后生赤锈和喷砂（丸）后涂无机富锌漆等方法处理高强度螺栓连接摩擦面。

C. 对于处理量比较小的，也可采用砂轮打磨的方法。

采用砂轮打磨摩擦面，其打磨范围不应小于 $4d$（d 为螺孔直径），打磨方向应垂直于受力方向。

D. 摩擦面经处理后不应有飞边、毛刺、焊疤等。

E. 抗滑移系数检验应以钢结构制造批为单位，由制造厂和安装单位分别进行，每批三组。单项工程每 2000t 为一制造批，不足 2000t 的视作一批。单项工程的构件摩擦面选用两种及两种以上表面处理工艺时，则每种表面处理工艺均需检验。

F. 抗滑移系数检验用的试件由制造厂加工，试件与所代表的构件应为同一材质、同一摩擦面处理工艺、同批制作且使用同一性能等级、同一直径的高强度螺栓连接的试件，并在相同条件下同时发运。抗滑移系数检验的最小值必须不小于设计规定值，当不符合上述规定时，构件摩擦面应重新处理。处理后的构件摩擦面应重新进行抗滑移系数检验直至合格。

G. 经处理后的高强度螺栓连接处摩擦面应采取保护措施，防止沾染脏物和油污。运输中应防止撞击，以免连接面翘曲或边缘鼓凸。

H. 严禁在高强度螺栓连接摩擦面上做任何标记。

I. 安装钢构件时，应打开连接板，用钢丝刷除去摩擦面上的浮尘、浮锈等。

J. 连接件摩擦面的污损处必须经重新处理合格后才能进行高强度螺栓施工。

本章小结

本章重点介绍了钢结构焊缝连接和螺栓连接的构造、计算、施工工艺及质量控制。

焊缝连接主要介绍了对接焊缝和角焊缝两种基本形式。对接焊缝是被连接板件截面的组成部分，在轴心力、弯矩和剪力作用下的应力计算可按材料力学中各种受力状态下构件强度的计算公式，只是截面尺寸要按规定转换成焊缝计算截面尺寸，材料强度设计值转换为焊缝强度设计值。

角焊缝的连接构造包括角焊缝的截面形式、角焊缝的分类、角焊缝的构造要求等。角焊缝的计算主要按照焊缝有效截面上危险点处的平行于焊缝长度方向的剪应力 τ_f 和垂直于焊缝长度方向的正应力 σ_f 确定焊缝的尺寸。

在轴心受力结构中，角钢与连接板的角焊缝连接较为常用，需要重点掌握焊接方案与内力分配的关系、计算与构造要求同时兼顾，才能掌握此连接构件的计算。

螺栓连接分为普通螺栓连接和高强度螺栓连接两种，根据受力特征，高强度螺栓连接又分为高强度螺栓摩擦型连接和高强度螺栓承压型连接。螺栓连接计算主要根据螺栓群所受的力系和传力方式进行，计算过程中要先根据螺栓群受到的轴心力预估螺栓数目，按构造和使用要求对螺栓群进行排列，然后验算螺栓群的承载力。

螺栓连接施工应重点掌握螺栓性能等级、规格、孔径、螺栓及孔的表示方法、螺栓群的排列等要求。本章主要介绍螺栓孔成孔方法及孔的类别,设计及施工过程中的细节规定,高强度螺栓连接施工质量控制等,应重点掌握强制性条文内容和施工质量控制规定。

本章的特色之处在于对钢结构焊缝和螺栓连接的施工质量问题分析及防治措施的解读,针对施工中存在的常见质量问题,提出了相应的防治措施。

习 题

一、单项选择题

1. 下列各选项中,属于焊缝连接优点的是（　　）。
   A. 产生焊接残余应力和残余变形　　B. 不削弱构件截面
   C. 低温下易发生脆断　　D. 使抗疲劳强度降低

2. 当构件为 Q235 钢材时,焊缝连接时焊条宜采用（　　）。
   A. E43 型焊条　　B. E50 型焊条　　C. E55 型焊条　　D. 前三种类型焊条均可

3. 对于 Q235 钢板,其厚度越大（　　）。
   A. 塑性越好　　B. 韧性越好　　C. 内部缺陷越少　　D. 强度越低

4. 如图 3.45 所示,两块钢板焊接,根据手工焊构造要求,焊角尺寸 h_f 应满足（　　）要求。
   A. $6mm \leqslant h_f \leqslant 8 \sim 9mm$　　B. $6mm \leqslant h_f \leqslant 12mm$
   C. $5mm \leqslant h_f \leqslant 8 \sim 9mm$　　D. $6mm \leqslant h_f \leqslant 10mm$

图 3.45　单项选择题 4 图

5. 承受静力荷载的结构,其钢材应保证的基本力学性能指标是（　　）。
   A. 抗拉强度、伸长率　　B. 抗拉强度、屈服强度、伸长率
   C. 抗拉强度、屈服强度、冷弯性能　　D. 屈服强度、冷弯性能、伸长率

6. 螺栓在构件上的排列不需要考虑（　　）因素。
   A. 受力要求　　B. 构造要求　　C. 加工精度　　D. 施工要求

二、名词解释

1. 角焊缝有效高度
2. 焊接残余应力
3. 孔前传力
4. 焊缝无损检测
5. 引弧板

三、简答题

1. 钢结构焊接人员资格和职责有哪些规定?
2. 钢结构焊接施工工艺有哪些要求?
3. 钢结构焊接常见施工质量问题有哪些?对应的防治措施有哪些?

4. 高强度螺栓摩擦面抗滑移系数跟哪些因素有关？

5. 普通螺栓及高强度螺栓连接施工常见质量问题及对应的防治措施有哪些？

四、计算题

1. 计算图 3.46 所示两块钢板的对接焊缝。已知板的截面尺寸为 460mm×10mm，承受轴心拉力设计值 $N=850$kN，钢材为 Q235，采用手工电弧焊，焊条为 E43 型，焊缝质量为三级。此连接是否满足强度要求？

2. 如图 3.47 所示板与柱翼缘用直角角焊缝连接，钢材为 Q235，焊条 E43 型，手工焊，焊脚尺 $h_f=10$mm，$f_t^w=160$ N/mm²，受静力荷载作用，试求：

① 只承受 F 作用时，最大的轴向力 F 为多少？

② 只承受 P 作用时，最大的斜向力 P 为多少？

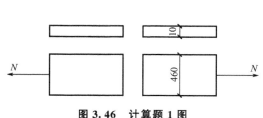

图 3.46　计算题 1 图

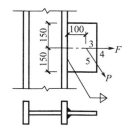

图 3.47　计算题 2 图

3. 如图 3.48 所示，已知钢板截面尺寸为 300mm×16mm，承受轴心拉力设计值 $N=800$kN（静荷载），钢材为 Q345，试设计一双盖板的对接接头。

① 如果采用三面围焊角焊缝，手工焊，试设计此焊缝连接方案。

② 若其他条件不变，仅采用 C 级 M20 普通螺栓连接，试设计此螺栓连接方案（设计方案中应包括盖板的长度、宽度和厚度，钢材牌号，焊缝截面形式和尺寸，或螺栓数目及排列）。

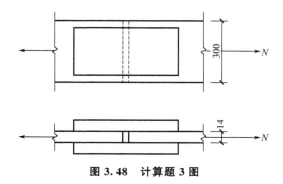

图 3.48　计算题 3 图

第4章 钢结构的构件

教学要求

能力要求	相关知识	权重
（1）掌握轴心受力构件强度、刚度及稳定性计算原理； （2）掌握增强轴心受压构件整体稳定性和局部稳定性的措施； （3）理解和掌握轴心受压构件柱头、柱脚的构造要求	（1）轴心受力构件的常见截面形式及应用； （2）轴心受力构件的强度和刚度及稳定性计算； （3）轴心受压构件的柱头和柱脚的构造要求	55%
（1）掌握受弯构件的截面形式及要求； （2）掌握受弯构件的强度、刚度、稳定性计算； （3）理解型钢梁和组合梁的设计计算； （4）掌握其他类型梁的类型	（1）受弯构件的截面形式和要求； （2）受弯构件的强度、刚度和稳定性计算； （3）型钢梁和组合梁的设计； （4）加劲肋的构造要求	45%

第4章 钢结构的构件

本章导读

在钢结构受力体系中，用钢材制作的受力构件主要有轴心受力构件（如钢柱、屋架受拉弦杆）、受弯构件（如钢梁）、偏心受力构件（如屋架上弦杆）等。这些构件的设计均包括强度、刚度计算；对于轴心受压构件、偏心受压构件和受弯构件，还要进行稳定性计算。

本章主要介绍轴心受力构件、受弯构件的计算和有关构造，重点介绍轴心受压构件、受弯构件的稳定性问题。偏心受力构件的相关内容放在本章正文末尾的二维码中，便于学生拓展学习。钢结构构件在失稳过程中，变形是迅速持续增长的，结构将在很短时间内破坏甚至倒塌，具有突然性，事先无明显征兆，因此带来很大灾害。工程史上，国内外曾多次发生由于构件失稳而导致结构倒塌的重大事故，其中，许多事故就是因为对稳定性问题认识不足导致结构布置不合理、设计构造处理不当或施工措施不当造成的。因此，稳定性问题是钢结构设计中最突出、最亟待解决的问题，本章对钢结构的稳定性理论做简要介绍，加强对构件稳定性的理解。

4.1 轴心受力构件

4.1.1 轴心受力构件的截面形式及应用

轴心受力构件在桁架、刚架、排架、网架、塔架、支撑及网壳等钢结构受力体系中都有广泛的应用（图4.1）。这类结构通常假其节点为铰连接，其受力特点是只承受通过截面形心的轴向力作用。根据轴向力方向的不同，轴心受力构件可分为轴心受拉构件和轴心受压构件。

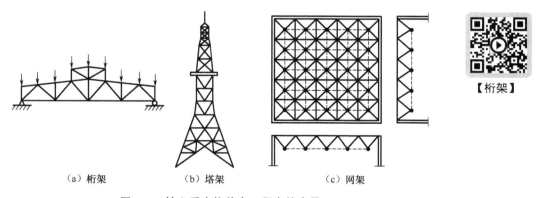

（a）桁架　　　　（b）塔架　　　　（c）网架

图4.1　轴心受力构件在工程中的应用

在建筑钢结构中，属于轴心受拉构件的主要有桁架或网架中的受拉弦杆和某些腹杆、受拉支撑杆件、吊挂天花板的吊杆、钢索等，其截面形式主要有型钢截面（包括热轧型钢、冷弯薄壁型钢）和由型钢组成的实腹式截面（T形、十字形等）（图4.2）。属于轴心受压构件的主要有柱、墩、桩、压杆等。轴心受压构件按截面形式可分为实腹式和格构式两大类。实腹式构件在腹部处往往由钢板直接承受压力，如工字钢截面（图4.3）。格构式截面一般多由两个或多个型钢分支通过缀板或缀条连接而成（图4.4）。

(a) 热轧型钢和冷弯薄壁型钢　　　　　　(b) 由热轧型钢组成的实腹式截面

图 4.2　轴心受拉构件截面形式

图 4.3　实腹式轴心受压构件截面形式　　　图 4.4　格构式轴心受压构件截面形式

无论是轴心受拉还是轴心受压构件，在正常工作时其截面形式都应该满足强度所需的截面面积，刚度要求所需的惯性矩和回转半径，便于制作和安装。轴心受压构件还应满足整体稳定性和局部稳定性的要求。

4.1.2　轴心受力构件的强度和刚度

1. 强度计算

轴心受力构件在正常工作时材料处于单向应力状态，当截面平均正应力 σ 达到钢材的屈服强度 f_y 时，构件达到承载力极限状态。为了满足承载力要求，《钢结构设计标准》规定，构件正常工作时的净截面平均正应力不应超过钢材强度的设计值。其强度计算公式如下。

$$\sigma = \frac{N}{A_n} \leqslant f \tag{4.1}$$

式中：N——构件的轴心拉力或轴心压力设计值（kN）；

　　　A_n——构件的净截面面积（mm²）；

　　　f——钢材的抗拉或抗压强度设计值（N/mm²），见附表 1。

2. 刚度验算

轴心受力构件一般比较细长，为了防止构件过于柔细，从而使构件在制造、运输和安装过程中或在正常使用中产生过大变形，或在动荷载作用下发生较大振动等，必须保证构件具有足够的刚度。轴心受力构件的刚度是以其长细比的容许值来控制的。《钢结构设计标准》规定，受拉及受压构件的长细比 λ 不得超过规定的容许值 $[\lambda]$。其刚度验算公式如下。

$$\lambda_x = \frac{l_{0x}}{i_x} \leqslant [\lambda] \tag{4.2a}$$

$$\lambda_y = \frac{l_{0y}}{i_y} \leqslant [\lambda] \tag{4.2b}$$

式中：l_{0x}、l_{0y}——构件 x 轴及 y 轴方向的计算长度（mm）；

i_x、i_y——构件截面 x 轴及 y 轴方向的回转半径（mm）；

$[\lambda]$——构件的容许长细比，如表 4.1 和表 4.2 所示。

表 4.1 受拉构件的容许长细比

项次	构件名称	承受静力荷载或间接承受动力荷载的结构		直接承受动力荷载的结构
		一般建筑结构	有重级工作制吊车的厂房	
1	桁架的杆件	350	250	250
2	吊车梁或吊车桁架以下的柱间支撑	300	200	—
3	其他拉杆、支撑、系杆等（张紧的圆钢除外）	400	350	—

注：1. 在承受静力荷载的结构中，可仅计算受拉构件在竖向平面内的长细比。
2. 中、重级工作制吊车桁架下弦杆的长细比不宜超过 200。
3. 在设有夹钳吊车或刚性料耙吊车的厂房中，支撑（表中第 2 项除外）的长细比不宜超过 300。
4. 受拉构件在永久荷载与风荷载组合作用下受压时，其长细比不宜超过 250。
5. 跨度等于或大于 60m 的桁架，其受拉弦杆和腹杆的长细比不宜超过 300（承受静力荷载或间接承受动力荷载）或 250（承受动力荷载）。

表 4.2 受压构件的容许长细比

项次	构件名称	容许长细比
1	柱、桁架和天窗架构件	150
	柱的缀条、吊车梁或吊车梁以下的柱间支撑	
2	支撑（吊车梁或吊车梁以下的柱间支撑除外）	200
	用以减小受压构件长细比的构件	

注：1. 桁架（包括空间桁架）的受压腹杆，当其内力小于或等于承载力的 50% 时，容许长细比值可取为 200。
2. 跨度大于或等于 60m 的桁架，其受压弦杆和端压杆的容许长细比值宜取为 100，其他受压腹杆可取为 150（承受静力荷载或间接承受动力荷载）或 120（承受动力荷载）。

【例 4.1】试确定如图 4.5 所示截面的轴心受拉杆的最大承载力设计值和最大容许计算长度，钢材为 Q345，容许长细比为 350。

【解】由附表 1 查得 $f = 305\text{N/mm}^2$；由规范《热轧型钢》（GB/T 706—2016）型钢规格表查得 $A = 2 \times 28.9\text{cm}^2 = 57.8\text{cm}^2$，$i_x = 3.83\text{cm}$，$i_y = 5.63\text{cm}$。

按 $\sigma = \dfrac{N}{A_n} \leqslant f$ 可得该轴心受拉杆最大承载力设计值为

$$N = Af = 57.8 \times 100\text{mm}^2 \times 305\text{N/mm}^2$$
$$= 1762900\text{N} = 1762.9\text{kN}$$

按 $\lambda_x = \dfrac{l_{0x}}{i_x} \leqslant [\lambda]$ 和 $\lambda_y = \dfrac{l_{0y}}{i_y} \leqslant [\lambda]$ 可得该轴心受拉杆的长度为

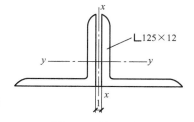

图 4.5 例 4.1 图

$$l_{0x}=[\lambda]i_x=350\times3.83\text{cm}=1340.5\text{cm}$$
$$l_{0y}=[\lambda]i_y=350\times5.63\text{cm}=1970.5\text{cm}$$

则该杆的最大容许计算长度为 1340.5cm。

4.1.3 轴心受压构件的稳定性

1. 轴心受压构件稳定性的概念

轴心受压构件在正常工作条件下除了要满足强度和刚度要求外，还必须满足稳定性（包括整体稳定和局部稳定）要求。对于柔细的受压构件而言，很小的横向荷载或轻微扰动就可能使结构或其组成构件产生很大的侧向变形或局部变形，导致结构或构件在远未达到极限承载力之前便因失去稳定性而破坏，导致丧失继续承载的能力，这种不是由于强度不足而是由于受压构件不能保持其原有的直线形状平衡的失效现象称为失稳破坏，或称屈曲。目前，失稳破坏是钢结构工程中的一种重要破坏形式。

轴心受压构件的失效常表现为整体失稳和局部失稳两种类型，近年来，钢结构构件向轻型化和薄壁化发展，截面惯性矩和回转半径较大的宽肢薄壁构件应用越来越普遍，发生失稳破坏的概率也越来越大。因此，受压构件的稳定性就显得更加重要。特别是长细比较大的受压构件，稳定性是导致其破坏的主要因素。因此，轴心受压构件往往是由其稳定性来确定其构件截面的，而受拉构件不存在稳定性问题。

2. 轴心受压构件的整体稳定性

（1）理想轴心受压构件的屈曲形式

理想的轴心受压构件是指构件本身绝对为直杆、荷载无偏心、无初始应力、无初弯曲、无初偏心、截面均匀、杆端为两端铰支。理想的轴心受压构件可能出现的屈曲形式主要有三种（图 4.6），这三种屈曲中，最简单的是弯曲失稳，一般钢结构中出现最多，占 80%～90%。

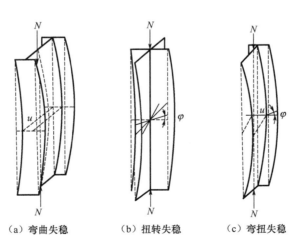

(a) 弯曲失稳　　(b) 扭转失稳　　(c) 弯扭失稳

图 4.6　三种不同形式的屈曲

① 只发生弯曲变形，截面只绕一个主轴旋转，杆纵轴由直线变为曲线，是双轴对称截面常见的失稳形式。

② 失稳时除杆件的支撑端外，各截面均绕纵轴扭转，是某些双轴对称截面（十字形截面）可能发生的失稳形式。

③ 单轴对称截面绕对称轴屈曲时，杆件发生弯曲变形的同时必然伴随着扭转。

（2）理想轴心受压构件稳定性计算

在只考虑弯曲变形时，临界力公式采用欧拉临界力公式，表达式为

$$N_{cr} = \frac{\pi^2 EA}{\lambda^2} \quad (4.3a)$$

式中：E——材料的弹性模量；

λ——构件的长细比；

A——构件的毛截面面积。

在实际结构中，压杆的端部不可能为理想的铰接，结构并非全部铰支，因此，对于任意支承情况的压杆，其临界力为

$$N_{cr} = \frac{\pi^2 EI}{(\mu l)^2} = \frac{\pi^2 EI}{l_0^2} \quad (4.3b)$$

式中：l_0——杆件的计算长度；

μ——杆件的计算长度系数（表 4.3）。

表 4.3 轴心受压构件的计算长度系数

构件的屈曲形式						
理论 μ 值	0.5	0.7	1.0	1.0	2.0	2.0
建议 μ 值	0.65	0.80	1.2	1.0	2.1	2.0
端部条件示意	无转动、无侧移　　无转动、自由侧移　　自由转动、无侧移　　自由转动、自由侧移					

（3）实际轴心受压构件的稳定承载力

在钢结构工程中，理想的弹性、弹塑性轴心受压构件并不存在。由于钢结构构件在加工制作、运输、安装等过程中会存在残余应力、残余变形、初始缺陷、初始弯曲等，因此，不能简单地按照材料力学中轴心受压构件的计算公式计算，而应考虑钢材品种、物理力学性能、加工及制作工艺、原始缺陷、截面形式和构件的长细比等因素的影响。根据大量试验和实测数据统计分析，结合材料力学中轴心受压构件的计算公式，《钢结构设计标准》提出了用稳定系数 φ 来综合考虑上述各种因素，并给出了统一的整体稳定性计算公式。

$$\frac{N}{\varphi A f} \leq 1.0 \quad (4.4)$$

式中：N——轴心压力设计值（kN）；
A——构件的毛截面面积（mm^2）；
f——钢材的抗压强度设计值（kN/mm^2）；
φ——轴心受压构件的稳定系数。

稳定系数φ是反映构件整体稳定性对承载力影响程度的一个系数。构件整体稳定性越好，φ越大；构件整体稳定性越差，φ越小；φ是小于1的数。在式（4.4）中应取截面尺寸两主轴稳定系数中的较小者。整体构件的长细比λ是影响φ值的主要因素，对于不同钢材、不同截面类型的构件还应考虑其他因素的影响。

（4）柱曲线和稳定系数φ

根据钢结构轴心受压柱实际受力时多种不利因素对整体稳定性及极限承载力的影响，《钢结构设计标准》给出了轴心受压构件的稳定系数$\varphi[\varphi=N_u/(Af_y)]$与长细比$\lambda$的关系曲线，称为柱曲线（图4.7），以便轴心受压构件的整体稳定性验算。由于构件截面形式、截面尺寸、材料性能、加工条件、残余应力等因素各不相同，试验中做出的柱曲线分布相当分散，为了简化计算，《钢结构设计标准》将这些曲线按截面形式归并为a、b、c、d四类，并取每类柱曲线的平均值绘制成如图4.7所示曲线，从而方便查表和应用。这四条曲线各代表一组截面，即根据截面形式、对截面哪一个主轴屈曲、钢材边缘加工方法、组成截面板材厚度等这几个因素将截面分为四类，如表4.4、表4.5所示。

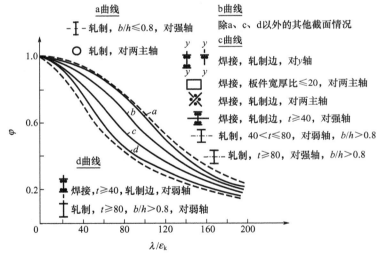

注：ε_k为钢号修正系数，$\varepsilon_k=\sqrt{\dfrac{235}{f_y}}$

图4.7 柱曲线

表4.4 轴心受压构件截面分类（板厚≥40mm）

截 面 形 式		对 x 轴	对 y 轴
轧制工字形或H形截面	$t<80$mm	b类	c类
	$t\geqslant 80$mm	c类	d类

续表

截 面 形 式		对 x 轴	对 y 轴
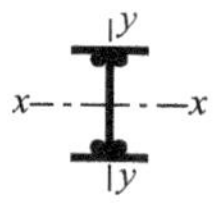 焊接工字形截面	翼缘为焰切边	b 类	b 类
焊接工字形截面	翼缘为轧制或剪切边	c 类	d 类
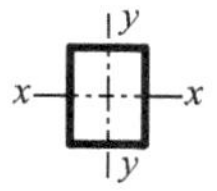 焊接箱形截面	板件宽厚比＞20	b 类	b 类
焊接箱形截面	板件宽厚比≤20	c 类	c 类

表 4.5　轴心受压构件截面分类（板厚＜40mm）

截 面 形 式		对 x 轴	对 y 轴
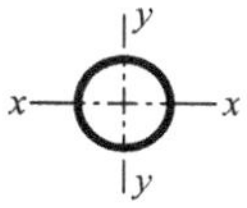 轧制（圆形）		a 类	a 类
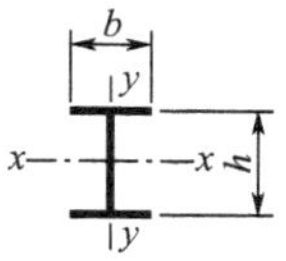 轧制	$b/h \leqslant 0.8$	a 类	b 类
轧制	$b/h > 0.8$	a* 类	b* 类
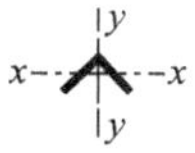 轧制等边角钢		a* 类	a* 类
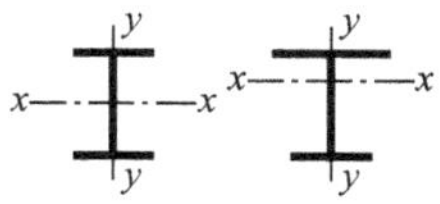 焊接、翼缘为焰切边　焊接	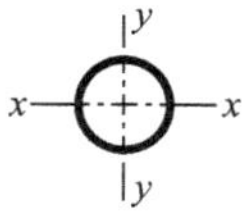	b 类	b 类
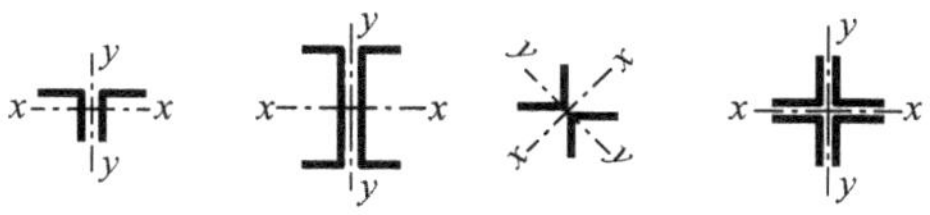 轧制		b 类	b 类
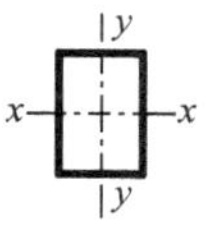 轧制、焊接（板件宽厚比＞20）　轧制或焊接	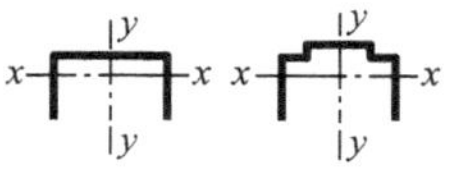	b 类	b 类

续表

截面形式		对 x 轴	对 y 轴
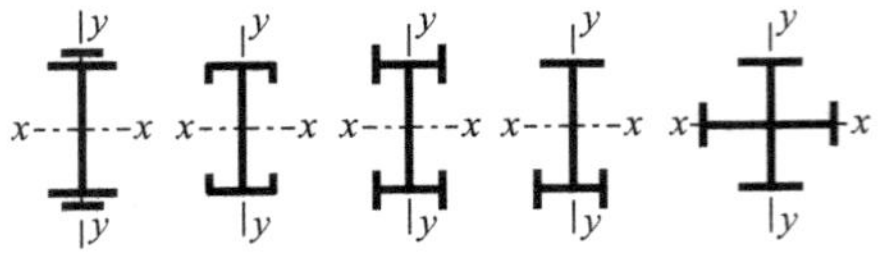 焊接	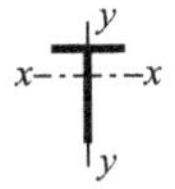 轧制截面和翼缘为焰切边的焊接截面	b 类	b 类
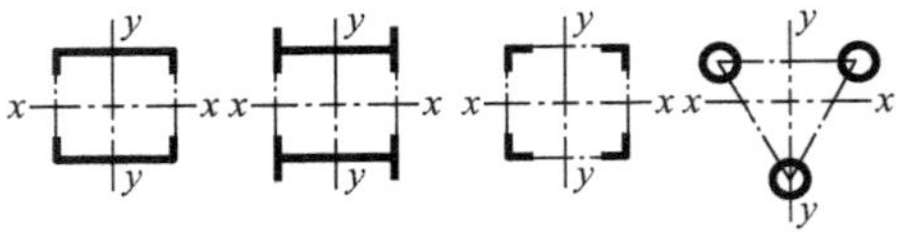 格构式	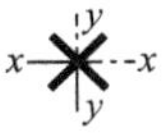 焊接，板件边缘焰切		
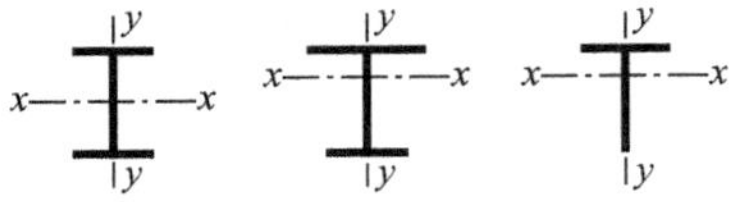 焊接，翼缘为轧制或剪切边		b 类	c 类
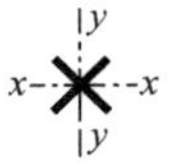 焊接，板件边缘轧制或剪切	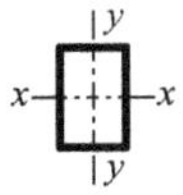 轧制、焊接（板件宽厚比≤20）	c 类	c 类

一般的截面情况属于 b 类。

轧制圆管及轧制普通工字钢绕 x 轴失稳时其残余应力影响较小，故属于 a 类。

格构式构件绕虚轴的稳定性计算，由于此时不宜采用塑性深入截面的最大强度准则，采用边缘屈服准则确定的 φ 值与曲线 b 接近，故采用曲线 b。

当槽形截面用于格构式柱的分肢时，由于分肢的扭转变形受到缀件的牵制，所以计算分肢绕其自身对称轴的稳定性时，可用曲线 b。翼缘为轧制或剪切边的焊接工字形截面，绕弱轴失稳时边缘为残余压应力，使承载力降低，故将其归入曲线 c。

板件厚度大于 40mm 的轧制工字形截面和焊接实腹截面，其残余应力不但沿板件宽度方向变化，在厚度方向的变化也比较显著，另外，厚板质量较差也会给稳定性带来不利影响，故应按照表 4.4 进行分类。

实腹式轴心受压构件的整体稳定性计算的关键就是要计算构件的长细比 λ，计算 λ 时注意以下几种情况。

① 计算弯曲屈曲（双轴对称截面）时，长细比按下列公式计算（图 4.8）。

$$\lambda_x = l_{0x}/i_x, \quad \lambda_y = l_{0y}/i_y \tag{4.5}$$

式中：l_{0x}、l_{0y}——杆件对主轴 x、y 的计算长度；

i_x、i_y——构件截面对主轴 x、y 的回转半径。

对于双轴对称十字形截面，为了防止扭转屈曲，尚应满足

$$\lambda_x(\lambda_y) \geqslant 5.07b/t \tag{4.6}$$

式中：b/t——悬伸板件宽厚比。

② 截面为单轴对称的构件（图 4.9）。

绕非对称轴 x 轴：

$$\lambda_x = l_{0x}/i_x \tag{4.7}$$

当绕对称轴失稳时为弯曲屈曲，在相同情况下，弯扭失稳比弯曲失稳的临界应力要低，因此对称轴 y 轴屈曲时，以换算长细比 λ_{yz} 代替 λ_y，计算公式如下。

$$\lambda_{yz} = \frac{1}{\sqrt{2}} \left[(\lambda_y^2 + \lambda_z^2) + \sqrt{(\lambda_y^2 + \lambda_z^2)^2 - 4(1 - e_0^2/i_0^2)\lambda_y^2\lambda_z^2} \right]^{\frac{1}{2}} \tag{4.8}$$

$$\lambda_z^2 = i_0^2 A/(I_t/25.7 + I_\omega/l_\omega^2)$$

$$i_0^2 = e_0^2 + i_x^2 + i_y^2 \tag{4.9}$$

式中：e_0——截面形心至剪切中心的距离；

A——毛截面面积；

i_0——截面对剪心的极回转半径；

λ_z——扭转屈曲的换算长细比；

I_t——毛截面抗扭惯性矩；

I_ω——毛截面扇形惯性矩，对 T 形截面（轧制、双板焊接、双角钢组合）、十字形截面和角形截面近似取 $I_\omega = 0$；

l_ω——扭转屈曲的计算长度，对两端铰接端部可自由翘曲或两端嵌固完全约束的构件，取 $l_\omega = l_{0y}$。

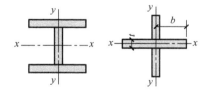

图 4.8 双轴对称截面   图 4.9 单轴对称截面

双角钢组合 T 形截面绕对称轴的换算长细比可采用简化方法确定。

A. 等边双角钢截面 [图 4.10 (a)]。

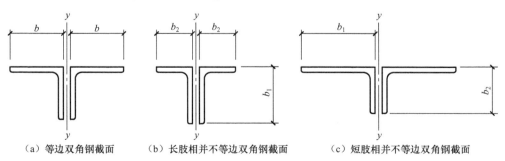

(a) 等边双角钢截面　(b) 长肢相并不等边双角钢截面　(c) 短肢相并不等边双角钢截面

图 4.10 双角钢组合 T 形截面

当 $\lambda_y \geqslant \lambda_z$ 时

$$\lambda_{yz} = \lambda_y \left[1 + 0.16 \left(\frac{\lambda_z}{\lambda_y} \right)^2 \right] \tag{4.10}$$

当 $\lambda_y < \lambda_z$ 时

$$\lambda_{yz} = \lambda_z \left[1 + 0.16 \left(\frac{\lambda_y}{\lambda_z} \right)^2 \right], \quad \lambda_z = 3.9 \frac{b}{t} \qquad (4.11)$$

B. 长肢相并不等边双角钢截面 [图 4.10 (b)]。

当 $\lambda_y \geqslant \lambda_z$ 时

$$\lambda_{yz} = \lambda_y \left[1 + 0.25 \left(\frac{\lambda_z}{\lambda_y} \right)^2 \right] \qquad (4.12)$$

当 $\lambda_y < \lambda_z$ 时

$$\lambda_{yz} = \lambda_z \left[1 + 0.25 \left(\frac{\lambda_y}{\lambda_z} \right)^2 \right], \quad \lambda_z = 5.1 \frac{b_2}{t} \qquad (4.13)$$

C. 短肢相并不等边角钢截面 [图 4.10 (c)]。

当 $\lambda_y \geqslant \lambda_z$ 时

$$\lambda_{yz} = \lambda_y \left[1 + 0.06 \left(\frac{\lambda_z}{\lambda_y} \right)^2 \right] \qquad (4.14)$$

当 $\lambda_y < \lambda_z$ 时

$$\lambda_{yz} = \lambda_z \left[1 + 0.06 \left(\frac{\lambda_y}{\lambda_z} \right)^2 \right], \quad \lambda_z = 3.7 \frac{b_1}{t} \qquad (4.15)$$

③ 不等边角钢（图 4.11）轴心受压构件的换算长细比可按下列简化公式计算。

当 $\lambda_y \geqslant \lambda_z$ 时

$$\lambda_{yz} = \lambda_y \left[1 + 0.25 \left(\frac{\lambda_z}{\lambda_y} \right)^2 \right] \qquad (4.16)$$

当 $\lambda_y < \lambda_z$ 时

$$\lambda_{yz} = \lambda_z \left[1 + 0.25 \left(\frac{\lambda_y}{\lambda_z} \right)^2 \right], \quad \lambda_z = 4.21 \frac{b_1}{t} \qquad (4.17)$$

格构式轴心受压构件对实轴的长细比应按式（4.5）计算，对虚轴和双肢、三肢或四肢的组合构件（图 4.12）应取换算长细比，换算长细比应按下列公式计算。

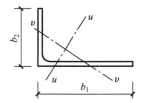

图 4.11 不等边角钢

A. 双肢组合构件。

当缀件为缀板时

$$\lambda_{0x} = \sqrt{\lambda_x^2 + \lambda_1^2} \qquad (4.18)$$

当缀件为缀条时

$$\lambda_{0x} = \sqrt{\lambda_x^2 + 27 \frac{A}{A_{1x}}} \qquad (4.19)$$

式中：λ_x——整个构件对 x 轴的长细比；

λ_1——分肢对最小刚度轴 1—1 的长细比（其计算长度，焊接时为相邻两缀板的净距，螺栓连接时为相邻两缀板边缘螺栓的距离）；

A_{1x}——构件截面中垂直于 x 轴的各斜缀条毛截面面积之和（mm^2）。

B. 四肢组合构件。

当缀件为缀板时

$$\lambda_{0x} = \sqrt{\lambda_x^2 + \lambda_1^2}, \quad \lambda_{0y} = \sqrt{\lambda_y^2 + \lambda_1^2} \qquad (4.20)$$

当缀件为缀条时

$$\lambda_{0x}=\sqrt{\lambda_x^2+40\frac{A}{A_{1x}}}, \quad \lambda_{0y}=\sqrt{\lambda_y^22+40\frac{A}{A_{1y}}} \qquad (4.21)$$

式中：λ_y——整个构件对 y 轴的长细比；

A_{1y}——构件截面中垂直于 y 轴的各斜缀条毛截面面积之和（mm²）。

C. 三肢组合构件。

$$\lambda_{0x}=\sqrt{\lambda_x^2+\frac{42A}{A_1(1.5-\cos^2\theta)}} \qquad (4.22)$$

$$\lambda_{0y}=\sqrt{\lambda_y^2+\frac{42A}{A_1(1.5-\cos^2\theta)}} \qquad (4.23)$$

式中：A_1——构件截面中各斜缀条毛截面面积之和（mm²）；

θ——构件截面内缀条所在平面与 x 轴的夹角。

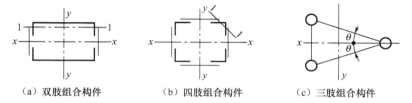

（a）双肢组合构件　　　（b）四肢组合构件　　　（c）三肢组合构件

图 4.12　格构式组合构件截面

3. 局部稳定

（1）局部稳定的概念

以实腹式工字钢柱为例（图 4.13），当其受到轴心压力时，轴心压力主要由腹板和翼缘承担。如果腹板和翼缘的钢板又宽又薄，当轴心压力达到一定程度时，整个构件还没有产生强度破坏和整体失稳破坏，而单个腹板或翼缘板件就已经发生凹凸鼓出变形，形成板件局部失稳或局部屈曲，这种破坏叫作局部失稳破坏。局部失稳会使部分杆件屈服退出工作，造成构件应力分布恶化，加速构件的整体失稳和丧失整体承载力。

《钢结构设计标准》规定，受压构件中板件的局部失稳不应先于构件的整体失稳。实践证明，轴心受压构件的局部稳定与其自由外伸部分翼缘的宽厚比和腹板的高厚比有关，通过对这两方面的宽厚比、高厚比的有效限制保证构件局部稳定。对于轧制型钢，由于翼缘、腹板较厚，一般都能满足局部稳定要求，所以无须计算。

（2）局部稳定要求

《钢结构设计标准》规定。

A. 受压构件，翼缘板自由外伸宽度 b_1 与其厚度 t 之比应符合下式。

$$\frac{b_1}{t}\leqslant(10+0.1\lambda)\varepsilon_k \qquad (4.24)$$

B. 工字形及 H 形截面的腹板计算高度 h_0 与其厚度 t_w 之比应符合下式。

$$\frac{h_0}{t_w}\leqslant(25+0.5\lambda)\varepsilon_k \qquad (4.25)$$

在式（4.24）、式（4.25）中，λ 为构件两方向长细比的较大值，当 $\lambda<30$ 时，取 $\lambda=30$；

当 $\lambda > 100$ 时，取 $\lambda = 100$。

C. 箱形截面的腹板计算高度 h_0 与其厚度 t_w 之比应符合下式。

$$\frac{h_0}{t_w} \leqslant 40\varepsilon_k \tag{4.26}$$

以上构件各部分位置尺寸如图 4.14 所示。

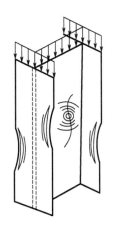

图 4.13　工字钢柱局部失稳

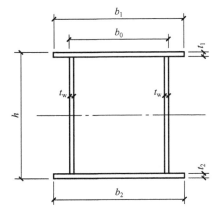

图 4.14　箱形截面

D. 轧制型钢翼缘板和腹板较厚，可不做局部稳定性验算。

(3) 实腹式轴心受压构件的截面设计

① 截面的设计原则。

A. 等稳定性原则。应尽可能使杆件在两个主轴方向上的稳定性系数或长细比相等，充分发挥其承载能力。

B. 宽肢薄壁。在满足局部稳定性的条件下，应使截面面积分布尽量远离形心轴，以增大其截面惯性矩和回转半径，提高构件整体稳定性和刚度。

C. 构造简单。杆件截面应便于梁或柱间支撑连接和传力。因此，一般应选用双轴对称的组合 H 形截面。对于封闭的箱形或管形截面，虽能满足等稳定性要求，但加工制作比较费工、费时，连接不便，因此只宜在特殊情况下采用。

D. 制作方便。在现有型钢截面不能满足要求的情况下，可充分利用工厂自动焊接等现代设备加工制作，尽量减少工地焊接，以节约成本、保证质量。

E. 尽量选用市场上能够购买到的钢材规格和类型。

② 截面设计的步骤。

A. 初选截面形式。

在满足设计原则的基础上，应根据轴压构件类型、部位、受力情况、支撑及连接情况、经济性等综合考虑，也可参考其他类似工程设计确定。工程中常用的截面形式包括：钢柱一般采用热轧工字钢、热轧 H 型钢或焊接工字形、箱形截面，在桁架结构中多采用单角钢、钢管及双角钢组成的 T 形截面。

B. 初定截面尺寸。

a. 假定构件长细比 λ。

根据经验，λ 一般可取 60~100。当轴心压力 N 较大而计算长度 l_0 较小时，λ 应取较小值；反之，λ取较大值。当N很小时，λ可取容许长细比[λ]。

b. 初算截面面积A和回转半径i_x、i_y。

根据假定的λ值和构件截面形式，查表得到稳定系数φ值，并按下式初算截面面积A和回转半径i_x、i_y。

$$A = \frac{N}{\varphi f}, \quad i_x = \frac{l_{0x}}{\lambda}, \quad i_y = \frac{l_{0y}}{\lambda}$$

c. 初定截面各部分尺寸。

对于型钢截面，可以直接查找规范《热轧钢》（GB/T 706—2016）型钢规格表，选取大致符合要求的型钢号。

如果选用组合截面，可查规范《热轧钢》（GB/T 706—2016）型钢规格表中的截面回转半径的近似值，按照各种截面的回转半径近似计算公式初选截面外轮廓尺寸。

C. 截面验算。

初选的截面是否满足要求，需要经过强度、刚度及稳定性的验算才能确定。如果经过验算，截面满足要求，则可以按初选的截面确定构件截面形式和尺寸；如果不满足要求，则必须重新修改截面、调整尺寸，直至满足要求为止。

（4）格构式轴心受压构件的整体稳定性

格构柱绕实轴的稳定性与实腹柱相同，但绕虚轴的稳定性比具有同等长细比的实腹式受压柱要小。因为格构柱各分肢是每隔一定距离用缀材连接的（图4.15），当格构柱绕虚轴失稳时引起的变形就比较大。所以格构柱的整体稳定性主要是对虚轴的整体稳定性。

对于实腹式轴心受压构件，截面越开展越好，远离形心的主轴可获得较大的截面惯性矩，在满足局部稳定的情况下，可获得较大的稳定承载力。后来发展到将中间掏空的格构式轴心受压构件，与实腹柱相比，在用料相同的情况下，可获得更大的截面惯性矩，提高构件的刚度及稳定性，从而节约钢材。

肢件：常用的格构式轴心受压柱截面形式有槽钢和工字钢组成的双肢截面柱。调整两肢件间的距离，可以保证两个轴的等稳定性。工程中，当构件长度较大、受力较小时，可采用四肢柱和三肢柱。例如，施工现场的门式起重机，用三肢柱或大圆管，其截面为几何不变的三角形，受力性能较好（图4.15）。

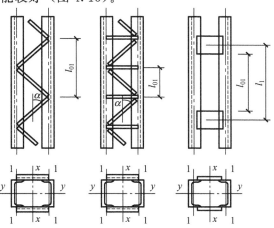

图4.15 格构式柱的组成

缀材（图 4.16）：也有两种，一种是缀条（适用于荷载较大的情况），一种是缀板（适用于荷载较小的情况）。缀材的作用在于保证被连接的两个肢件能形成整体柱，共同承受和传递外荷载。

缀条常采用单角钢，也可采用钢筋棍，由斜杆组成，与构件轴线呈 40°～70°，也可由斜杆和横杆共同组成；缀板常采用钢板。

与肢件垂直的 $y—y$ 轴为实轴，与肢件平行的 $x—x$ 轴为虚轴（图 4.17）。

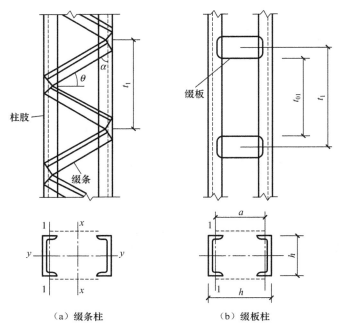

图 4.16 格构式构件的缀材布置

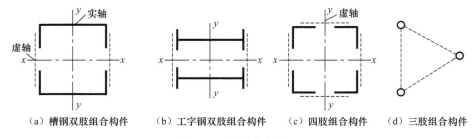

图 4.17 格构柱的截面

格构柱绕虚轴方向失稳时，构件的长细比 λ_x 必须按规范要求采用各肢件绕虚轴的换算长细比 λ_{0x} 来求它的稳定系数 φ，然后按实腹式整体稳定性计算公式进行计算。

(5) 格构式轴心受压构件截面设计

① 类型选择。

根据轴心力的大小、两主轴方向的计算长度、使用要求及供料情况，决定采用缀板柱还是缀条柱。

A. 缀材面剪力较大或宽度较大的宜用缀条柱（即大型柱）。

B. 中小型柱宜采用缀板柱或缀条柱。
② 选择柱肢截面。
根据对实轴（$y—y$）的稳定性计算，选择柱肢截面，方法与实腹式柱的计算相同。
③ 确定分肢间距。
根据对虚轴（$x—x$）稳定性的计算，确定分肢间距（肢件间距）。

A. 按等稳定性条件，即以对虚轴的换算长细比与对实轴的长细比相等，$\lambda_{0x}=\lambda_y$，代入换算长细比公式得到如下结论。

a. 缀板柱对虚轴的长细比。

$$\lambda_{0x}=\sqrt{\lambda_x^2+\lambda_1^2} \tag{4.27}$$

计算时可假定 λ_1 为 30～40，且 $\lambda_1<0.5\lambda_y$。

b. 缀条柱对虚轴的长细比。

$$\lambda_{0x}=\sqrt{\lambda_x^2+27\frac{A}{A_{1x}}} \tag{4.28}$$

可假定 $A_1=0.1A$。

B. 按上述得出 λ_x 后，求虚轴所需回转半径 $i_x=\dfrac{l_{0x}}{\lambda_x}$。

柱在缀材方向的宽度 $b=\dfrac{i_x}{\alpha_2}$，也可由已知截面的几何量直接算出柱的宽度 b。一般按 10mm 进级，且两肢间距宜大于 100mm，便于内部刷漆。

④ 验算。
按选出的实际尺寸对虚轴的稳定性和分肢的稳定性进行验算，如不合适，进行修改后再验算，直至合适为止。

⑤ 计算缀板或缀条。
计算缀板或缀条，并应使其符合上述各种构造要求。

⑥ 设置横隔。
最后按规定设置横隔。

4. 轴心受力构件的构造

（1）实腹式轴心受压柱的构造要求

① 当 H 形或箱形截面柱的翼缘自由外伸宽厚比不满足式（4.26）时，可采用增大翼缘板厚的方法。对于腹板而言，当其高厚比不满足时，常采用沿腹板腰部两侧对称设置纵向加劲肋的方法。纵向加劲肋的厚度 $t\geqslant 0.75t_w$，外伸宽度 $b\geqslant 10t_w$，设置纵向加劲肋后，应根据新的腹板高度重新验算腹板的宽厚比。

② 当实腹式 H 形截面柱腹板高厚比 $h_0/t_w\geqslant 80$ 时，在运输和安装过程中可能产生扭转变形，因此常在腹板两侧上、下翼缘间对称设置横向加劲肋，尺寸要求与梁的横向加劲肋相同。

③ 柱在承受有集中水平荷载处及运输单元端部等处，应设置横隔，其间距不大于较大柱宽度的 9 倍或 8m。横向加劲肋与横隔如图 4.18 所示。

④ 实腹式轴心受压柱的纵向焊缝（腹板与翼缘之间的连接焊缝）主要起连接作用，受力很小，一般不做强度验算，可按构造要求确定焊缝尺寸。

（2）格构式轴心受压柱的构造要求

① 格构式组合柱一般翼缘朝内，可增加截面的惯性矩，另外可使柱外面平整。

② 荷载小时，可采用缀板组合；荷载大时，可采用缀条组合。缀条与柱肢的轴线应汇交于一点。为增加构件的抗扭刚度，格构柱也要设横隔。

③ 缀条不宜小于L 45×4 或L 56×36×4。缀板厚不宜小于 6mm。

④ 当有横缀条且肢件翼缘较小时，采用节点板连接，节点板与肢件翼缘厚度相同。

图 4.18 横向加劲肋与横隔

4.1.4 轴心受压构件的柱头和柱脚

为了使柱实现轴心受压，并安全将荷载传至基础，必须合理构造柱头、柱脚。

设计原则为：传力明确、过程简洁、经济合理、安全可靠，并具有足够的刚度且构造简单。

1. 轴心受压柱的柱头

（1）柱头的连接及构造

在轴心受压柱中，梁与柱连接处的柱顶部叫作柱头。柱头设计要求传力可靠、构造简单和便于安装，柱头的构造与梁端的构造密切相关。为了适应梁的传力要求，轴心受压柱的柱头有两种构造方案：一种是将梁设置于柱顶 [图 4.19（a）、（b）、（c）]，另一种是将梁设置于柱的侧面 [图 4.20（a）、（b）、（c）]。

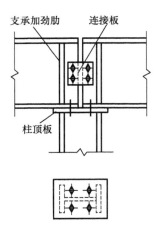
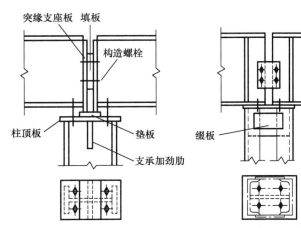

(a) 支承加劲肋对准柱翼缘　　(b) 梁端增加带突缘的支承加劲肋　　(c) 两柱肢之间设置竖向隔板

图 4.19 梁支承于柱顶

梁的支座反力通过柱顶板传给柱身，顶板与柱用焊缝连接，顶板厚度一般取 16～20mm。为了便于安装定位，梁与顶板用普通螺栓连接。图 4.19（a）所示构造方案，是将梁的反力通过支承加劲肋直接传给柱的翼缘。两相邻梁之间留有一定的空隙，以便安装，最后用夹板和构造螺栓连接。这种连接方式简单，对梁长度尺寸的制作要求不高。其缺点是当柱顶两侧梁的反力不等时将使柱偏心受压。图 4.19（b）所示构造方案，梁的反力通过端部加劲肋的突出部分传给柱的轴线附近，因此即使两相邻梁的反力不等，柱仍接近于轴心受压梁端加进来的底面应剖平顶紧于柱顶板。由于梁的反力大部分传给柱的腹板，因而腹板不能太薄，必须用加劲肋加强。两相邻梁之间可留一些空隙，以便安装时嵌入合适尺寸的填板并用普通螺栓连接。对于格构柱 [图 4.19（c）]，为了保证传力均匀并托住顶板，应在两柱肢之间设置竖向隔板。

如图 4.20 所示，两端的支承加劲肋突缘剖平与柱边缘的支托顶紧，支座反力全部由支托承受，传力明确。这种方式构造简单，施工方便。图 4.20（a）所示连接适用于梁的反力较小的情况，这时梁直接搁置在牛腿上用螺栓连接而不需要设置支承加劲肋。图 4.20（b）所示连接适用于梁的反力较大的情况，这时梁的反力通过梁端加劲肋以端面承压的形式传给支托，支托通过焊缝传给柱身。为便于安装，梁与柱翼缘（腹板）之间应留有一定的空隙，安装后用垫板和螺栓相连。

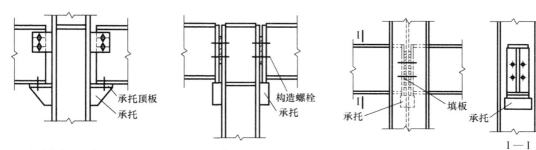

（a）梁直接搁置于柱侧承托上　（b）厚钢板作承托，直接焊在柱侧　（c）柱腹板上设置承托，梁端板支承在承托上

图 4.20　梁设置于柱侧

（2）传力路径

轴心受压柱柱头的传力路径如图 4.21 所示。

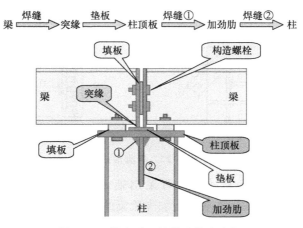

图 4.21　轴心受压柱柱头传力路径

2. 轴心受压构件的柱脚

(1) 柱脚形式

柱脚是将柱身荷载传给基础的部分。柱脚是比较费钢、费工的部分，设计时应力求简明，并尽可能符合结构设计的计算简图，便于施工。

多（高）层结构框架柱的柱脚可采用埋入式柱脚、插入式柱脚及外包式柱脚，多层结构框架柱可采用外露式柱脚，单层厂房刚接柱脚可采用插入式柱脚、外露式柱脚，铰接柱脚宜采用外露式柱脚。外包式、埋入式及插入式柱脚，钢柱与混凝土接触的范围内不得涂刷油漆；柱脚安装时，应将钢柱表面的泥土、油污、铁锈和焊渣等用砂轮清洗干净。

轴心受压柱或压弯柱的端部为铣平端时，柱身的最大压力应直接由铣平端传递，其连接焊缝或螺栓应按最大应力的15%或最大剪力中的较大值进行抗剪计算；当压弯柱出现受拉区时，该区的连接尚应按最大应力计算。

柱脚根据连接方式不同可分为铰接和刚接两种构造形式，如图4.22所示。

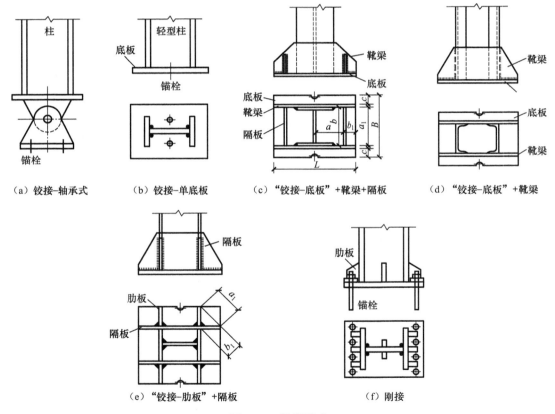

图 4.22 柱脚形式

对于铰接柱脚，当柱轴力较小时，可采用轴承式或单底板的形式 [图4.22 (a)、(b)]；当柱轴力较大时，可采用在底板上加焊靴梁的形式 [图4.22 (c)、(d)]；当柱轴力更大时，可采用加焊隔板和肋板的形式 [图4.22 (e)]。柱脚用锚栓固定在基础上，锚栓直径一般为20～25mm，底板上锚栓孔的直径一般为锚栓直径的1.1～1.8倍，垫板上的孔径比锚栓直径大 1～2mm。柱吊装就位后，用垫板套住锚栓并与底板焊牢。

刚接柱脚一般是在铰接柱脚的基础上，在钢柱底板四周与基础中预埋钢板焊接或用螺栓连接固定，使柱脚不能转动，形成刚接［图 4.22（f）］。

一般的铰接柱脚采用图 4.22（c）、（d）、（e）所示形式，在柱端部与底板之间增设一些中间传力部件，如靴梁、隔板和肋板等，这样可以将底板分隔成几个区格，使底板的弯矩减少，同时也可以增加柱与底板的连接焊缝长度。布置在柱脚中的连接焊缝，应考虑施焊的方便性，如图 4.22（c）所示隔板的内侧，图 4.22（d）、（e）中靴梁中央部分的内侧，都不宜布置焊缝。

柱脚设计注意事项有以下几点。

A. 柱脚底板的平面尺寸决定于基础材料的抗压能力，基础对底板的压应力可近似认为是均匀分布的，这样所需要的地板净面积（地板轮廓面积减去锚栓孔面积）应按相应公式确定。

底板长度 $L=\dfrac{A}{B}$，底板的平面尺寸 L、B 应取整数，根据柱脚的构造形式，可取两方向尺寸大致相等。

底板的厚度由板的抗弯强度决定。底板可视为一支承在靴梁、隔板和柱端的平板，它承受基础传来的均匀反力。靴梁、肋板、隔板和柱端面均可视为底板的支承边，并将底板分隔成不同的区格，其中有一边（悬臂板）、两边、三边和四边支承板。底板厚度通常为 20～40mm，最薄一般不得小于 14mm，以保证底板具有必要的刚度，从而满足基础反力是均匀的假设。

B. 靴梁的高度由其余柱边连接所需的焊缝长度决定，此连接焊缝承受柱身传来的压力。靴梁的厚度比柱翼缘厚度略小。靴梁按支承于柱边的双悬臂梁计算，根据所承受的最大弯矩和最大剪力值，验算靴梁的抗弯和抗剪强度。按正面角焊缝承担全部轴力计算，焊脚尺寸由构造确定。

C. 隔板与肋板。

要求：保证刚度，厚度不小于长度的 1/50，但可比靴梁略薄，高度略小些。

隔板可视为支承于靴梁上的简支梁，注意隔板内侧不易施焊，计算时不能考虑其受力。

肋板按悬臂梁计算，肋板与靴梁间的连接焊缝及肋板自身的强度均应按其承受的弯矩和剪力计算。

（2）柱脚的构造

① 外露式铰接柱脚。

A. 外露式铰接柱脚设计原则。

a. 柱脚底板尺寸应与柱截面尺寸相协调，柱脚锚栓应设置在柱截面重心线上或其附近。

b. 柱脚锚栓不宜用以承受柱脚底部的水平反力，此水平反力由底板与混凝土基础间的摩擦力（摩擦系数取 0.4）或设置抗剪键承受。

c. 柱脚底板尺寸和厚度应根据柱端弯矩、轴力、底板的支承条件和底板下混凝土的反力及柱脚构造确定。外露式柱脚的锚栓应考虑使用环境由计算确定。

d. 柱脚锚栓应有足够的埋置深度，当埋置深度受限或锚栓在混凝土中的锚固较长时，可设置锚栓或锚梁。

B. 外露式铰接柱脚构造（图 4.23）要求。

a. 柱翼缘与底板间采用全焊透坡口对接焊缝连接，柱腹板及加劲肋与底板间采用双面角焊缝连接。

b. 铰接柱脚的锚栓直径应根据钢柱板件厚度和底板厚度相协调的原则确定，一般取 24～42mm，且不宜小于 24mm。锚栓的数目常用 2 个或 4 个，同时应与钢柱截面尺寸以及安装要求相协调。刚架跨度≤27m 时，采用 4M24；刚架跨度≤30m 时，采用 4M30。锚栓安装时应采用具有足够刚度的固定架定位，柱脚锚栓均用双螺母或采取其他能防止螺母松动的有效措施。

C. 柱脚底板上的锚栓孔径宜取锚栓直径加 20mm，锚栓螺母下的垫板孔径取锚栓直径加 2mm，垫板厚度一般为 $0.4d\sim0.5d$（d 为锚栓外径），但不宜小于 20mm，垫板边长取 $3(d+2)$。

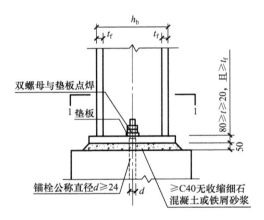

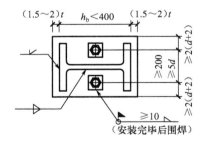

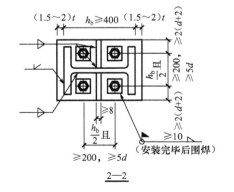

图 4.23 外露式铰接柱脚构造

② 外露式刚接柱脚。

外露式刚接柱脚设计原则如下。

A. 组成柱脚的底板、加劲肋、锚栓、靴梁、隔板、锚栓支承托座等应具有足够的强度和刚度，而且相互间应有可靠的连接，柱脚底部在形成塑性铰之前不容许锚栓和底板发生屈曲，也不容许基础混凝土受压破坏。设计上对锚栓应留有15%~20%的富余量。

B. 柱内力由柱脚向基础传递时，假定柱脚为刚体，基础反力呈线性分布，反力及锚栓抗力作为外荷载作用于柱脚。

C. 对于带靴梁的板式柱脚，假定柱内力由柱身传至靴梁，再由柱与靴梁传至基础，在基础反力及锚栓的拉力作用下，靴梁按两端悬臂梁验算其强度，柱翼缘作为靴梁支点。

外露式刚接柱脚构造如图4.24所示，要求如下。

A. 外露式刚接柱脚一般均应设置加劲肋，以加强柱脚刚度。

B. 柱翼缘与底板间采用全焊透坡口对接焊缝连接，柱腹板及加劲肋与底板间采用双面角焊缝连接。角焊缝焊脚尺寸均按照第3章相应方法确定。

C. 刚接柱脚锚栓承受拉力和作为安装固定之用，一般采用Q235钢制作。锚栓直径不宜小于24mm。底板的锚栓孔径不小于锚栓直径加20mm；锚栓垫板的锚栓孔取锚栓直径加2mm。锚栓螺母下垫板的厚度一般为$(0.4\sim0.5)d$，但不宜小于20mm，垫板边长取$3(d+2)$。锚栓应采用双螺母紧固，为使锚栓能准确锚固于设计位置，应采用具有足够刚度的固定架。

D. 对于槽形靴梁的板式柱脚有以下规定。

a. 锚栓支承托由横板、加劲肋组成，提高了柱脚的嵌固作用。

b. 锚栓支承托座横板的厚度取与靴梁板相同厚度，锚栓支承托座加劲肋的上端与支承托座横板的连接宜刨平顶紧。

c. 靴梁的高度不宜小于250mm，其板件的厚度宜与柱翼缘大致相同，且不宜小于10mm。其长度要与底板协调，靴梁腹板应符合梁腹板的要求。靴梁之间的隔板与加劲肋不宜小于8mm，同时隔板厚度不应小于隔板跨长的1/50，隔板的高度一般为靴梁高度的2/3，并不宜大于650mm。

d. 锚栓支承托座的锚栓孔径不小于锚栓加直径20mm，锚栓支承托座横板上应开缺口以便锚栓穿过。

③ 埋入式柱脚。

将钢柱直接埋入混凝土构件（如地下室墙、基础梁等）中的柱脚称为埋入式柱脚（图4.25）；而将钢柱置于混凝土构件上又伸出钢筋，在钢柱四周外包一段钢筋混凝土的为外包式柱脚，也称为非埋入式柱脚。这两种柱脚常用于多高层钢结构建筑物中。

A. 柱埋入部分四周设置的主筋、箍筋应根据柱脚底部弯矩和剪力按现行国家标准《混凝土结构设计规范（局部修订稿）》（GB 50010—2010）计算确定，符合相关构造要求。柱翼缘或管柱外边缘混凝土保护层厚度（图4.26），边列柱的翼缘或管柱外边缘至基础梁端部的距离不应小于400mm，中间柱翼缘或管柱外边缘至基础梁边相交线的距离不应小于250mm；基础梁梁边相交线的夹角应做成钝角，其坡度不应小于1:4的斜角；在基础护筏板的边部，应配置水平U形箍筋抵抗柱的水平冲切。

B. 柱脚端部及底板、锚栓、水平加劲肋隔板的构造要求应符合规范有关规定。

C. 圆管柱和矩形管柱应在管内浇灌混凝土。

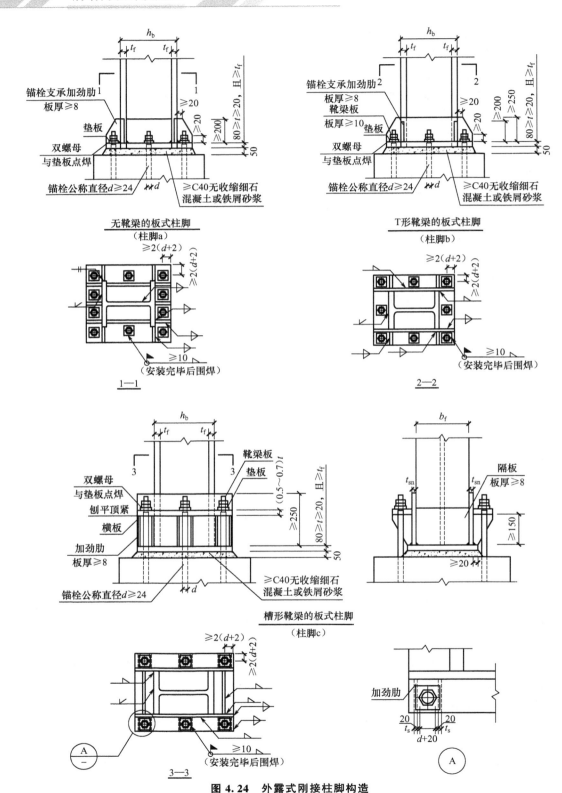

图 4.24 外露式刚接柱脚构造

D. 对于有拔力的柱，宜在柱埋入混凝土部分设置栓钉。研究表明，栓钉对于传递弯矩和剪力没有支配作用，但对于抗拉，由于栓钉受剪，能传递内力。因此，对于有拔力的柱，规定了宜设栓钉的要求。

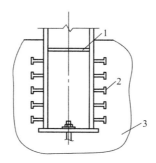

1—加劲肋；2—栓钉；3—钢筋混凝土基础
图 4.25　埋入式柱脚

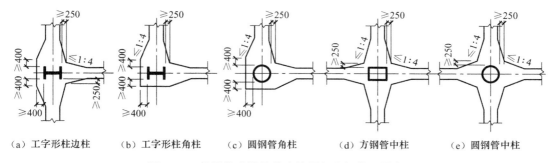

(a) 工字形柱边柱　　(b) 工字形柱角柱　　(c) 圆钢管角柱　　(d) 方钢管中柱　　(e) 圆钢管中柱
图 4.26　柱翼缘或管柱外边缘混凝土保护层厚度

E. 柱脚边缘混凝土的承压应力主要依据钢柱侧面混凝土受压区的支承反力形成的抗力与钢柱的弯矩和剪力平衡，便可得出钢柱与基础的刚性连接的埋入深度及柱脚边缘混凝土的承压应力小于或等于混凝土抗压强度设计值的计算式。

④ 插入式柱脚。

当钢柱直接插入混凝土杯口基础内用二次浇灌层固定时，即为插入式柱脚。

插入式柱脚是指钢柱直接插入已浇筑好的杯口内，经校准后用细石混凝土浇灌至基础顶面，使钢柱与基础刚性连接。柱脚的作用是将钢柱下端的内力（轴力、弯矩、剪力）通过二次浇灌的细石混凝土传给基础，其作用力的传递机理与埋入式柱脚基本相同。钢柱下部的弯矩和剪力，主要是通过二次浇灌层细石混凝土对钢柱翼缘的侧向压力所产生的弯矩来平衡，轴向力由二次浇灌层的黏结力和柱底反力承受。

A. 插入式柱脚设计原则。

a. 作用于柱底的轴心压力仅由粘剪力传递。

b. 作用于柱底的弯矩由柱的翼缘板与混凝土之间的抗压传递，忽略柱腹板上粘剪力的影响，计算时采用平截面假定，受压区混凝土的应力图形为三角形。

c. 应考虑剪力与弯矩的共同作用。

d. H 型钢实腹柱宜设柱底板，钢管柱应设柱底板，柱底板设排气孔和浇筑孔。

e. 实腹柱柱底至基础杯口底的距离不应小于50mm,当有柱底板时,其距离可采用150mm,宜采取便于施工时临时调整的技术措施。

B. 插入式刚接柱脚(图4.27)构造。

a. 对于非抗震设计,插入式柱脚埋深$d_c \geqslant 1.5h_b$,且$d_c \geqslant 500$mm,且不宜小于吊装时钢柱长度的1/20。

b. 对于抗震设计,插入式柱脚埋深$d_c \geqslant 2h_b$,同时应满足下式要求。

$$d_c \geqslant \sqrt{6M/b_f f_c}$$

式中：M——柱底弯矩设计值;

b_f——翼缘宽度;

f_c——混凝土轴心抗压强度设计值。

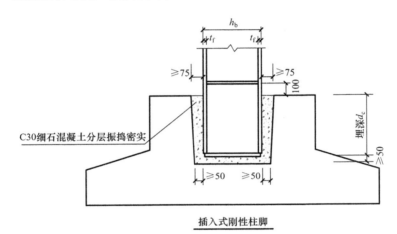

图4.27 插入式刚接柱脚

⑤ 外包式柱脚。

外包式柱脚属于钢和混凝土组合结构,内力传递复杂,影响因素多,目前还存在一些未充分明确的内容。因此,诸如各部分的形状、尺寸及补强方法等构造要求较多。

A. 传力性能及破坏模式。

混凝土外包式柱脚的钢柱弯矩,大致上在外包柱脚顶部钢筋位置处最大,在底板处约为零。在此弯矩分布假定下所对应的承载结构如图4.28(a)所示,即在外包混凝土刚度较大且充分配置顶部钢筋的条件下,主要假定外包柱脚顶部开始从钢柱向混凝土传递内力。

外包式柱脚的主要破坏模式[图4.28(b)]有:钢柱的压力导致顶部混凝土压坏,外包混凝土剪力引起的斜裂缝,主筋在外包混凝土锚固区破坏,主筋弯曲屈服。其中,前3种破坏模式会导致承载力急剧下降,变形能力较差。因此,外包混凝土顶部应配置足够的抗剪补强钢筋,通常集中配置3道构造箍筋,以防止顶部混凝土被压碎和保证水平剪力传递。外包式柱脚箍筋按100mm间距配置,以避免出现受剪斜裂缝,并应保证钢筋的锚固长度和混凝土的外包厚度。

B. 外包式柱脚构造[图4.28(c)]要求。

a. 外包式柱脚底板应位于基础梁及筏板的混凝土保护层内;外包混凝土厚度,对于H形截面柱不宜小于160mm,对于矩形管或圆管柱不宜小于180mm,同时不宜小于钢柱截面高度的30%;混凝土强度等级不宜低于C30;对于柱脚混凝土外包高度,H形截面柱

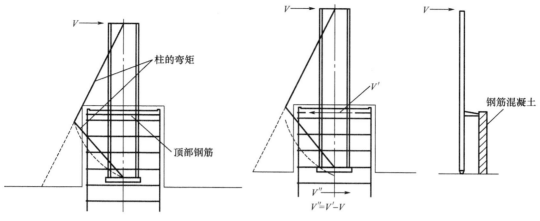

(a) 外包式柱脚的弯矩图及计算简图

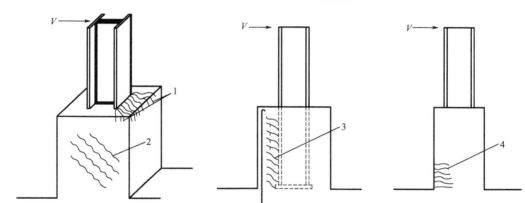

(b) 外包式柱脚的主要破坏模式

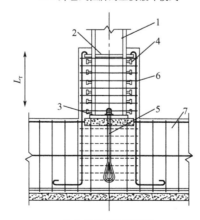

(c) 外包式柱脚构造

1—钢柱；2—水平加劲肋；3—柱底板；4—栓钉（可选）；5—锚栓；
6—外包混凝土；7—基础梁；L_r—外包混凝土顶部箍筋至柱底板的距离

图 4.28 外包式柱脚

不宜小于柱截面高度的 2 倍，矩形管柱或圆管柱宜为矩形管截面长边尺寸或圆管直径的 2.5 倍；当没有地下室时，外包宽度或高度宜增大 20%，当仅有一层地下室时，外包宽度宜增大 10%。

　　b. 柱脚底板尺寸和厚度应按结构安装阶段荷载作用下轴心力、底板的支承条件计算确定，其厚度不宜小于 16mm。

　　c. 柱脚锚栓应按构造要求设置，直径不宜小于 16mm，锚固长度不宜小于其直径的 20 倍。

　　d. 柱在外包混凝土的顶部箍筋处应设置水平加劲肋或横隔板，其宽厚比应符合标准规定。

　　e. 当框架柱为圆管或矩形管时，应在管内浇灌混凝土，其强度等级不应小于基础混凝土的强度等级。其浇灌高度应高于外包混凝土，且不宜小于圆管直径或圆形管的长边。

　　f. 外包钢筋混凝土的受弯和受剪承载力验算应符合《混凝土结构设计规范》的有关规定，主筋伸入基础内的长度不应小于 25 倍直径，四角主筋两端应加弯钩，下弯长度不应小于 150mm，下弯段宜与钢柱焊接，顶部箍筋应加强加密，并不应小于 3 根直径为 12mm 的 HRB335 级热轧钢筋。

4.2　受弯构件

【简支梁桥】

4.2.1　受弯构件的截面形式及要求

　　受弯构件同轴心受拉、受压构件一样，是钢结构常用的构件形式，在钢结构中，最典型的受弯构件主要是因承受横向荷载而受弯的实腹式钢梁，它主要承受弯矩和剪力。但受弯构件不同于轴心受力构件，它承受弯矩、剪力和局部范围内的集中荷载，故其强度计算比较复杂，同时当梁受压翼缘侧向支撑点间的距离较大时，还须考虑受弯构件整体稳定性，对于组合板件则应计算局部稳定性，同时根据规定配置不同加劲肋，以及在集中荷载处设置支撑加劲肋等，除此之外还须验算正常使用极限状态下的刚度，使其挠度不超过规定值。所以受弯构件的计算内容比较多，其受力性能和计算方法比较复杂。

　　钢梁按支承情况的不同可分为简支梁、悬臂梁、固端梁和连续梁等几种形式。其中，简支梁应用最广泛，它不仅制造简单、安装方便，而且可以避免支座沉陷所产生的不利影响。在房屋建筑中，梁主要用来支承屋面板、楼板、吊车及墙体等。支承屋面板的梁通常称为檩条，支承楼板的梁称为楼层梁，支承吊车行车轨道的梁称为吊车梁及工作平台梁等。各种不同形式的钢梁如图 4.29 所示。

　　根据受力情况不同，钢梁可分为单向受弯梁和双向受弯梁（图 4.30）。

　　根据制作方法不同，钢梁可分为实腹式梁和空腹式梁，实腹式又分为型钢截面（热轧和冷弯薄壁）和组合截面（焊接和钢与混凝土）。

　　(1) 钢梁的截面形式

　　钢梁的截面形式有型钢梁和组合梁两类，其截面形式如图 4.31 所示。

　　型钢梁可分为热轧型钢梁 [工字钢、槽钢、H 型钢等，图 4.31 (a)、(b)、(c)] 和冷弯薄壁型钢梁 [C 型钢、Z 型钢等，图 4.31 (d)、(e)、(f)] 两种。型钢梁一般在工厂

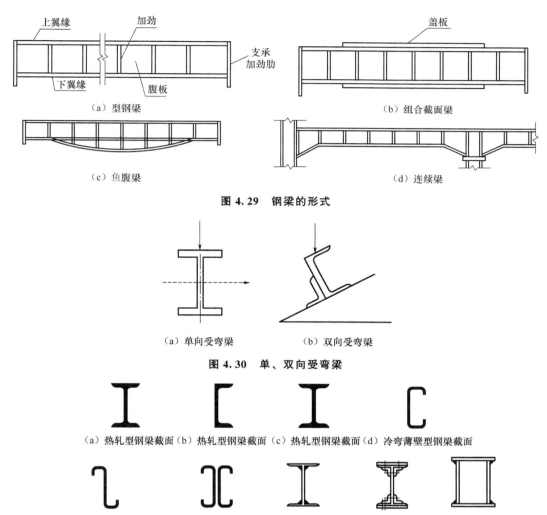

图 4.29 钢梁的形式

图 4.30 单、双向受弯梁

图 4.31 钢梁的截面形式

加工制作,安装方便,成本低,主要用于荷载和跨度较小的情况。

当荷载和跨度较大时多采用组合梁,如楼盖主梁、平台梁、重型吊车梁等。组合梁由钢板和型钢用焊缝、铆钉或螺栓连接而成。组合梁通常用两块翼缘板和一块腹板焊接成工字形截面,如图 4.31(g)、(h)所示,此结构构造简单,加工制作方便,可根据受力情况调整截面尺寸,节省用钢量。当荷载或跨度较大且梁高受限制或扭矩较大时,可采用双腹板式的箱形截面梁[图 4.31(i)]。

另外,根据荷载大小和分布不同,还可以采用蜂窝梁(图 4.32)、变截面梁(图 4.33)等。目前,钢与混凝土组合梁也得到了一定应用(图 4.34)。

(2) 钢梁的要求

钢梁的类型和截面形式的选取应保证安全适用,并尽可能符合用料节省、制造安装简便的要求,强度、刚度和稳定性要求是钢梁安全工作的基本条件。

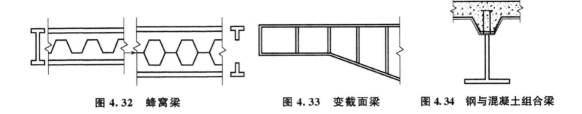

图 4.32 蜂窝梁　　　　图 4.33 变截面梁　　　　图 4.34 钢与混凝土组合梁

4.2.2 梁的强度和刚度

1. 梁的强度计算

梁的强度计算包括抗弯强度计算和抗剪强度计算两个方面。对于工字形、箱形等截面梁，在有集中荷载作用处还应验算腹板边缘局部压应力是否满足要求，必要时还应对弯曲应力、剪切应力及局部压应力共同作用处进行验算。

(1) 抗弯强度

以工字形钢梁为例，从开始加载至受弯承载力达到极限状态，钢梁在弯矩作用下最危险截面的弯曲正应力将经历三个发展阶段，即弹性工作阶段、弹塑性工作阶段和塑性工作阶段。

① 弹性工作阶段。当弯矩 M 较小时，截面弯曲正应力 $\sigma < f_y$，且呈三角形分布，中性轴处 $\sigma = 0$，截面外缘正应力最大。当截面外缘 $\sigma = f_y$ 时，其外缘最大应力 $\sigma = M_e/W_n$，M_e 为弹性极限弯矩，W_n 为净截面弹性抵抗矩。

② 弹塑性工作阶段。达到弹性极限弯矩后，弯矩继续增加，截面外缘部分进入塑性状态（$\sigma = f_y$），中央部分仍保持弹性。截面上的弯曲正应力 σ 呈折线形分布。随着弯矩逐步增大，塑性区逐渐向截面中央扩展，中央弹性区域逐渐减小（图 4.35）。

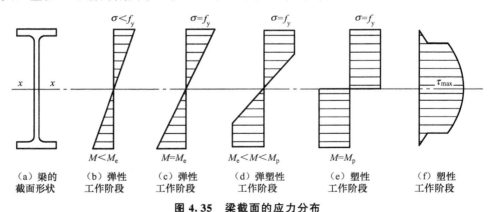

图 4.35 梁截面的应力分布

③ 塑性工作阶段。若弯矩继续增大，则弹性区域便会逐步消失，此时截面全部进入塑性工作阶段并形成塑性铰，截面上的应力图成为两个矩形，梁的受弯承载力达到极限状态。弯矩 M 达到极限塑性弯矩 M_p，$M_p = W_{pn} f_y$。

当截面上的弯矩达到 M_p 时，梁上承受的荷载不能再增加，但梁在极限塑性弯矩作用下还可继续变形，截面可以转动，犹如一个铰，称为塑性铰。

在结构设计时,如果把梁最危险截面上外缘弯曲正应力 σ 达到屈服强度 f_y 作为梁破坏的标志,并以此作为设计的极限状态,则叫作弹性设计。弹性设计偏于保守,不能充分利用钢材的弹塑性性能。如果允许 $\sigma \geqslant f_y$,且允许梁部分截面进入塑性状态工作,则这种考虑部分塑性的设计称为塑性设计。塑性设计能够充分发挥钢材的塑性性能,充分利用钢材。但是,塑性区域不能太大,否则梁的抗弯刚度减小太多,受压翼缘容易因局部失稳而造成梁提前破坏。因此,在实际设计时,既要充分发挥梁的截面抗弯刚度,又必须限制梁在工作阶段的过大变形。《钢结构设计标准》规定:梁的抗弯刚度应按下列公式计算。

单向弯曲时

$$\frac{M}{\gamma W_n} \leqslant f \tag{4.29}$$

双向弯曲时

$$\frac{M_x}{\gamma_x W_{nx}} + \frac{M_y}{\gamma_y W_{ny}} \leqslant f \tag{4.30}$$

式中:M_x、M_y——同一截面处绕 x 轴和 y 轴的弯矩设计值(对于工字形截面,x 轴为强轴,y 轴为弱轴)(N·mm);

W_{nx}、W_{ny}——截面对 x 轴和 y 轴的净截面抵抗矩(mm³)。

γ_x、γ_y——截面塑性发展系数[对于工字形截面,$\gamma_x=1.05$,$\gamma_y=1.20$;对于箱形截面,$\gamma_x=\gamma_y=1.05$;对于其他截面,可查截面塑性发展系数表(表 4.6);对于需要计算疲劳强度的梁,不考虑截面塑性发展,即取 $\gamma_x=\gamma_y=1.0$]。

表 4.6 截面塑性发展系数 γ_x、γ_y

项次	截面形式	γ_x	γ_y
1		1.05	1.2
2		1.05	1.05
3		1.05	1.2
4		$\gamma_{x1}=1.05$ $\gamma_{x2}=1.2$	1.05

续表

项次	截面形式	γ_x	γ_y
5	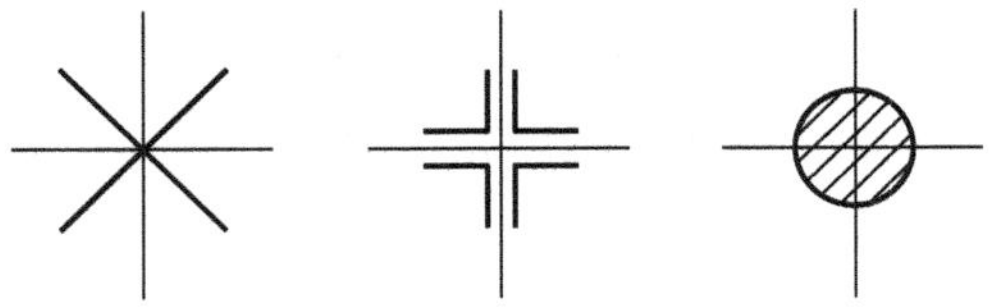	1.2	1.2
6	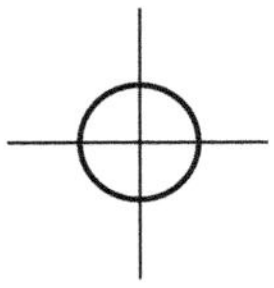	1.15	1.15
7	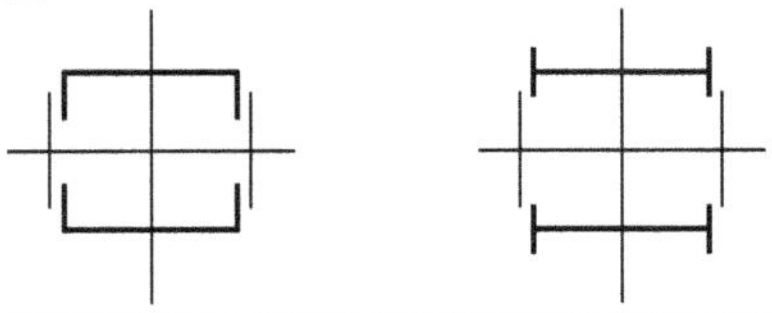	1.0	1.05
8	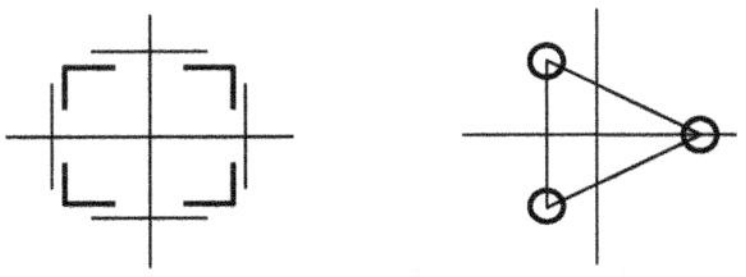	1.0	1.0

注：1. 当梁和压弯构件受压翼缘的自由外伸宽度与其厚度之比大于$13\varepsilon_k$而不超过$15\varepsilon_k$时，应取$\gamma_x=1.0$。
2. 需要计算疲劳强度的梁、拉弯及压弯构件，宜取$\gamma_x=\gamma_y=1.0$。

上述注释说明的是，对于下列情况，规范不允许截面有塑性发展，而以弹性极限弯矩作为设计极限状态，即取$\gamma=1.0$。

A. 对于需要计算疲劳强度的梁，考虑塑性发展会使钢材硬化，促使疲劳断裂提早出现。

B. 当梁的受压翼缘自由外伸宽度与其厚度之比较大，超过$13\varepsilon_k$，但不超过$15\varepsilon_k$时，考虑塑性发展对翼缘局部稳定性有不利影响。

（2）梁的抗剪强度

对于受弯的工字形钢梁而言，梁内一般同时存在弯矩和剪力，弯矩由翼缘和腹板共同承担，而剪力则主要由腹板承担。由于钢材在剪切破坏时具有脆性破坏的性质，因此梁的抗剪强度计算不考虑塑性工作状态，按弹性设计。规范以截面最大剪应力达到所用钢材剪应力屈服点作为抗剪承载力极限状态。于是，在主平面内，受弯的实腹式构件（考虑腹板屈曲后强度者除外）的抗剪强度计算公式为

$$\tau=\frac{VS}{It_w}\leqslant f_v \tag{4.31}$$

式中：V——计算截面沿腹板平面作用的剪力设计值（N）；
S——计算剪应力处以上（或以下）毛截面对中性轴的面积矩（mm^3）；
I——构件的毛截面惯性矩（mm^4）；

t_w——构件的腹板厚度（mm）；

f_v——钢材的抗剪强度设计值（N/mm²）。

对于轧制工字钢和槽钢而言，因腹板较厚，当无较大的截面削弱（无孔洞、无切割等）时，均能满足抗剪强度要求，可不计算剪应力。

(3) 局部承压强度

当梁的上翼缘受沿腹板平面作用的静态或动态集中荷载（如吊车轮压），而该荷载处又未设置支承加劲肋时，集中荷载会从作用处沿着45°角扩散至腹板边缘，在腹板边缘产生很高的局部横向压应力，如图4.36所示。为了防止腹板边缘被过高的局部压应力压坏，《钢结构设计标准》提出要进行腹板计算高度上边缘的局部压应力计算，计算式如下。

$$\sigma_c = \frac{\psi F}{t_w l_z} \leqslant f \tag{4.32}$$

式中：F——集中荷载（kN），对动力荷载应考虑动力系数；

ψ——集中荷载增大系数，对重级工作制吊车梁取$\psi=1.35$，对其他梁取$\psi=1.0$；

l_z——集中荷载在腹板计算高度上边缘的假定分布长度，按$l_z=a+5h_y+2h_R$计算［其中h_R为轨道的高度（mm），如梁顶无轨道，则$h_R=0$；a为集中荷载沿梁跨度方向的支承长度，对吊车梁钢轨上的轮压可取50mm；h_y为自梁顶面至腹板计算高度上边缘的距离（mm），对焊接组合梁为腹板边缘处，对轧制型钢梁为腹板与翼缘相接处内圆弧起点处］；

f——钢材的抗压强度设计值（N/mm²）。

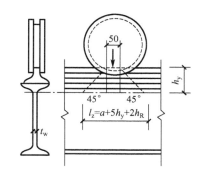 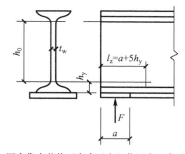

(a) 移动集中荷载（吊车轮压）作用在无支承加劲肋处　　(b) 固定集中荷载（支座反力）作用在无支承加劲肋处

图 4.36　梁腹板局部压应力

在梁的支座处，当不设支承加劲肋时，应按式（4.32）计算腹板计算高度下边缘的局部压应力，但取$\psi=1.0$。

对于固定集中荷载（包括支座反力），若σ_c不满足式（4.32）的要求，则应在集中荷载处设置加劲肋，这时集中荷载考虑全部由加劲肋传递，腹板局部压应力可以不再计算。

对于移动集中荷载（如吊车轮压），若σ_c不满足式（4.32）的要求，则应加厚腹板，或采取措施使a或h_y增加，从而加大荷载扩散长度，减小σ_c值。

腹板的计算高度边缘应按下列规定采用。

① 轧制型钢梁：与上、下翼缘相连处两内弧起点间的距离［图4.37（a）］。

② 焊接组合梁：腹板高度［图4.37（b）］。

③ 铆接或高强度螺栓连接组合梁：腹板与上、下翼缘连接铆钉（或螺栓）钉线间的最近距离[图 4.37（c）]。

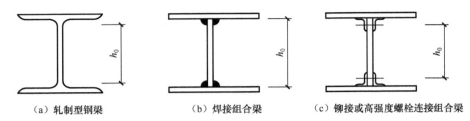

(a) 轧制型钢梁　　　　　(b) 焊接组合梁　　　　(c) 铆接或高强度螺栓连接组合梁

图 4.37　腹板的计算高度

若受弯构件局部承压强度不能满足要求，则通常设置支承加劲肋，此时局部承压强度可不验算。

(4) 折算应力

当组合梁的腹板计算高度边缘处同时受有较大的正应力、剪应力和局部压应力，或同时受有较大的正应力和剪应力作用时，除应满足弯曲正应力强度条件和剪应力强度条件外，还应验算其折算应力。根据《钢结构设计标准》规定，折算应力验算公式如下。

$$\sqrt{\sigma^2+\sigma_c^2-\sigma\sigma_c+3\tau^2} \leqslant \beta_1 f \tag{4.33}$$

$$\sigma=\frac{M}{I_n}y_1 \tag{4.34}$$

式中：σ、τ、σ_c——腹板计算高度边缘验算点处的正应力（σ 和 σ_c 以拉应力为正值、压应力为负值）、剪应力和局部压应力，τ 和 σ_c 应按式（4.31）和式（4.32）计算；

　　　　M——验算截面的弯矩（kN·m）；

　　　　I_n——梁净截面惯性矩（mm^4）；

　　　　y_1——验算点至梁中和轴的距离（mm）；

　　　　β_1——强度设计值增大系数（当 σ 与 σ_c 异号时取 $\beta_1=1.2$，当 σ 与 σ_c 同号或 $\sigma_c=0$ 时取 $\beta_1=1.1$）。

2. 梁的刚度验算

在梁设计时，不仅要保证其强度，还应保证其刚度。否则，即使梁不会破坏，也会因挠度过大而造成使用不便或附属构件破坏。如楼盖梁或屋盖梁挠度太大，便会引起居住者不适或面板开裂；支撑吊顶的梁挠度太大，则会引起吊顶抹灰开裂脱落等。因此，梁应限制其挠度，满足如下刚度要求。

$$v \leqslant [v] \text{ 或 } v/l \leqslant [v]/l \tag{4.35}$$

式中：v——梁的最大挠度（mm），按荷载标准值计算；

　　　　$[v]$——受弯构件的容许挠度，可查受弯构件的容许挠度值表（见表 4.7）；

　　　　l——梁的跨度（m）。

梁的刚度属于正常使用极限状态，故计算时应采用荷载标准值，而且不考虑螺栓孔引起的截面削弱，对动力荷载标准值不乘以动力系数。

表 4.7　受弯构件的容许挠度

项次	构 件 类 别	挠度容许值	
		$[v_T]$	$[v_Q]$
1	吊车梁和吊车桁架（按自重和起重量最大的一台吊车计算挠度）： （1）手动吊车和单梁吊车（含悬挂吊车）； （2）轻级工作制桥式吊车； （3）中级工作制桥式吊车； （4）重级工作制桥式吊车	$l/500$ $l/800$ $l/1000$ $l/2000$	
2	手动或电动葫芦的轨道梁	$l/400$	
3	有重轨（质量≥38kg/m）轨道的工作平台梁 有轻轨（质量≤24kg/m）轨道的工作平台梁	$l/600$ $l/400$	
4	楼（屋）盖梁或桁架，工作平台梁（第3项除外）和平台板： （1）主梁或桁架（包括设有悬挂起重设备的梁和桁架）； （2）抹灰顶棚的次梁； （3）除（1）、（2）外的其他梁； （4）屋盖檩条： ① 支承无积灰的瓦楞铁和石棉瓦的； ② 支承压型金属板、有积灰的瓦楞铁和石棉瓦等屋面的； ③ 支承其他屋面材料的； （5）平台板	$l/400$ $l/250$ $l/250$ $l/150$ $l/200$ $l/200$ $l/150$	$l/500$ $l/350$ $l/300$
5	墙梁构件（风荷载不考虑阵风系数）： （1）支柱； （2）抗风桁架（作为连续支柱的支撑时）； （3）砌体墙的横梁（水平方向）； （4）支承压型金属板、瓦楞铁和石棉瓦墙面的横梁（水平方向）； （5）带有玻璃窗的横梁（竖直和水平方向）	 $l/200$	$l/400$ $l/1000$ $l/300$ $l/200$ $l/200$

注：1. l 为受弯构件的跨度（对于悬臂梁和伸臂梁为悬伸长度的2倍）。
2. $[V_T]$ 为全部荷载标准值产生的挠度（如有起拱应减去拱度）的容许值，$[v_Q]$ 为可变荷载标准值产生的挠度的容许值。

4.2.3　梁的稳定性验算

1. 梁的整体稳定性验算

（1）临界弯矩

在大多数情况下，只要按梁的强度和刚度条件进行设计，梁在弯矩和剪力作用下的最终破坏都是以截面达到屈服为特征的材料破坏。但是，在实际工程中也会出现由于荷载不能准确地作用于梁的对称平面内，或者高而窄的梁因无侧向支承点或侧向支承点太少，当荷载增加到某一数值时，梁将突然发生侧向弯曲（绕弱轴的弯曲）和扭转（图 4.38），并使梁在未达到强度破坏之前便失去承载能力,这种现象称为梁的弯曲扭转屈曲(弯扭屈曲)或梁丧失整体稳定性。

如图4.39所示工字形截面梁,荷载作用在其最大刚度平面内。当荷载较小时,梁的弯曲平衡状态是稳定的。虽然外界各种因素会使梁产生微小的侧向弯曲和扭转变形,但外界影响消失后,梁仍能恢复到原来的弯曲平衡状态。然而,当荷载增大到某一数值后,梁在向下弯曲的同时,将突然发生侧向弯曲和扭转变形而破坏,这种现象称为梁的侧向弯扭屈曲或整体失稳。梁维持其稳定平衡状态所承担的最大荷载或最大弯矩,称为临界荷载或临界弯矩。

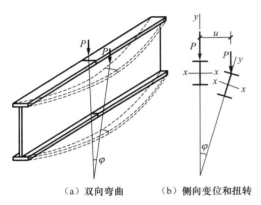

(a)双向弯曲　　(b)侧向变位和扭转

图4.38　梁整体失稳时的变形

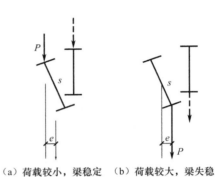

(a)荷载较小,梁稳定　　(b)荷载较大,梁失稳

图4.39　荷载位置对整体稳定性的影响

梁整体稳定的临界荷载与梁的侧向抗弯刚度、抗扭刚度、荷载沿梁跨分布情况及其在截面上的作用点位置等有关。根据弹性稳定理论,双轴对称工字形截面简支梁的临界弯矩和临界应力为

$$M_{cr} = \beta \frac{\sqrt{EI_y GI_t}}{l_1} \qquad (4.36)$$

$$\sigma_{cr} = \frac{M_{cr}}{W_x} = \beta \sqrt{\frac{EI_y GI_t}{l_1^2 W_x^2}} \qquad (4.37)$$

式中:I_y——梁对y轴(弱轴)的毛截面惯性矩;

I_t——梁的毛截面扭转惯性矩;

l_1——梁受压翼缘的自由长度(受压翼缘侧向支撑点之间的距离);

W_x——梁对x轴的毛截面抵抗矩;

β——梁的侧扭曲系数,与荷载类型、梁的支承情况有关。

由临界弯矩M_{cr}的计算公式和β值可得出如下规律。

① 梁的侧向抗弯刚度EI_y和抗扭刚度GI_t越大,梁的临界弯矩M_{cr}越大。

② 梁受压翼缘的自由长度越小,梁的侧弯及扭转变形越小,因此梁的临界弯矩也越大。

③ 荷载作用于梁的下翼缘比作用于上翼缘的临界弯矩M_{cr}大。因为荷载作用在梁的上翼缘时[图4.40(a)],荷载将产生附加扭矩,对梁侧向弯曲和扭转起助长作用,使梁的临界弯矩降低;当荷载作用在梁的下翼缘时[图4.40(b)],将产生反方向的扭矩,有利

于阻止梁的侧向弯曲扭转，使梁的临界弯矩增大。

④ 梁支承对位移的约束程度越大，临界弯矩 M_{cr} 越大。

⑤ 荷载作用方式的影响。M_{cr} 纯弯曲时［图 4.40（c）］最低，其次是均布荷载，再次是集中荷载。

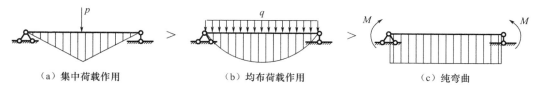

图 4.40　荷载作用方式的影响

⑥ 加强受压翼缘比加强受拉翼缘更有效。

综上所述，提高整体稳定性最有效的措施如下。

A. 增加受压翼缘侧向支承来减小其侧向自由长度。

B. 加大其受压翼缘宽度 b。

（2）梁整体稳定性的计算

由于梁丧失整体稳定是突然发生的，事先无明显征兆，因此比强度破坏更危险。影响梁的整体稳定性的因素很多，也很复杂。《钢结构设计标准》对梁的整体稳定性有如下规定。

① 符合下列情况之一时，可不计算梁的整体稳定性。

A. 有铺板（各种钢筋混凝土板或钢板）密铺在梁的受压翼缘上并与其牢固相连，能阻止梁受压翼缘的侧向位移时。

B. H 型钢或等截面工字形简支梁受压翼缘的自由长度 l_1 与其宽度 b_1 之比不超过表 4.8 所规定的数值时。

对于跨中无侧向支承点的梁，l_1 为其跨度；对于跨中有侧向支承点的梁，l_1 为受压翼缘侧向支承点间的距离（梁的支座处视为有侧向支承）。

表 4.8　H 型钢或等截面工字形简支梁不需要计算整体稳定性的最大 l_1/b_1 值

钢号	跨中无侧向支承点的梁		跨中受压翼缘有侧向支承点的梁，不论荷载作用在何处
	荷载作用在上翼缘	荷载作用在下翼缘	
Q235	13.0	20.0	16.0
Q345	10.5	16.5	13.0
Q390	10.0	15.5	12.5
Q420	9.5	15.0	12.0

注：其他钢号的梁无须计算整体稳定性的最大 l_1/b_1 值，应取 Q235 钢的数值乘以 ε_k。

② 若梁不满足上述条件，则应按下式计算梁的整体稳定性。

A. 在最大刚度主平面内受弯的梁。

$$\frac{M_x}{\varphi_b W_x f} \leqslant 1.0 \tag{4.38}$$

式中：M_x——绕强轴（x 轴）作用的最大弯矩设计值（N·mm）；
  φ_b——梁的整体稳定系数；
  W_x——按受压最大纤维确定的对 x 轴的梁毛截面抵抗矩（mm³）。

B. 在两个主平面内受弯的工字形截面或 H 型钢截面梁。

$$\frac{M_x}{\varphi_b W_x f} + \frac{M_y}{\gamma_y W_y f} \leqslant 1.0 \tag{4.39}$$

式中：M_y——绕弱轴（y 轴）作用的最大弯矩设计值（N·mm）；
  γ_y——对 y 轴的截面塑性发展系数；
  W_y——按受压最大纤维确定的对 y 轴的毛截面抵抗矩（mm³）。

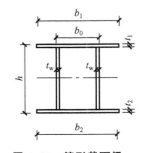

图 4.41 箱形截面梁

C. 不满足①条款中 A 款情况的箱形截面简支梁（图 4.41），其截面尺寸应满足：

$$h/b_0 \leqslant 6 \tag{4.40}$$

且

$$l_1/b_0 \leqslant 95\varepsilon_k^2 \tag{4.41}$$

③ 梁的整体稳定系数 φ_b。

梁的整体稳定系数 φ_b 是侧向稳定对梁的承载力的影响系数。φ_b 值的大小由梁的截面特征和荷载特征来决定，各类情况的 φ_b 值计算如下。

A. 等截面焊接工字形和轧制 H 型钢简支梁。

$$\varphi_b = \beta_b \frac{4320}{\lambda_y^2} \cdot \frac{Ah}{W_x} \left[\sqrt{1 + \left(\frac{\lambda_y t_1}{4.4h}\right)^2} + \eta_b \right] \varepsilon_k \tag{4.42}$$

式中：β_b——梁整体稳定的等效弯矩系数（见表 4.9）；
  λ_y——梁对弱轴（y 轴）的长细比；
  A——梁的毛截面面积（mm²）；
  h、t_1——梁截面的全高和受压翼缘厚度（mm）；
  η_b——截面不对称影响系数［对于双轴对称截面取 $\eta_b = 0$；对于单轴对称工字形截面；对于加强受压翼缘取 $\eta_b = 0.8(2\alpha_b - 1)$；对于加强受拉翼缘取 $\eta_b = 2\alpha_b - 1$，$\alpha_b = \dfrac{I_1}{I_1 + I_2}$，其中 I_1、I_2 分别为受压翼缘和受拉翼缘对 y 轴的惯性矩（mm³）］。

表 4.9　等截面工字形和轧制 H 型钢简支梁等效弯矩系数 β_b

项次	侧向支承	荷载		$\xi \leqslant 2.0$	$\xi > 2.0$	适用范围
1	跨中无侧向支承	均布荷载作用在	上翼缘	$0.69 + 0.13\xi$	0.95	图 4.42（a）、(b) 和 (d) 的截面
2			下翼缘	$1.73 - 0.20\xi$	1.33	
3		集中荷载作用在	上翼缘	$0.73 + 0.18\xi$	1.09	
4			下翼缘	$2.23 - 0.28\xi$	1.67	
5	跨度中点有一个侧向支承点	均布荷载作用在	上翼缘	1.15		图 4.42 中的所有截面
6			下翼缘	1.40		
7		集中荷载作用在截面高度的任意位置		1.75		

续表

项次	侧向支承	荷载		$\xi \leqslant 2.0$	$\xi > 2.0$	适用范围
8	跨中有不少于两个等距离侧向支承点	任意荷载作用在	上翼缘	1.20		图 4.42 中的所有截面
9			下翼缘	1.40		
10		梁端有弯矩,但跨中无荷载作用		$1.75-1.05\left(\dfrac{M_2}{M_1}\right)+0.3\left(\dfrac{M_2}{M_1}\right)^2$ 但 $\leqslant 2.3$		

注：1. 项次 1~4 适用于图 4.42（a）、（b）、（d）截面，项次 5~8 适用于图 4.42 中所有截面类型。

2. ξ 为参数，$\xi = \dfrac{l_1 t_1}{b_1 h}$，其中 b_1 为受压翼缘的宽度。

3. M_1 和 M_2 为梁的端弯矩，使梁产生同向曲率时 M_1 和 M_2 取同号，产生反向曲率时取异号，$|M_1| \geqslant |M_2|$。

4. 表中项次 3、4 和 7 的集中荷载是指一个或少数几个集中荷载位于跨中央附近的情况，对于其他情况的集中荷载，应按表中项次 1、2、5、6 内的数值取用。表中项次 8、9 中取 $\beta_b = 1.20$。

5. 荷载作用在上翼缘系指荷载作用点在翼缘表面，方向指向截面形心；荷载作用在下翼缘系指荷载作用点在翼缘表面，方向背向截面形心。

6. 对于 $\alpha_b > 0.8$ 的加强受压翼缘工字形截面，下列情况的 β_b 值应乘以相应的系数：项次 1，当 $\xi \leqslant 1.0$ 时，乘以 0.95；项次 3，当 $\xi \leqslant 0.5$ 时，乘以 0.90，当 $0.5 < \xi \leqslant 1.0$ 时，乘以 0.95。

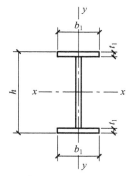

（a）双轴对称焊接工字形截面

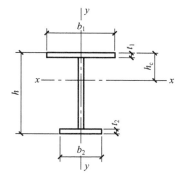

（b）加强受压翼缘的单轴对称焊接工字形截面

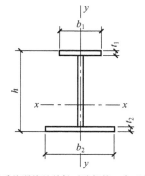

（c）加强受拉翼缘的单轴对称焊接工字形截面

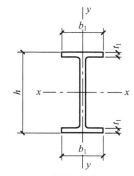

（d）轧制 H 形截面

图 4.42　焊接工字形和轧制 H 型钢截面

梁的整体稳定系数是按弹性稳定理论求得的。研究证明，当求得的 $\varphi_b>0.6$ 时，梁已进入非弹性工作阶段，整体稳定临界应力有明显降低，必须对 φ_b 进行修正。规范规定，当按上述公式或表格确定的 $\varphi_b>0.6$ 时，应用下式求得的 φ'_b 代替 φ_b 进行梁的整体稳定性计算。

$$\varphi'_b = 1.07 - \frac{0.282}{\varphi_b} \leqslant 1.0 \tag{4.43}$$

H 型钢 φ_b 值的计算与上述方法相同，其中，$\eta_b=0$。

B. 轧制普通工字形钢简支梁。

由于轧制普通工字形钢简支梁的截面尺寸有一定规格，因此它的 φ_b 值可按荷载情况、工字钢型号及受压翼缘自由长度直接由表 4.10 查得。当查得 $\varphi_b>0.6$ 时，也应按式 (4.43) 求得的 φ'_b 代替 φ_b 进行计算。

表 4.10　轧制普通工字钢简支梁的 φ_b

项次	荷载情况		工字钢型号	自由长度 l_1/mm								
				2	3	4	5	6	7	8	9	10
1	跨中无侧向支承点的梁	集中荷载作用于 上翼缘	10~20	2.00	1.30	0.99	0.80	0.68	0.58	0.53	0.48	0.43
			22~32	2.40	1.48	1.09	0.86	0.72	0.62	0.54	0.49	0.45
			36~63	2.80	1.60	1.07	0.83	0.68	0.56	0.50	0.45	0.40
2		集中荷载作用于 下翼缘	10~20	3.10	1.95	1.34	1.01	0.82	0.69	0.63	0.57	0.52
			22~40	5.50	2.80	1.84	1.37	1.07	0.86	0.73	0.64	0.56
			45~63	7.30	3.60	2.30	1.62	1.20	0.96	0.80	0.69	0.60
3		均布荷载作用于 上翼缘	10~20	1.70	1.12	0.84	0.68	0.57	0.50	0.45	0.41	0.37
			22~40	2.10	1.30	0.93	0.73	0.60	0.51	0.45	0.40	0.36
			45~63	2.60	1.45	0.97	0.73	0.59	0.50	0.44	0.38	0.35
4		均布荷载作用于 下翼缘	10~20	2.50	1.55	1.08	0.83	0.68	0.56	0.52	0.47	0.42
			22~40	4.00	2.20	1.45	1.10	0.85	0.70	0.60	0.52	0.46
			45~63	5.60	2.80	1.80	1.25	0.95	0.78	0.65	0.55	0.49
5	跨中有侧向支承点的梁（不论荷载作用点在截面高度上的位置）		10~20	2.20	1.39	1.01	0.79	—0.66	0.57	0.52	0.47	0.42
			22~40	3.00	1.80	1.24	0.96	0.76	0.65	0.56	0.49	0.43
			45~63	4.00	2.20	1.38	1.01	0.80	0.66	0.56	0.49	0.43

C. 轧制槽钢简支梁。

轧制槽钢简支梁由于其截面单轴对称，理论计算比较复杂，规范规定采用近似式 (4.44) 计算。同样，当求得的 $\varphi_b>0.6$ 时，也应按式 (4.43) 换算成 φ'_b。

$$\varphi_b = \frac{570bt}{l_1 h} \cdot \varepsilon_k^2 \tag{4.44}$$

式中：h、b、t——槽钢截面的高度、翼缘宽度和平均厚度；

l_1——自由长度。

D. 双轴对称工字形等截面悬臂梁。

详见《钢结构设计标准》。

E. 受弯构件整体稳定系数 φ_b 的近似计算。

对于均匀弯曲的受弯构件，当 $\lambda_y \leqslant 120\varepsilon_k$ 时，其整体稳定系数 φ_b 可近似按如下计算。

a. 工字形截面。

双轴对称

$$\varphi_b = 1.07 - \frac{\lambda_y^2}{44000\varepsilon_k^2} \tag{4.45}$$

单轴对称

$$\varphi_b = 1.07 - \frac{W_x}{(2\alpha_b + 0.1)Ah} \cdot \frac{\lambda_y^2}{14000\varepsilon_k^2} \tag{4.46}$$

b. T形截面（弯矩作用在对称轴平面，绕 x 轴）。

弯矩使翼缘受压时，双角钢T形截面：

$$\varphi_b = 1 - 0.0017\lambda_y/\varepsilon_k \tag{4.47}$$

弯矩使翼缘受压时，部分T型钢和两钢板组合T形截面：

$$\varphi_b = 1 - 0.0022\lambda_y/\varepsilon_k \tag{4.48}$$

弯矩使翼缘受拉且腹板宽厚比不大于 $18\varepsilon_k$ 时：

$$\varphi_b = 1 - 0.0005\lambda_y/\varepsilon_k \tag{4.49}$$

按式（4.45）和式（4.46）算得的 $\varphi_b > 1$ 时按 $\varphi_b = 1$ 取值。

2. 梁的局部稳定

在设计组合截面梁时，为了既保证强度、刚度和整体稳定性，又尽量节约材料，一般我们都把梁截面设计成宽肢薄壁（翼缘板宽而薄，腹板高而薄）形式。但是，当钢板过薄或翼缘板宽厚比、腹板高厚比过大时，翼缘或腹板在荷载作用下便有可能在尚未达到强度极限或在梁丧失整体稳定之前就发生波浪形屈曲（图 4.43），从而局部偏离原来的位置，这种现象称为失去局部稳定或局部失稳。梁的翼缘或腹板局部失稳后，虽然整个构件还不至于立即丧失承载力，但对称截面转换成了非对称截面，继而会使梁产生扭转，乃至部分截面退出工作，这就使得构件的承载力大为降低，导致整个结构早期破坏。

避免梁的局部失稳有两个途径：限制板件的宽厚比或高厚比，设置加劲肋。

a. 翼缘宽厚比限制。

《钢结构设计标准》规定，梁受压翼缘自由外伸宽度 b_1 与其厚度 t 之比应符合下式要求。

$$\frac{b_1}{t} \leqslant 15\varepsilon_k \tag{4.50}$$

当梁截面允许出现部分塑性时，翼缘宽厚比的限制更加严格，应符合下式要求。

$$\frac{b_1}{t} \leqslant 13\varepsilon_k \tag{4.51}$$

对于箱形截面梁，应符合下式要求。

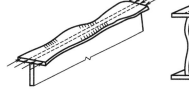

（a）翼缘失稳变形　　（b）腹板失稳变形

图 4.43　梁的局部失稳变形情况

$$\frac{b_0}{t} \leqslant 40\varepsilon_k \tag{4.52}$$

式中：b_0——箱形截面梁受压翼缘板在两腹板之间的距离；

t——翼缘厚度。

b. 腹板高厚比限制。

梁腹板的局部稳定性与腹板的受力情况、腹板高厚比 h_0/t_w 及材料性能有关，箱形截面如图 4.44 所示。

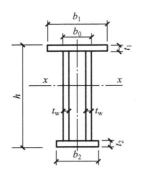

图 4.44 箱形截面

《钢结构设计标准》规定，在临界应力不低于相应的材料强度设计值时，腹板高厚比 h_0/t_w 应满足下列要求。

a. 局部压力作用时。

$$\frac{h_0}{t_w} \leqslant 84\varepsilon_k \tag{4.53}$$

b. 剪应力作用时。

$$\frac{h_0}{t_w} \leqslant 104\varepsilon_k \tag{4.54}$$

c. 弯曲应力作用时。

$$\frac{h_0}{t_w} \leqslant 174\varepsilon_k \tag{4.55}$$

C. 加劲肋的要求。

梁的腹板主要承受弯矩和剪力，如果用加厚腹板的方法来增强梁的稳定性则很不经济。因此，通常采用在腹板两侧对称设置加劲肋的方法来保证其局部稳定。加劲肋有横向加劲肋、纵向加劲肋和短加劲肋（图 4.45）等几种。这些加劲肋将腹板划分成相对于由翼缘、加劲肋支承的小区格板，便能有效提高腹板的临界应力，从而使其局部稳定性得到保证。

a. 加劲肋的布置。

《钢结构设计标准》对腹板加劲肋的布置做了明确规定，部分规定如表 4.11 所示，加劲肋的布置间距按《钢结构设计标准》有关规定计算确定。

b. 加劲肋的构造。

加劲肋一般由钢板或角钢制成。

加劲肋宜在腹板两侧对称布置［图 4.46（a）］，也可单侧配置［图 4.46（b）］，但支

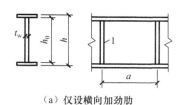
（a）仅设横向加劲肋

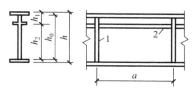
（b）同时布置横向和纵向加劲肋简图

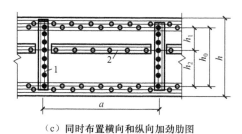
（c）同时布置横向和纵向加劲肋图

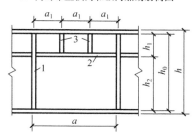
（d）设置横向和纵向加劲肋的同时，加设短加劲肋

1—横向加劲肋；2—纵向加劲肋；3—短加劲肋

图 4.45 钢板组合梁中的加劲肋

承加劲肋和重级工作制吊车梁的加劲肋必须两侧对称布置。

表 4.11 组合梁腹板加劲肋布置规定

腹 板 情 况		加劲肋布置规定
$\dfrac{h_0}{t_w} \leqslant 80\varepsilon_k$	$\sigma_c \approx 0$	可以不设加劲肋
	$\sigma_c \neq 0$	宜按构造要求设置横向加劲肋
$80\varepsilon_k < \dfrac{h_0}{t_w} \leqslant 160\varepsilon_k$		应设置横向加劲肋，并满足构造要求和计算要求（若 $\sigma_c = 0$，$\dfrac{h_0}{t_w} \leqslant 100\varepsilon_k$ 且 $a \leqslant 2.5h_0$ 时，可以不计算）
$\dfrac{h_0}{t_w} > 160\varepsilon_k$		应设置横向及纵向加劲肋，并满足构造要求和计算要求，必要时尚应在受压区配置短加劲肋
支座及上翼缘有较大固定集中荷载时		应设置支承加劲肋，并进行相应的计算

注：1. 横向加劲肋间距 a 应满足 $0.5h_0 \leqslant a \leqslant 2h_0$；对于 $\sigma_c = 0$，$h_0/t_w \leqslant 100\varepsilon_k$ 的情况，允许 $a \leqslant 2.5h_0$。

2. 纵向加劲肋距腹板计算高度受压区边缘的距离 h_1 应在 $h_0/5 \sim h_0/4$。

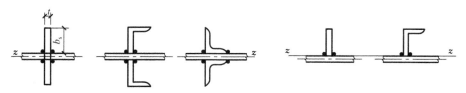

（a）加劲肋在板两侧对称布置　　　　（b）加劲肋在板单侧布置

图 4.46 加劲肋的形式

只设横向加劲肋时，腹板两侧成对布置的钢板横向加劲肋，其截面尺寸应满足下式要求。
外伸宽度
$$b_s \geqslant \frac{h_0}{30} + 40 \qquad (4.56)$$
厚度
$$\text{承压加劲肋} \quad t_s \geqslant \frac{b_s}{15}, \text{不受力加劲肋} \quad t_s \geqslant \frac{b_s}{19} \qquad (4.57)$$

在腹板一侧配置钢板加劲肋，其外伸宽度不应大于式（4.56）计算结果的1.2倍，厚度不应小于其外伸宽度的1/15。

腹板中同时配置横向加劲肋和纵向加劲肋时，加劲肋还应符合下列要求。
横向加劲肋的截面惯性矩 I_z 应满足：
$$I_z \geqslant 3h_0 t_w^3 \qquad (4.58)$$
纵向加劲肋的截面惯性矩 I_y 应满足：
当 $a/h_0 \leqslant 0.85$ 时
$$I_y \geqslant 1.5 h_0 t_w^3 \qquad (4.59a)$$
当 $a/h_0 > 0.85$ 时
$$I_y \geqslant (2.5 - 0.45 a/h_0)(a/h_0)^2 h_0 t_w^3 \qquad (4.59b)$$

加劲肋在两侧成对设置时，其截面惯性矩应按梁腹板中心线为惯性主轴计算；加劲肋一侧设置时，其截面惯性矩应按与加劲肋相连的腹板边缘为主轴计算。

短加劲肋的最小间距为 $0.75h_1$（h_1 为纵向加劲肋到腹板受压边缘的距离），其外伸宽度应取为横向加劲肋外伸宽度的 0.7~1.0 倍，厚度不小于短加劲肋外伸宽度的 1/15。

支承加劲肋常用钢板两侧成对布置，也可用突缘式加劲肋，突缘长度应小于其厚度的2倍。

为了减小加劲肋与腹板、翼缘焊缝连接时的焊接残余应力，避免焊缝过于集中，横向加劲肋的端部应切去约 $b_s/3$（$\leqslant 40\text{mm}$）、高约 $b_s/2$（$\leqslant 60\text{mm}$）的斜角[图4.46（a）]，以使梁的翼缘焊缝连续通过。在纵向加劲肋与横向加劲肋相交处，应切去纵向加劲肋两端相应的斜角，使横向加劲肋与腹板连接的焊缝连续通过[图4.46（b）]。

吊车梁横向加劲肋的上端应与上翼缘刨平顶紧，当为焊接吊车梁时，尚宜焊接。中间横向加劲肋的下端一般在距受拉翼缘 50~100mm 处断开，不应与受拉翼缘焊接，以改善梁的抗疲劳性能。

在梁支座处以及固定集中荷载作用处，应按规定设置支承加劲肋，支承加劲肋应在腹板两侧成对配置[图4.46（a）]，其截面常较中间横向加劲肋的截面大，并需进行计算。加劲肋的构造关系见图4.48，支承加劲肋构造见图4.49。

c. 支承加劲肋的计算。

支承加劲肋应在腹板两侧成对布置，并应进行整体稳定性和端面承压计算，其截面往往比中间横向加劲肋大。

按轴心压杆计算支承加劲肋在腹板平面外的稳定性。此压杆的截面包括加劲肋及每侧各 $15 t_w \varepsilon_k$ 范围内的腹板面积（图4.47中的阴影部分），其计算长度近似取为 h_0。由于腹板是一个整体，支承加劲肋作为一个轴心压杆不可能在腹板平面内失稳，因此仅需验算它在腹板平面外的稳定性。

$$\frac{N}{\phi A} \leqslant f$$

支承加劲肋一般刨平顶紧于梁的翼缘或柱顶,其端面承压强度按下式计算。

$$\sigma_{ce} = \frac{F}{A_{ce}} \leqslant f_{ce}$$

支承加劲肋与腹板的连接焊缝,应按承受全部集中力或支反力计算。计算时假定应力沿焊缝均匀分布。

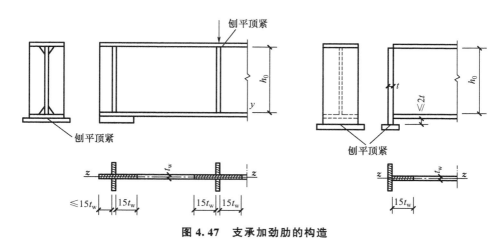

图 4.47 支承加劲肋的构造

3. 受弯构件的构造要求

（1）钢梁的拼接

所谓梁的拼接,是指将规格有限的钢材（如钢板、型钢等）通过一定的加工方式（切割、焊接等）连接成整个钢梁的过程。钢梁的拼接分为工厂拼接和工地拼接两种类型。

① 工厂拼接。

在工厂的生产车间通过专用设备将翼缘或腹板拼宽或接长的工艺方式称为工厂拼接。工厂拼接有利于批量生产规格尺寸比较统一、便于运输的中小型钢梁,由于生产环境较好,采用专用设备进行自动或半自动生产,切割、焊接等加工质量容易保证。因此,很多大型构件都采用局部组成构件在工厂拼接的方式生产。

工厂拼接时应注意以下几点：翼缘和腹板的拼接位置宜错开；避免交叉焊缝,与加劲肋和次梁的连接位置应错开,错开距离不小于 $10t_w$,以便各种焊缝布置分散,减小焊接应力与变形；尽可能用直缝对接,不得已时用斜缝或加拼接钢板；拼接部位应选在梁受力较小处,并与材料规格相协调。

② 工地拼接。

对于跨度较大的钢梁,当运输和吊装条件受到限制时,需将钢梁分成几段制作并分段运至施工现场拼接或吊至高空就位后再进行拼接的工艺方式称为工地拼接（图 4.50）。由于工地施焊条件较差、焊缝质量难以保证,因此对于较重要的或承受动力荷载的大型组合钢梁,宜采用高强度螺栓连接（图 4.51）。

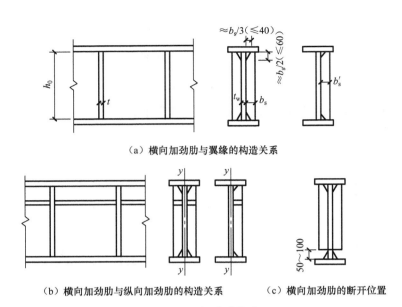

（a）横向加劲肋与翼缘的构造关系

（b）横向加劲肋与纵向加劲肋的构造关系　　（c）横向加劲肋的断开位置

图 4.48　加劲肋构造

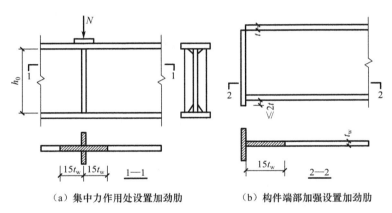

（a）集中力作用处设置加劲肋　　（b）构件端部加强设置加劲肋

图 4.49　支承加劲肋构造

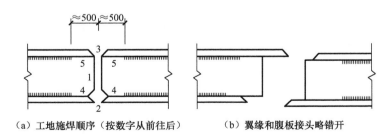

（a）工地施焊顺序（按数字从前往后）　　（b）翼缘和腹板接头略错开

图 4.50　焊接梁的工地拼接

工地拼接时应注意以下几点：拼接位置尽可能布置在受力较小处；翼缘和腹板应尽量在同一截面处断开；注意施焊顺序，减小焊接残余应力和变形，宜将翼缘焊缝留一段到工地施焊；上、下翼缘拼接边缘做成开口向上的 V 形坡口，以便平焊。

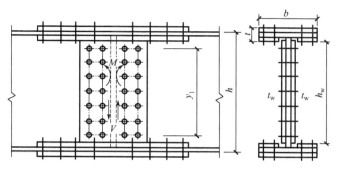

图 4.51 螺栓连接梁的工地拼接

(2) 主、次梁的连接

主、次梁的连接分为铰接［图 4.52（a）、（b）、（c）］和刚接［图 4.52（d）］两种类型。

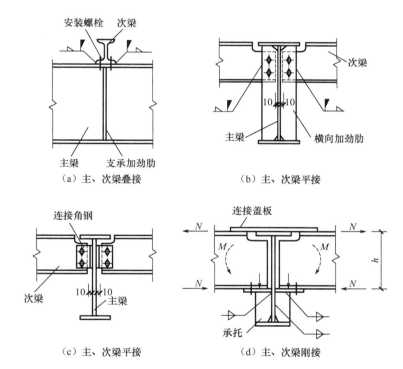

图 4.52 主梁与次梁的连接

4. 梁的支座

梁上的各种荷载最终通过支座传递给下部支承结构，较常见的下部支承结构有墩支座、钢筋混凝土柱或钢柱。梁与钢柱的连接在钢柱柱头的构造中已介绍过，在此主要介绍梁与墩支座或钢筋混凝土柱的连接形式。

常用的墩支座或钢筋混凝土支座有三种形式，分别为平板支座、弧形支座和滚轴支座（图 4.53）。

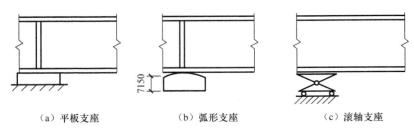

图 4.53 梁的支座形式

4.2.4 型钢梁的设计

【型钢梁设计计算】

在钢结构中，普通热轧工字钢、H型钢应用十分普遍。型钢梁应满足强度、刚度和整体稳定性要求。型钢梁的设计包括截面选择和验算两方面内容，型钢梁腹板和翼缘的宽度比都不太大，局部稳定性可得到保证，不需要进行验算，可按以下步骤进行。

1. 单向弯曲型钢梁

（1）选择截面

A. 计算梁的最大弯矩 $M_{\max}$ 和剪力 $V_{\max}$，再选钢号和确定抗弯强度设计值 f。

B. 按抗弯强度或整体稳定性要求计算型钢需要的净截面抵抗矩 W_n，然后由 W_n（或 W_{nx}）查型钢表，选择与其相近的型钢（尽量选用腹板较厚的 a 类。）

（2）截面验算

A. 强度验算。

a. 抗弯强度验算，式中 M_x 应包括自重产生的弯矩。

b. 抗剪强度验算。

c. 局部承压强度验算。型钢只要截面没有太大削弱，一般均可不做验算。折算应力也可不做验算。

B. 整体稳定性验算。

C. 刚度验算。

2. 双向弯曲型钢梁

对于垂直于坡屋顶的檩条，截面沿两主轴方向受弯，为双向弯曲型钢梁（图4.54）。双向弯曲型钢梁承受两个主平面方向的荷载，设计方法与单向弯曲型钢梁相同，应考虑抗弯强度、整体稳定性、刚度等的计算，而剪应力和局部稳定性一般不必计算，局部应力只有在较大集中荷载或支座反力的情况下，必要时才验算。

设计步骤如下。

A. 仍先计算 $W_n = \dfrac{M_{\max}}{\gamma_x f}$，但考虑到 M_y 的作用，可适当增大型钢所需的净截面模量，一般增大 10%～20%。

B. 然后由 W_n（或 W_{nx}）查型钢表，选择与其相近的型钢号（尽量选用腹板较厚的 a 类）。

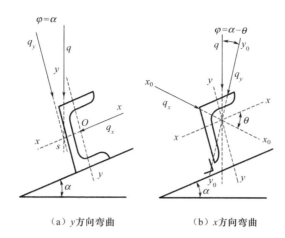

(a) y 方向弯曲　　　　(b) x 方向弯曲

图 4.54　双向弯曲型钢梁受力

C. 进行型钢梁的强度、刚度和整体稳定性验算。

其中，抗弯强度按式（4.30）计算、整体稳定性按式（4.39）计算，刚度按下式计算。

$$v = \sqrt{v_x{}^2 + v_y{}^2} \leqslant [v] \qquad (4.60)$$

式中：v_x、v_y——沿两主轴方向的挠度，它们分别由荷载标准值 q_{kx}、q_{ky} 计算。

【焊接组合梁计算】

4.2.5　组合梁的设计

当梁的内力较大时，常采用由三块钢板焊接而成的工字形截面组合梁形式，设计时仍先初选截面再进行截面验算；若不满足要求，则重新修改截面，直至符合要求为止。

1. 初选截面

（1）选择截面高度

梁截面高度是一个最重要的尺寸，因截面各部分尺寸都将随梁高而改变（图 4.55）。选择梁高时应考虑建筑高度、刚度和经济性三项要求。

建筑高度是指梁的底面到铺板顶面之间的高度，往往由生产工艺和使用要求决定。给定了建筑高度也就决定了梁的最大高度。

刚度条件决定了梁的最小高度 $h_{\min}$，刚度条件是要求梁的挠度必须满足 $v \leqslant [v]$。

根据推导计算得到梁的最小高度需满足下式要求。

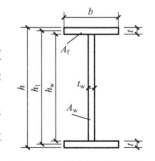

图 4.55　组合梁截面尺寸

$$h_{\min} \geqslant \frac{5\sigma n_0}{1.3 \times 24 E} \qquad (4.61)$$

式（4.61）中 1.3 为假定的不均匀荷载分项系数（相当于永久荷载和可变荷载分项系数的平均值）。

当梁的强度充分发挥作用时，$\sigma=f$，f 为钢材的强度设计值，$E=2.06\times10^5\,\text{N/mm}^2$，由式（4.61）求得对应于各种 n_0 值的 $h_{\min}$ 值，如表 4.12 所示。

表 4.12 对称等截面简支梁受均布荷载时的 $h_{\min}$ 值

$\dfrac{1}{n_0}=\dfrac{[v]}{l}$		$\dfrac{1}{1000}$	$\dfrac{1}{750}$	$\dfrac{1}{600}$	$\dfrac{1}{500}$	$\dfrac{1}{400}$	$\dfrac{1}{300}$	$\dfrac{1}{250}$	$\dfrac{1}{200}$
$\dfrac{h_{\min}}{l}$	Q235	$\dfrac{1}{6}$	$\dfrac{1}{8}$	$\dfrac{1}{10}$	$\dfrac{1}{12}$	$\dfrac{1}{15}$	$\dfrac{1}{20}$	$\dfrac{1}{24}$	$\dfrac{1}{30}$
	Q345	$\dfrac{1}{4.1}$	$\dfrac{1}{5.5}$	$\dfrac{1}{6.9}$	$\dfrac{1}{8.2}$	$\dfrac{1}{10.3}$	$\dfrac{1}{13.8}$	$\dfrac{1}{16.4}$	$\dfrac{1}{20.5}$
	Q390	$\dfrac{1}{3.7}$	$\dfrac{1}{4.9}$	$\dfrac{1}{6.1}$	$\dfrac{1}{7.3}$	$\dfrac{1}{9.2}$	$\dfrac{1}{12.2}$	$\dfrac{1}{14.7}$	$\dfrac{1}{18.4}$

由表 4.12 可见，梁的容许挠度要求越严，所需的 $h_{\min}$ 越大；钢材的强度越高，所需的 $h_{\min}$ 越大。对于其荷载作用下的简支梁，初选截面时同样可作为参考。

经济梁高包含选优的意义，确定经济梁高的条件通常是使梁的自重最小。一般而言，梁高度大，腹板用钢量增多，而梁翼缘板用钢量相对减小；梁高度小，情况相反。设计时可参照经济高度 h_s 的经验公式（4.62）估算。

$$h_s=7\sqrt[3]{W_x}-30 \tag{4.62}$$

式中：W_x——梁所需要的截面抵抗矩（cm^3）。

根据上述 3 个条件，实际所选的 h 应满足 $h_{\min}<h<h_{\max}$，且 h 约等于 h_s。实际设计时，应先确定腹板高度 h_w，h_w 可取比 h 略小的数值，并取 50mm 的倍数以符合钢板规格。

（2）选择腹板厚度 t_w

腹板厚度应满足抗剪强度、局部稳定性、防锈及钢板规格等要求。

考虑抗剪强度要求，假定腹板最大剪应力为腹板平均剪应力的 1.2 倍，则有

$$\tau_{\max}=\dfrac{1.2V_{\max}}{h_w t_w}\leqslant f_v \tag{4.63}$$

于是满足抗剪要求的腹板厚度为

$$t_w\geqslant 1.2\dfrac{V_{\max}}{h_w f_v} \tag{4.64}$$

由式（4.64）算得的 t_w 一般偏小，考虑局部稳定性和构造因素，t_w 可采用下列经验公式估算。

$$t_w=\sqrt{h_0}/3.5 \tag{4.65}$$

式（4.64）、式（4.65）中的 h_w 和 t_w 单位均以 cm 计，选用的腹板厚度不宜小于 6mm，一般情况为 8mm$<t_w<$20mm，并取 2mm 的倍数。

（3）确定翼缘尺寸

由图 4.56 可写出梁的截面抵抗矩为

$$W_x=\dfrac{2I_x}{h}=\dfrac{1}{6}t_w\dfrac{h_w^3}{h}+bt\dfrac{h_1^2}{h} \tag{4.66}$$

近似取 $h_w=h_1=h$，则有

$$A_f=bt\approx\dfrac{W_x}{h}-\dfrac{t_w h_w}{6} \tag{4.67}$$

根据所需要的截面抵抗矩 W_x 和选定腹板尺寸,由式(4.67)可求得所需要的一个翼缘板的面积 A_f,此时含有两个参数,即翼缘板宽度 b 和厚度 t。通常需考虑下列因素选择 b 和 t。

① $b=\left(\dfrac{1}{3}\sim\dfrac{1}{5}\right)h$,宽度太小不易保证梁的整体稳定性,宽度太大使翼缘中正应力分布不均匀。

② 考虑到翼缘板的局部稳定性,要求翼缘宽厚比应满足 $b/t \leqslant 26\varepsilon_k$(按弹塑性设计,$\gamma_x=1.05$)或 $b/t \leqslant 30\varepsilon_k$(按弹性设计,$\gamma_x=1.0$)。

③ 对于吊车梁,$b \geqslant 300\mathrm{mm}$,以便安装轨道。

一般翼缘板宽度 b 取 10mm 的倍数,厚度 t 取 2mm 的倍数。

2. 截面验算

根据初选的截面性尺寸,计算出截面的各项几何特征,验算其弯曲正应力、局部应力、折算应力、局部稳定或屈曲后强度验算。截面验算时应考虑梁自重所产生的内力。

3. 组合梁截面沿长度改变

梁的弯矩是沿梁长度变化的,梁的截面若随弯矩而变化,则可节约钢材。对于跨度较小的梁,变截面的经济效果不大,且会增加制造工作量,因而不宜改截面。变截面梁可以改变梁高(图 4.56),也可以改变梁宽[图 4.57(a)]。

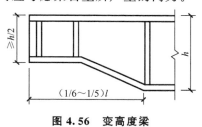

图 4.56 变高度梁

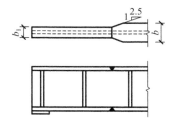

(a)截面宽度改变以1:2.5斜向弯矩较小侧过渡

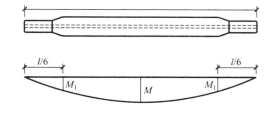

(b)简支梁宽度最优截面改变位置

图 4.57 变宽度梁

改变梁高时,使上翼缘保持不变,将梁的下翼缘做成折线外形,翼缘板的截面保持不变,这样梁在支座处可减小其高度。但支座处的高度应满足抗剪强度要求,且不宜小于跨中高度的 1/2。在翼缘由水平转为倾斜的两处均需要设置腹板加劲肋,下翼缘的弯折点一般取在距梁端 1/5~1/6 处。

改变梁宽,主要是改变上、下翼缘宽度,或采用两端单层、跨中双层翼缘的方法,但改变厚度会使梁的顶面不平整,也不便于布置铺板。

对于承受均布荷载的单层工字形简支梁,最优截面改变处是距支座 1/6 跨度处[图 4.57(b)]。应由截面开始改变处的弯矩 M_1 反算出较窄翼缘板宽度 b_1。为减少应力集中,应将宽板由截面改变位置以不大于 1:2.5 的斜角向弯矩较小侧过渡,与宽度为 b_1 的窄板相对接。

截面一般只改变一次，若改变两次，其经济效益并不显著增加。

4. 焊接梁翼缘焊缝计算

当梁弯曲时，由于相邻截面中作用在翼缘的弯曲正应力有差值，翼缘与腹板间将产生纵向剪应力（图4.58）。由剪应力互等定理可得沿梁单位长度的纵向剪力为

$$T_b(t_w \times 1) = \frac{VS_1}{I_x t_w} = \frac{VS_1}{I_x} \tag{4.68}$$

式中：V——梁的最大剪力；

I_x——梁毛截面惯性矩；

S_1——一个翼缘对梁截面中性轴的面积矩。

当翼缘与腹板采用角焊缝连接时，应使两条角焊缝的剪应力 τ_f 不超过角焊缝的强度设计值，即可得焊脚尺寸为

$$\tau_1 = \frac{T_h}{2h_e \times 1} \leqslant f_f^w \tag{4.69}$$

$$h_f \geqslant \frac{VS_1}{1.4 f_f^w I} \tag{4.70}$$

全梁采用相同 h_f 的连续焊缝，且须满足焊缝的最小尺寸要求。

当梁的翼缘承受移动集中荷载或承受固定集中荷载而未设置支承加劲肋时，焊缝还要传递由集中荷载产生的竖向局部压应力（图4.58）。

焊脚尺寸应满足下式要求。

$$h_f \geqslant \frac{1}{1.4 f_f^w} \sqrt{\left(\frac{\varphi F}{\beta l_z}\right)^2 + \left(\frac{VS_1}{I_x}\right)^2} \tag{4.71}$$

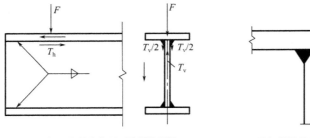

（a）双向剪力作用下的翼缘焊缝　　（b）焊透的T形对接焊缝

图4.58　焊缝连接

设计时一般先按构造要求假定 h_f 值，然后验算，同时 h_f 沿全跨取为一致。

4.2.6　其他类型梁

1. 蜂窝梁

将H型钢沿腹板的折线切割成两部分，然后齿尖对齿尖地焊合后，形成腹板有孔洞的H型钢梁，这就是蜂窝梁（图4.59）。与原H型钢梁相比，蜂窝梁的承载力及刚度均

显著增大，是一种经济、合理的截面形式，而且便于管线穿越。

蜂窝梁腹板上的孔洞可做成几种形状，尤其以正六边形为佳，梁高 h_2 一般为原 H 型钢高度 h_1 的 $1.3\sim 1.6$ 倍，相应的正六边形孔洞的边长或外接圆半径为 h_1 的 $0.35\sim 0.70$ 倍。

蜂窝梁的抗弯强度、局部承压强度、刚度和整体稳定性的计算公式同实腹梁。但在计算梁的抗弯强度和整体稳定性时，截面模量 W_{nx}、W_x 均按孔洞处的 $a-a$ 截面计算；由于腹板的抗剪刚度较弱，在计算梁的挠度时，剪切变形的影响不可忽视，这可在刚度验算时取用孔洞截面 $a-a$ 的惯性矩乘以折减系数 0.9 予以近似考虑。

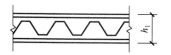

(a) H 型钢沿腹板的折线切割成的两部分

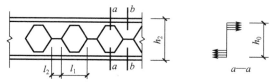

(b) 切割完的两部分齿尖对齿尖焊合

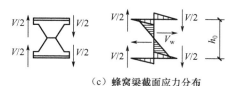

(c) 蜂窝梁截面应力分布

图 4.59　蜂窝梁

剪力 V 在孔洞部分的截面上可视为由上、下两个 T 形截面各承担一半，因此梁的抗剪强度可按此 T 形截面承受剪力 $V/2$ 计算。

2. 异种钢组合梁

对于荷载和跨度较大的钢梁，当钢梁的截面由抗弯强度控制时，选强度较高的钢材用于主要承受弯矩的翼缘板，选强度较低的钢材用于主要承受剪力且常有富余的腹板，从而降低构件的成本。这种由不同种类的钢材制成的梁称为异种钢组合梁（图 4.60）。

对于三块钢板组成的异种钢组合梁，受弯时截面正应力如图 4.60 所示。当荷载较小时，梁全截面均处于弹性工作阶段，截面上的应力为三角形分布。随着荷载的增大，翼缘附近的腹板可能首先屈服。荷载继续增大，腹板的屈服范围增大，翼缘也发生屈服。设计这样的钢梁，可取翼缘板开始屈服时作为支承力的极限状态。在极限荷载和标准荷载作用下，腹板可能有部分区域发生屈服，将一般梁的截面验算公式做适当修改后方可在此引用。

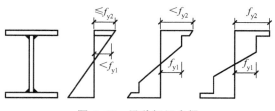

图 4.60　异种钢组合梁

T 形高强钢材与普通钢材腹板焊成的异种钢组合梁（图 4.61），当 $h_1 \leqslant \dfrac{h_2}{f_{y2}} f_{y1}$ 时，腹板不会先于翼缘而发生屈服。钢梁的截面验算可采用一般梁的公式，但钢材的抗拉、抗压、抗弯强度设计值 f 按翼缘钢材取用，抗剪强度设计值 f_v 按腹板钢材取用。

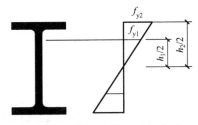

图 4.61　高强度钢 T 形组合梁

3. 预应力梁

在钢结构中施加预应力，可提高结构的承载力或增加结构的刚度，达到节省钢材的目的。预应力梁的预应力钢索可以做成直线形、曲线形和折线形三种，可放在梁内，也可放在梁下，如图 4.62 所示钢梁，在竖向荷载作用下，其跨中弯矩和挠曲变形随跨度增大而急剧增加。解决此问题的一种办法是在梁的下部用高强钢索（钢绞线）施加预拉力，预拉力的偏心作用对梁截面产生反向弯矩，抵消部分竖向荷载的作用，改善构件的受力方式，提高结构的承载力或增加结构的刚度。

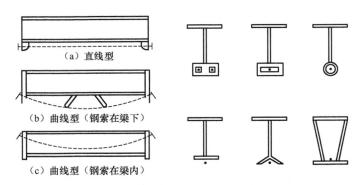

图 4.62　预应力梁钢索布置及梁截面形式

预应力常使梁成为偏心受力构件，因而梁的合理截面是不对称截面，上、下翼缘的面积之比一般为 1.5～1.7。预应力梁的常用截面形式如图 4.62 所示，选用时，应尽可能使上、下翼缘及预应力钢索都能充分发挥作用。为了使预应力钢索免受损伤且易于防锈，宜把下翼缘做成封闭形，将预应力钢索置于封闭的截面中。

在设计时，需要按张拉阶段和使用阶段分别验算，为了获得最好的经济效果，应该使梁的截面在各阶段都能充分利用其承载力，并使钢索在全部荷载作用下强度够用。

【偏心受力构件】

第4章 钢结构的构件

本章小结

轴心受力构件从受力上分为轴心受拉构件和轴心受压构件两种。其中，轴心受拉构件应计算强度和刚度，轴心受压构件除计算强度和刚度外，还应计算整体稳定性，其中组合式截面还应通过验算翼缘板的宽厚比和腹板的高厚比来保证其局部稳定性。轴心受压构件的柱头和柱脚应进行合理的设计和验算。

梁应满足强度、刚度、整体稳定性和局部稳定性要求。梁的强度条件包括抗弯强度、抗剪强度、局部承压及折算应力等。梁的刚度条件通过限制其挠度来进行计算，梁的整体稳定性按稳定系数法进行计算，通常情况下，梁都要设置腹板加劲肋和支承加劲肋等，阻止腹板发生局部失稳。

拉弯构件主要进行强度和刚度验算（也是通过控制长细比 λ），压弯构件除了要满足强度和刚度要求外，还应考虑稳定性要求，包括构件在弯矩作用平面内的整体稳定、在弯矩作用平面外的整体稳定性和翼缘及腹板的局部稳定性验算。

习 题

一、单项选择题

1. 轴心受拉构件按强度极限状态是（　　）。

A. 净截面的平均应力达到钢材的抗拉强度

B. 毛截面的平均应力达到钢材的抗拉强度

C. 净截面的平均应力达到钢材的屈服强度

D. 毛截面的平均应力达到钢材的屈服强度

2. 实腹式轴心受拉构件计算的内容有（　　）。

A. 强度

B. 强度和整体稳定性

C. 强度、局部稳定性和整体稳定性

D. 强度、刚度（长细比）

3. 轴心受压格构式构件在验算其绕虚轴的整体稳定性时采用换算长细比，这是因为（　　）。

A. 格构式构件的整体稳定承载力高于同截面的实腹构件

B. 考虑强度降低的影响

C. 考虑剪切变形的影响

D. 考虑单支失稳对构件承载力的影响

4. 轴心受压柱的柱脚底板厚度是按底板（　　）。

A. 抗弯工作确定的　　　　B. 抗压工作确定的

C. 抗剪工作确定的 D. 抗弯及抗压工作确定的

5. 实腹式轴心受压构件应进行（　　）。

A. 强度计算

B. 强度、整体稳定性、局部稳定性和长细比计算

C. 强度、整体稳定性和长细比计算

D. 强度和长细比计算

6. 轴心受压构件的稳定系数 φ 与（　　）等因素有关。

A. 构件截面类别、两端连接构造、长细比

B. 构件截面类别、钢号、长细比

C. 构件截面类别、计算长度系数、长细比

D. 构件截面类别、两个方向的长度、长细比

7. 规定缀条柱的单肢长细比 $\lambda_1 \leqslant 0.7\lambda_{max}$（$\lambda_{max}$ 为柱两主轴方向最大长细比），是为了（　　）。

A. 保证整个柱的稳定 B. 使两单肢能共同工作

C. 避免单肢先于整个柱失稳 D. 构造要求

8. 钢结构梁计算公式 $\sigma = \dfrac{M_x}{\gamma_x W_{nx}}$ 中，γ_x（　　）。

A. 与材料强度有关 B. 是极限弯矩与边缘屈服弯矩之比

C. 表示截面部分进入塑性 D. 与梁所受荷载有关

9. 工字形截面梁受压翼缘宽厚比限值 $\dfrac{b_1}{t} \leqslant 15\varepsilon_k$，其中 b_1 为（　　）。

A. 受压翼缘板外伸宽度 B. 受压翼缘板全部宽度

C. 受压翼缘板全部宽度的 1/3 D. 受压翼缘板的有效宽度

10. 焊接梁的腹板局部稳定性常采用配置加劲肋的方法来解决，当 $\dfrac{h_0}{t_w} > 170\varepsilon_k$ 时（　　）。

A. 可能发生剪切失稳，应配置横向加劲肋

B. 可能发生弯曲失稳，应配置横向和纵向加劲肋

C. 可能发生弯曲失稳，应配置横向加劲肋

D. 可能发生剪切失稳和弯曲失稳，应配置横向和纵向加劲肋

二、名词解释

1. 格构式轴心受力构件
2. 压弯构件
3. 塑性发展系数
4. 插入式柱脚
5. 梁的建筑高度

三、简答题

1. 轴心受压构件的稳定系数需要根据哪几个因素确定？
2. 轴心受压构件设计时，如何选择截面的各部分尺寸？
3. 简述梁的强度、刚度和稳定性要求。

4. 简述型钢梁的设计步骤。
5. 轴心受压构件柱头、柱脚的设计原则。

四、计算题

1. 试计算一屋架下弦杆所能承受的最大拉力 N，下弦截面为 $2 \text{L} 100 \times 10$，如图 4.63 所示，有两个安装螺栓，螺栓孔径为 21.5mm，钢材为 Q235。

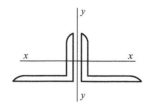

图 4.63 计算题 1 图

2. 试验算图 4.64 所示焊接工字形截面柱（翼缘为焰切边），轴心压力设计值 $N=4450$kN，柱的计算长度 $l_{0x}=l_{0y}=6.0$m，Q235 钢材，截面无削弱。

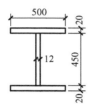

图 4.64 计算题 2 图

第5章 钢结构施工图识读

教学要求

能 力 要 求	相 关 知 识	权　　重
(1) 了解各种钢材标注与投影的表达方式； (2) 了解焊接、螺栓连接的符号表达； (3) 熟练掌握钢结构构件的代号	(1) 各种规格钢材的图示； (2) 钢结构连接方法的图示； (3) 钢结构构件的代号	20%
(1) 了解钢结构的设计深度，能区分钢结构设计图与施工详图； (2) 掌握钢结构施工图识读的原则、步骤	(1) 钢结构图纸的分类； (2) 钢结构图纸的识读	10%
(1) 了解门式刚架的类型、结构组成； (2) 了解门式刚架的施工图内容； (3) 掌握整套门式刚架施工图的识读	(1) 门式刚架的结构组成； (2) 门式刚架施工图识读	30%
(1) 了解多高层钢框架的结构组成； (2) 了解多高层钢框架的施工图内容； (3) 掌握整套多高层钢框架施工图的识读	(1) 多高层钢框架的结构组成； (2) 多高层钢框架施工图识读	30%
(1) 了解网架的结构形式； (2) 了解网架的节点构造	(1) 网架的结构形式分类； (2) 网架的节点	10%

第5章 钢结构施工图识读

本章导读

钢结构的形式多样,包括门式刚架、多高层钢框架、网架等。钢结构施工图分为钢结构设计图与钢结构施工详图,其中钢结构施工详图能直接用于现场施工。本章主要介绍钢结构识图的基本知识、钢结构设计深度,以及各种形式的钢结构设计图与施工详图的内容、制图原则和识读方法。

5.1 钢结构识图基本知识

5.1.1 各种规格钢材的图示

1. 常用型钢的标注方法

型钢在钢结构中应用广泛,钢结构构件直接选用型钢时,可以减少制造工作量,减小加工误差,提高构件精确度。常见型钢的标注方法应符合表5.1中的规定。

表5.1 常见型钢的标注方法

序号	名称	截面	标注	说明
1	等边角钢	 ∟	∟$b \times t$	b为肢宽,t为肢厚
2	不等边角钢	 ∟	∟$B \times b \times t$	B为长肢宽,b为短肢宽,t为肢厚
3	工字钢	 I	IN Q IN	轻型工字钢加注 Q 字 N 为工字钢的型号
4	槽钢	[	[N Q [N	轻型槽钢加注 Q 字 N 为槽钢型号
5	方钢	 ■	□b	b为边长
6	扁钢	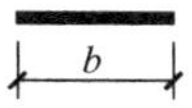 ▭	$-b \times t$	b为宽度,t为厚度
7	钢板	▬	$\dfrac{-b \times t}{l}$	$\dfrac{宽 \times 厚}{板长}$
8	圆钢	 ●	ϕd	d为公称直径
9	钢管	 ○	$DN \times \times$ $d \times t$	内径 外径×壁厚

续表

序号	名称	截面	标注	说明
10	薄壁方钢管	□	B□b×t	薄壁型钢加注 B 字 t 为壁厚
11	薄壁等肢角钢	 ∟	B∟b×t	
12	薄壁槽钢	 ⊏	B⊏h×b×t	
13	薄壁卷边 C 型钢	 ⊏	B⊏h×b×a×t	
14	薄壁卷边 Z 型钢	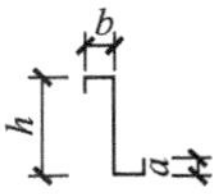 Z	BZh×b×a×t	
15	T 型钢	 T	TW×× TM×× TN××	TW 为宽翼缘 T 型钢 TM 为中翼缘 T 型钢 TN 为窄翼缘 T 型钢
16	H 型钢	 I	HW×× HM×× HN××	HW 为宽翼缘 H 型钢 HM 为中翼缘 H 型钢 HN 为窄翼缘 H 型钢

2. 常见型钢各投影方向的图示方法（表 5.2）

型钢的横截面图较能反映其实物形状，但是在钢结构施工图中，不全是采用构件横截面来表达，更多情况下我们看到的是构件的各侧面或顶面。因此，熟悉各种型钢的不同投影面的图示方法至关重要。

【常见型钢的投影方法】

表 5.2　常见型钢各投影方向的图示方法

型钢名称	型钢横断面	型钢左视图	型钢右视图	型钢俯视图
角钢	 ∟	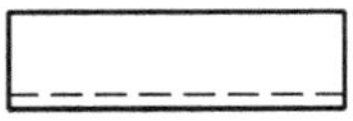	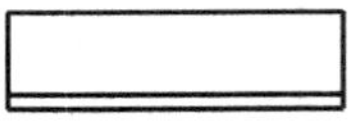	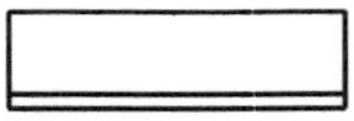
槽钢	 ⊏			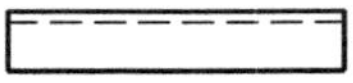
工字钢	 I			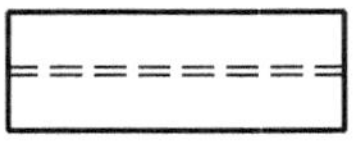

续表

型钢名称	型钢横断面	型钢左视图	型钢右视图	型钢俯视图
H 型钢				
T 型钢				
方钢管				

5.1.2 钢结构连接方法的图示

1. 焊缝的图示方法

在钢结构施工图上应用焊缝符号标注焊缝形式、尺寸和其他的要求。焊缝符号应符合国家标准《建筑结构制图标准》（GB/T 50105—2010）和《焊缝符号表示法》（GB/T 324—2008）的规定。施工图上标注的焊缝符号由基本符号和指引线组成，必要时还可以加上辅助符号、补充符号和焊缝尺寸符号等。

指引线由横线（基准线）和带箭头的指引斜线（箭头线）组成（图 5.1），当焊缝方向明确时，基准线中的虚线也可以省略。

基本符号表示焊缝横截面的基本形状，表 5.3 给出了常见焊缝基本符号。

图 5.1 指引线

表 5.3 常见焊缝基本符号

序号	名称	示意图	符号
1	I 形焊缝		‖
2	V 形焊缝		V
3	单边 V 形焊缝		V

续表

序号	名 称	示 意 图	符 号
4	带钝边 V 形焊缝		Y
5	带钝边单边 V 形焊缝		 Y
6	角焊缝		 ▷
7	塞焊缝或槽焊缝	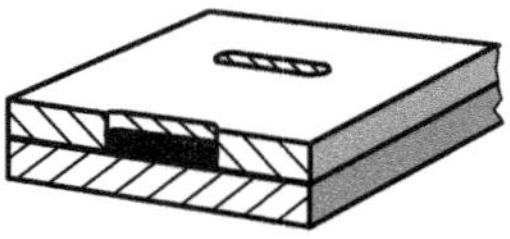	 ⊔

通过基本符号可以表达焊缝的基本形状，从而可以进行焊缝的标注，表 5.4、表 5.5 给出了部分常见焊缝连接图例。

表 5.4 角焊缝连接图例

序号	名 称	图 例	序号	名 称	图 例
1	单面角焊缝	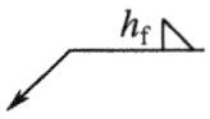	5	塞焊	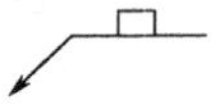
2	双面角焊缝	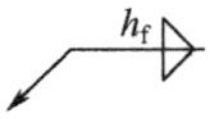	6	单面角焊缝（现场焊）	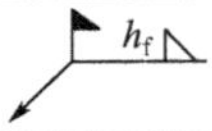
3	周围焊缝	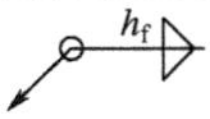	7	双面角焊缝（现场焊）	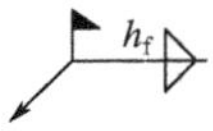
4	三面围焊	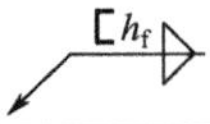	8	相同焊缝	

表 5.5 坡口焊缝连接图例

序号	名 称	图 例	序号	名 称	图 例
1	I 形坡口	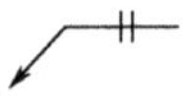	5	单边 V 形坡口	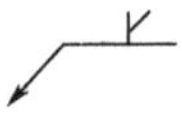
2	V 形坡口	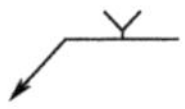	6	K 形坡口	
3	X 形坡口	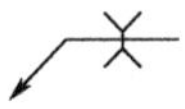			

2. 螺栓连接的图示方法

在钢结构图中，需要将螺栓的孔眼按实际数量表达在图形上，以免引起混淆。常见螺栓连接图例如表 5.6 所示。

表 5.6 常见螺栓连接图例

序号	名 称	图 例	序号	名 称	图 例
1	圆形螺栓孔		5	长圆形螺栓孔	
2	高强度螺栓		6	电焊铆钉	
3	安装螺栓				

5.1.3 钢结构构件的代号

为了表达方便，图纸上构件名称可用构件代号来表示，一般用构件汉语拼音的首字母加上编号来作为构件代号，编号用阿拉伯数字按构件顺序进行标注，各类构件的编号应该连续。如 GJ-1 表示编号为 1 的刚架，DL-3 表示编号为 3 的吊车梁。常用构件代号如表 5.7 所示。

表 5.7 常用构件代号

序号	名 称	代号	序号	名 称	代号	序号	名 称	代号
1	板	B	15	基础梁	JL	29	连系梁	LL
2	屋面板	WB	16	楼梯梁	TL	30	柱间支撑	ZC
3	楼梯板	TB	17	框架梁	KL	31	垂直支撑	CC
4	盖板或沟盖板	GB	18	框支梁	KZL	32	水平支撑	SC
5	挡雨板或檐口板	YB	19	屋面框架梁	WKL	33	预埋件	M
6	吊车安全走道板	DB	20	檩条	LT	34	梯	T
7	墙板	QB	21	屋架	WJ	35	雨篷	YP
8	天沟板	TGB	22	托架	TJ	36	阳台	YT
9	梁	L	23	天窗架	CJ	37	梁垫	LD
10	屋面梁	WL	24	框架	KJ	38	地沟	DG
11	吊车梁	DL	25	刚架	GJ	39	承台	CT
12	单轨吊车梁	DDL	26	支架	ZJ	40	设备基础	SJ
13	轨道连接	DGL	27	柱	Z	41	桩	ZH
14	车挡	CD	28	框架柱	KZ	42	基础	J

5.1.4 焊缝标准节点图

焊缝标准节点如图 5.2 所示。

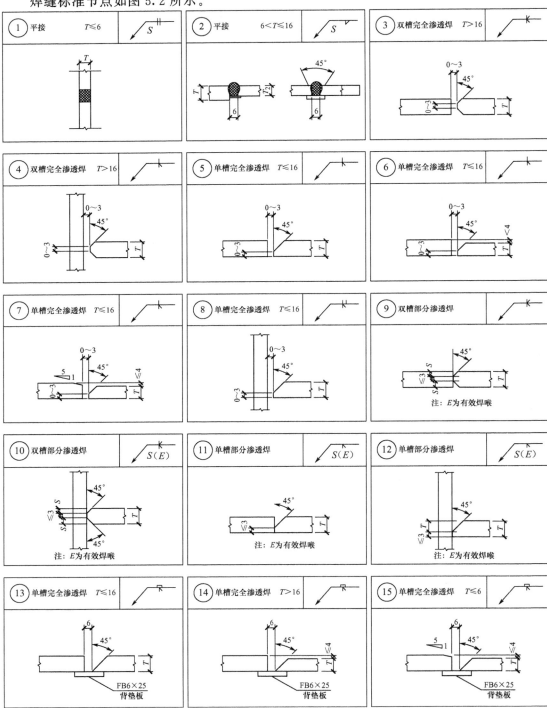

图 5.2 焊缝标准节点

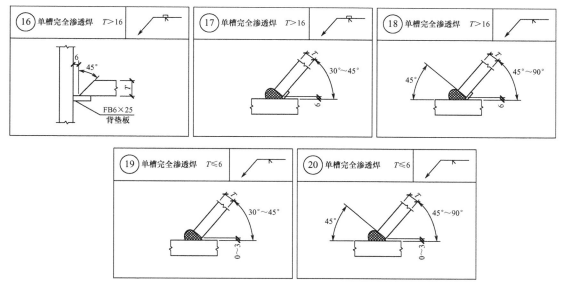

图 5.2　焊缝标准节点（续）

5.2　钢结构设计深度及表示方法

5.2.1　钢结构图纸的分类

钢结构工程设计制图分为两个阶段，分别是钢结构设计图及钢结构施工详图。钢结构设计图由具有相应设计资质的设计单位编制，施工详图由钢结构制造公司根据设计图编制，或委托有该项资质的设计单位来完成。钢结构构件的制作、加工必须以施工详图为依据。

1．钢结构设计图

钢结构设计图是由具有相应设计资质的设计单位根据工艺、建筑、设备等要求，结合初步设计，并经施工设计与计算等工作而编制的施工阶段的设计图。其目的、深度及内容仅为编制钢结构施工详图提供深化设计的依据，不直接用于施工，图纸表达简洁明了，一般来说图纸量不大。

钢结构设计图必须对工程概况、设计依据、设计使用荷载、建筑抗震设防类别及设防标准、材料选用及材料质量要求、结构布置、支撑设置、构件选型、构件截面和内力，以及主要节点的构造和控制尺寸等均表达清楚。

其内容主要包括：图纸目录；钢结构设计总说明；基础图；柱脚锚栓布置图；主体结构布置图；围护结构布置图；构件详图，节点详图等。

钢结构设计图是一套通用图纸，具有广泛的适用性，可以提供给任何钢结构公司进行深化设计。

2．钢结构施工详图

在钢结构施工详图阶段，设计人员根据钢结构设计图提供的构件布局、构件形式、构件截面，以及各相关数据和技术要求，严格遵守《钢结构设计标准》的规定，对构件的构造予以完善，同时通过焊缝和螺栓连接的计算，以确定某些构件焊缝的长度和连接板的具体尺寸；进而按照《钢结构工程施工质量验收标准》（GB 50205—2020）的规定，根据制造厂的生产条件和便于施工的原则，确定构件中连接节点的形式，并考虑运输部门、安装部门的运输和安装能力，确定构件的分段；最后在《建筑制图标准》规定的基础上运用钢结构制图方法，将各构件的平面和立面位置、构件间的连接方法、构件的整体形象、构件中各零件的加工尺寸和要求以及零件间的连接方法准确详细地表达出来。

钢结构施工详图具有以下特征。

① 直接根据设计图编制的施工及安装详图只对设计进行深化，不进行重新设计。

② 其为直接供制造、加工及安装的施工用图。

③ 一般应由有该项资质的制造厂或施工单位编制。

④ 图纸表示详细，数量多。

⑤ 图纸内容包括图纸目录、钢结构设计总说明、构件布置图、构件详图、节点详图、零件图、材料表。

钢结构施工详图一般体现详图设计公司的特点，只适合本企业使用。

5.2.2　钢结构图纸的识读

1. 钢结构施工图识读原则

对于一套完整的钢结构施工图，首先要确定绘图的对象是什么结构类型，再按其结构特点来进行读图。通常阅读的原则是"从上往下看、从左往右看、由外向里看、由大到小看、由粗到细看、图样与说明对照看、布置与详图结合看"，同时，还要将建筑图与设备专业图纸作为参照，才能完整细致地理解结构施工图；而且看图时需耐心、细心，有疑惑时及时查找相应资料，切不可想当然。

2. 钢结构施工图识读注意事项

① 识读钢结构施工图时，需掌握各种识图基本知识。首先，要熟悉和掌握建筑结构制图标准及相关规定，熟悉施工图中各种图例、符号表示的意义，掌握常用钢结构构件的代号表示方法等；其次，施工图纸是由投影原理绘制的，故需掌握投影原理和形体的各种表达方法，应用投影规律识读和分析各布置图与构件图。

② 要基本掌握钢结构的特点、构造组成。钢结构与其他建筑结构不同，其构件加工和装配均与机械相关，多学习钢结构自身的组成和构造的基本知识，可以有助于更好地看懂钢结构施工图。

③ 看图时要注意图纸上的图例和文字说明，不同制图单位有不同的制图习惯，重视图例与文字说明往往是看懂图纸的关键。

④ 构件的布置图与详图对应看，由粗到细，要注意审核各部分的尺寸关系。

⑤ 要培养自己三维空间的想象能力，这样才有助于更好地理解构件在空间的构造情况，可以将平面图纸进行立体转换。

3. 钢结构施工图识读步骤

在详细地识读一套完整的施工图前，可以先大概浏览一次全套图纸，大致对整个图的图纸量、构件种类、图纸分布等有个初步概念，接下来再按下面的顺序进行详细识读。

① 首先看设计总说明、建筑图（包含平面图、立面图、剖面图），了解结构类型、总体布局及结构的特点，了解材料选用、加工安装、质量检验等要求。

② 看基础平面布置图、基础详图、锚栓平面布置图，明确钢柱柱脚做法，确定锚栓的平面位置和标高。

③ 看结构平面布置图。结构平面布置图种类较多，如框架结构一般有楼层钢梁布置图、楼板平面布置图等，而门式刚架结构一般含有刚架平面布置图、支撑平面布置图、吊车梁平面布置图等。在看图时，应针对不同的结构体系认真识读其布置图，由此了解结构的类型和布置方式。

④ 看构件详图。同样，构件详图种类多样，有刚架详图、支撑详图、吊车梁详图、钢柱详图、钢梁详图等，需要耐心与细心地去研究，在看图时，要结合布置图与构件详图弄清各构件的形式和构造特点。在钢结构施工详图中，对于构件详图会绘制平、立、侧三视图，或附加若干剖面以清楚表达各零部件及其组装关系。

⑤ 看节点详图。节点详图表示了各构件之间的连接方式及细部尺寸，如支撑与梁、柱的连接，吊车梁与柱的连接，框架梁与柱的连接等，看懂了节点详图基本上就对构件的连接有了清晰认识。

⑥ 看围护结构布置及详图。在整套图纸中，围护结构图纸一般单独放在主体结构图纸后，看围护结构图纸时不能忽视连接大样的识读。

⑦ 看零件详图。此项是钢结构施工详图中才有的内容，有些零件需放大样确定，如节点板等，有些曲面结构也需对所有零件进行详图绘制以便于加工。零件详图可以根据对应材料表来识读，了解零件规格、型号和数量。

以上关于识读钢结构图纸的方法和步骤，适用于钢结构设计图及钢结构施工详图，但不同类型的图纸侧重点有所不同。例如，钢结构设计图在识读时侧重整体性，主要有工程概况、整体布置、构件类型、主要构件的连接形式等；而钢结构施工详图在识读时则更侧重细节，包括板件尺寸、连接形式、焊缝尺寸、分段拼接、加工尺寸等。

总之，只有掌握正确的看图方法，读懂每张施工图，做到心中有数，才能明确设计内容、领会设计意图，才便于组织、指导施工和实施施工计划。

5.3 门式刚架施工图识读

5.3.1 门式刚架的结构组成

门式刚架具有轻质、高强、工业化标准化程度高、现场施工进度快等特点，广泛应用于现代建筑中。单层门式刚架一般适用于工业与民用、公用建筑，多用于吊车起重量不大且跨度不大的工业厂房。

门式刚架的结构形式分为单跨、双跨、多跨刚架，以及带挑檐的和带毗屋的刚架等形式，如图 5.3 所示。

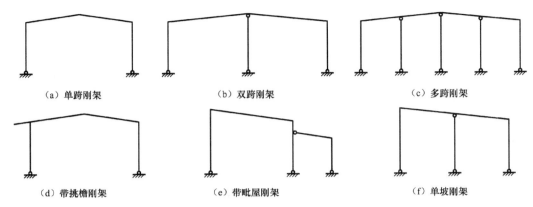

图 5.3 门式刚架的结构体系分类

门式刚架种类繁多,本章所介绍的门式刚架属于轻型钢结构门式刚架,一般门式刚架单层厂房的结构体系主要包括以下部分。

【门式刚架体系】

① 主结构:门式刚架(包括刚架柱、梁)、吊车梁、支撑系统(屋面支撑、柱间支撑、系杆、隅撑)、抗风柱等。

② 次结构:屋面檩条、墙梁(墙面檩条)、拉条、撑杆等。

③ 围护结构:屋面板、墙面板。

④ 辅助结构:钢楼梯、钢平台、扶手栏杆等。

⑤ 基础:土建基础部分及柱脚构造。

其中,屋面板与屋面檩条、拉条、撑杆构成了屋面系统,墙面板与墙梁、拉条、抗风柱等构成了墙面系统。

轻型钢结构门式刚架单层厂房的组成如图 5.4 所示。

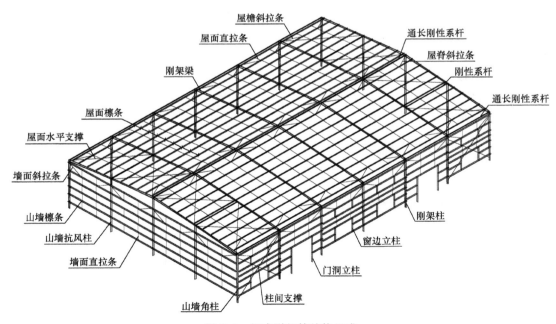

图 5.4 门式刚架的结构组成

5.3.2 门式刚架施工图识读介绍

1. 门式刚架施工图内容

【刚架与屋面支撑平面布置图介绍】

门式刚架单层钢结构厂房的设计图阶段主要包括：钢结构设计总说明、焊缝标准图、基础平面布置图、锚栓平面布置图、刚架平面布置图、柱间支撑布置图、吊车梁平面布置图、屋面支撑布置图、屋面檩条布置图、墙面檩条布置图、刚架详图、支撑节点详图等。

在施工详图阶段，就是在设计图的基础上，将上述图纸进行细化，对各构件进行拆分，对连接节点进行放样，增加构件加工详图、板件（零件）加工详图和材料统计表等内容。

对于不同的工程，根据其复杂程度，图纸内容与图纸量会有区别，但基本都包含以上内容，且最终达到将结构表达清晰、完整的效果。

2. 门式刚架施工图识读介绍

本节以某门式刚架单层钢结构厂房部分施工图为例，说明门式刚架结构施工图的识读。

(1) 钢结构设计总说明

钢结构设计总说明主要包括：工程概况；设计依据及采用现行设计规范、规程和标准；设计荷载；材料选用；钢结构加工制作要求；钢结构运输和堆放要求；钢结构安装要求；其他需要说明的问题等内容，尤其是对图纸中的一些总体要求和注意事项的重点说明。故在读图时，一定要细读钢结构设计总说明，这样才能更好地理解设计意图，掌握图纸信息。

① 工程概况。

工程概况主要介绍本工程的结构特点，如结构形式、安全等级、主要柱距、跨度、屋面坡度、地震基本烈度、抗震设防类别、计算使用软件、结构使用年限等。本例中，钢结构工程采用门式刚架结构，建筑结构安全等级为二级；主要柱距8m，跨度24m；屋面排水坡度为1:20。

② 设计依据及采用现行设计规范、规程和标准。

设计依据要求有设计委托书、设计合同、初设批准文件、工程地质勘察报告。本条中还会规定本钢结构工程设计遵循的设计规范，本钢结构工程制作应遵循的施工规范，本钢结构工程材料应遵循的材料规范等内容。

③ 设计荷载。

设计荷载主要包括屋面恒荷载、活荷载，墙面恒荷载，基本风压、基本雪压，工艺吊载，公用管道管线荷载，吊车荷载等。

④ 材料选用。

这部分包含本工程钢结构主材（钢柱、钢梁和吊车梁）的材料强度等级、化学成分、力学性能的要求，支撑、檩条、屋面板、墙面板、螺栓、锚栓等材料的选用要求，以及焊接材料的规定等。

⑤ 钢结构加工制作要求、钢结构运输和堆放要求、钢结构安装要求。

此部分主要为钢结构在制作、运输和堆放、安装中各注意事项的条文规定，包括拼接要求、偏差控制、焊接方式、焊缝要求、焊接检验、钢结构涂装工艺、除锈防火要求、运输堆放要求、安装流程要求、安装误差控制等。在进行钢结构施工前，一定要仔细阅读这几部分内容，这些条文与现场施工息息相关。

(2) 柱脚锚栓布置图

如图5.5所示，柱脚锚栓布置在柱网轴线图上，根据对应的柱脚绘制锚栓图，一般为了方便看图，会局部将锚栓放大样来表示。我们要根据图纸标注准确了解锚栓的水平定位，根据锚栓详图来确定锚栓的直径、锚固长度、柱脚底板标高等内容，还要对整个工程锚栓的数量进行统计。图5.5中，共有两种锚栓形式，6根M36及4根M24，其锚栓底部锚固做法不同，且M36锚栓的锚固长度为750mm，M24锚栓锚固长度为600mm。抗剪槽的尺寸一般在基础图中表达，故此图中仅有布置定位。

(3) 刚架及屋面支撑布置图

为了简化图纸表达，这里将刚架及屋面支撑平面布置进行了合并，如图5.6所示。刚架及屋面支撑布置图主要表达了刚架的平面定位、每榀刚架的编号、屋面支撑的布置和刚性系杆的布置。图5.6所示为标准厂房的刚架布置，共有两种刚架编号，即GJ-1与GJ-2，分别为中间刚架与端刚架。

屋面支撑的作用主要是保证整个屋盖系统稳定、传递水平荷载。对于屋面支撑布置图，读图时需要明确支撑到底设置在哪几个开间，每个开间设置了几道。本工程纵向设置三道屋面支撑（①～②、⑥～⑦、⑪～⑫），横向设置两道屋面支撑（Ⓐ～Ⓑ、Ⓕ～Ⓖ），编号为SC-1，在柱顶及屋面支撑处设置刚性系杆GXG-1、GXG-2。从材料表中可以看出，GXG-1为圆钢管，直径为127mm，厚度为3.0mm；GXG-2为方管，边长为140mm，厚度为4.0mm。结合柱间支撑布置图可以看出，在设置了柱间支撑的位置，屋面刚性系杆的编号为GXG-2。在读图时还要结合支撑节点详图来确定支撑的具体做法和安装方法。

(4) 柱间支撑布置图

柱间支撑的作用是与屋面支撑一起作用，保证结构的整体纵向稳定性，传递水平荷载。读图时，与屋面支撑一样，需要明确支撑到底设置在哪几个开间，每个开间设置了几道。以图5.7为例，本工程纵向总共在三个柱距设置了柱间支撑（①～②、⑥～⑦、⑪～⑫），每个柱距设置了三道支撑，分别位于Ⓐ轴、Ⓓ轴和Ⓖ轴。柱间支撑布置图可分为平面布置图及立面布置图两种，一般其中任一种都能表达清楚其设置。由柱间支撑立面布置图可以清楚直观地了解到，①～②轴间、⑪～⑫轴间的柱间支撑仅为上柱支撑，而⑥～⑦间的柱间支撑为上、下柱支撑。支撑根据高度、设置位置的不同，编号也不一样，Ⓐ、Ⓖ轴支撑编号为ZC-1、ZC-1a，Ⓓ轴支撑编号为ZC-2、ZC-2a。从材料表中可以看出，上部支撑所用材料为角钢符号L75×5的背对背拼接的角钢，下部支撑所用材料为[14口对口拼接的槽钢，钢材拼接方式材料表中有明确示意，在支撑节点详图中也有剖切大样表示。在读图时一定要结合支撑布置图与节点详图来确定支撑的具体做法和安装方法。

(5) 支撑节点详图

支撑节点详图主要是表达支撑的连接方式、节点板的设置等，是对布置图上连接节点的一个细化，包含支撑连接详图、钢管端部连接大样、各节点大样及剖切视图等。对于屋面支撑来说，不同的边柱、中柱处支撑的连接方式都有所区别，柱间支撑处与其他位置的

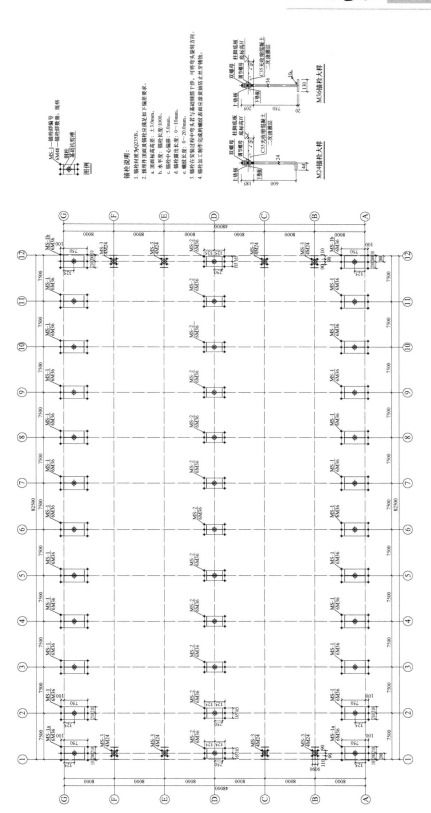

图 5.5 柱脚锚栓布置图

钢结构设计及施工

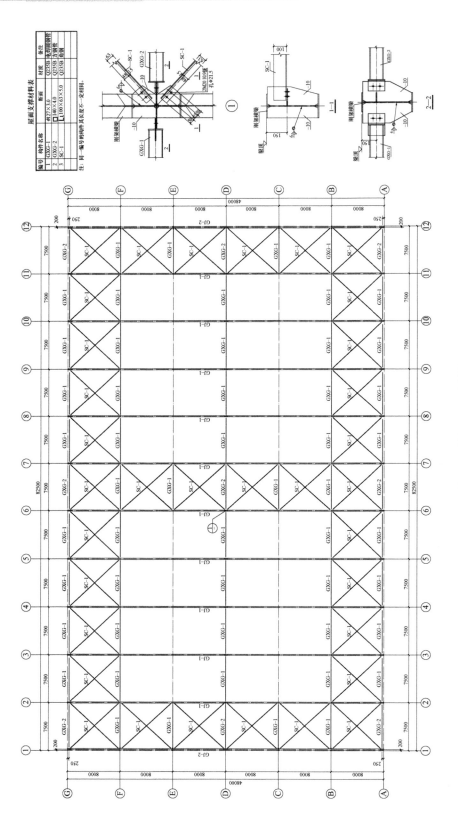

图5.6 刚架及屋面支撑布置图

第 5 章 钢结构施工图识读

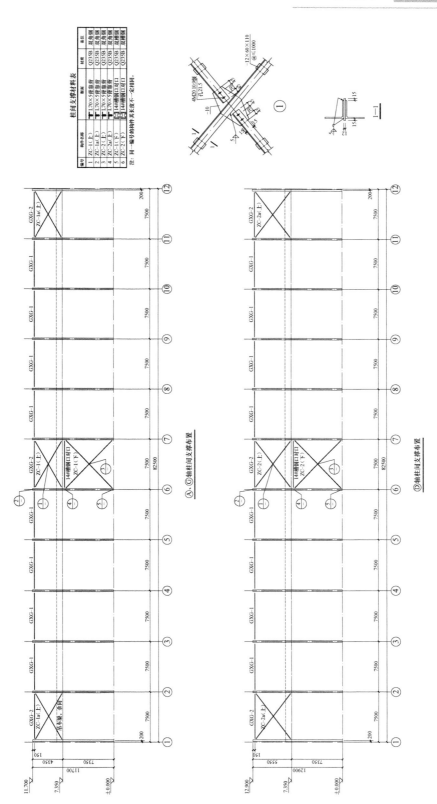

图 5.7 柱间支撑布置图

支撑连接也有所区别,故需要很多大样来表达。支撑节点详图有时单独成图,全部布置在一张图纸上,量少时也可直接放在支撑布置图内,方便查阅。

(6) 刚架详图

如图 5.8 所示,刚架详图主要是表达刚架梁、柱的形状和截面尺寸及与轴线的位置关系等。门式刚架通常采用变截面的梁与柱,刚架详图可以直观地表达出构件的外形,而且可以直观地表达出梁、柱的连接形式,是门式刚架施工图中必不可少的一部分。图 5.8 中最左端梁的截面表示为 H(700~600)×200×6×10,这说明此梁是变截面梁,高度从 700 逐渐变为 600,对于 H 形截面,表示方法为梁高(700~600)×翼缘宽度(200)×腹板厚度(6)×翼缘厚度(10)。

在刚架详图中,构件的拼接、连接处或特殊做法处,往往都需要有节点详图来进一步说明,如梁柱连接节点、梁梁拼接节点、屋脊连接节点、柱脚详图等。在进行节点详图绘制时,首先要在刚架图中的相关位置标明节点的编号,且在节点详图中也宜标明其所处位置,如轴线号等。

节点详图在设计图阶段应表示清楚各构件间的相互连接关系及构造特点,应标出相关尺寸、主要标高、构件编号或截面规格、节点板厚度及加劲肋做法,焊缝连接时还应标明焊脚尺寸和焊接符号等;在施工详图阶段,节点详图则更加具体,应放样后对节点进行拆分,标明节点板具体尺寸、加劲肋具体尺寸,将构件和节点细化成可以直接加工的各零件来表达,可以直接用于钢结构制作。

(7) 吊车系统平面布置图、吊车梁详图

吊车系统不是所有门式刚架都有的内容,一般仅用于工业厂房项目。在吊车系统的布置图中,会标明吊车的跨度、吨位、轨顶标高及工作级别,还会说明吊车轨道的选用,同时,要标明吊车梁的布置,吊车梁定位线与轴线的关系,是否设置制动板或者制动桁架,吊车梁是否考虑吊挂荷载等。材料表中需标明吊车梁和制动系统的截面尺寸、材质。

吊车梁详图主要是对吊车梁的具体尺寸,加劲肋厚度、宽度及间距,螺栓孔位置、端部连接做法、端部是否变截面等进行表达。

(8) 屋面、墙面檩条布置图

在识读屋面与墙面檩条布置图时,主要是了解檩条的间距和编号,檩条间直拉条、斜拉条和刚性撑杆的布置与编号,隅撑的设置与编号,通过编号对应材料表可以知道檩条与拉条的截面形式及尺寸,屋面檩条布置如图 5.9 所示,墙面檩条布置如图 5.10 所示。

屋面檩条多为连续檩条,檩条在屋面梁处进行搭接,搭接长度由设计确定,如图 5.11 所示,边跨檩条与中间跨檩条的搭接长度有所区别,边跨搭接长度为 375mm+750mm,而中间跨搭接长度为 375mm+375mm,读图时需注意。

屋面檩条需结合各大样图来了解檩条与刚架的连接、拉条与檩条的连接、隅撑做法等。通过图 5.12 可以看出来,屋面 Z 型檩条通过檩托板与屋面钢梁连接,Z 型檩条与檩托板通过 4 个 M12 螺栓连接,檩托板与加劲板通过 5mm 的角焊缝连接在钢梁上翼缘,图中还详细标注了螺栓间距。

屋面拉条根据屋面板的设置与檩条跨度的不同,连接有所区别,图 5.13 所示为屋面拉条连接大样,适用于单层屋面板且跨中设置两道拉条的情况,此时拉条设置两道,分别与檩条上、下翼缘间隔 45mm;当屋面板为双层板时,拉条只需在距离上翼缘 45mm 处设置一道。从图 5.14 可以读出隅撑的做法,在刚架梁下翼缘处,梁腹板两侧各焊两块 80mm×80mm×6mm 钢板,用来连接隅撑和刚架梁,隅撑另一端与屋面檩条连接。

第5章 钢结构施工图识读

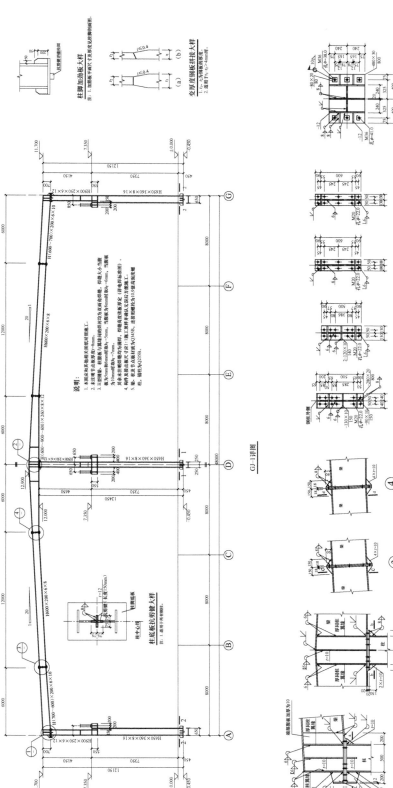

图5.8 刚架详图

钢结构设计及施工

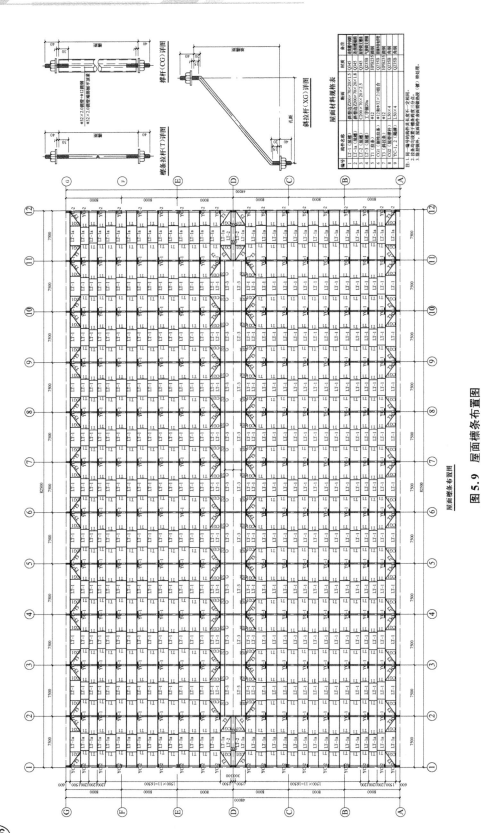

图 5.9 屋面檩条布置图

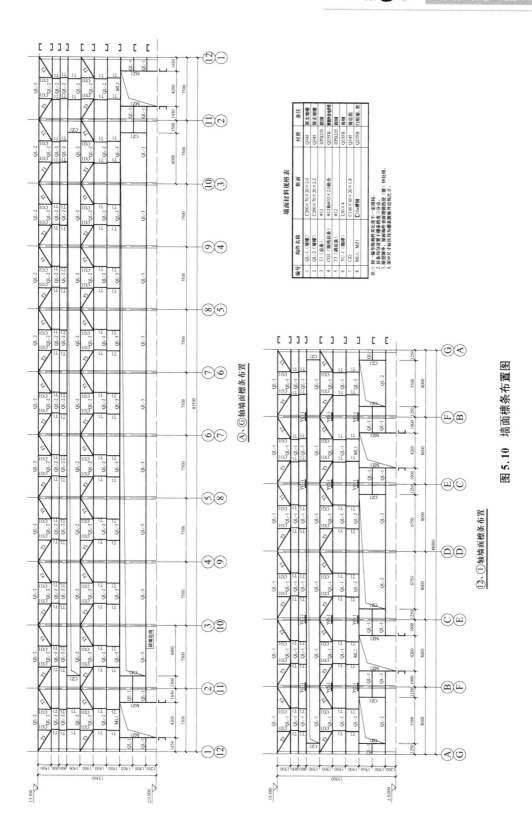

图 5.10 墙面檩条布置图

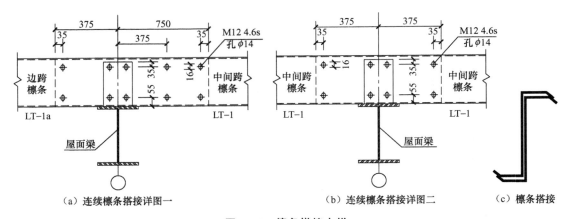

图 5.11 檩条搭接大样

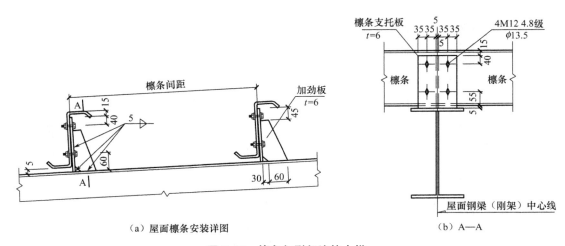

图 5.12 檩条与刚架连接大样

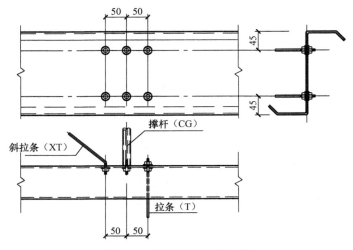

图 5.13 屋面拉条连接大样

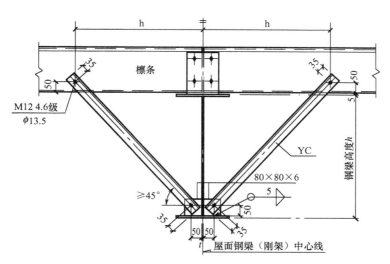

图 5.14 隅撑大样

建筑外墙由于存在门窗洞口,所以在读墙面檩条布置图时要结合建筑立面图来看,以免洞口错留或遗漏,且由于洞口的存在造成檩条不规则,故在读图时不可只依赖最外沿尺寸线标注的间距,应依据多道尺寸线来找准定位。

图 5.15 所示为墙面檩条连接详图,从图中看出,C 型钢檩条通过一块 6mm 厚的檩托板与钢柱连接,檩条为简支檩条,在钢柱处,檩条之间留有 10mm 的间隙。

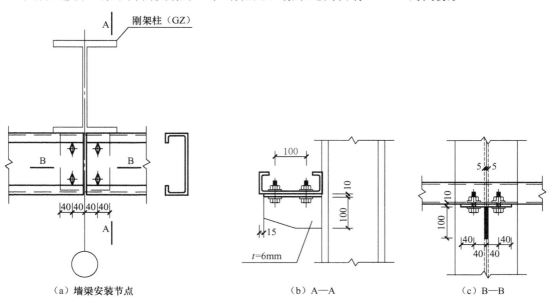

图 5.15 墙面檩条连接详图

(9) 加工详图

加工详图是门式刚架施工详图阶段特有的内容,其图纸量大,包含全面,主要有钢柱加工详图,钢梁加工详图,方管、系杆、隅撑、拉条等次构件详图及屋面墙面檩条详图等。对于同一个工程来说,钢结构设计图可能用 20 张图纸便可以表达设计意图,满足规范要求，而钢结构施工详图必须对每一个构件进行细致表达，图纸量可达几百张，由于其复杂性，故钢结构公司基本都应用详图软件，经过三维建模，由计算机生成精确的详图，避免了人工放样绘制的误差。在绘制加工详图前，一般详图公司会对设计图中的各布置图进行转换，对所有构件运用其公司的编号原则与代号统一进行重新编号，在加工详图中，就是以这些重编的序号来一一对应构件。

如图 5.16 所示，某钢柱的加工详图对钢柱进行了详细放样，对其每个组成零件及连接板件进行了拆分编号，这些编号将在零件详图中统一绘制大样。

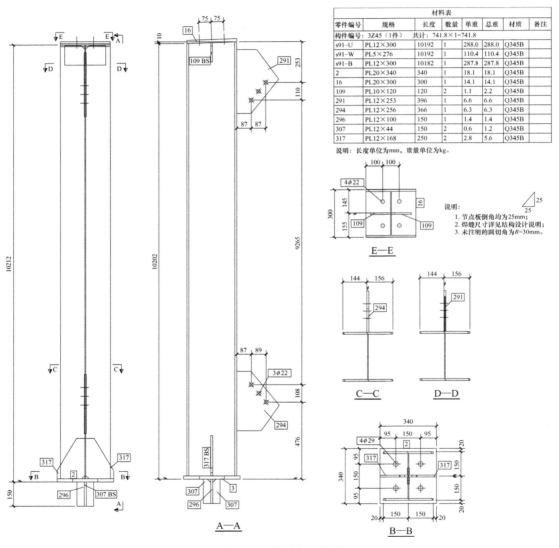

图 5.16　钢柱加工详图

如图 5.17 所示，某钢梁的加工详图同样进行了放样，对其每个组成零件及连接板件进行了拆分编号，这些编号也将在零件详图中统一绘制大样，其余构件均依次类推，钢结构详图的特点是细致、烦琐，故读图时要做到耐心、仔细。

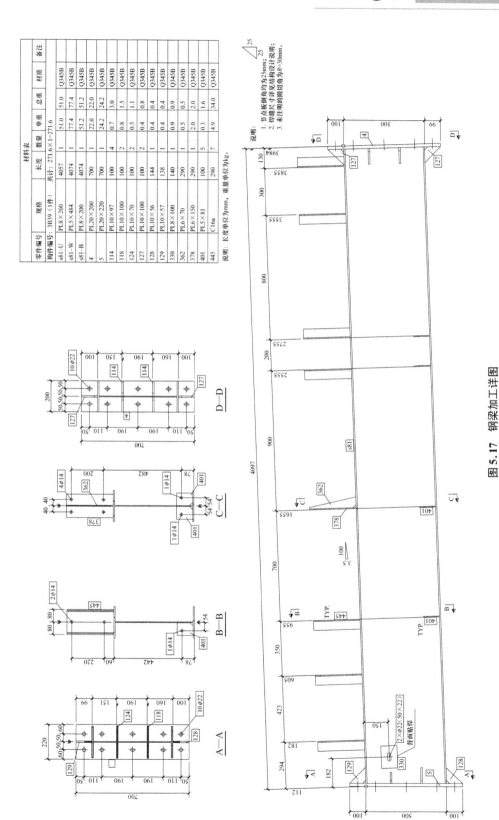

图 5.17 钢梁加工详图

（10）零件图

零件图也是门式刚架施工详图阶段特有的内容，在加工详图中，对所有零件进行拆分和编号，最后将其整理汇编成图。零件图可与加工详图一起绘制，根据不同的构件来编号，也可整体编号，将所有的零件单独绘制成图。如图 5.18 所示为整体编号零件图中的某一张图纸，包含了图 5.17 中钢梁的部分零件。

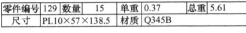
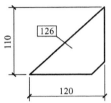
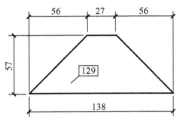
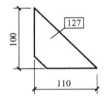
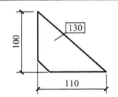

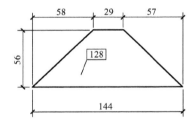
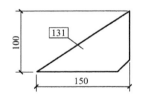

说明：图中重量单位为 kg

图 5.18　零件图

随着 BIM 技术的日趋成熟，在实际工程中可实现设计与施工的一体化，直接通过计算机与加工设备对接施工详图，做到更加精确，可减少许多人为误差。

5.4　多高层钢框架结构施工图识读

5.4.1　多高层钢框架的结构组成

如图 5.19 所示，钢框架的组成与钢筋混凝土框架结构类似，由柱、梁、楼板、基础、楼梯等组成，只是构件的材料不同。而且由于钢结构自身刚度小，结构体系的水平位移往往较大，为提高整体刚度，对于多高层钢框架有时需加设支撑。

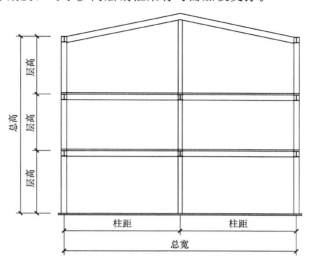

图 5.19　钢框架示意

1. 柱

钢框架柱常选用的截面形式主要有轧制型钢截面柱、焊接钢截面柱和格构式组合截面柱。荷载不大时一般选用轧制型钢或焊接钢截面，轧制型钢一般选用宽翼缘 H 型钢，焊接钢截面柱一般也制作成 H 形截面或箱形截面等，对于荷载较大的柱，一般选用格构式截面，或钢骨混凝土柱、钢管混凝土柱等截面。

柱脚形式比较多样，可用平板式柱脚、埋入式柱脚、外包式柱脚（图5.20）等。

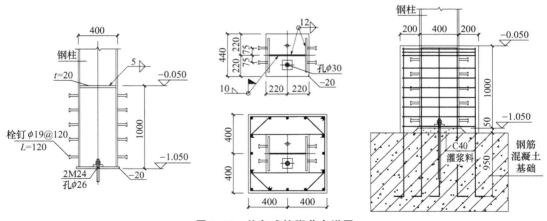

图 5.20　外包式柱脚节点详图

2. 梁

钢框架中，根据跨度与荷载的区别，梁可采用型钢截面或者钢板组合截面，分别称为型钢梁和钢板组合梁。例如，H 型钢梁、焊接 H 形截面梁、箱形截面梁等，其中焊接 H 形钢截面梁由于其连接方便、尺寸灵活，被广泛应用。另外，当采用混凝土楼板时，还会有钢-混凝土组合梁。

3. 楼板

钢框架的楼板材料比较多样化,可以选择钢板、钢筋混凝土楼板、压型钢板组合楼板或者密肋 OSB 板等,往往根据建筑需求和结构尺寸来选择合适的做法。

钢板厚度一般在 10mm 以下,但刚度较小,容易产生振动,使用舒适度较差,一般仅用于工业建筑中的操作平台。

钢筋混凝土楼板是直接在钢梁上支模板,绑扎钢筋,浇筑混凝土,为了增加钢梁和混凝土板之间的联系,需在钢梁上焊一定的抗剪栓钉。

压型钢板组合楼板(图 5.21)是目前多高层钢框架结构最常用的一种楼板,其主要由压型钢板、抗剪栓钉和钢筋混凝土板三部分共同组成。压型钢板在施工阶段承担其上方的所有施工荷载,并兼起模板的作用;抗剪栓钉主要用来将钢梁、压型钢板、钢筋混凝土板三者组合在一起,使三者能够更好地共同受力;钢筋混凝土板主要是提供整体刚度,并作为楼板受力。

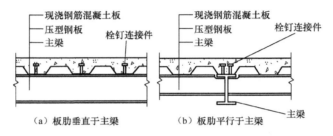

图 5.21 压型钢板组合楼板构造

钢筋混凝土楼板与压型钢板组合楼板一般会考虑板与梁共同作用,形成钢-混凝土组合梁,从而减小次梁的截面。

4. 支撑系统

钢框架的支撑系统包括水平支撑和竖向支撑(又称垂直支撑)两类,如图 5.22 所示。

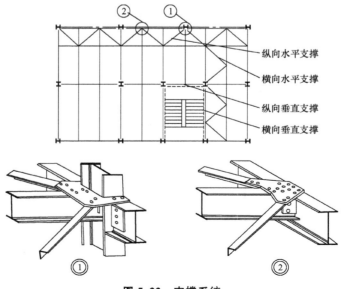

图 5.22 支撑系统

水平支撑分为横向水平支撑和纵向水平支撑,竖向支撑包括中心支撑(图5.23)和偏心支撑(图5.24)两类。中心支撑节点构造如图5.25所示。

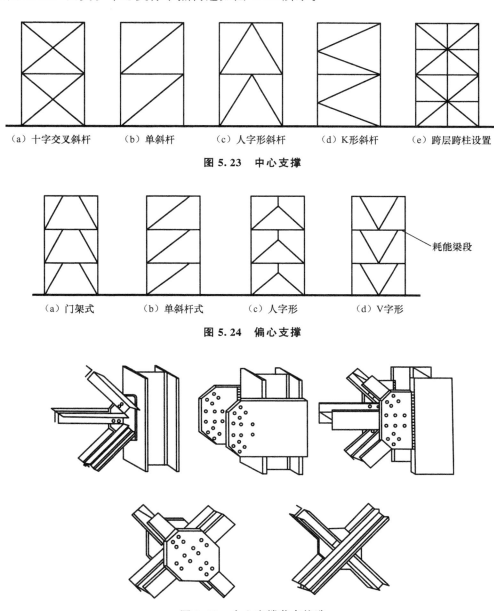

（a）十字交叉斜杆　　（b）单斜杆　　（c）人字形斜杆　　（d）K形斜杆　　（e）跨层跨柱设置

图5.23　中心支撑

（a）门架式　　（b）单斜杆式　　（c）人字形　　（d）V字形

图5.24　偏心支撑

图5.25　中心支撑节点构造

5. 楼梯

钢框架的楼梯一般采用的是钢楼梯,钢楼梯是梁式楼梯的构造,梯梁可采用槽钢和H型钢等。踏步一般为花纹钢板连接在斜梁上,斜钢梁与上下楼层的平台梁连接。钢楼梯踏步构造如图5.26所示。

钢结构设计及施工

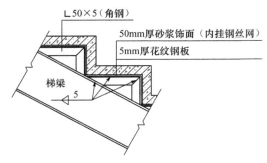

图 5.26　钢楼梯踏步构造

5.4.2　钢框架施工图识读

1. 钢框架施工图内容

多高层钢框架结构的设计图阶段主要包括：钢框架结构设计总说明、焊缝标准图、基础平面布置图、基础详图、钢柱平面布置图、柱脚详图、楼层结构平面布置图（多张）、楼层楼板配筋平面图（多张）、楼板构造详图、屋面结构平面布置图、楼梯详图等。若钢框架屋面为轻钢屋面，还有屋面支撑布置图、屋面檩条布置图、节点详图等。若结构设置了竖向支撑，还有竖向支撑布置图、支撑详图等。

在施工详图阶段，就是将上述设计图纸进行细化，对各构件进行拆分，对连接节点进行放样，增加构件加工详图和板件（零件）加工详图、材料统计表等内容；并且在构件布置图中，将原设计图中的编号转换为详图公司自己的编号，与构件加工详图对应。

对于不同的工程，根据其复杂程度，图纸内容与图纸量会有所区别，但基本都包含以上内容，且最终达到将结构表达清晰、完整的效果。

2. 钢框架施工图识读

本节以某钢框架结构部分施工图为例，说明钢框架结构施工图的识读。

（1）钢框架结构设计总说明

与门式刚架类似，钢框架结构设计总说明主要包括：工程概况；设计依据及采用现行设计规范、规程和标准；设计荷载；材料选用；钢结构加工制作要求；钢结构运输和堆放要求；钢结构安装要求；其他需要说明的问题等内容，尤其是对图纸中的一些总体要求和注意事项的重点说明。若采用混凝土楼板，设计总说明中会增加现浇混凝土结构构造要求这一部分。

（2）钢柱平面布置图

钢柱平面布置如图 5.27 所示。

钢柱平面布置图主要是标注钢柱根据轴线的定位与尺寸，并且标识各柱不同的编号，通过编号对应不同的截面尺寸。根据材料表可以看出钢柱均采用焊接 H 形截面，GZ-1 的尺寸是 H350×300×12×16，GZ-2 的尺寸是 H350×250×12×16，且 GZ-1 与 GZ-2 的柱顶标高也不同。识图时必须要注意钢柱的定位及其与轴线的位置关系，钢柱的安装尺寸必须精确，若柱定位产生偏差，不仅会影响建筑外立面效果，还会发生已经下料的钢梁无法安装的情况，同时还要注意钢柱的摆放方向不能出错，这会影响钢柱的受力，从而影响结构安全。

在图5.27中，并未显示柱脚的做法，而是将其单独在柱脚详图中表达，本工程柱脚做法同图5.20中外包式柱脚。

(3) 楼层结构平面布置图

楼层结构平面布置图的数量根据钢框架层数不同而有所区别，以图5.28所示二层结构平面布置为例，此图主要是表示框架主梁与次梁的布置，包括钢梁的编号、间距、与轴线的定位关系等。一般来说，在钢结构平面布置图中，GKL表示框架梁，GL表示次梁，有时也用编号中的X与Y来区分钢梁的方向，以便更直观地绘图与读图。从图例中可以看出，一般用两端有三角符号表示梁端为刚接（一般用于主梁与钢柱连接节点处），无任何符号示意处即为铰接（一般用于主、次梁连接节点处）。

从材料表中可以看出，与钢柱一样，钢梁均采用焊接H形钢截面，截面尺寸与厚度根据跨度和受力的大小不同而有所区别，焊接H形钢截面的选择较型钢灵活，可充分发挥截面受力优势，用材经济，故使用非常广泛。

(4) 钢框架节点详图

当钢框架梁柱节点的连接采用标准大样时，一般会将节点详图统一整理在几张图纸中，图纸张数根据节点数量来调整，如图5.29所示。节点详图一般排列在结构设计总说明之后，方便读图人员随时查找。下面介绍一些节点详图中的常见内容。

① 1、2、3号大样为各种断面（工字形、箱形、圆形）柱的工地拼接详图，4号大样为钢梁拼接节点详图，从图中我们可以看到构件拼接时翼缘与腹板各自的连接方式与要求。

② 5、6号大样分别为框架梁与工字形柱、箱形柱刚接节点，对于工字形柱，还分别针对柱强弱轴方向对梁柱连接进行了表述。5、6号两个大样反映了钢梁与钢柱为栓焊连接，即梁翼缘与柱采用现场焊缝连接，梁腹板与柱则采用螺栓连接，节点明确了焊缝形式与螺栓排列要求，但由于实际工程中存在多种梁柱截面尺寸，故此标准节点中螺栓布置仅为示意，螺栓的具体行列数需针对不同的梁高进行说明，一般情况下图纸中会单独列表备注。7号大样为箱形柱横隔板构造图，用于框架梁与箱形柱连接时节点横隔板的施工。

③ 8号大样为梁柱刚性连接构造，用于钢柱左右两侧梁高变化时的情况。9号大样为框架梁与工字形柱铰接大样，从图中我们可以看到，铰接的梁柱之间是没有焊缝连接的，全为螺栓连接。10、11号大样为次梁与主梁铰接节点，10号大样应用于主次梁顶标高一致时的情况，而11号大样为次梁顶标高低于主梁顶时的连接方式，一般在卫生间降标高等情况下出现。

(5) 楼层楼板配筋平面图、楼板构造详图

采用钢筋混凝土楼板的钢框架结构才有楼板配筋平面图，若采用花纹钢板作为楼板，则应为花纹钢板结构图，本节以图5.30所示二层楼板配筋平面图及楼板构造详图为例来进行说明。此图是结构中的二层楼板的配筋，平面图主要表述楼板的跨度、压型钢板的铺设方向、混凝土楼板的配筋形式与数量，在楼板配筋大样中可以看出楼板的厚度、钢筋的布置方式、压型钢板的型号、焊钉的设置大小与数量等，楼板构造详图中主要有楼板端部收边大样图、钢梁栓钉布置详图等。

从图 5.30 中看出，在压型钢板铺设方向（即楼板跨度方向），上部通长钢筋配置为直径 8mm 的三级钢，间隔 150mm 设置一根，下部为每波槽通长设置两根直径为 10mm 的三级钢。在垂直肋向也配置有相应的分布钢筋。

（6）屋面结构平面布置图、屋面刚架详图、屋面檩条平面布置图

由于本工程采用轻钢屋面，屋面采用门式刚架形式，设置屋面支撑，屋面围护结构采用檩条加彩钢屋面板，故有屋面结构平面布置图、刚架详图（图 5.31）及屋面檩条平面布置图（图 5.32），其设置和要求均同门式刚架，故此节不再赘述。若屋面采用混凝土楼板，则同楼层结构平面布置图及楼层板配筋图。由于轻钢屋面相对经济，故钢框架如无上人或其余要求，一般可采用轻钢屋面。

需要说明的是，本工程屋面檩条采用简支檩条，其构造与连续檩条有所区别。屋面檩条之间不进行搭接，每跨檩条在钢梁处各边留 10mm 的间隙。如图 5.32 所示为屋面檩条平面布置。H 型钢简支檩条相对于 Z 型檩条来说不太经济，但能承受更大的屋面荷载，故一般 H 型钢简支檩条用于屋面吊挂较多较重的情况。

（7）楼梯详图

如图 5.33 所示，楼梯部分的图纸一般包括楼梯平面图、楼梯剖面图、楼梯踏步构造详图等，在此图中，主要需弄清楚楼梯的踏步起止位置、踏步数量，楼梯斜段与平台板的位置关系、空间构造，梯梁与楼层梁的连接等。楼梯详图要结合楼层平面图来识读，也要结合结构图与建筑图来识图，相互对照，以免楼梯踏步位置等发生偏差。

本楼梯踏步采用的是花纹钢板加砂浆饰面的做法，平台板为压型钢板组合楼板，梯梁采用焊接 H 形钢梁。

（8）加工详图

与门式刚架一样，加工详图是钢框架施工详图阶段特有的内容，主要分为布置图、构件图及零件图三大部分。其中，布置图主要是将原有设计图中的布置图转换为详图公司重新编号的图形文件，以此编号来进行构件图绘制。布置图主要有钢柱柱脚布置图、各楼层钢梁布置图及屋面结构布置图，构件图主要有钢梁详图、钢柱详图、楼梯详图等，零件图则由所有构件图中各零件的集合组成。

如图 5.34 所示，本图将图 5.27 中的钢柱布置图进行转换，在原基础上对钢柱重新编号，在布置图中标明了钢柱柱脚锚栓的定位。需要注意的是，通常加工详图中布置图为了简化表达，柱网尺寸可能出现不符合比例的情况，故识图时一定要对照设计图，以免出现轴网尺寸错误。

图 5.35 所示为图 5.34 中 GZ1-24 的构件详图，对钢柱进行放样，将每个零件及连接板件进行拆分编号和统计，这些编号将在零件详图中统一绘制大样。

同样，图 5.36 中的钢梁布置图对应图 5.29 中的二层结构布置图。

图 5.37 所示为图 5.36 中 GKL1-8 的构件详图，对钢梁进行放样，将每个零件及连接板件进行拆分编号和统计，这些编号将在零件详图中统一绘制大样。

（9）零件图

零件图为钢框架施工详图绘制的最小单元，也是最直观表达的部分，可根据不同构件图单独编号绘制，也可整体编号单独成图，其特点与门式刚架相同，此处不再赘述。

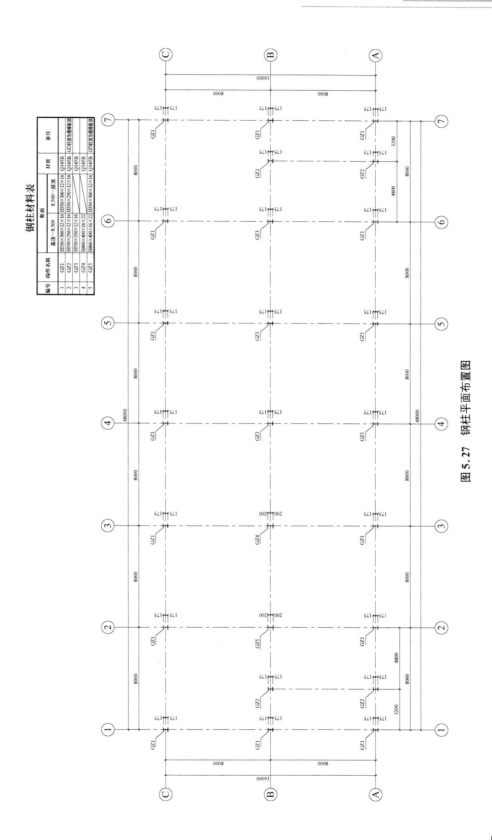

图 5.27 钢柱平面布置图

钢结构设计及施工

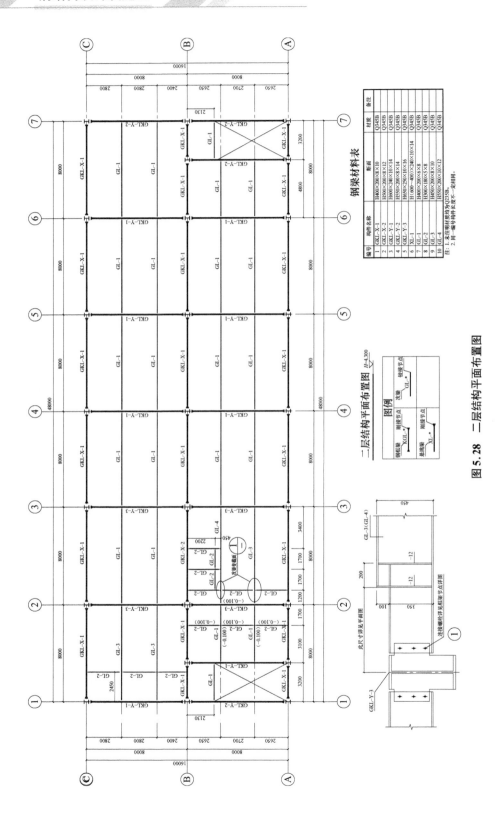

图 5.28 二层结构平面布置图

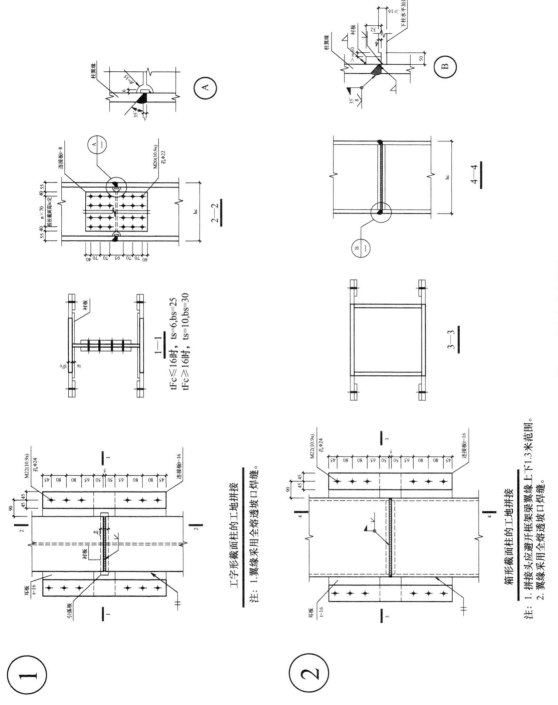

图5.29 钢框架节点详图

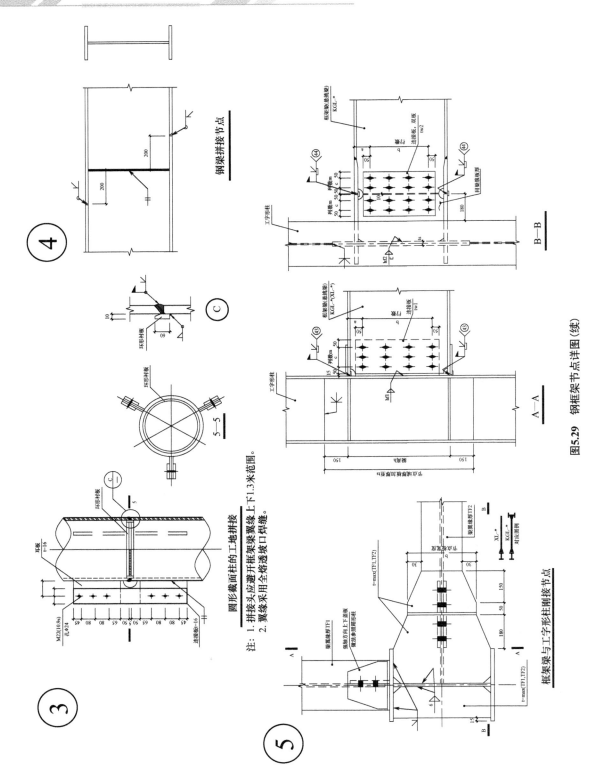

图5.29 钢框架节点详图(续)

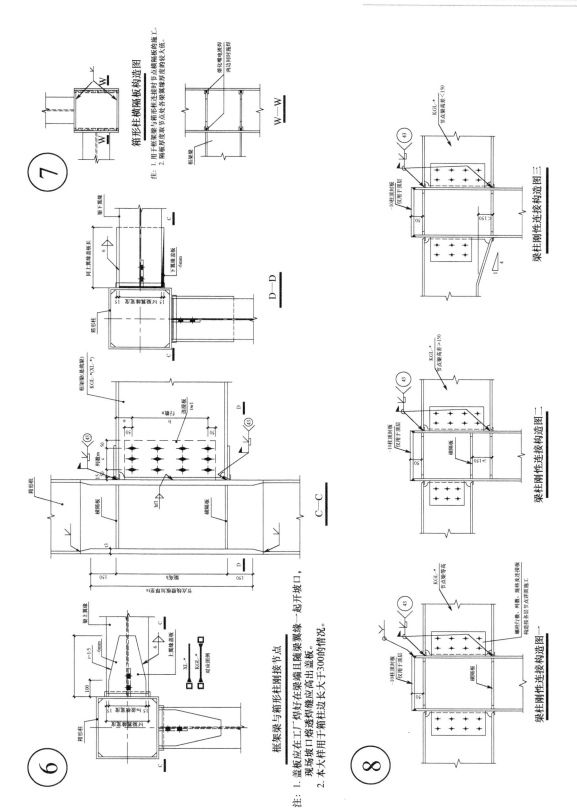

图5.29 钢框架节点详图(续)

钢结构设计及施工

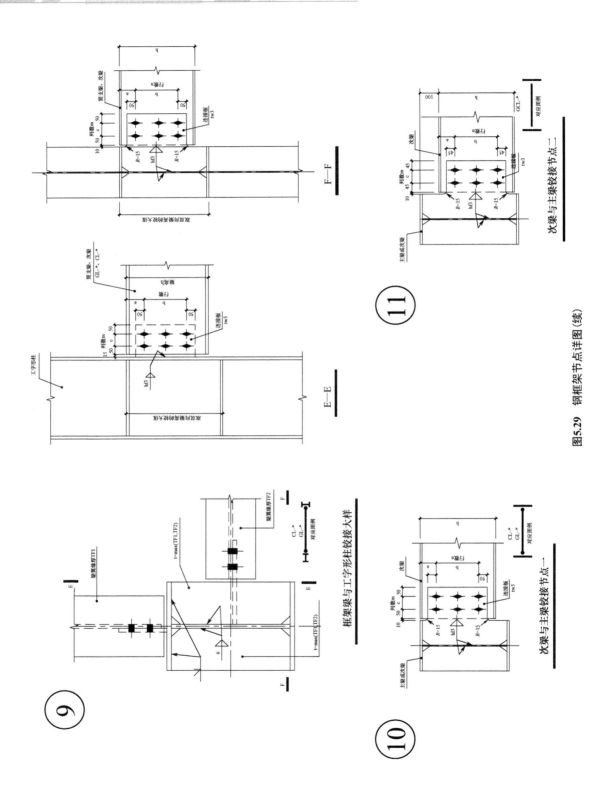

图5.29 钢框架节点详图(续)

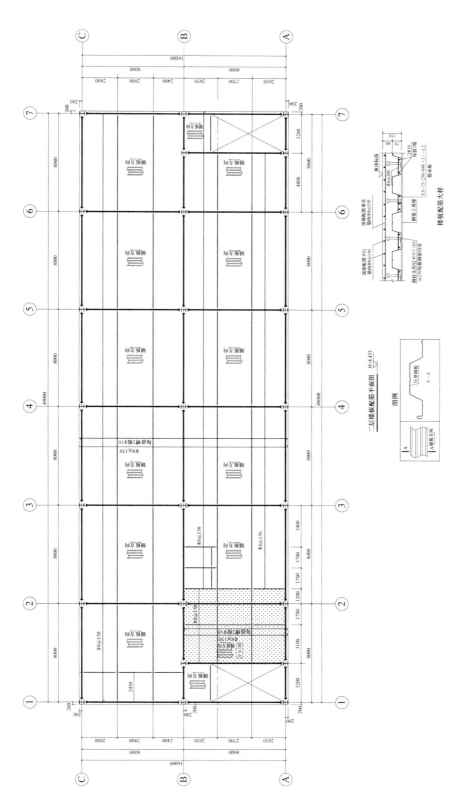

图 5.30 二层楼板配筋平面图及楼板构造详图

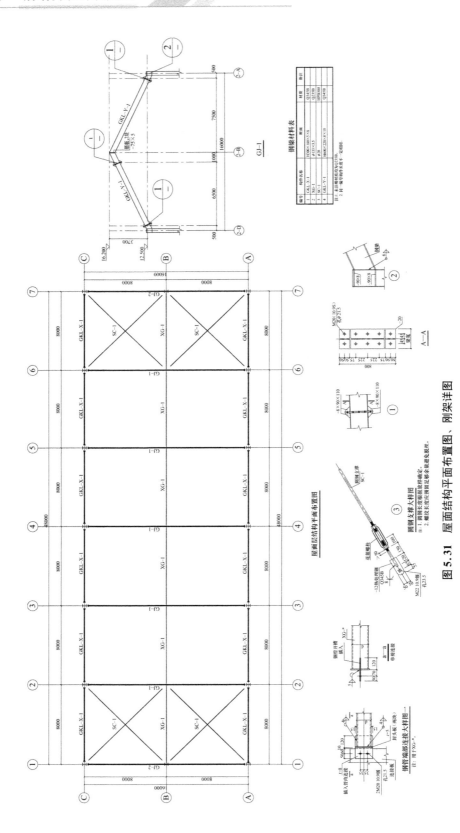

图 5.31 屋面结构平面布置图、刚架详图

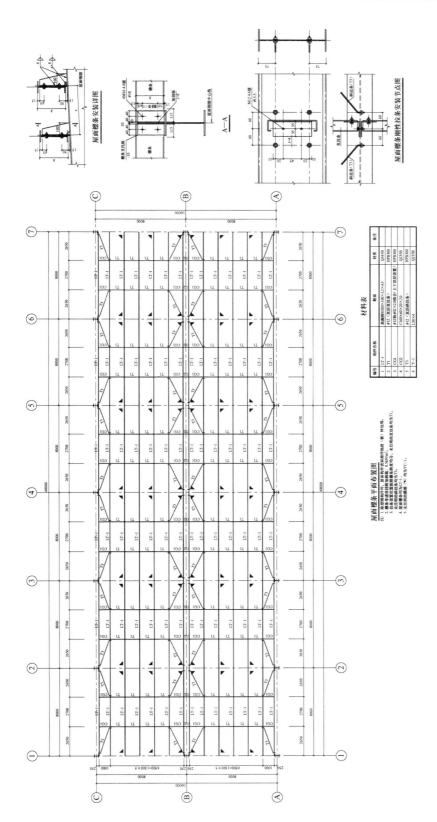

图 5.32 屋面檩条平面布置图

钢结构设计及施工

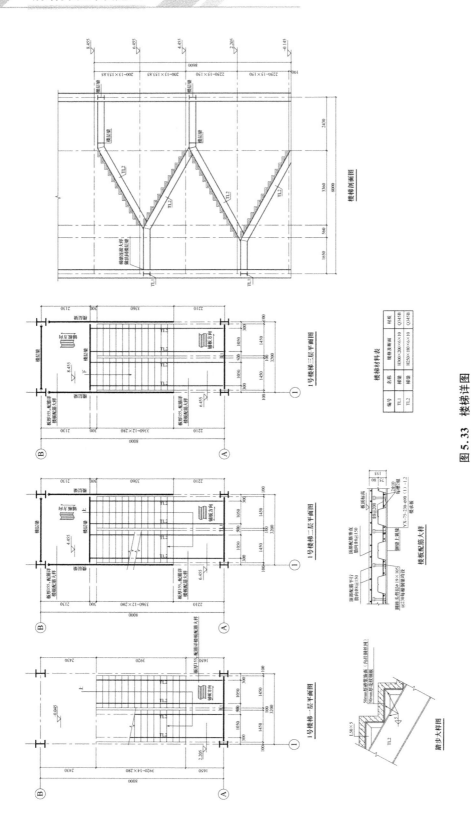

图 5.33 楼梯详图

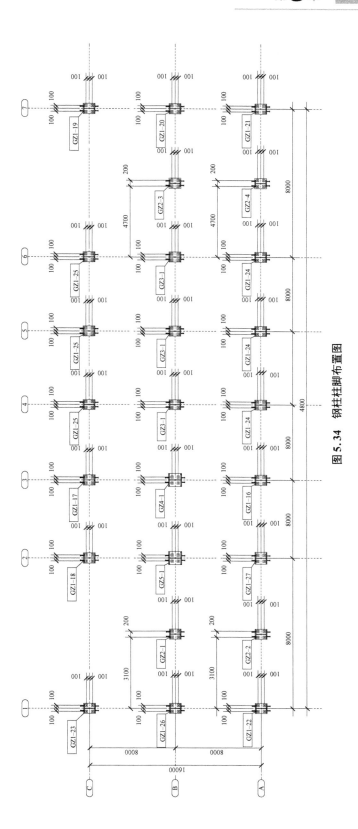

图 5.34 钢柱柱脚布置图

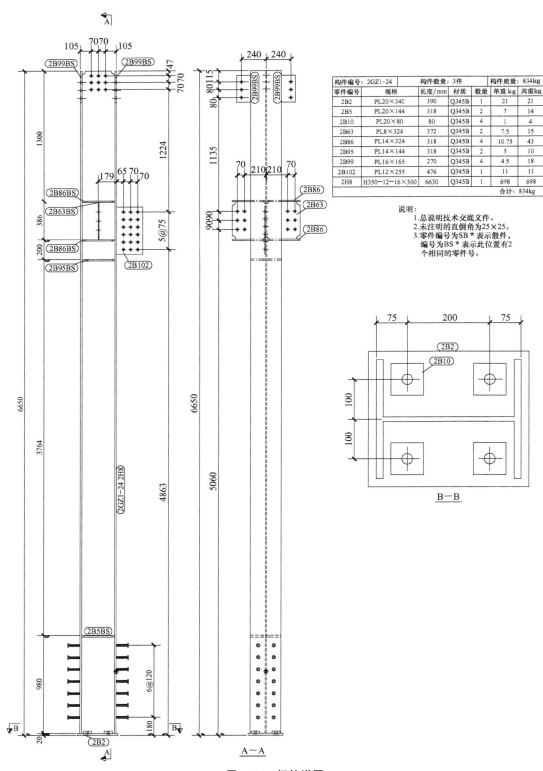

图 5.35 钢柱详图

第5章 钢结构施工图识读

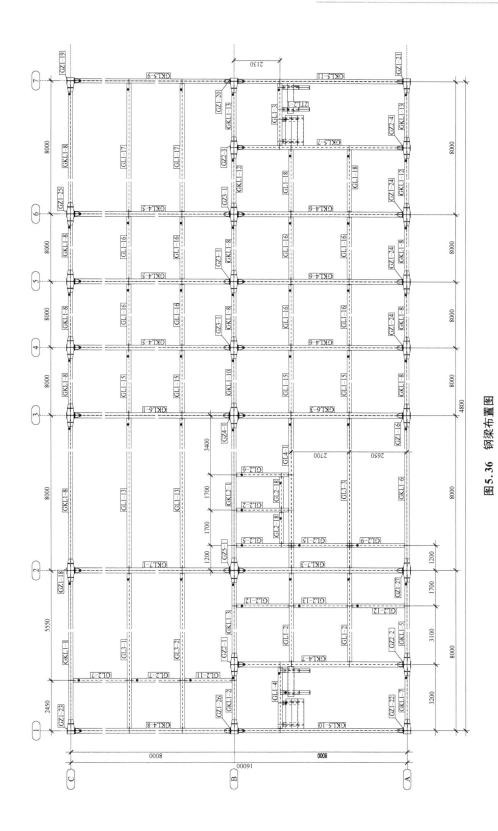

图5.36 钢梁布置图

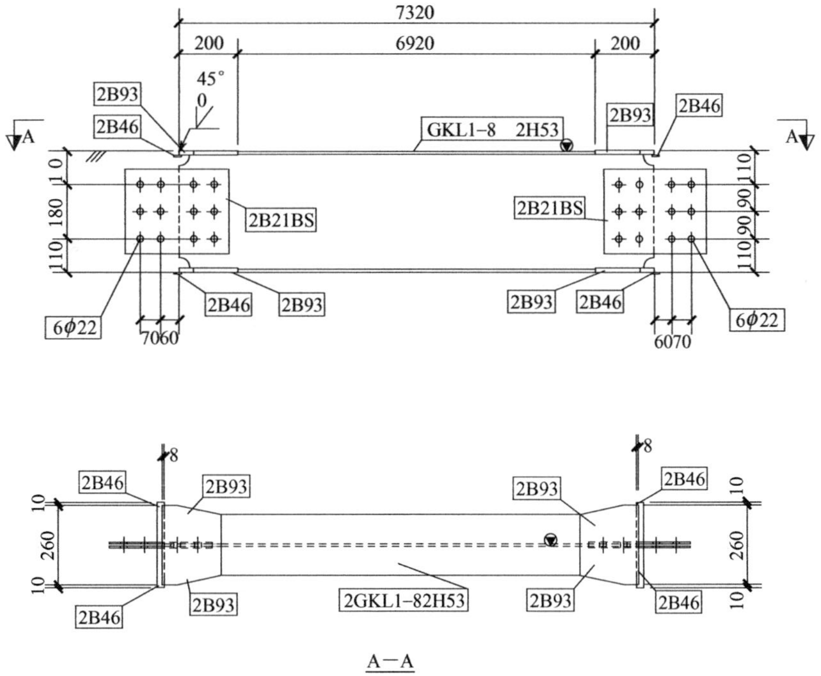

钢结构设计及施工

构件编号：2GKL1-8　构件数量：16件　构件重量：432kg

零件编号	规格	长度/mm	材质	数量	单重/kg	共重/kg
2B21	PL6×280	350	Q345B	4	5	18
2B46	PL6×25	280	Q345B	4	0.25	1
2B93	PL14×200	260	Q345B	4	5.25	21
2H53	H400-8-10×200	7320	Q345B	1	392	392
					合计：	432kg

说明：
1. 总说明技术交底文件。
2. 未注明的直倒角为2.5×2.5。
3. 零件编号为SB*表示散件，编号为BS*表示此位置有2个相同的零件号。

图 5.37　钢梁详图

5.5 网架结构施工图

【网架结构】

网架是由多根杆件按照一定规律通过节点连接起来的空间网格结构，它可以充分发挥三维空间的优越性，空间刚度大、整体稳定性好，特别适用于大跨度建筑。由双层或多层平板形网格组成的结构称为网架，由单层或双层曲面形网格组成的结构称为网壳。

网架一般由上、下弦杆及腹杆组成，称为双层网架；某些网架由上、中、下三部分弦杆及腹杆组成，称为三层网架。

5.5.1 网架的结构形式分类

网架种类繁多，一般分为两大类：一类是由平面桁架系组成的网架结构，另一类是由四角锥、三角锥等锥体单元组成的空间网架结构。

平面桁架系组成的网架结构，其基本单元是网片，主要分为两向正交正放网架、两向正交斜放网架、两向斜交斜放网架、三向网架。

由四根上弦组成正方形锥底，锥顶位于正方形的形心下方，由正方形四角节点向锥顶连接四根腹杆即形成一个四角锥体，四角锥体组成的网架是将各四角锥体按一定规律连接起来形成的。四角锥体组成的网架可分为正放四角锥网架、斜放四角锥网架、棋盘四角锥网架、星形四角锥网架、正放抽空四角锥网架等。

三角锥体组成的网架是由3根弦杆、3根斜杆所构成的正三角锥体按一定规律连接起来形成的。三角锥体可以顺置，也可以倒置；常见的有三角锥网架和蜂窝型三角锥网架。

下面分别介绍一些常见的网架形式。

1. 两向正交正放网架

如图5.38所示由两组平面桁架系交叉组成的网架，上、下弦杆均为正放、长度相等，且上、下弦杆与腹杆在同一垂直平面内。桁架系在平面上的投影轴线互呈90°夹角，与建筑轴线平行或垂直。

2. 两向正交斜放网架

如图5.39所示，其几何特征与两向正交正放网架类似，由两向正交正放网架在水平面上旋转45°而得，桁架系不与建筑物轴线平行，故称为两向正交斜放网架。

3. 三向网架

三向网架由三个方向的平面桁架交叉组成，其夹角为60°，即上、下弦杆可正放和斜放，网架的网格一般为正三角形。三向网架比两向网架的刚度大，适合在大跨度结构中采用，其平面适用于三角形、梯形及正六边形，在圆形平面中也可采用，如图5.40所示。

4. 正放四角锥网架

正放四角锥网架以倒置四角锥为组成单元，四角锥底边分别与建筑物的轴线相平行，

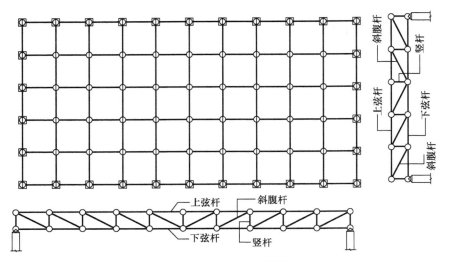

图 5.38 两向正交正放网架

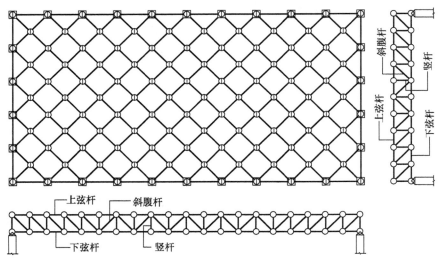

图 5.39 两向正交斜放网架

各四角锥体的底边相互连接形成网架的上弦杆,连接各四角锥体的锥顶形成下弦杆并与建筑物的轴线平行。上、下弦平面内网格均呈正方形,上弦网格的形心与下弦网格的角点投影重合,且没有垂直腹杆,如图 5.41 所示。

5. 斜放四角锥网架

斜放四角锥网架同样以倒置四角锥为组成单元,上弦网格正交斜放,与建筑物轴线呈 45°夹角,连接锥顶而形成的下弦网格仍与建筑物轴线平行,如图 5.42 所示。

6. 棋盘四角锥网架

将整个斜放四角锥网架水平转动 45°,使网架上弦与建筑物轴线平行,下弦与建筑物

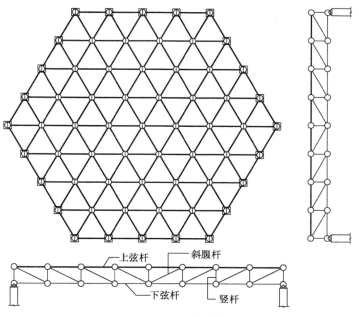

图 5.40 三向网架

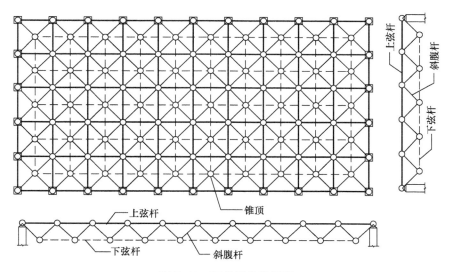

图 5.41 正放四角锥网架

轴线呈 45°夹角，即上弦网格正交正放、下弦网格正交斜放，则形成棋盘四角锥网架，如图 5.43 所示。

7. 星形四角锥网架

其组成单元体由两个倒置的三角形小桁架正交而成，在节点处有一根公用的竖杆，上弦杆为倒三角形的底边，下弦杆为倒三角形顶点的连线，网架的斜腹杆均与上弦杆位于同一垂直平面内，如图 5.44 所示。

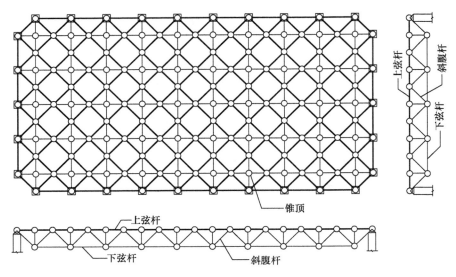

图 5.42 斜放四角锥网架

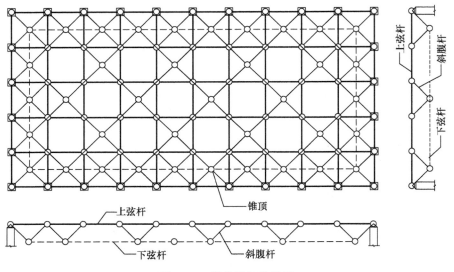

图 5.43 棋盘四角锥网架

8. 三角锥网架

三角锥网架以倒置三角锥为组成单元，将三角锥体的角与角连接，使上、下弦杆组成的平面网格均为正三角形，倒置三角形的锥顶与上弦三角形的形心投影重合，总平面为六边形，如图 5.45 所示。

9. 蜂窝形三角锥网架

蜂窝形三角锥网架也由三角锥体单元组成，但其连接方式为上弦杆与腹杆位于同一垂直平面内，上、下弦节点均汇集 6 根杆件，是常见网架中节点汇集杆件最少的一种，如图 5.46 所示。

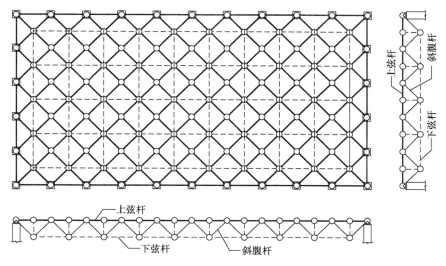

图 5.44 星形四角锥网架

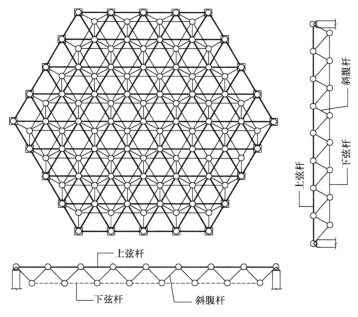

图 5.45 三角锥网架

5.5.2 网架的节点

网架的节点连接各方向交汇的杆件并传递内力，节点汇交杆件数量多，呈空间汇交关系，连接时尽量使杆件重心线在节点处交汇于一点，避免出现偏心的影响。网架连接节点种类很多，按其构造形式可分为焊接钢板节点、焊接空心球节点（图 5.47）、螺栓球节点（图 5.48）、钢管圆筒节点和支座节点（图 5.49）等。

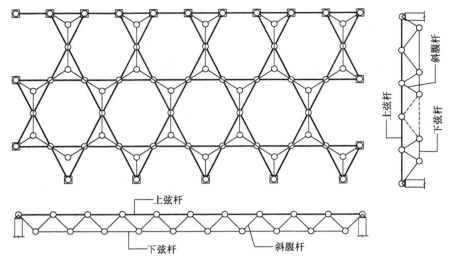

图 5.46 蜂窝形三角锥网架

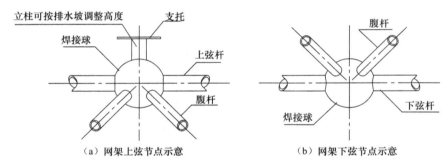

图 5.47 焊接空心球节点

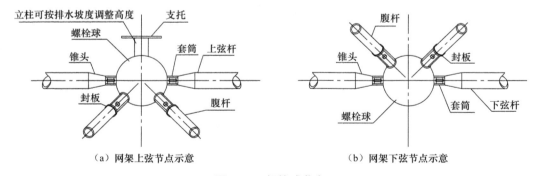

图 5.48 螺栓球节点

焊接空心球节点适用于连接圆钢管，可与任意方向的杆件相连，适应性强、传力明确、造型美观，但其焊接量大，对焊接质量要求高，易产生焊接变形，且对下料精度要求高。

螺栓球节点不用焊接，能加快施工安装速度，但其构造复杂，机械加工量大。

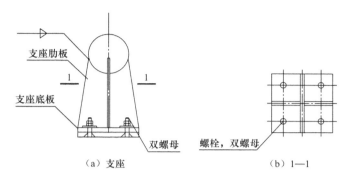

(a) 支座　　　　　　　　　(b) 1—1

图 5.49　支座节点

本章小结

本章主要介绍了钢结构识图的基本知识，包括常用型钢的标注方式、焊缝和螺栓的标注、构件代号的表达等；还比较了钢结构图纸的设计深度，阐述了钢结构设计图与施工详图的内容和制图原则，介绍了钢结构识图的方法及读图时的注意事项；同时，以实际工程图纸为例，对门式刚架轻型钢结构和多高层钢框架结构施工图的内容进行了详细讲解和分析；最后，本章对网架结构的种类与施工图绘制进行了介绍。

通过本章的学习，读者可以对钢结构图纸的识图有较充分的认识。在学习时，应结合国家标准、规范、图集等资料，更加全面深刻地学习钢结构施工图。

习　题

一、单项选择题

1. ⌞ 表示（　　）。

A. 钢板　　　　B. 槽钢　　　　C. 矩管　　　　D. 角钢

2. 高强度螺栓的表达符号是（　　）。

A. ⊕　　　　　B. ⊕　　　　　C. ◆　　　　　D. ◇

3. 一般框架梁用（　　）表达。

A. KL　　　　　B. KZL　　　　C. TL　　　　　D. WL

4. 对于图 5.50 的描述，说法正确的是（　　）。

A. 周围焊缝　　　　　　　　B. 三面围焊
C. 单面角焊缝（现场焊）　　D. 双面角焊缝（现场焊）

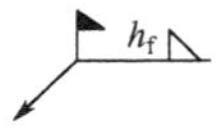

图 5.50　单项选择题 1 图

5. 下列哪一项不是钢结构设计图的内容（　　）。

A. 结构设计说明　　　　　　B. 柱脚锚栓布置图

C. 支撑详图　　　　　　　　D. 零件图

6. 关于钢结构施工详图的说法，不正确的是（　　）。

A. 对设计进行深化，不进行重新设计

B. 具有广泛适用性，适合各施工企业使用

C. 一般应由有该项资质的制造厂或施工单位编制

D. 图纸表示详细，数量多

7. 下面哪一项不属于门式刚架的结构组成？（　　）

A. 抗风柱　　　B. 屋面檩条　　　C. 螺栓球　　　D. 系杆

8. 对于钢框架，以下说法错误的是（　　）。

A. 钢框架刚度较小，有时需加设支撑

B. 钢框架可采用钢筋混凝土楼板

C. 钢梁可采用 H 型钢、焊接 H 形截面、箱形截面等

D. 钢框架一般不采用外包式柱脚

二、名词解释

1. 钢结构设计图
2. 钢结构施工详图
3. 刚架详图
4. 围护结构
5. 支撑系统

三、简答题

1. 钢结构制图划分为哪几个阶段？各阶段由谁来完成？
2. 简述钢结构施工图读图的步骤。
3. 门式刚架轻型钢结构由哪些部分组成？
4. 一套完整的单层门式刚架厂房的设计图包含哪些内容？
5. 钢框架由哪些部分组成？
6. 一套完整的钢框架结构的施工图包含哪些内容？
7. 简述常见的网架结构形式分类。

第6章 钢结构加工制作及组装施工

教学要求

能 力 要 求	相 关 知 识	权 重
(1) 了解钢结构施工图审查的目的和内容； (2) 掌握钢结构加工准备工作的内容	(1) 钢结构施工图的审查； (2) 钢结构加工备料； (3) 工艺规程及准备； (4) 加工场地布置与安排	20%
(1) 了解钢零件和钢部件的加工流程； (2) 掌握钢材的切割方法； (3) 掌握钢构件的成型与矫正方式； (4) 掌握钢构件边缘加工的方法	(1) 钢构件的放样与号料； (2) 钢材的切割下料； (3) 钢构件成型和矫正； (4) 钢构件边缘加工和制孔	30%
(1) 掌握钢构件组装方式； (2) 掌握钢构件预拼装流程	(1) 钢构件组装施工； (2) 钢构件预拼装施工	30%
(1) 掌握钢零件及钢部件加工的质量通病及防治措施； (2) 掌握钢构件组装施工的质量通病及防治措施； (3) 掌握钢构件预拼装施工的质量通病及防治措施	(1) 钢结构加工质量通病与防治； (2) 钢构件组装施工质量通病与防治； (3) 钢构件预拼装施工质量通病与防治	20%

本章导读

通过本章的学习,学生能够根据钢结构施工图进行钢结构部件的加工、构件的组装及预拼装,能识别钢结构在加工、组装及预拼装过程中的质量通病,并找到预防和治理措施。

6.1 钢结构加工生产准备

6.1.1 审查施工图

1. 钢结构设计图与施工详图

在建筑钢结构中,钢结构施工图一般可分为钢结构设计图和钢结构施工详图两种。

(1) 钢结构设计图

钢结构设计图应根据钢结构施工工艺、建筑要求进行初步设计,然后制订施工设计方案并进行计算,根据计算结果进行编制。其目的、内容及深度均应为钢结构施工详图的编制提供依据。

钢结构设计图一般比较简明,使用的图纸量也比较少,其内容一般包括设计总说明、布置图、构件图、节点图及钢材订货表等。

(2) 钢结构施工详图

钢结构施工详图是直接供制造、加工及安装使用的施工用图,是直接根据结构设计图编制的用于工厂施工及安装的详图,有时也含有少量连接、构造等计算。它只对深化设计负责,一般多由钢结构制造厂或施工单位进行编制。

钢结构施工详图通常较为详细,使用的图纸量也比较多,一般应按构件系统(如屋盖结构、刚架结构、起重机梁、工作平台等)分别绘制各系统的布置图(含必要的节点详图)、施工设计总说明、构件详图(一般含材料表)等。

钢结构施工详图的内容主要包括以下几方面。

① 图纸目录。

② 钢结构设计总说明:应根据设计图总说明编写,内容一般应包括设计依据、设计荷载、工程概况,以及对材料、焊接、焊接质量等级、高强度螺栓摩擦面抗滑移系数、预拉力、构件加工、预装、防锈与涂装等的施工要求及注意事项等。

③ 布置图:主要供现场安装用。依据钢结构设计图,以同一类构件系统(如屋盖、刚架、起重机梁、平台等)为绘制对象,绘制本系统构件的平面布置图和剖面布置图,并对所有构件进行编号;布置图尺寸应标明各构件的定位尺寸、轴线关系、标高,以及构件表、设计总说明等。

④ 构件详图:按设计图及布置图中的构件编制,主要供构件加工厂加工和组装构件用,也是构件出厂运输的构件单元图,绘制时应按主要标识面绘制每一构件的图形零配件及组装关系,并对每一构件中的零件进行编号,编制各构件的材料表和本图构件的加工说明等。绘制桁架式构件时,应放大样确定杆件端部尺寸和节点板尺寸。

⑤ 安装节点图：详图中一般不再绘制节点详图，仅当构件详图无法清楚表示构件相互连接处的构造关系时，才绘制相关的节点图。

2. 图纸审查的目的

审查图纸是指检查图纸设计的深度能否满足施工要求，核对图纸上构件的数量和安装尺寸，检查构件之间有无矛盾等。同时，对图纸进行工艺审核，即审查技术上是否合理，制作上是否便于施工，图纸上的技术要求按加工单位的施工水平能否实现等。此外，还要合理划分运输单元。

如果由加工单位自己设计施工详图，制图期间又已经过审查，则审图程序可相应简化。

3. 图纸审查的内容

工程技术人员对图纸进行审查的主要内容如下。

① 设计文件是否齐全。设计文件包括设计图、施工图、图纸说明和设计变更通知单等。

② 构件的几何尺寸是否齐全。

③ 相关构件的尺寸是否正确。

④ 节点是否清楚，是否符合国家标准。

⑤ 标题栏内构件的数量是否符合工程总数。

⑥ 构件之间的连接形式是否合理。

⑦ 加工符号、焊接符号是否齐全。

⑧ 结合本单位的设备和技术条件考虑，能否满足图纸上的技术要求。

⑨ 图纸的标准化是否符合国家规定等。

6.1.2 备料

① 备料时，应根据施工图纸材料表算出各种材质、规格的材料净用量，再加一定数量的损耗，编制材料预算计划。

② 提出材料预算时，需根据使用长度合理订货，以减少不必要的拼接和损耗。

对拼接位置有严格要求的起重机梁翼缘和腹板等，配料时要与桁架的连接板搭配使用，即优先考虑翼缘板和腹板，将割下的余料做成小块连接板。小块连接板不能采用整块钢板切割，否则计划需用的整块钢板就可能不够用，而翼缘和腹板割下的余料则没有用处。

③ 使用前应核对每一批钢材的质量保证书，必要时应对钢材的化学成分和力学性能进行复验，以保证符合钢材的损耗率。

工程预算一般按实际所需加10%提出材料需用量。如果技术要求不允许拼接，其实际损耗还需增加。

④ 使用前，应核对来料的规格、尺寸和质量，并仔细核对材质。如需进行材料代用，必须经设计部门同意，并对图纸上所有的相应规格和有关尺寸进行修改。

6.1.3 编制工艺规程

钢结构零（部）件的制作是一个严密的流水作业过程，指导这个过程的除生产计划外，主要是靠工艺规程。工艺规程是钢结构制作中的指导性技术文件，一经制定，必须严格执行，不得随意更改。

1. 工艺规程的编制要求

① 在一定的生产规模和条件下编制的工艺规程，不但能保证图样的技术要求，而且能更可靠、更顺利地实现这些要求，即工艺规程应尽可能依靠工装设备，而不是依靠劳动者技巧来保证产品质量和产量的稳定性。

② 所编制的工艺规程要保证在最佳经济效果下达到技术条件的要求。因此，对于同一产品，应考虑不同的工艺方案，互相比较，从中选择最好的方案，力争做到以最少的劳动量、最短的生产周期、最低的材料和能源消耗生产出质量可靠的产品。

③ 所编制的工艺规程既要满足工艺、经济条件，又要保证使用最安全的施工方法，并尽量减轻劳动强度，减少流程中的往返性。

2. 工艺规程的内容

① 成品技术要求。
② 为保证成品达到规定的标准而需要制定的措施如下。
A. 关键零件的精度要求、检查方法和使用的量具、工具。
B. 主要构件的工艺流程、工序质量标准、为保证构件达到工艺标准而采用的工艺措施（如组装次序、焊接方法等）。
C. 采用的加工设备和工艺装备。

6.1.4 施工工艺准备

1. 划分工号

根据产品的特点、工程量的大小和安装施工进度，将整个工程划分成若干个生产工号（或生产单元），以便分批投料，配套加工，配套生产出成品。生产工号的划分应遵循以下几点。

① 在条件允许的情况下，同一张图纸上的构件宜安排在同一生产工号中加工。
② 相同构件或特点类似、加工方法相同的构件宜放在同一生产工号中加工，如按钢柱、钢梁、桁架、支撑分类划分工号进行加工。
③ 对于工程量较大的工程，划分生产工号时要考虑安装施工的顺序，先安装的构件要优先安排工号进行加工，以保证顺利安装的需要。
④ 同一生产工号中的构件数量不要过多，可与工程量统筹考虑。

2. 编制工艺流程表

从施工详图中摘出零件，编制出工艺流程表（或工艺过程卡）。加工工艺过程由若干个顺序排列的工序组成，工序内容是根据零件加工的性质而定的，工艺流程表便是反映这个过程的工艺文件。

工艺流程表的具体格式随各厂而异，但所包含的内容基本相同，其中有零件名称、件号、材料牌号、规格、件数、工序号、工序名称和内容、所用设备和工艺装备名称及编号、工时定额等。除上述内容外，关键零件要标注加工尺寸和公差，重要工序要画出工序图等。

3. 编制零件流水卡和工艺卡

根据工程设计图纸和技术文件提出的构件成品要求，确定各加工工序的精度要求和质量要求，结合单位的设备状态和实际加工能力、技术水平，确定各零件下料、加工的流水顺序，即编制出零件流水卡。

零件流水卡是编制工艺卡和配料的依据。一个零件的加工制作工序是由零件加工的性质确定的，工艺卡是具体反映这些工序的工艺文件，是直接指导生产的文件。工艺卡所包含的内容一般为：确定各工序所采用的设备；确定各工序所采用的工装模具；确定各工序的技术参数、技术要求、加工余量、加工公差、检验方法和标准，以及确定材料定额和工时定额等。

4. 工艺装备的制作

工艺装备的生产周期较长，因此，要根据工艺要求提前做好准备，争取先行安排加工，以确保使用。工艺装备的设计方案取决于生产规模的大小、产品结构形式和制作工艺的过程等。

工艺装备的制作是保证钢结构产品质量的重要环节，因此，工艺装备的制作要满足以下要求。

① 工装模具的使用要方便，操作容易，安全可靠。
② 结构要简单、加工方便、经济合理。
③ 容易检查构件尺寸和取放构件。
④ 容易获得合理的装配顺序和精确的装配尺寸。
⑤ 方便焊接位置的调整，并能迅速散热，以减少构件变形。
⑥ 减少劳动量，提高生产率。

5. 工艺性试验

工艺性试验一般可分为焊接性试验、摩擦面的抗滑移系数试验两类。

（1）焊接性试验

钢材可焊性试验、焊材工艺性试验、焊接工艺评定试验等均属焊接性试验，而焊接工艺评定试验是各工程制作时最常遇到的试验。

焊接工艺评定是焊接工艺的验证，属于生产前的技术准备工作，是衡量制造单位是否具备生产能力的一个重要的基础技术资料。焊接工艺评定对提高劳动生产率、降低制造成本、提高产品质量、做好焊接工人技能培训是必不可少的，未经焊接工艺评定的焊接方法、技术参数不能用于工程施工。

焊接接头的力学性能试验以拉伸和冷弯为主，冲击试验按设计要求确定。冷弯以面弯和背弯为主,有特殊要求时应做侧弯试验。每个焊接位置的试件数量一般为:拉伸、面弯、背弯及侧弯各 2 件,冲击试验 9 件(焊缝、熔合线、热影响区各 3 件)。

(2) 摩擦面的抗滑移系数试验

当钢结构构件的连接采用高强度螺栓摩擦型连接时,应对连接面进行喷砂、喷丸等方法的技术处理,使其连接面的抗滑移系数达到设计规定的数值。此外,还需对摩擦面进行必要的检验性试验,以求得对摩擦面处理方法是否正确、可靠的验证。

摩擦面的抗滑移系数试验可按工程量每 200t 为一批,不足 200t 的可视为一批。每批 3 组试件由制作厂进行试验,另备 3 组试件供安装单位在吊装前进行复验。

对于构造复杂的构件,必要时应在正式投产前进行工艺性试验。工艺性试验可以是单工序,也可以是几个工序或全部工序;可以是个别零(部)件,也可以是整个构件,甚至是一个安装单元或全部安装构件。

通过工艺性试验获得的技术资料和数据是编制技术文件的重要依据,试验结束后应将试验数据纳入工艺文件,用以指导工程施工。

6.1.5 加工场地布置

在布置钢结构零(部)件加工场地时,不仅要考虑产品的品种、特点、批量、工艺流程、产品的进度要求、每班的工作量和要求的生产面积、现有的生产设置和起重运输能力,还应满足下列要求。

① 按流水顺序安排生产场地,尽量减少运输量,避免倒流水。

② 根据生产需要合理安排操作面积,以保证安全操作,并要保证材料和零件有必需的堆放场地。此外,还需要保证成品能顺利运出。

③ 加工设备之间要留有一定的间距作为工作平台和堆放材料、工件等用。

④ 便于供电、供气、照明线路的布置等。

6.2 钢零件及钢部件加工

6.2.1 钢结构放样与号料

【机床加工大型钢结构】

放样和号料应根据施工详图和工艺文件进行,并应按要求预留余量。

1. 钢结构放样

放样是钢结构制作工艺中的第一道工序。只有放样尺寸精确,才能避免以后各道加工工序的累积误差,保证整个工程的质量。

(1) 钢材放样操作

① 放样作业人员应熟悉整个钢结构加工工艺,了解工艺流程及加工过程,以及需要的机械设备性能和规格。

② 放样应从熟悉图纸开始,首先看清施工技术要求,逐个核对图纸之间的尺寸和相

互关系，并校对图样各部分尺寸。如果图样标注不清，与有关标准有出入或有疑问，而自己不能解决时，应与有关部门联系，妥善解决，以免产生错误；如发现图样设计不合理，需变动图样上的主要尺寸或发生材料代用时，应与有关部门联系并取得一致意见，并在图样上注明更改内容和更改时间，填写技术变更核定（洽商）单等签证。

③ 放样时，以1∶1的比例在样板台上弹出大样。当大样尺寸过大时，可分段弹出。对于一些三角形构件，如只对其节点有要求，可以缩小比例弹出大样，但应注意精度。

④ 用作计量长度依据的钢盘尺，应经授权的计量单位计量，且附有偏差卡片。使用时，按偏差卡片的记录数值校对其误差。

⑤ 放样结束，应进行自检。检查样板是否符合图纸要求，核对样板加工数量。本工序结束后报专职检验人员检验。

（2）样板、样杆的允许偏差

样板的尺寸一般应小于设计尺寸0.5～1.0mm，因画线工具沿样板边缘画线时增加距离，这样正负值相抵，可减小误差。

样板、样杆制作尺寸的允许偏差如表6.1所示。

表6.1 样板、样杆制作尺寸的允许偏差

	项 目	允 许 偏 差
样板	长度/mm	0 −0.5
	宽度/mm	5.0 −0.5
	两对角线长度差/mm	1.0
样杆	长度/mm	±1.0
	两最外排孔中心线距离/mm	±1.0
	同组内相邻两孔中心线距离/mm	±0.5
	相邻两组端孔间中心线距离/mm	±1.0
	加工样板的角度/（′）	±20

2. 钢材号料

钢材号料是指根据施工图样的几何尺寸、形状制成样板，利用样板或计算出的下料尺寸，直接在板料或型钢表面上画出构件形状的加工界线。

钢材号料的工作内容一般包括：检查核对材料，在材料上画出切割、铣、刨、弯曲、钻孔等加工位置，打冲孔，标注出构件的编号等。

（1）号料方法

为了合理使用和节约原材料，应最大限度地提交原材料的利用率，一般常用的号料方法有集中号料法、套料法、统计计算法和余料统一号料法等。

① 集中号料法。由于钢材的规格多种多样，为减少原材料的浪费、提高生产效率，应对同厚度的钢板零件和相同规格的型钢零件集中在一起进行号料，这种方法称为集中号料法。

② 套料法。在号料时，精心安排板料零件的形状、位置，对同厚度的各种不同形状的零件和同一形状的零件进行套料，这种方法称为套料法。

③ 统计计算法。统计计算法是在型钢下料时采用的一种方法。号料时应将所有同规格型钢零件的长度归纳在一起，先把较长的排出来，再算出余料的长度，然后把和余料长度相同或略短的零件排上，直至整根料被充分利用。这种先进行统计安排再号料的方法称为统计计算法。

④ 余料统一号料法。将号料后剩下的余料按厚度、规格与形状进行分类，将基本相同的集中在一起，把较小的零件放在余料上进行号料，此法称为余料统一号料法。

(2) 钢材号料操作

① 钢材号料前，操作人员必须了解钢材的钢号、规格，并检查其外观质量。

② 号料的原材料必须摆平放稳，不宜过于弯曲。

③ 不同规格、不同钢号的零件应分别号料，号料应依据先大后小的原则依次进行，且应考虑设备的可切割加工性。

④ 带圆弧形的零件不论是剪切还是气割，都不应紧靠在一起进行号料，而必须留有间隙，以利于剪切或气割。

⑤ 钢板长度不够需要焊接接长时，在接缝处必须注明坡口形状及大小，在焊接和矫正后再画线。

(3) 钢材号料的允许偏差

钢材号料的允许偏差如表 6.2 所示。

表 6.2 钢材号料的允许偏差　　　　　　　　　　　　　　　单位：mm

项　目	允　许　偏　差
零件外形尺寸	±1.0
孔距	±0.5

【钢结构激光切割技术】

6.2.2　钢材的切割下料

1. 钢材的切割方法

钢材的切割下料应根据钢材的截面形状、厚度及切割边缘的质量要求而采用不同的切割方法。目前，常用的切割方法有机械切割（图 6.1）、气割、等离子切割（图 6.2）三种。

(1) 机械切割

① 剪板机、型钢冲剪机。切割速度快、切口整齐、效率高，适用于薄钢板、压型钢板、冷弯檩条的切割。

② 无齿锯。切割速度快，可切割不同形状的各类型钢、钢管和钢板，切口不光洁，噪声大，适于锯切精度要求较低的构件或下料留有余量而最后尚需精加工的构件。

③ 砂轮锯。切口光滑，生刺较薄易清除，噪声大，粉尘多，适于切割薄壁型钢及小型钢管，切割材料的厚度不宜超过 4mm。

图 6.1 机械切割

图 6.2 等离子切割

④ 锯床。切割精度高,适于切割各类型钢及梁、柱等型钢构件。

(2) 气割

① 自动切割。切割精度高,速度快,在其数控气割时可省去放样、画线等工序而直接切割,适于钢板切割。

② 手工切割。设备简单,操作方便,费用低,切口精度较差,能够切割各种厚度的钢材。

(3) 等离子切割

等离子切割温度高,冲刷力大,切割边质量好,变形小,可以切割任何高熔点金属,特别是不锈钢、铝、铜及其合金等。

2. 钢材的切割操作

(1) 机械切割

① 切割前,将钢板表面清理干净。

② 切割时,应有专人指挥、控制操纵机构。

【钢构件的切割】

③ 切割过程中,由于切口附近金属受剪力作用而发生挤压、弯曲变形,由此使该区域的钢材发生硬化。当被切割的钢板厚度小于 25mm 时,一般硬化区域宽度为 1.5~2.5mm。因此,在制造重要的结构件时,需将硬化区的宽度刨削除掉或者进行热处理。

④ 碳素结构钢在环境温度低于 −20℃、低合金结构钢在环境温度低于 −15℃时,不得进行剪切、冲孔。

⑤ 采用机械剪切时,剪切钢材质量的允许偏差如表 6.3 所示。

表 6.3 机械剪切时剪切钢材质量的允许偏差 单位:mm

项 目	允 许 偏 差
零件宽度、长度	±3.0
边缘缺棱	1.0
型钢端部垂直度	2.0

(2) 气割

钢材气割前,应该正确选择工艺参数(如割嘴型号、氧气压力、气割速度和预热火焰的能率等)。工艺参数主要根据气割机械的类型和可切割的钢板厚度确定。

① 钢材气割时，应先点燃割炬，随即调整火焰。火焰的大小应根据工件的厚薄调整适当，然后进行切割。

② 当预热钢板的边缘略呈红色时，将火焰局部移出边缘线以外，同时慢慢打开切割氧气阀门。如果预热的红点在氧气流中被吹掉，应开大切割氧气阀门。当有氧化铁渣随氧气流一起飞出时，证明已割透，这时即可进行正常切割。

③ 若遇到切割必须从钢板中间开始，应在钢板上先割出孔，再沿切割线进行切割。

④ 在切割过程中，有时因嘴头过热或氧化铁渣的飞溅，使割炬嘴头堵住或乙炔供应不及时，嘴头鸣爆并发生回火现象，这时应迅速关闭预热氧气和切割炬。

⑤ 切割临近终点时，嘴头应略向切割前进的反方向倾斜，以便钢板的下部提前割透，使收尾时割缝整齐。当到达终点时，应迅速关闭切割氧气阀门，并将割炬抬起，再关闭乙炔阀门，最后关闭预热氧气阀门。

⑥ 钢材气割质量允许偏差应符合表 6.4 的规定。

表 6.4　钢材气割质量允许偏差　　　　　　　　　　　　　单位：mm

项　　目	允　许　偏　差	项　　目	允　许　偏　差
零件宽度、长度	±3.0	割纹深度	0.3
切割面平整度	0.05t 且不大于 2.0	局部缺口深度	1.0

注：t 为切割面厚度。

6.2.3　钢构件成型和矫正

1. 钢材成型

（1）钢材热加工

把钢材加热到一定温度后进行的加工方法通称钢材热加工。

① 加热方法。热加工常用的加热方法有两种。

A. 利用乙炔火焰进行局部加热。该方法加热简便，但是加热面积较小。

B. 放在工业炉内加热。其虽然没有第一种方法简便，但是加热面积很大，并且可以根据结构件的大小来砌筑工业炉。

② 加热温度。热加工是一个比较复杂的过程，其工作内容如弯制成型和矫正等工序在常温下是达不到的。温度能够改变钢材的力学性能，既能变硬也能变软。

热加工时所要求的加热温度，对于低碳钢一般都在 1000～1100℃。热加工终止温度不应低于 700℃，加热温度过高，加热时间过长，都会引起钢材内部组织的变化，破坏原材料材质的力学性能。当加热温度在 500～550℃ 时，钢材会产生蓝脆性。在这个温度范围内，严禁锤打和弯曲，否则容易使钢材断裂。钢材加热的温度可从加热时所呈现的颜色来判断。

③ 型钢热加工。手工热弯型钢的变形与机械冷弯型钢的变形一样，都是通过外力的作用，使型钢沿中性层内侧发生压缩的塑性变形和沿中性层外侧发生拉伸的塑性变形。这样便产生了钢材的弯曲变形。

对于那些不对称的型材构件,加热后在自由冷却过程中,由于截面不对称,表面散热速度不同,散热快的部分先冷却,散热慢的部分在冷却收缩过程中受到先冷却钢材的阻力,收缩的数值也就不同。

④ 钢板热加工。在钢结构构件中,对于那些具有复杂形状的弯板,完全用冷加工的方法很难加工成型,一般都是先冷加工出一定的形状,再采用热加工的方法弯曲成型。将一张只有单向曲度的弯板加工成双重曲度弯板,就是使钢板的纤维重新排列的过程。如果板边的纤维收缩,便成为同向双曲线板;如果板的中间部分纤维收缩,就成为异向双曲线板;如果使其一边纤维收缩,另一边纤维伸长,便成为"喇叭口"式的弯板。

(2) 钢材冷加工

钢材在常温下进行加工制作通常称为冷加工。冷加工绝大多数是利用机械设备和专用工具进行的。冷加工与热加工相比具有较多优越性,其设备简单,操作方便,节约材料及燃料,钢材的力学性能改变较小,所以冷加工更容易满足设计和施工要求,而且可以提高工作效率。

① 冷加工类型有两种:一种是作用于钢材单位面积上的外力超过材料的屈服强度而小于其极限强度,不破坏材料的连续性,但使其产生永久变形,如加工中的辊、压、折、轧、矫正等;另一种是作用于钢材单位面积上的外力超过材料的极限强度,促使钢材产生断裂,如冷加工中的剪、冲、刨、铣、钻等。

② 冷加工原理是根据冷加工的要求使钢材产生弯曲和断裂。在微观角度上,钢材产生永久变形是以其内部晶格的滑移形式进行的。外力作用后,晶格沿着结合力最差的晶界部位滑移,使晶粒与晶面产生弯曲或歪曲。

③ 冷加工温度。低温中的钢材其韧性和延伸性均相应较小,极限强度和脆性相应较大。若此时进行冷加工受力,钢材易产生裂纹,因此应注意低温时不宜进行冷加工。对于普通碳素结构钢,在工作地点温度低于-20℃时,或低合金结构钢在工作地点温度低于-15℃时,都不允许进行剪切和冲孔;当普通碳素结构钢在工作地点温度低于-16℃时,或低合金结构钢在工作地点温度低于-12℃时,不允许进行冷矫正和冷弯曲加工。

2. 弯曲成型

弯曲成型是指根据构件形状的需要,利用加工设备和一定的工具、模具把板材或型钢弯制成一定形状的工艺方法。

(1) 弯曲分类

在钢结构制造中,用弯曲方法加工构件的种类非常多,可根据构件的技术要求和已有的设备条件进行选择。工程中,常用的分类方法及其适用范围如下。

① 按钢构件的加工方法,弯曲可分为压弯、滚弯和拉弯三种:压弯适用于一般直角弯曲(V形件)、双直角弯曲(U形件),以及其他适宜弯曲的构件;滚弯适用于滚制圆筒形构件及其他弧形构件;拉弯主要用于将长条板材拉制成不同曲率的弧形构件。

② 按构件的加热程度分类,弯曲可分为冷弯和热弯两种。冷弯是在常温下进行弯制加工,它适用于一般薄板、型钢等的加工;热弯是将钢材加热至950~1100℃,在模具上进行弯制加工,它适用于厚板及较复杂形状构件、型钢等的加工。

(2) 弯曲半径

钢材弯曲过程中,弯曲件的圆角半径不宜过大,也不宜过小:过大时因回弹影响,构件精度不易保证；过小时则容易产生裂纹。根据实践经验，钢板最小弯曲半径在经退火和不经退火时较合理的推荐数值如表 6.5 所示。

表 6.5 钢板最小弯曲半径

图 示	板 材	弯曲半径（R）	
		经 退 火	不 经 退 火
	钢 Q235、15、30	$0.5t$	t
	钢 A5、35	$0.8t$	$1.5t$
	钢 45	t	$1.7t$
	铜	—	$0.8t$
	铝	$0.2t$	$0.8t$

一般薄板材料弯曲半径 R 可取较小数值，$R \geqslant t$（t 为板厚）；厚板材料弯曲半径 R 应取较大数值，$R=2t$。

（3）弯曲角度

弯曲角度是指弯曲件的两翼夹角，它会影响构件材料的抗拉强度。

① 当弯曲线和材料纤维方向垂直时，材料具有较大的抗拉强度，不易产生裂纹。

② 当材料纤维方向和弯曲线平行时，材料的抗拉强度较低，容易产生裂纹，甚至断裂。

③ 在双向弯曲时，弯曲线应与材料纤维方向呈一定的夹角。

④ 随着弯曲角度的缩小，应考虑将弯曲半径适当增大。一般弯曲件长度自由公差的极限偏差和角度的自由公差推荐数值如表 6.6 和表 6.7 所示。

表 6.6 弯曲件长度自由公差的极限偏差 单位：mm

长度尺寸		3～6	6～18	18～50	50～120	120～260	260～500
材料厚度	<2	±0.3	±0.4	±0.6	±0.8	±1.0	±1.5
	2～4	±0.4	±0.6	±0.8	±1.2	±1.5	±2.0
	>4	—	±0.8	±1.0	±1.5	±2.0	±2.5

表 6.7 弯曲件角度的自由公差

L/mm	<6	6～10	10～18	18～30	30～50
$\Delta\alpha$	±3°	±2°30′	±2°	±1°30′	±1°15′
L/mm	50～80	80～120	120～180	180～260	260～360
$\Delta\alpha$	±1°	±50′	±40′	±30′	±25′

3. 钢构件矫正

矫正是指通过外力或加热作用制造新的变形,去抵消已经产生的变形,使材料或构件平直或达到一定的几何形状要求,从而符合技术标准的一种工艺方法。

矫正可采用机械矫正、加热矫正、混合矫正等方法。

(1) 机械矫正

机械矫正是在矫正机上进行的钢材矫正方法,使用时应根据矫正机的技术性能和实际使用情况进行选择。

型钢的机械矫正是在型钢矫直机上进行的,如图 6.3 所示。型钢矫直机的工作力有侧向水平推力和垂直向下压力两种。两种型钢矫直机的工作部分都是由两个支承和一个推撑构成的。

推撑可伸缩运动,伸缩距离可根据需要进行控制,两个支承固定在机座上,可按型钢弯曲程度来调整两支承点之间的距离,一般较大弯距离则大,较小弯距离则小。在矫直机的支承、推撑之间的下平面至两端,一般安设数个带轴承的转动轴或滚筒支架设施,便于矫正较长的型钢时来回移动。

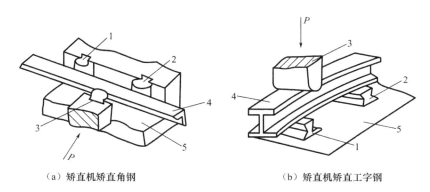

(a) 矫直机矫直角钢　　(b) 矫直机矫直工字钢

1、2—支承;3—推撑;4—型钢;5—平台

图 6.3　型钢的机械矫正

(2) 加热矫正

加热矫正又称火焰矫正,是指用氧—乙炔焰或其他气体的火焰对部件或构件变形部位进行局部加热,利用金属热胀冷缩的物理性能,钢材受热冷却时产生很大的冷缩应力来矫正变形,如图 6.4 所示。

加热方式有点状加热、线状加热和三角形加热三种。

① 点状加热。点状加热的加热点呈小圆形,直径一般为 10~30mm,点距为 50~100mm,呈梅花状布局,加热后"点"的周围向中心收缩,使变形得到矫正,如图 6.5 所示。点状加热适用于矫正板料的局部弯曲或凹凸不平。

图 6.4　火焰矫正施工现场

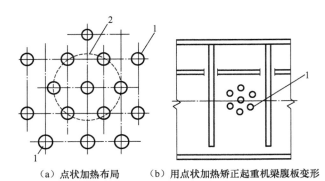

(a) 点状加热布局　　(b) 用点状加热矫正起重机梁腹板变形

1—点状加热点；2—梅花形布局

图 6.5　点状加热

② 线状加热。线状加热的加热带的宽度不大于工件厚度的 0.5～2.0 倍。由于加热后上、下两面存在较大温差，加热带长度方向产生的收缩量较小，横向收缩量较大，因而产生不同收缩使钢板变直，但加热红色区的厚度不应超过钢板厚度的一半，线状加热常用于 H 型钢构件翼缘板角变形的矫正，如图 6.6 所示，其中 t 为板的厚度。

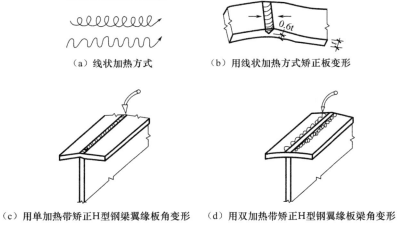

(a) 线状加热方式　　(b) 用线状加热方式矫正板变形

(c) 用单加热带矫正H型钢梁翼缘板角变形　　(d) 用双加热带矫正H型钢翼缘板梁角变形

图 6.6　线状加热

③ 三角形加热。角钢、钢板的三角形加热方式如图 6.7 (a)、(b) 所示。加热面呈等腰三角形，加热面的高度与底边宽度一般控制在型材高度的 1/5～2/3 范围，加热面应在工件变形凸出的一侧，三角形顶在内侧、底在工件外侧边缘处，一般对工件凸起处加热数处，加热后收缩量从三角形顶点起沿等腰边逐渐增大，冷却后凸起部分收缩使工件得到矫正，常用于 H 型钢构件的拱变形和旁弯曲变形的矫正，如图 6.7 (c)、(d) 所示。

火焰加热温度一般为 700℃ 左右，不应超过 900℃，加热应均匀，不得有过热、过烧现象；火焰矫正厚度较大的钢材时，加热后不得用凉水冷却；对低合金钢必须缓慢冷却，因为水冷使钢材表面与内部温差过大，易产生裂纹；矫正时应将工件垫平，分析变形原因，正确选择加热点、加热温度和加热面积等，同一加热点的加热次数不应超过 3 次。

火焰矫正变形一般只适用于低碳钢、Q345；对于中碳钢、高合金钢、铸铁和有色金

 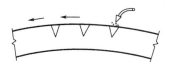

(a) 角钢、钢板的三角形加热方式一　　(b) 角钢、钢板的三角形加热方式二

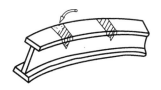 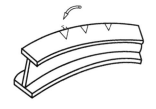

(c) 用三角形加热矫正H型钢梁拱变形和旁弯曲变形　　(d) 用三角形加热矫正H型钢梁拱变形和旁弯曲变形

图 6.7　三角形加热

属等脆性较大的材料，由于冷却收缩变形会产生裂纹，不得采用。

低碳钢和普通低合金结构钢火焰矫正时，常采用 600～800℃ 的加热温度。一般加热温度不宜超过 850℃，以免金属在加热时过热，但也不能过低，因温度过低时矫正效率不高。

（3）混合矫正

混合矫正是将零（部）件或构件两端垫以支承件，用压力压（或顶）其凸出变形部位使其矫正，常用机械有矫直机、压力机等，如图 6.8（a）所示；或用小型千斤顶或用横梁加荷配合热烤对构件成品进行顶压矫正，如图 6.8（b）、（c）所示；对小型钢材弯曲可用弯轨器，将两个弯钩勾住钢材，用转动丝杆顶压凸弯部位矫正，如图 6.8（d）所示。较大的工件可采用螺旋千斤顶代替丝杆顶正。对成批型材可采取在现场制作支架，以千斤顶作为动力进行矫正。

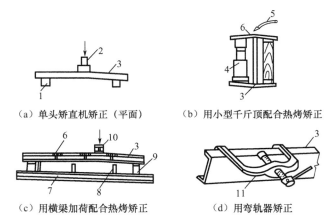

(a) 单头矫直机矫正（平面）　　(b) 用小型千斤顶配合热烤矫正

(c) 用横梁加荷配合热烤矫正　　(d) 用弯轨器矫正

1—支承块；2—压力机顶头；3—弯曲型钢；4—液压千斤顶；5—烤枪；
6—加热带；7—平台；8—标准平板；9—支座；10—加荷横梁；11—弯轨器

图 6.8　混合矫正

混合矫正适于对型材、钢构件、工字梁、起重机梁、构架或结构件进行局部或整体变形矫正。但是，当普通碳素钢温度低于−16℃时，低合金结构钢温度低于−12℃时，不宜采用此法矫正，以免产生裂纹。

（4）钢材矫正的允许偏差

① 矫正后的钢材表面不应有明显的凹痕和损伤，表面划痕深度不得大于 0.5mm，且不得超过钢材厚度允许负偏差的 1/2。

② 型钢冷矫正和冷弯曲的最小曲率半径与最大弯曲矢高应符合表 6.8 的规定。

③ 钢材矫正后的允许偏差应符合表 6.9 的规定。

④ 钢管弯曲成形的允许偏差应符合表 6.10 的规定。

表 6.8　型钢冷矫正和冷弯曲的最小曲率半径与最大弯曲矢高

钢材类别	图　例	对　应　轴	矫　正		弯　曲	
			r	f	r	f
钢板/扁钢		$x-x$	$50t$	$\dfrac{l^2}{400t}$	$25t$	$\dfrac{l^2}{200t}$
		$y-y$（仅对扁钢轴线）	$100b$	$\dfrac{l^2}{800b}$	$50b$	$\dfrac{l^2}{400b}$
角钢		$x-x$	$90b$	$\dfrac{l^2}{720b}$	$45b$	$\dfrac{l^2}{360b}$
槽钢		$x-x$	$50h$	$\dfrac{l^2}{400h}$	$25h$	$\dfrac{l^2}{200h}$
		$y-y$	$90b$	$\dfrac{l^2}{720b}$	$45b$	$\dfrac{l^2}{360b}$
工字钢		$x-x$	$50h$	$\dfrac{l^2}{400h}$	$25h$	$\dfrac{l^2}{200h}$
		$y-y$	$50b$	$\dfrac{l^2}{400b}$	$25b$	$\dfrac{l^2}{200b}$

注：r 为曲率半径，f 为弯曲矢高，l 为弯曲弦长，t 为钢板厚度。

表 6.9　钢材矫正后的允许偏差

项　目		允许偏差	图　例
钢板的局部平整度	$t \leqslant 14$	1.5mm	
	$t > 14$	1.0mm	
型钢弯曲矢高		$l/1000$ 且 $\leqslant 5.0$mm	—

续表

项　　目	允　许　偏　差	图　　例
角钢肢的垂直度	$b/100$ 且栓接角钢的角度≤90°	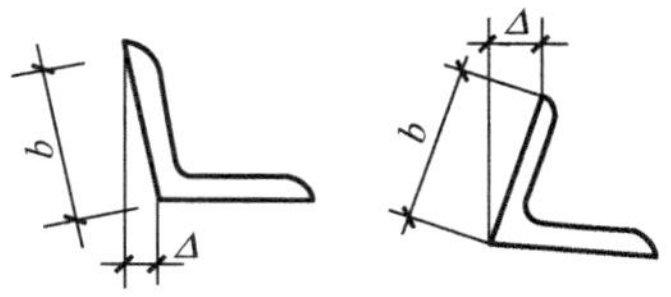
槽钢翼缘对腹板的垂直度	$b/80$	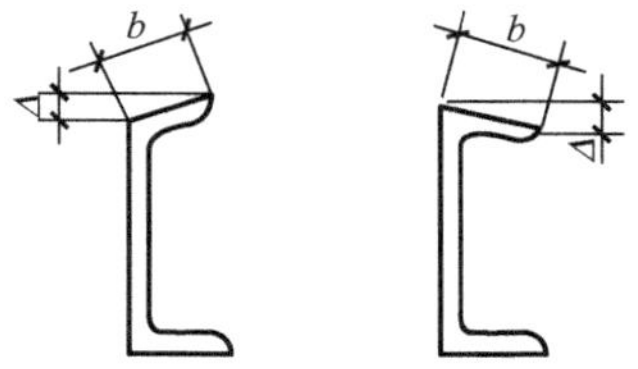
工字钢、H型钢翼缘对腹板的垂直度	$b/100$ 且≤2.0mm	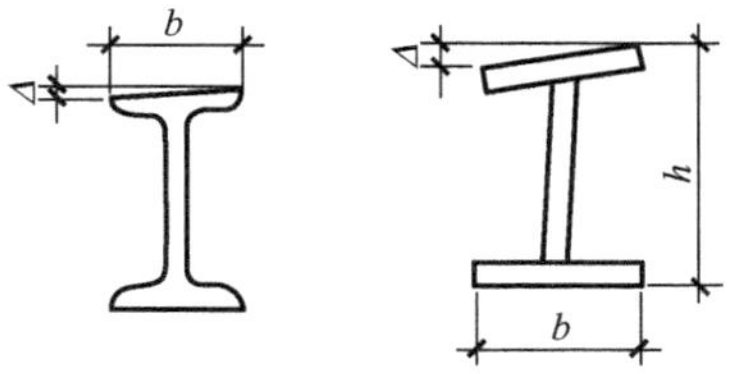

表 6.10　钢管弯曲成形的允许偏差

项　　目	允　许　偏　差
直径	$\pm d/200$ 且≤±5.0mm
构件长度	±3.0mm
管口圆度	$d/200$ 且≤5.0mm
管中间圆度	$d/100$ 且≤8.0mm
弯曲矢高	$l/1500$ 且≤5.0mm

注：d 为钢筋直径。

6.2.4　钢构件边缘加工

在钢结构制造中，为了保证焊缝质量、工艺性焊透及装配的准确性，不仅需将钢板边缘刨成或铲成坡口，还需要将边缘刨直或铣平。

1. 加工部位

钢结构制造中，常需要做边缘加工的部位主要包括以下几个。
① 起重机梁翼缘板、支座支承面等具有工艺性要求的加工面。
② 设计图样中有技术要求的焊接坡口。
③ 尺寸精度要求严格的加劲板、隔板、腹板及有孔眼的节点板等。

2. 加工方法

（1）铲边

对于加工质量要求不高、工作量不大的边缘加工，可以采用铲边。铲边有手工铲边和机械铲边两种。手工铲边的工具有手锤和手铲等，机械铲边的工具有风动铲锤和铲头等。

一般手工铲边和机械铲边的构件，其铲线尺寸与施工图样尺寸要求不得相差1mm。铲边后的棱角垂直误差不得超过弦长的1/3000，且不得大于2mm。

（2）刨边

对钢构件边缘刨边主要是在刨边机上进行的，常用的刨边机具为B81120A型刨边机。钢构件刨边加工有直边和斜边两种。钢构件刨边加工的余量随钢材的厚度、钢板的切割方法而不同，一般刨边加工余量为2~4mm。

（3）铣边

有些构件的端部可采用铣边（端面加工）的方法代替刨边。铣边是为了保持构件（如起重机梁、桥梁等接头部分，钢柱或塔架等的金属抵承部位）的精度，能使其力由承压面直接传至底板支座，以减小连接焊缝的焊脚尺寸。这种铣削加工一般是在端面铣床或铣边机上进行的。

端面铣削也可在铣边机上进行加工，铣边机的结构与刨边机相似，但加工时用盘形铣刀代替刨边机走刀箱上的刀架和刨刀，其生产效率较高。

3. 边缘加工质量

① 钢构件边缘加工的质量标准如表6.11所示。
② 钢构件刨、铣加工的允许偏差如表6.12所示。

表6.11 钢构件边缘加工的质量标准

加工方法	宽度、长度/mm	直线度/mm	坡度/(°)	对角差（四边加工）/mm
刨边	±1.0	$L/3000$ 且≤2.0	+2.5	2
铣边	±1.0	0.30	—	1

表6.12 钢构件刨、铣加工的允许偏差

项　　目	允　许　偏　差
零件宽度、长度	±1.0mm
加工面垂直度	$0.025t$ 且≤0.5mm
加工边直线度	$l/3000$ 且≤2.0mm
加工面表面粗糙度	$\sqrt[50]{}$
相邻两边夹角	±6′

注：l 为构件长度，t 为构件厚度。

6.2.5 钢构件制孔

1. 制孔方法

钢结构制作中，常用的加工方法有钻孔、冲孔、铰孔、扩孔等，施工时可根据不同的技术要求合理选用。

【钢构件制孔】

（1）钻孔

钻孔是钢结构制作中普遍采用的方法，能用于任何规格的钢板、型钢的孔加工。

① 构件钻孔前应进行试钻，经检查认可后方可正式钻孔。

② 用划针和钢尺在构件上划出孔的中心和直径，并在孔的圆周（90°位置）上打4个冲眼，作为钻孔后检查用。孔中心的冲眼应大而深，在钻孔时作为钻头定心用。

③ 钻制精度要求高的精制螺栓孔或板叠层数多、长排连接、多排连接的群孔，可借助钻模卡在工件上制孔。使用钻模厚度一般为15mm左右，钻套内孔直径比设计孔径大0.3mm。

④ 为提高工效，也可将同种规格的板件叠合在一起钻孔，但必须卡牢或点焊固定。但是重叠板厚度不应超过50mm。

⑤ 对于成对或成副的构件，宜成对或成副钻孔，以便构件组装。

（2）冲孔

冲孔是在冲孔机（冲床）上进行的，一般只能在较薄的钢板或型钢上冲孔。

① 冲孔的直径应大于板厚，否则易损坏冲头。冲孔下模上平面孔的孔径应比上模的冲头直径大0.8~1.5mm。

② 构件冲孔时，应装好冲模，检查冲模之间的间隙是否均匀一致，并用与构件相同的材料试冲，经检查质量符合要求后再进行正式冲孔。

③ 大批量冲孔时，应按批抽查孔的尺寸及孔的中心距，以便及时发现问题，及时纠正。

④ 环境温度低于−20℃时禁止冲孔。

（3）铰孔

铰孔是用铰刀对已经粗加工的孔进行精加工，以提高孔的光洁度和精度。铰孔时工件要夹正，铰刀的中心线必须与孔的中心保持一致；手铰时用力要均匀，转速为20~30r/min，进刀量大小要适当，并且要均匀，可将铰削余量分为两三次铰完，铰削过程中要加适当的冷却润滑液，铰孔退刀时仍然要顺转。铰刀用后要擦干净，涂上机油，刀刃勿与硬物磕碰。

（4）扩孔

扩孔是用麻花钻或扩孔钻将工件上原有的孔进行全部或局部扩大，主要用于构件的拼装和安装，如叠层连接板孔，常先把零件孔钻成比设计小3mm的孔，待整体组装后再行扩孔，以保证孔眼一致、孔壁光滑，或用于钻直径30mm以上的孔，先钻成小孔，后扩成大孔，以减小钻端阻力、提高工效。

用麻花钻扩孔时，由于钻头进刀阻力很小，极易切入金属，引起进刀量自动增大，从而导致孔面粗糙并产生波纹。所以用时须将其后角修小，由于切削刃外缘吃刀，避免了横刃引起的不良影响，从而切屑少且易排除，可提高孔的表面光洁度。

2. 制孔质量检验

① 螺栓孔周边应无毛刺、破裂、喇叭口和凹凸的痕迹，切屑应清除干净。

② 对于高强度螺栓，应采用钻孔。地脚螺栓孔与螺栓间的间隙较大，当孔径超过50mm时，可采用火焰割孔。

③ A、B级螺栓孔（Ⅰ类孔）应具有H12的精度，孔壁表面粗糙度 Ra 不应大于 $12.5\mu m$，其孔直径的允许偏差应符合表6.13的规定。A、B级螺栓孔的直径应与螺栓公称直径相等。

④ C级螺栓孔（Ⅱ类孔）的孔壁表面粗糙度 Ra 不应大于 $25\mu m$，其允许偏差应符合表6.14的规定。

表6.13 A、B级螺栓孔直径的允许偏差　　　　　　　　　　　　　　单位：mm

序号	螺栓公称直径、螺栓孔直径	螺栓公称直径允许偏差	螺栓孔直径允许偏差	检查数量	检验方法
1	10～18	0.00 −0.21	+0.18 0.00	按钢构件数量抽查10%，且不应少于3件	用游标深度尺或孔径量规检查
2	18～30	0.00 −0.21	+0.21 0.00		
3	30～50	0.00 −0.25	+0.25 0.00		

表6.14 C级螺栓孔直径的允许偏差　　　　　　　　　　　　　　单位：mm

项目	允许偏差	检查数量	检验方法
直径	+1.0 0.0	按钢构件数量抽查10%，且不应少于3件	用游标深度尺或孔径量规检查
圆度	2.0		
垂直度	$0.03t$ 且≤2.0		

注：t 为钻孔材料厚度。

6.3　钢构件组装及预拼装施工

6.3.1　钢构件组装施工

钢结构零（部）件的组装是指遵照施工图的要求，把已经加工完成的各零件或半成品等钢构件采用装配的手段组合成为独立的成品。

1. 钢构件的组装分类

根据特性及组装程度，钢构件可分为部件组装、组装、预总装。

① 部件组装是装配最小单元的组合，它一般是由两个或两个以上的零件按照施工图的要求装配成为半成品的结构部件。

② 组装也称拼装、装配、组立，是把零件或半成品按照施工图的要求装配成为独立的成品构件。

③ 预总装是根据施工总图的要求把相关的两个以上的成品构件，在工厂制作场地上，按其各构件的空间位置总装起来。其目的是客观地反映出各构件的装配节点，以保证构件安装质量。目前，这种装配方法已广泛应用在高强度螺栓连接的钢结构构件制造中。

2. 部件拼接

① 焊接 H 型钢的翼缘板拼接缝和腹板拼接缝的间距不应小于 200mm。翼缘板拼接长度不应小于 600mm；腹板拼接宽度不应小于 300mm，长度不应小于 600mm。

【钢构件组装】

② 箱形构件的侧板拼接长度不应小于 600mm，相邻两侧板拼接的间距不应小于 200mm；侧板在宽度方向不宜拼接，当宽度超过 2400mm 确需拼接时，最小拼接宽度不应小于板宽的 1/4。

③ 设计无特殊要求时，用于次要构件的热轧型钢可采用直口全熔焊接拼接，其拼接长度不应小于 600mm。

④ 钢管接长每个节间宜为一个接头，最短接长长度应符合下列规定。

A. 当钢管直径 $d \leqslant 500mm$ 时，不应小于 500mm。

B. 当钢管直径 $500mm < d \leqslant 1000mm$ 时，不应小于直径 d。

C. 当钢管直径 $d > 10000mm$ 时，不应小于 1000mm。

D. 当钢管采用卷制方式加工成型时，可有若干个接头，但最短接长长度应符合①~③的要求。

⑤ 钢管接长时，相邻管节或管段的纵向焊缝应错开，错开的最小距离（沿弧长方向）不应小于钢管壁厚的 5 倍，且不应小于 200mm。

⑥ 部件拼接焊缝应符合设计文件的要求，当设计无特殊要求时，应采用全熔透等强对接焊接。

3. 构件组装

① 构件组装宜在组装平台、组装支承架或专用设备上进行，组装平台及组装支承架应有足够的强度和刚度，并应便于构件的装卸、定位。在组装平台或组装支承架上应画出构件的中心线、端面位置线、轮廓线和标高线等基准线。

② 构件组装可采用地样法、仿形复制装配法、胎模装配法和专用设备装配法等方法；组装时可采用立装、卧装等方式。

③ 构件组装间隙应符合设计和工艺文件要求，当设计和工艺文件无规定时，组装间隙不应大于 2.0mm。

④ 焊接构件组装时应预设焊接收缩量，并应对各部件进行合理的焊接收缩量分配。

重要或复杂构件宜通过工艺性试验确定焊接收缩量。

⑤ 设计要求起拱的构件，应在组装时按规定的起拱值进行起拱，起拱允许偏差为起拱值的 0%～10%，且不应大于 10mm。设计未要求但施工工艺要求起拱的构件，起拱允许偏差不应大于起拱值的 ±10%，且不应大于 ±10mm。

⑥ 桁架结构组装时，杆件轴线交点偏移不应大于 3mm。

⑦ 吊车梁和吊车桁架组装、焊接完成后不应允许下挠。吊车梁的下翼缘和重要受力构件的受拉面不得焊接工装夹具、临时定位板、临时连接板等。

⑧ 拆除临时工装夹具、临时定位板、临时连接板等，严禁用锤敲落，应在距离构件表面 3～5mm 处采用气割切除，对残留的焊疤应打磨平整，且不得损伤母材。

⑨ 构件端部铣平后顶紧接触面应有 75% 以上的面积密贴，应用 0.3mm 塞尺检查，其塞入面积应小于 25%，边缘最大间隙不应大于 0.8mm。

4. 构件端部加工

① 构件端部加工应在构件组装、焊接完成并经检验合格后进行。构件的端面铣平加工可用端面铣床加工。

② 构件的端部铣平加工应符合下列规定。

A. 应根据工艺要求预先确定端部铣削量，铣削量不应小于 5mm。

B. 应按设计文件及现行国家标准《钢结构工程施工质量验收标准》（GB 50205—2020）的有关规定，控制铣平面的平面度和垂直度。

5. 构件矫正

① 构件外形矫正应采取先总体后局部、先主要后次要、先下部后上部的顺序。

② 构件外形矫正可采用冷矫正和热矫正。当设计文件有要求时，矫正方法和矫正温度应符合设计文件要求；当设计文件无要求时，应按前述的有关规定进行矫正。

6.3.2 钢构件预拼装施工

【钢结构的预拼装与连接】

1. 构件预拼装要求

① 钢构件预拼装比例应符合施工合同和设计要求，一般按实际平面情况预拼装 10%～20%。

② 拼装构件一般应设拼装工作台，如在现场拼装，则应放在较坚硬的场地上用水平仪找平。

③ 钢构件预拼装地面应坚实，胎架强度、刚度必须经设计计算确定，各支承点的水平精度可用已计量检验的各种仪器逐点测定调整。

④ 各支承点的水平度应符合下列规定。

A. 当拼装总面积为 300～1000m² 时，允许偏差小于或等于 2mm。

B. 当拼装总面积为 1000～5000m² 时，允许偏差小于 3mm。单构件支承点不论柱、梁、支撑，应不少于两个支承点。

⑤ 拼装时，构件全长应拉通线，并在构件有代表性的点上用水平尺找平，符合设计

尺寸后电焊点固焊牢。对于刚性较差的构件，翻身前要进行加固，翻身后也应进行找平，否则构件焊接后无法矫正。

⑥ 在胎架上预拼装时，不得对构件动用火焰、锤击等，各杆件的重心线应交汇于节点中心，并应完全处于自由状态。

⑦ 预拼装钢构件控制基准线与胎架基线必须保持一致。

⑧ 高强度螺栓连接预拼装时，使用冲钉直径必须与孔径一致，每个节点要多于3个，临时普通螺栓数量一般为螺栓孔的1/3。对孔径进行检测，试孔器必须垂直自由穿落。

⑨ 所有需要进行预拼装的构件制作完毕后，必须经专业质检员验收，并应符合质量标准的要求。相同构件可以互换，但不得影响构件整体几何尺寸。

⑩ 构件在制作、拼装、吊装中所用的钢尺应统一，且必须经计量检验，并相互核对，测量时间在早晨日出前、下午日落后最佳。

2. 螺栓孔检查与修补

（1）螺栓孔检查

除工艺要求外，板叠上所有螺栓孔、铆钉孔等应采用量规检查，其通过率应符合下列规定。

① 用比孔的直径小1.0mm的量规检查，应通过每组孔数的85%；用比螺栓公称直径大0.2～0.3mm的量规检查，应全部通过。

② 对于量规不能通过的孔，应经施工图编制单位同意后，方可扩钻或补焊后重新钻孔。扩钻后的孔径不得大于原设计孔径2.0mm；补孔应制订焊补工艺方案并经过审查批准，用与母材强度相应的焊条补焊，不得用钢块填塞。

（2）螺栓孔修补

在施工过程中，修孔现象时有发生，当错孔在3.0mm以内时，一般都用铣刀铣孔或铰刀铰孔，其孔径扩大不超过原孔径的1.2倍；当错孔超过3.0mm时，一般都用焊条焊补堵孔，并修磨平整，不得凹陷。

目前，各制作单位大多采用模板钻机，如果发现错孔，则一组孔均错，因此制作单位可根据节点的重要程度来确定采取焊补孔或更换零部件。特别强调不得在孔内填塞钢块，否则会造成严重后果。

3. 构件拼装方法

钢构件拼装方法有平装法、立拼法和利用模具拼装法三种。

（1）平装法

平装法适用于拼装跨度较小、构件相对刚度较大的钢结构，如长18m以内的钢柱、跨度6m以内的天窗架及跨度21m以内的钢屋架的拼装。

该拼装方法操作方便，不需要稳定加固措施，也不需要搭设脚手架。焊接焊缝大多数为平焊缝；焊接操作简易，不需要技术水平很高的焊接工人，焊缝质量易于保证，而且校正及起拱方便、准确。

（2）立拼法

立拼法主要适用于跨度较大、侧向刚度较差的钢结构，如18m以上钢柱、跨度9m及12m天窗架、24m以上钢屋架及屋架上的天窗架。

该拼装法可一次拼装多榀，块体占地面积小，不用铺设或搭设专用拼装操作平台或枕木墩，节省材料和工时；但需搭设一定数量的稳定支架，块体校正、起拱较难，钢构件的连接节点及预制构件的连接件的焊接立缝较多，增加了焊接操作的难度。

(3) 利用模具拼装法

模具是指符合工件几何形状或轮廓的模型（内模或外模）。对于成批的板材结构和型钢结构，应尽量采用模具拼装法。利用模具来拼装组焊钢结构，具有产品质量好、生产效率高的特点。

6.4 钢结构加工制作质量通病及防治

6.4.1 钢零件及钢部件加工质量通病与防治

1. 放样偏差

(1) 质量通病现象

放样尺寸不精确，导致后续步骤或者工序出现累积误差。

(2) 预防治理措施

① 放样环境。放样台是专门用来放样的，放样台分为木质地板和钢质地板，也可在装饰好的室内地坪上进行。木质放样台应设置于室内，光线要充足，干湿度要适宜，放样平台表面应保持平整光洁。木地板放样台应刷上淡色无光漆，并注意防火；钢质地板放样台一般刷上黏白粉或白油漆，这样可以画出易于辨别的线条，以表示不同的结构形状，使放样台上的图面清晰，不致混乱；如果在地坪上放样，也可根据实际情况采用弹墨线的方法。日常则需保护台面（如不许在其上进行对活、击打、矫正工作等）。

② 放样准备。放样前，应校对图纸各部尺寸有无不符之处，与土建和其他安装工程分部有无矛盾。图纸标注不清，与有关标准有出入或有疑问，自己不能解决时，应与有关部门联系，妥善解决，以免产生错误。如发现图纸设计不合理，需变动图纸上的主要尺寸或发生材料代用时，应与有关部门联系并取得一致意见，并在图纸上注明更改内容和更改时间，填写技术变更核定（洽商）单等签证。

③ 放样操作。应注意用油毡纸或马粪纸壳材料制作样板时引起温度和湿度变化所造成的误差。

④ 样板标注。样板制出后，必须在上面注明图号、零件名称、件数、位置、材料牌号、规格及加工符号等内容，以便使下料工作有序进行。同时，应妥善保管样板，防止折叠和锈蚀，以便进行校核，查出原因。

⑤ 加工余量。为了保证产品质量，防止由于下料不当造成废品，样板应注意适当预放加工余量，一般可根据不同的加工量按下列数据进行。

A. 自动气割切断的加工余量为 3mm。

B. 手工气割切断的加工余量为 4mm。

C. 气割后需铣端或刨边的，其加工余量为 4～5mm。

D. 剪切后无须铣端或刨边的加工余量为0。

E. 对焊接结构零件的样板，除放出上述加工余量外，还须考虑焊接零件的收缩量。一般沿焊缝长度纵向收缩率为0.03%～0.2%；沿焊缝宽度横向收缩，每条焊缝为0.03～0.75mm；加强肋的焊缝引起的构件纵向收缩，每肋每条焊缝为0.25mm。加工余量和焊接收缩量应根据组合工艺中的拼装方法、焊接方法及钢材种类、焊接环境等决定。

⑥ 节点放样及制作。焊接球节点和螺栓球节点由专门的工厂生产，一般只需按规定要求进行验收，而焊接钢板节点一般都根据各工程单独制造。焊接钢板节点放样时，先按图纸用硬纸剪成足尺样板，并在样板上标出杆件及螺栓中心线，钢板即按此样板下料。

制作时，钢板相互间先根据设计图纸用电焊点上，然后以角尺及样板为标准，用锤轻击逐渐校正，使钢板间的夹角符合设计要求，检查合格后再进行全面焊接。为了防止焊接变形，带有盖板的节点在点焊定位后可用夹紧器夹紧，再全面施焊。同时施焊时，应严格控制电流并分批焊接，如用直径4mm的焊条，电流控制在210A以下，当焊缝高度为6mm时，分成两批焊接。

2. 下料偏差

（1）质量通病现象

钢材下料尺寸与实际尺寸有偏差，如图6.9所示。

【图6.9彩图】

图6.9　柱肩梁部位零部件的切割尺寸严重超标，造成组装后位置超过允许偏差

（2）预防治理措施

① 准备好下料的各种工具，如各种量尺、手锤、中心冲、划规、划针和凿子，以及上面提到的剪、冲、锯、割等工具。

② 检查对照样板及计算好的尺寸是否符合图纸的要求。如果按图纸的几何尺寸直接在板料或型钢上下料，应细心检查计算下料尺寸是否正确，防止错误和由于错误造成废品出现。

③ 发现材料上有疤痕、裂纹、夹层及厚度不足等缺陷时，应及时与有关部门联系，研究决定后再下料。

④ 钢材有弯曲和凹凸不平时，应先矫正，以减小下料误差。对于材料的摆放，两型钢或板材边缘之间至少有50～100mm的距离以便画线。规格较大的型钢和钢板放、摆料要有起重机配合进行，可提高工效并保证安全。

⑤ 角钢及槽钢弯折料长计算，角钢、槽钢内直角切口计算，焊接收缩量预留计算等必须严格，不能出现误差。

3. 气割下料偏差

（1）质量通病现象

气割的金属材料不适合气割；气割时火焰大小控制不当，导致气割下料出现偏差，如图 6.10 所示。

【图6.10彩图】

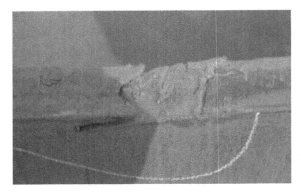

图 6.10　气割下料后切割面不平，割纹深度、缺口深度尺寸超过允许偏差

（2）预防治理措施

①合理选择气割条件。氧-乙炔气割是根据某种金属被加热到一定温度时在氧气流中能够剧烈燃烧氧化的原理，用割炬来进行切割的金属材料只有满足下列条件才能进行气割。

A. 金属材料的燃点必须低于其熔点。这是保证切割在燃烧过程中进行的基本条件；否则，切割时金属先熔化变为熔割过程，会使割口过宽，而且不整齐。

B. 燃烧生成的金属氧化物的熔点应低于金属本身的熔点，同时流动性要好；否则，便会在割口表面形成固态氧化物，阻碍氧气流与下层金属的接触，使切割过程不能正常进行。

C. 金属燃烧时应能放出大量的热，而且金属本身的导热性要低。这是为了保证下层金属有足够的预热温度，使切割过程能连续进行。

满足上述条件的金属材料有纯铁、低碳钢、中碳钢和普通低合金钢。而铸铁、高碳钢、高合金钢及铜、铝等有色金属及其合金，均难以进行氧-乙炔气割。

② 手工气割操作控制。

A. 气割前的准备。

首先检查工作场地是否符合安全要求，然后将工件垫平。工件下面应留有一定的空隙，以便氧化铁渣吹出。工件下面的空间不能密封，否则可能会在气割时引起爆炸。工件表面的油污和铁锈要加以清除。

检查切割氧气流线的方法是点燃割炬，将预热火焰调整适当，然后打开切割氧气阀门，观察切割氧流线的形状。切割氧流线应为笔直而清晰的圆柱体，并有适当的长度，这样才能使工件切口表面光滑干净、宽窄一致。如果切割氧流线形状不规则，应关闭所有阀门，用透针或其他工具修整割嘴的内表面，使之光滑。

B. 气割操作。气割操作时，首先应点燃割炬，随即调整火焰。火焰的大小应根据工件的厚薄调整适当，然后进行切割。

开始切割,预热钢板的边缘略呈红色时,将火焰局部移出边缘线以外,同时慢慢打开切割氧气阀门。如果预热的红点在氧气流中被吹掉,则应开大切割氧气阀门。当有氧化铁渣随氧气流一起飞出时,证明已割透,这时即可进行正常切割。

若切割必须从钢板中间开始,则要在钢板上先割出孔,再按切割线进行切割。割孔时,首先预热要割孔的地方,如图6.11(a)所示;然后将割嘴提起至离钢板15mm左右,如图6.11(b)所示;再慢慢开启切割氧气阀门,并将割嘴稍侧倾并旁移,使熔渣吹出,如图6.11(c)所示;直至将钢板割穿,再沿切割线切割,如图6.11(d)所示。

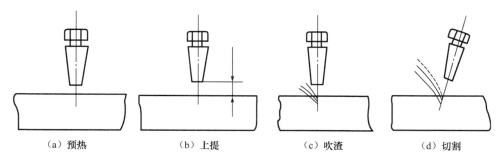

(a)预热　　(b)上提　　(c)吹渣　　(d)切割

图6.11　手工气割

在切割过程中,有时因嘴头过热或氧化铁渣飞溅,割炬嘴头被堵住或乙炔供应不及时,嘴头产生鸣爆并发生回火现象,这时应迅速关闭预热氧气和割炬。如果嘴头仍然发出"嘶嘶"声,说明割炬内回火尚未熄灭,这时应再迅速将乙炔阀门关闭或者迅速拔下割炬上的乙炔气管,使回火的火焰气体排出。处理完毕,应先检查割炬的射吸能力,然后方可重新点燃割炬。

切割临近终点时,嘴头应略向切割前进的反方向倾斜,以便钢板的下部提前割透,使收尾时割缝整齐。当到达终点时,应迅速关闭切割氧气阀门,并将割炬抬起,再关闭乙炔阀门,最后关闭预热氧气阀门。

4.边缘加工偏差

(1)质量通病现象

钢起重机梁翼缘板的边缘、钢柱脚和肩梁承压支承面及其他要求刨平顶紧的部位、焊接对接口、焊接坡口的边缘、尺寸要求严格的加劲板、隔板腹板和有孔眼的节点板,以及由于切割下料产生硬化的边缘或采用气割、等离子弧切割方法切割下料产生有害组织的热影响区,一般均需边缘加工进行刨边、刨平或刨坡口。在进行上述边缘加工时可能造成偏差过大,超过允许偏差。

(2)预防治理措施

当用气割方法切割碳素钢和低合金钢焊接坡口时,对于屈服强度小于400N/mm²的钢材,应将坡口熔渣、氧化层等清除干净,并将影响焊接质量的凹凸不平处打磨平整;对于屈服强度大于或等于400N/mm²的钢材,应将坡口表面及热影响区用砂轮打磨去除淬硬层。当用碳弧气刨方法加工坡口或清焊根时,必须将刨槽内的氧化层、淬硬层、顶碳或铜迹彻底打磨干净。

5.卷边缺陷

(1)质量通病现象

① 外形缺陷:卷弯圆柱形筒身时,常见的外形缺陷有过弯、锥形、鼓形、束腰、

歪斜和棱角等缺陷。其原因如下。

A. 过弯：轴辊调节过量。

B. 锥形：上下辊的中心线不平行。

C. 鼓形：轴辊发生弯曲变形。

D. 束腰：上下辊压力和顶力太大。

E. 歪斜：板料没有对中。

F. 棱角：预弯过大或过小。

② 表面压伤：卷板时，钢板或轴辊表面的氧化皮及黏附的杂质会造成板料表面的压伤。尤其在热卷或热矫时，氧化皮与杂质对板料的压伤更为严重。

③ 卷裂：板料在卷弯时变形太大、材料的冷作硬化，以及应力集中等因素，会使材料的塑性降低而造成裂纹产生。

（2）预防治理措施

① 矫正棱角的方法可采用三辊或四辊卷板机进行。

② 表面压伤的预防应注意以下几点。

A. 在冷卷前必须清除板料表面的氧化皮，并涂上保护涂料。

B. 热卷时宜采用中性火焰，缩短高温度下板料停留的时间，并采用防氧涂料等办法，尽量减少氧化皮的产生。

C. 卷板设备必须保持干净，轴辊表面不得有锈皮、毛刺、棱角或其他硬性颗粒。

D. 卷板时应不断吹扫内、外侧剥落的氧化皮，矫圆时应尽量减少反转次数等。

E. 非铁金属、不锈钢和精密板料卷制时，最好固定专用设备，并将轴辊磨光，消除棱角和毛刺等，必要时用厚纸板或专用涂料保护工作表面。

③ 卷裂的防治措施。

A. 对变形率大和脆性的板料，需进行正火处理。

B. 对缺口敏感性大的钢种，最好将板料预热到 150～200℃ 后卷制。

C. 板料的纤维方向不应与弯曲线垂直。

D. 对板料的拼接缝必须修磨至光滑平整。

6.4.2 钢构件组装施工质量通病与防治

1. 焊缝连接组装错误

（1）质量通病现象

没有根据测量结果及现场情况确定焊接顺序，焊接时不用引（熄）弧板，钢柱焊接时只有一名焊接工人施焊等。

（2）预防治理措施

① 应确定合理的焊接顺序，平面上应以中部对称向四周扩展；根据钢柱的垂直度偏差确定焊接顺序，对钢柱的垂直度进一步校正。

② 应加设长度大于 3 倍焊缝厚度的引（熄）弧板，并且材质应与母材一致或通过试验选用，如图 6.12 所示。

图 6.12　H 型焊接端部未按要求加设焊接引（熄）弧板

③ 焊接前应将焊缝处的水分、脏物、铁锈、油污、涂料清除干净。

④ 钢柱焊接时，应由两名焊接工人在相互对称位置以相同速度同时施焊。

2. 顶紧接触面紧贴面积不够

（1）质量通病现象

顶紧接触面紧贴面积没有达到顶紧接触面的 75%。

（2）预防治理措施

按接触面的数量抽查 10%，且不应少于 10 个。用 0.3mm 塞尺检查，塞入面积应小于 25%，边缘间隙不应大于 0.8mm。钢构件之间要平整，钢构件不能有变形。

3. 轴线交点错位过大

（1）质量通病现象

桁架结构杆件轴线交点错位过大，如图 6.13 所示。

图 6.13　杆件轴线交点错位过大

（2）预防治理措施

按构件数抽查 10%，且应不少于 3 个，每个抽查构件按节点数抽查 10%，且不应少于 3 个节点。用尺量检查，桁架结构杆件轴线交点错位的允许偏差不得大于 3.0mm。

桁架结构杆件组装时，严格按顺序组装。杆件之间的轴线要严格按照图纸对准。

6.4.3 钢构件预拼装施工质量通病与防治

1. 预拼装变形

（1）质量通病现象

钢构件预拼装时产生变形。

（2）预防治理措施

严格按钢构件预拼装的工艺要求进行钢构件预拼装施工，不得马虎大意。

2. 起拱不准确

（1）质量通病现象

构件起拱数值大于或小于设计数值。

（2）预防治理措施

① 在制造厂进行预拼装，严格按照钢构件制作允许偏差进行检验，如拼接点处角度有误，应及时处理。

② 在小拼过程中，应严格控制累积偏差，注意采取措施消除焊接收缩量的影响。

③ 钢屋架或钢梁拼装时应按规定起拱，根据施工经验可适当增加施工起拱。

④ 根据拼装构件质量，对支顶点或支承架要经过计算确定，否则焊后如造成永久变形则无法处理。

3. 拼装焊接变形

（1）质量通病现象

拼装构件焊接后翘曲变形。

（2）预防治理措施

① 焊条的材质、性能应与母材相符，均应符合设计要求。焊材的选用原则为：焊条与焊接母材应等强，或焊条的强度略高于被焊母材的强度，以防止焊缝金属与母材金属的强度不等使焊后构件产生过大应力而造成变形。

② 拼装支承的平面应保证其水平度，并应符合支承的强度要求，不会使构件因自重失稳下坠，造成拼装构件焊接处的弯曲变形。

③ 焊接过程中应采用正确的焊接规范，防止在焊缝及热影响区产生过大的受热面积，使焊后造成较大的焊接应力，导致构件变形。

④ 焊接时还应采取相应的防变形措施，常用的防止变形的措施如下。

A. 焊接较厚构件在不降低结构条件下，可采用焊前预热或退火来提高塑性，降低焊接残余应力的变形。

B. 遵循正确的焊接顺序。

C. 构件加固法：将焊件于焊前用刚性较大的夹具临时加固，增加刚性后再进行焊接。但这种方法只适用于塑性较好的低碳结构钢和低合金结构钢一类的焊接构件，不适用于高强结构钢一类的脆裂敏感性较强的焊接构件，否则易增加应力，产生裂纹。

D. 反变形法：根据施工经验或以试焊件的变形为依据，采取使构件间焊接变形向反方向做适量变形，以达到消除焊接变形的目的。

4. 拼装后扭曲

（1）质量通病现象

构件拼装后全长扭曲超过允许值。

（2）预防治理措施

① 从号料到剪切，对钢材及剪切后的零（部）件应做认真检查。对于变形的钢材及剪切后的零（部）件应矫正合格，以防止以后各道工序出现累积变形。

② 拼装时应选择合理的装配顺序。一般的原则是先将整体构件适当地分成几个部件，分别进行小单元部件的拼装，将这些拼装和焊完的部件予以矫正后，再拼成大单元整体。这样可使某些不对称或收缩大的构件焊缝能自由收缩和进行矫正，而不影响整体结构的变形。拼装时还应注意以下事项。

A. 拼装前，应按设计图的规定尺寸认真检查拼装零（部）件的尺寸是否正确。

B. 拼装底样的尺寸一定要符合拼装半成品构件的尺寸要求，构件焊接点的收缩量应接近焊后实际变化尺寸要求。

C. 拼装时，为防止构件在拼装过程中产生过大的应力变形，应使零件的规格或形状均符合规定的尺寸和样板要求；同时，在拼装时不应采用较大的外力强制组对，以防止构件焊后产生过大的约束应力而产生变形。

D. 构件组装时，为使焊接接头均匀受热以消除应力和减少变形，应做到对接间隙、坡口角度、搭接长度和T形贴角连接的尺寸正确，其形状、尺寸应按设计及确保质量的经验做法处理。

E. 坡口加工的形式、角度、尺寸应按设计施工图要求。

5. 跨度不准确

（1）质量通病现象

构件跨度值大于或小于设计值，使得构件搭接长度过短或过长，如图6.14所示。

图6.14 柱间支撑与钢柱节点板的搭接长度不足

（2）预防治理措施

① 由于构件制作偏差，当起拱与跨度值发生矛盾时，应先满足起拱数值。为保证

起拱和跨度数值准确，必须严格按照《钢结构工程施工质量验收标准》（GB 50205—2020）中检查构件制作尺寸的精确度。

② 小拼构件偏差必须在中拼时消除。

③ 构件在制作、拼装、吊装中所用的钢尺应统一。

④ 为防止跨度不准确，在制造厂应采用试拼办法解决。

本章小结

本章首先介绍了钢结构加工前需要做的准备工作，包括施工图的审查、备料、工艺规程与准备、场地布置与安排等工作，然后着重介绍了钢零件及钢部件的加工技术和钢构件组装及预拼装施工的方法与工序流程，其中钢零件及钢部件的加工包括放样与号料、切割下料、成形与矫正、边缘加工和制孔等，最后对钢结构加工制作常见的质量通病及其防治措施进行了比较详细的介绍。

习题

一、单项选择题

1. 钢结构施工详图的内容不包括（　　）。
   A. 设计图　　　B. 设计总说明　　　C. 布置图　　　D. 构件详图

2. 备料时应按实际所需再增加（　　）提出材料需用量。
   A. 2%　　　B. 5%　　　C. 10%　　　D. 15%

3. （　　）是编制工艺卡和配料的依据。
   A. 设计图纸　　　B. 技术文件　　　C. 工艺流程表　　　D. 零件流水卡

4. 放样时，以（　　）的比例在样板台上弹出大样。
   A. 1∶1　　　B. 1∶2　　　C. 1∶5　　　D. 1∶10

5. 常用的钢材切割方法不包括（　　）。
   A. 机械切割　　　B. 手工切割　　　C. 气割　　　D. 等离子切割

6. 火焰矫正变形一般适用于（　　）
   A. 低碳钢　　　B. 中碳钢　　　C. 高合金钢　　　D. 铸铁

7. 钢构件拼装方法中的立拼法适用于（　　）。
   A. 跨度较小、构件刚度较大的钢结构
   B. 跨度较大、构件刚度较大的钢结构
   C. 跨度较小、侧向刚度较差的钢结构
   D. 跨度较大、侧向刚度较差的钢结构

8. 桁架结构杆件轴线交点错位的允许偏差不得大于（　　）mm。
   A. 2.0　　　B. 3.0　　　C. 5.0　　　D. 10.0

二、名词解释

1. 钢材号料
2. 加工余量
3. 弯曲成形
4. 加热矫正
5. 反变形法

三、简答题

1. 钢结构设计图和钢结构施工详图的区别有哪些？
2. 图纸审查的主要目的和主要内容有哪些？
3. 简述钢构件加工工序。
4. 钢构件预拼装常用的方法有哪些？各种方法各自的适用范围是如何规定的？
5. 钢结构外形矫正的先后顺序是怎样的？

第7章 钢结构吊装及安装工程施工

📚 **教学要求**

能 力 要 求	相 关 知 识	权　　重
（1）熟悉钢结构安装常用设备； （2）熟悉钢结构安装常用吊具； （3）熟悉钢结构安装准备	（1）起重吊装设备的种类； （2）起重吊装设备的主要技术参数； （3）起重吊装设备的优缺点； （4）起重吊具的种类及主要技术参数； （5）钢结构安装文件资料准备及技术准备	20%
（1）理解单层钢结构安装方案； （2）理解单层钢结构各构件的安装流程	（1）单层钢结构吊装方案的基本原则； （2）单层钢结构吊装方案的适用条件； （3）单层钢结构吊装安全注意事项； （4）单层钢结构柱、梁及屋架的安装准备内容、吊点选择、起吊方法、固定方法、允许偏差、成品保护、施工安全注意事项	40%
（1）掌握多层及高层钢结构安装； （2）掌握实腹式轴心受压构件的验算方法	（1）多层及高层钢结构安装的材料要求； （2）多层及高层钢结构安装的主要机具； （3）多层及高层钢结构安装的作业条件； （4）多层及高层钢结构安装的工艺及操作流程； （5）多层及高层钢结构安装的测量方法； （6）多层及高层钢结构安装的质量标准； （7）多层及高层钢结构安装的成品保护	40%

第7章 钢结构吊装及安装工程施工

本章导读

钢结构的吊装与安装是钢结构施工的主要阶段,是钢结构成型的实施阶段。本章内容主要包括钢结构安装常用设备及吊具的介绍,钢结构安装工程的准备工作,单层及多高层钢结构安装的流程、构件安装方法、所用机械设备、误差控制、安装注意事项等,为钢结构安装施工提供理论基础。

7.1 钢结构安装常用设备及吊具

钢结构安装离不开起重吊装设备,起重设备应根据起重设备性能、结构特点、现场环境、作业效率等因素综合确定。起重设备需要附着或支承在结构上时,应得到设计单位的同意,并应进行结构安全验算。

7.1.1 起重吊装设备

1. 塔式起重机

塔式起重机具有较高的有效高度和较大的工作半径,构件布置较为灵活,吊装构件方便,起重臂可以360°转向,安装屋面板、支承等构件时,在使用范围内臂杆不受已安装构件的影响。

(1) 常见塔式起重机分类

① 按有无行走机构可分为移动式塔式起重机和固定式塔式起重机。

移动式塔式起重机根据行走装置的不同又可分为轨道式、轮胎式、汽车式、履带式四种。轨道式塔式起重机塔身固定于行走底架上,可在专设的轨道上运行,稳定性好,能带负荷行走,工作效率高,因而广泛应用于建筑安装工程。轮胎式、汽车式和履带式塔式起重机无轨道装置,移动方便,但不能带负荷行走、稳定性较差,目前已很少生产。

固定式塔式起重机根据装设位置的不同又分为附着自升式和内爬式两种。附着自升式塔式起重机能随建筑物的升高而升高,适用于高层建筑,建筑结构仅承受由起重机传来的水平荷载,附着方便,但占用结构用钢多;内爬式塔式起重机在建筑物内部(电梯井、楼梯间),借助一套托架和提升系统进行爬升,顶升较烦琐,但占用结构用钢少,不需要装设基础,全部自重及荷载均由建筑物承受。

② 按起重臂的构造特点可分为俯仰变幅起重臂(动臂)和小车变幅起重臂(平臂)塔式起重机。

俯仰变幅起重臂塔式起重机是靠起重臂升降来实现变幅,其优点是能充分发挥起重臂的有效高度,机构简单;缺点是最小幅度被限制在最大幅度的30%左右,不能完全靠近塔身,变幅时负荷随起重臂一起升降,不能带负荷变幅。

小车变幅起重臂塔式起重机是靠水平起重臂轨道上安装的小车行走实现变幅的,其优点是变幅范围大,载重小车可驶近塔身,能带负荷变幅;缺点是起重臂受力情况复杂,对结构要求高,且起重臂和小车必须处于建筑物上部,塔尖安装高度比建筑物屋面要高出15~20m。

③ 按塔身结构回转方式可分为下回转（塔身回转）和上回转（塔身不回转）塔式起重机。下回转塔式起重机将回转支承、平衡重主要机构等均设置在下端，其优点是塔身所受弯矩较小，重心低，稳定性好，安装维修方便；缺点是对回转支承要求较高，安装高度受到限制。上回转塔式起重机将回转支承、平衡重主要机构均设置在上端，其优点是由于塔身不回转，可简化塔身下部结构、顶升加节方便；缺点是当建筑物超过塔身高度时，由于平衡臂的影响，限制起重机的回转，同时重心较高，风压增大，压重增加，使整机总质量增加。

④ 按起重机安装方式不同，可分为能进行折叠运输且自行整体架设的快速安装塔式起重机和需借助辅机进行组拼与拆装的塔式起重机。

能自行架设的快装式塔式起重机都属于中小型下回转塔式起重机，主要用于工期短、要求频繁移动的低层建筑上，主要优点是能提高工作效率，节省安装成本，省时、省工、省料；缺点是结构复杂，维修量大。

需借助辅机组拼与拆装的塔式起重机，主要用于中高层建筑及工作幅度大、起重量大的场所，是目前建筑工地上的主要机种。

⑤ 按有无塔尖的结构可分为平头塔式起重机和尖头塔式起重机。

平头塔式起重机是最近几年发展起来的一种新型塔式起重机，其特点是在原自升式塔式起重机的结构上取消了塔尖及其前后拉杆部分，增强了大臂和平衡臂的结构强度，大臂和平衡臂直接相连。

尖头塔式起重机一般用在港口和船上，能回转，但只有在尖头起仰角度不同的长度内起吊，起吊半径区域比较小，但是起吊能力基本和位置没关系，起吊能力基本固定。

⑥ 按升高方式分为固定高度、自升式（附着式、内爬式）塔式起重机。

无附着装置安装到一个固定的独立高度使用及所有附着式塔式起重机在无附着时都可称为固定高度的塔式起重机，另外快装式塔式起重机均为固定高度的塔式起重机。

附着式塔式起重机安装在建筑物的一侧，底座固定在专门的基础上或将行走台车固定在轨道上，随着塔身的自行加节升高，每间隔一定高度用专用杆件将塔身与建筑物连接，依附在建筑物上。附着式塔式起重机是我国目前应用最广泛的一种安装形式，塔式起重机由其他起重设备安装至基本高度后，即可由自身的顶升机构随建筑物升高将塔身逐节接高，附着和顶升过程可利用施工间隙进行，对工程进度影响不大，且建筑物仅承受由塔式起重机附着杆件所传递的水平荷载，一般无须特别加固。施工结束后，塔式起重机的拆卸可按安装逆程序进行，无须另设拆卸设备。

内爬式塔式起重机安装在建筑物内部，支承在建筑物电梯井内或某一开间内，依靠安装在塔身底部的爬升机构，使整机沿建筑物内通道上升。

内爬式塔式起重机主要应用于超高层建筑施工，塔身高度固定，塔式起重机自重较小，利用建筑物的楼层进行爬升，在塔式起重机起升卷筒的容绳量内，其爬升高度不受限制。但塔式起重机全部自重支承在建筑物上，建筑结构需做局部加强，与建筑设计联系比较密切。其爬升须与施工进度相协调。施工结束后，需用特设的屋面起重机或辅助起重设备将塔式起重机解体卸至地面。

⑦ 按起重量分类。

目前塔式起重机多以质量或力矩来分，有轻型、中型与重型三类。

A. 轻型：起重量为 $0.3 \sim 3t$，起重力矩 $\leqslant 400 kN \cdot m$，一般用于五层以下的民用建筑

施工中。

B. 中型：起重量为3～15t，起重力矩为600～1200kN·m，一般用于工业建筑和较高层的民用建筑施工中。

C. 重型：起重量为20～40t，起重力矩≥1200kN·m，一般用于重型工业厂房，以及高炉、化工塔等设备的吊装工程中。

（2）塔式起重机的参数与技术性能

塔式起重机参数包括基本参数和主参数。基本参数共10项，根据《塔式起重机》（GB/T 5031—2019）规定，包括幅度、起升高度、额定起重量、轴距、轮距、起重总量、尾部回转半径、额定起升速度、额定回转速度、最低稳定速度。主参数是公称起重力矩。

① 幅度（L）。

幅度是塔式起重机空载时，从塔式起重机回转中心线至吊钩中心垂线的水平距离，通常称为回转半径或工作半径，如图7.1所示。

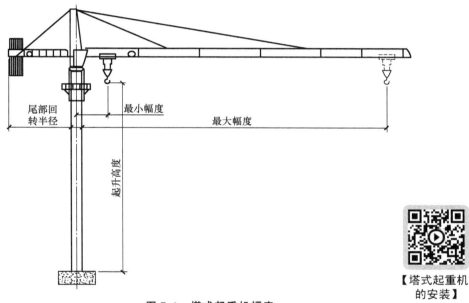

图 7.1　塔式起重机幅度

② 起重量（G）。

额定起重量（G）是塔式起重机安全作业允许的最大起升荷载，包括物品、取物装置（吊梁、抓斗、起重电磁铁等）的质量。臂架起重机不同的幅度处允许不同的最大起重量（G_{max}）。塔式起重机基本臂最大幅度处的额定起重量为塔式起重机的基本参数。此外，塔式起重机还有两个起重量参数，一个是最大幅度时的起重量，另一个是最大起重量。

③ 起重力矩（M）。

塔式起重机的主参数是公称起重力矩（单位为kN·m）。所谓公称起重力矩，是指起重臂为基本臂长时最大幅度与相应额定起重量的乘积，或最大起重量与相应拐点的乘积。

塔式起重机在最小幅度时起重量最大，随着幅度的增加使起重量相应递减。因此，在各种幅度时都有额定的起重量。不同的幅度和相应的起重量连接起来，绘制成塔式起重机的性能曲线图。所有塔式起重机的操纵台旁都配备性能曲线图，使操作人员能掌握在不同幅度下的额定起重量,防止超载,有些塔式起重机能加高塔身,由于塔身结构高度增加,风荷载及由风而构成的倾翻力矩也随之增大,导致起重稳定性差。必须采取增加压重和降低额定质量措施以保持其稳定性。

④ 起升高度(H)。

起升高度也称吊钩高度。空载时,对于轨道式塔式起重机,是吊钩内最低点到轨顶面的垂直距离;对于其他形式的塔式起重机,则为吊钩内最低点到支承面的距离。对于小车变幅起重臂塔式起重机来说,其最大起升高度并不因幅度变化而改变。对于俯仰变幅起重臂塔式起重机来说,其起升高度是随不同臂长和不同幅度而变化的。

最大起升高度是塔式起重机作业时严禁超越的极限,如果吊钩吊着重物超过最大起升高度继续上升,必然要造成起重臂损坏和重物坠毁甚至整机倾翻的严重事故。因此,每台塔式起重机上都装有吊钩高度限位器,当吊钩上升到最大高度时,限位器便自动切断电源,阻止吊钩继续上升。

⑤ 工作速度。

塔式起重机的工作速度参数包括起升速度、回转速度、俯仰变幅速度、小车运行速度和大车运行速度等。在塔式起重机的吊装作业循环中,提高起升速度,特别是提高空钩起落速度,是缩短吊装作业循环时间、提高塔式起重机生产效率的关键。

⑥ 轨距、轴距、尾部外廓尺寸。

轨距是两条钢轨中心线之间的水平距离。常用的轨距是 2.8m、3.8m、4.5m、6m、8m。

塔式起重机的轨距、轴距及尾部外廓尺寸,不仅关系到起重机的幅度能否充分利用,而且是起重机运输中能否安全通过的依据。

【大型履带式起重机的安装】

2. 履带式起重机

把起重作业部分装设在履带底盘上,行走依靠履带装置的起重机称为履带式起重机,如图 7.2 所示。

履带式起重机与轮胎式起重机相比,因履带与地面接触面积大,故对地面的平均压力小,为 0.05~0.25MPa,可在松软、泥泞地面作业。它牵引系数高,约为轮胎式的 1.5 倍,爬坡度大,可在崎岖不平的场地上行驶。

但履带式起重机行驶速度慢(1~5km/h),而且行驶过程中要损坏路面,因此转移作业时需要通过铁路运输或用平板拖车装运,机动性差。此外,履带底盘笨重,用钢量大(一台同功率的履带式起重机比轮胎式重 50%~100%),制造成本高,QUY35A 液压履带式起重机主要技术参数如表 7.1 所示。

3. 汽车式起重机

汽车式起重机是装在普通汽车底盘或特制汽车底盘上的一种起重机,其行驶驾驶室与起重操纵室分开设置。这种起重机的优点是机动性好,转移迅速;缺点是工作时须支腿,不能负荷行驶,也不适合在松软或泥泞的场地上工作。

汽车式起重机的底盘性能等同于同样整车总重的载重汽车,符合公路车辆的技术要求,因而可在各类公路上通行无阻。此种起重机一般起重量的范围很大,可在 8~1000t,底盘的车轴数可在 2~10 根,是产量最大、使用最广泛的起重机类型。

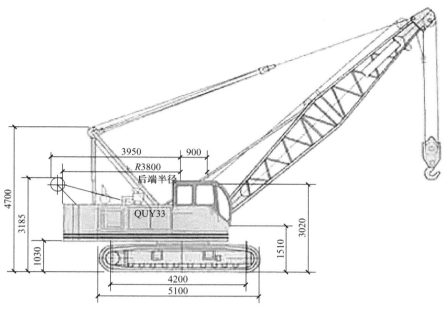

图 7.2 履带式起重机

表 7.1 QUY35A 液压履带式起重机主要技术参数

项目名称	单位	数值
最大额定起重量	t	35
主臂长度	m	10～40
主臂+副臂最大长度	m	34+12.2
起重臂变幅角度	°	30～80
提升钢绳速度	m/min	62，31
下降钢绳速度	m/min	62，31
起重臂上升速度	m/min	63
起重臂下降速度	m/min	63
回转速度	r/min	*2.7
行走速度	km/h	1.4
爬行能力	％	40
起重力矩	t·m	125
柴油机型号		D6114ZG2B
柴油机额定输出功率	kW/(r/min)	128/2000

续表

项目名称	单位	数值
配重质量	t	12.1
整机质量（基本臂时）	t	36
接地比压	MPa	0.053
主提升倍率	t	7
主机运输尺寸	mm	6345×3960×3020

注：* 速度随机荷载不同而变化。

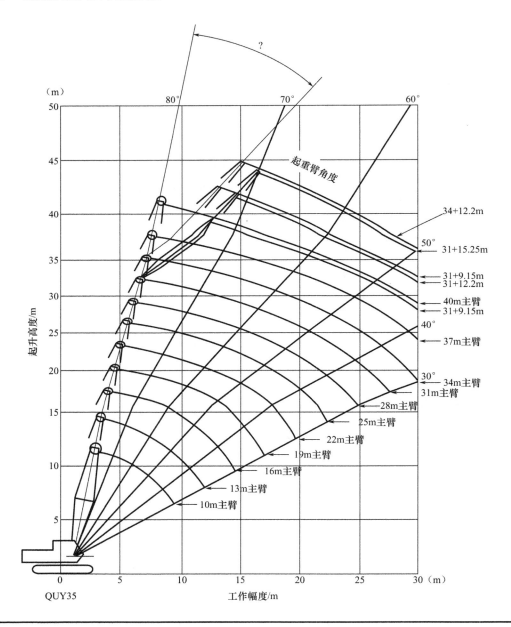

QY20B 和 QY20H 汽车式起重机外形如图 7.3 所示。汽车式起重机主要技术性能如表 7.2、表 7.3 所示。

图 7.3 汽车式起重机外形

表 7.2 几种轻型汽车式起重机主要技术性能

项　目		单　位	型　号					
			QY8E	QY8	QY12	QY12	QY16	QY16C
最大起重量		t	8	8	12	12	16	16
最大起重力矩		kN·m	240	240	417.5	416	588	484
工作速度	起升速度（单绳）	m/min	58	40	85	144	100	130
	臂杆伸/缩时间	s	291	12.5/14.5	70/24	96/34.5	75/35	81/40
	支腿收/放时间	s	—	7/6	20/18	16.8/8.2	15/15	24/29
行驶性能	最大行驶速度	km/h	90	60	68	60	68	70
	爬坡能力	%	28	28	26	18	22	36
	最小转弯半径	m	8	8	8.5	—	10	10.5
底盘	型号	—	EQ140	EQ140	—	EQ144	K202BL	QY16C专用
	轴距	m	3.95	3.95	4.5		4.005	4.2
	前轮距	m	1.8	1.8	2.09		2.15	2.06
	后轮距	m	1.8	1.8	1.90		1.94	
	支腿跨距（纵/横）	m	4.25	3.42/4	3.98/4.8	4.1/4.8	4.4/4.8	4.6/5
发动机	型号	—	Q6100-1	Q6100-1	—	Q6100-1	6D20W	6135Q2
	功率	kW	100	100	—	100	151	161
外形尺寸	长	m	8.75	8.35	10.2	10.4	12.09	10.69
	宽	m	2.42	2.4	2.5	3.18	2.56	2.5
	高	m	3.22	2.9	3.2		3.48	3.3
整机自重		t	9.05	9.43	15.7	13.33	24..3	21.7
生产厂家		—	北京起重机厂	长江起重机厂	徐州重型机械厂	长江起重机厂	徐州重型机械厂	长江起重机厂

表7.3 几种中型（20～40t）汽车式起重机主要技术性能

项 目		单 位	机械型号				
			QY20H	QY20	QY25A	QY32	QY40
最大起重量		t	20	20	25	32	40
最大起重力矩		kN·m	602	635	950	990	1 560
工作速度	起升速度（单绳）	m/min	70	90/40	120	80	128
	臂杆伸/缩时间	s	62/40	85/36	115/50	163/130	84/50
	支腿收/放时间	s	22/31	22/34	20/25	20/25	11.9/27.2
行驶性能	最大行驶速度	km/h	60	63	70	64	65
	爬坡能力	%	28	25	23	30	—
	最小转弯半径	m	9.5	10	10.5	10.5	12.5
底盘	型号	—	HY200QZ	—	—	—	CQ40D
	轴距	m	4.7	4.05/1.3	4.33/1.35	4.94	5.225
	前轮距	m	2.02	2.09	2.09	2.05	—
	后轮距	m	1.865	1.865	1.865	1.875	—
	支腿跨距（纵/横）	m	4.63/5.2	4.72/5.4	5.07/5.4	5.33/5.9	5.18/6.1
发动机	型号	—	F8L413F	—	—	—	NTC-290
	功率	kW	174	—	—	—	216.3
外形尺寸	长	m	12.35	12.31	12.25	12.45	13.7
	宽	m	2.5	2.5	2.5	2.5	2.5
	高	m	3.38	3.48	3.5	3.53	3.34
整机自重		t	26.3	25	29	32.5	40
生产厂家			北京起重机厂	徐州重型机械厂			长江起重机厂

4. 轮胎式起重机

如图7.4所示，轮胎式起重机是利用轮胎式底盘行走的动臂旋转起重机。

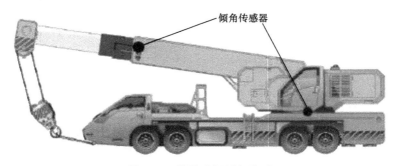

图7.4 轮胎式起重机外形

与汽车式起重机相比，轮胎式起重机的优点有：轮距较宽、稳定性好、车身短、转弯半径小，可在360°范围内工作。

但其行驶时对路面要求较高，行驶速度较汽车式慢，不适合在松软泥泞的地面上工作。

常用轮胎式起重机技术性能如表7.4所示。

表7.4 常用轮胎式起重机技术性能

项 目		QL1-16		QL2-8	QL3-16			QL3-25			QL3-40	
起重臂长度/m		10	15	7	10	15	20	12	22	32	15	42
幅度	最大/m	11	15.5	7	9.5	15.5	20	11.5	19	21	13	25
	最小/m	4	4.7	3.2	4	4.7	5.5	4.5	7	10	5	11.5
起重量	最大幅度时/t	2.8	1.5	2.2	3.5	1.5	0.8	21.6	1.4	0.6	9.2	1.5
	最小幅度时/t	16	11	8	16	11	8	25	10.6	5	40	10
起重高度	最大幅度时/m	5	4.6	1.5	5.3	4.6	6.85				8.8	33.75
	最小幅度时/m	8.3	13.2	7.2	8.3	13.2	17.95				10.4	37.23
行驶速度/(km/h)		18		30	30			9～18			15	
转弯半径/m		7.5		6.2	7.5						13	
爬坡能力/(°)		7		12	7			58.8			13	
发动机功率/kW		58.8		66.2	58.8						117.6	
总质量/t		23		12.5	22			28			53.7	

5. 其他起重设备

独脚拔杆按材料分有木独脚拔杆、钢管独脚拔杆和型钢格构式独脚拔杆三种。木独脚拔杆已很少使用；钢管独脚拔杆的起重力一般在300kN以内，起重高度在30m以内；型钢格构式独脚拔杆的起重力可达1000kN，起重高度可达60m。钢管独脚拔杆的起重能力和附属设备如表7.5所示。

表7.5 钢管独脚拔杆的起重能力和附属设备

拔杆起重力 /kN	拔杆高度 /m	钢管尺寸/mm		缆风绳直径 （倾角45°） /mm	起重滑车组			卷扬机起重力 /kN
		直径	壁厚		钢丝绳直径 /mm	滑车门数		
						定滑车	动滑车	
100	10	250	8	21.5	17.0	3	2	30
	15	250						
	20	300						
200	10	250	8	24.5	21.5	4	3	50
	15	300						
	20	300						

续表

拔杆起重力/kN	拔杆高度/m	钢管尺寸/mm		缆风绳直径（倾角45°）/mm	起重滑车组			卷扬机起重力/kN
		直径	壁厚		钢丝绳直径/mm	滑车门数		
						定滑车	动滑车	
300	10 15 20	300	8	28.0	24.5	5	4	5

桅杆式起重机是在独脚拔杆下端装一可以起伏和回转的吊杆而成。用圆木制成桅杆式起重机，起重量可达 50kN；用钢管制成的桅杆式起重机起重高度可达 25m，起重量可达 100kN；用格构式结构组成的桅杆式起重机起重高度可达 80m，起重量可达 600kN。

6. 起重设备的选择

① 可按履带式、轮胎式、汽车式、塔式的顺序选用起重机。对高度不大的中小型厂房，应先考虑使用起重量大、可全回转使用、移动方便的 100～150kN 履带式起重机和轮胎式起重机吊装主体结构；大型工业厂房主体结构的高度和跨度较大、构件较重，宜采用 500～750kN 履带式起重机和 350～1 000kN 汽车式起重机吊装；大跨度又很高的重型工业厂房的主体结构吊装，宜选用塔式起重机。

② 对厂房大型构件，可采用重型塔式起重机和塔桅起重机吊装。

③ 缺乏起重设备或吊装工作量不大、厂房不高，可考虑采用独脚桅杆、人字桅杆、悬臂桅杆或回转式桅杆等吊装，其中回转式桅杆最适用于对单层钢结构厂房进行综合吊装，对重型厂房也可采用塔桅式起重机进行吊装。

④ 若厂房位于狭窄地段，或厂房采取敞开式施工方案（厂房内设备基础先施工），宜采用双机抬吊吊装厂房屋面结构，或单机在设备基础上铺设枕木进行吊装。

7.1.2　起重吊装吊具

1. 白棕绳

白棕绳一般用于起吊轻型构件（如钢支撑）和作为受力不大的缆风绳、溜绳等。

2. 钢丝绳

钢丝绳是吊装中的主要绳索，它具有强度高、弹性大、韧性好、耐磨、能承受冲击荷载等优点，且磨损后外部产生许多毛刺，容易检查，便于预防事故。钢丝绳的构造和种类如图 7.5 所示。

钢丝绳按绳股数及每股中的钢丝数区分，有 6 股 7 丝、7 股 7 丝、6 股 19 丝、6 股 37 丝及 6 股 61 丝等。吊装中常用的有 6 股 19 丝、6 股 37 丝两种。6 股 19 丝钢丝绳可作为缆风绳和吊索，6 股 37 丝钢丝绳用于穿滑车

图 7.5　普通钢丝绳截面

组和作为吊索。

3. 钢丝绳夹

钢丝绳夹作为绳端固定或连接用。其外形及规格如图7.6所示。

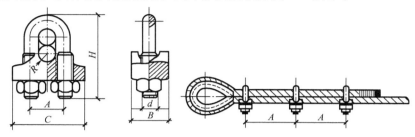

图 7.6 钢丝绳夹外形

4. 吊装工具

（1）吊钩

起重吊钩常用优质碳素钢锻成。吊钩表面应光滑，不得有剥裂、刻痕、锐角、裂缝等缺陷存在，并不准对磨损或有裂缝的吊钩进行补焊修理（图7.7）。

吊钩在勾挂吊索时要将吊索挂至钩底；直接勾在构件吊环中时，吊钩与吊索对位准确，以免吊钩产生变形或使吊索脱钩。

（2）卡环（卸甲、卸扣）

卡环用于吊索和吊索或吊索和构件吊环之间的连接，由弯环与销子两部分组成。

图 7.7 吊钩外形

卡环按弯环形式分，有 D 形卡环和弓形卡环；按销子和弯环的连接形式分，有螺栓式卡环和活络卡环。螺栓式卡环的销子和弯钩采用螺纹连接；活络卡环的销子端头和弯环孔眼无螺纹，可直接抽出，销子断面有圆形和椭圆形两种（图7.8）。

（a）螺栓式卡环(D形)　（b）椭圆销活络卡环(D形)　（c）弓形卡环

图 7.8 卡环

（3）吊索（千斤）

吊索有环状吊索（又称万能吊索或闭式吊索）和 8 股头吊索（又称轻便吊索或开式吊索）两种（图7.9）。

（4）横吊梁（铁扁担）

横吊梁常用于柱和屋架等构件的吊装。用横吊梁吊柱容易使柱身保持垂直，便于安装；用横吊梁吊屋架可以降低起吊高度，减少吊索的水平分力对屋架的压力。

常用的横吊梁有滑轮横吊梁、钢板横吊梁、钢管横吊梁等。

① 滑轮横吊梁。

滑轮横吊梁一般用于吊装 8t 以内的柱，它由吊环、滑轮和轮轴等部分组成（图7.10）。

钢结构设计及施工

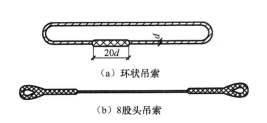

（a）环状吊索

（b）8股头吊索

图 7.9 吊索

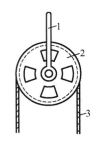

1—吊环；2—滑轮；3—吊索

图 7.10 滑轮横吊梁

② 钢板横吊梁。

钢板横吊梁一般用于吊装 10t 以下的柱，它是由 Q235 钢钢板制作而成（图 7.11）。

③ 钢管横吊梁。

钢管横吊梁一般用于吊装屋架，钢管长 6～12m（图 7.12）。

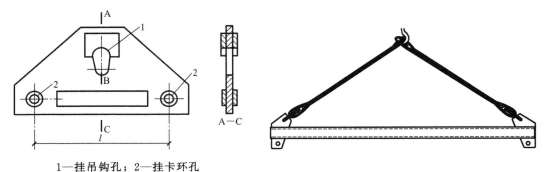

1—挂吊钩孔；2—挂卡环孔

图 7.11 钢板横吊梁

图 7.12 钢管横吊梁

（5）垫铁、钢楔和木楔

常用斜垫铁、钢楔和木楔的规格如表 7.6 所示，常用钢楔详图如图 7.13 所示。

表 7.6 常用斜垫铁、钢楔和木楔的规格

简 图	名 称	尺寸/mm				用 途
		a	b	c	d	
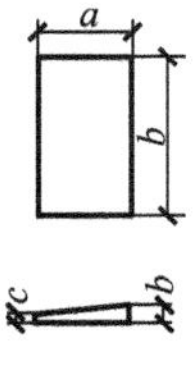	1号斜垫铁	35	60	2	6	垫屋面板、吊车梁
	2号斜垫铁	35	60	2	8	垫屋面板、吊车梁
	3号斜垫铁	45	100	2	6	垫屋架、吊车梁
	4号斜垫铁	45	100	2	8	垫屋架、吊车梁
	5号斜垫铁	45	100	2	10	垫屋架、吊车梁
	6号斜垫铁	50	150	2	6	垫屋架
	7号斜垫铁	50	150	2	8	垫屋架
	8号斜垫铁	50	150	3	10	垫屋架

续表

简图	名称	尺寸/mm				用途
		a	b	c	d	
	1号木楔	350	100	40	100	安装柱
	2号木楔	350	100	35	80	安装柱
	3号木楔	400	120	40	100	安装柱
	4号木楔	400	120	35	80	安装柱
	1号钢楔	400	90	20	120	安装柱
	2号钢楔	400	90	50	150	安装柱

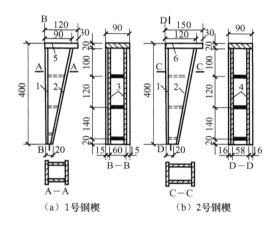

(a) 1号钢楔　　　(b) 2号钢楔

1—380×90×6；2—390×90×6；3—380×(8～73)×6；
4—380×(38～103)×6；5—120×90×20；6—150×90×20

图7.13　常用钢楔详图

5. 滑车、滑车组

(1) 滑车

滑车（又名葫芦），可以省力，也可改变用力的方向。

滑车按其滑轮的多少，可分为单门、双门和多门等；按连接件的结构形式不同，可分为吊钩型、链环型、吊环型和吊梁型四种；按滑车的夹板是否可以打开来分，有开口滑车和闭口滑车两种（图7.14）。

滑车按使用方式不同，可分为定滑车和动滑车两种（图7.15）。定滑车可改变力的方向，但不能省力；动滑车可以省力，但不能改变力的方向。

滑车的允许荷载根据滑轮和轴的直径确定，使用时应按其标定的数量选用。

常用钢滑车的允许荷载如表7.7所示。

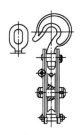  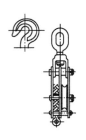  

（a）单门开口吊钩型　（b）单门闭口吊钩型　（c）双门闭口链环型　（d）双门吊环型　（e）三门闭口吊环型

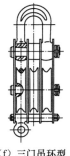 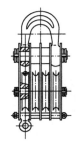 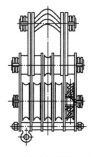 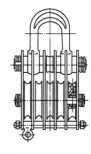

（f）三门吊环型　　　（g）四门吊环型　　　（h）五门吊环型　　　（i）五门吊梁型

图 7.14　滑车形式

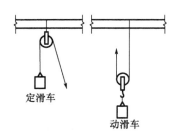

图 7.15　定滑车和动滑车

表 7.7　常用钢滑车允许荷载

滑轮直径 /mm	允许荷载/kN								使用钢丝绳直径/mm	
	单门	双门	三门	四门	五门	六门	七门	八门	适用	最大
70	5	10	—	—	—	—	—	—	5.7	7.7
85	10	20	30	—	—	—	—	—	7.7	11
115	20	30	50	80	—	—	—	—	11	14
135	30	50	80	100	—	—	—	—	12.5	15.5
165	50	80	100	160	200	—	—	—	15.5	18.5
185	—	100	160	200	—	320	—	—	17	20

续表

滑轮直径/mm	允许荷载/kN								使用钢丝绳直径/mm	
	单门	双门	三门	四门	五门	六门	七门	八门	适用	最大
210	80	—	200	—	320	—	—	—	20	23.5
245	100	160	—	320	—	500	—	—	23.5	25
280	—	200	—	—	500	—	800	—	26.5	28
320	160	—	—	500	—	800	—	1000	30.5	32.5
360	200	—	—	—	800	1000	—	1400	32.5	35

(2) 滑车组

滑车组是由一定数量的定滑车和动滑车及绕过它们的绳索组成。

① 滑车组的种类。

滑车组根据跑头（滑车组的引出绳头）引出的方向不同可分为以下三种（图 7.16）。

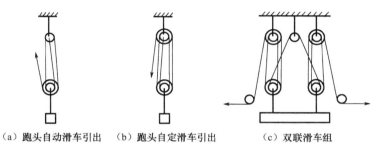

(a) 跑头自动滑车引出　　(b) 跑头自定滑车引出　　(c) 双联滑车组

图 7.16　滑车组的种类

② 滑车组的穿法。

滑车组中绳索有普通穿法和花穿法两种（图 7.17）。

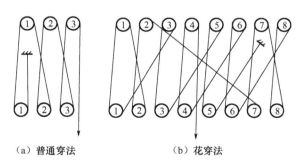

(a) 普通穿法　　(b) 花穿法

图 7.17　滑车组的穿法

普通穿法是将绳索自一侧滑轮开始，顺序地穿过中间的滑轮，最后从另一侧滑轮引出。这种穿法，滑车组在工作时，由于两侧钢丝绳的拉力相差较大，因此滑车在工作中不平稳，甚至会发生自锁现象（即重物不能靠自重下落）。

花穿法的跑头从中间滑轮引出，两侧钢丝绳的拉力相差较小，故在用"三三"以上的滑车组时宜用花穿法。

6. 倒链

倒链又称神仙葫芦、手拉葫芦，可用来起吊轻型构件、拉紧拔杆缆风绳及在构件运输中拉紧捆绑构件的绳索等（图 7.18）。

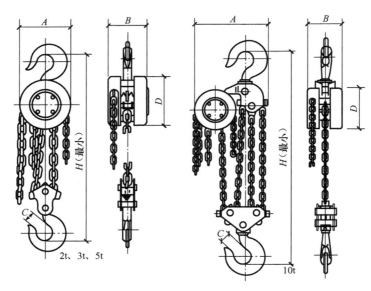

图 7.18 倒链

倒链主要有 WA、SH 和 SBL 三种类型。WA 和 SH 型的结构形式均为对称排列二级正齿轮传动，SBL 型的结构形式为行星摆线针轮传动。

7. 手扳葫芦

手扳葫芦又称钢丝绳手扳滑车（图 7.19），在结构吊装中常作为收紧缆风绳和升降吊篮之用。

8. 千斤顶

千斤顶在结构吊装中用于校正构件的安装偏差和矫正构件的变形，又可以顶升和提升大跨度屋盖等。

常用千斤顶有 QL 型螺旋式千斤顶和 QY 型油压千斤顶。这两种千斤顶的技术规格如表 7.8、表 7.9 所示。

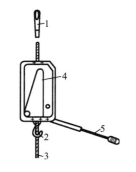

1—挂钩；2—吊钩；3—钢丝绳；
4—夹钳装置；5—手柄

图 7.19 手扳葫芦

表 7.8 QL 型螺旋千斤顶技术规格（JB 2592—91）

型　号	起重量/t	高度/mm		自重/kg
		最　低	起　升	
QL2	2	170	180	5
QL5	5	250	130	7.5
QL10	10	280	150	11

续表

型　号	起重量/t	高度/mm		自重/kg
		最　低	起　升	
QL16	16	320	180	17
QLD16	16	225	90	15
QLG16	16	445	200	19
QL20	20	325	180	18
QL32	32	395	200	27
QL50	50	452	250	56
QL100	100	455	200	86

注：型号 QL 表示普通螺旋千斤顶，G 表示高型，L 表示低型。

表 7.9　QY 型油压千斤顶技术规格（JB 2104—91）

型　号	起重量/t	最低高度/mm	起升高度/mm	螺旋调整高度/mm	起升进程/mm	自重/kg
QYL3.2	3.2	195	125	60	32	3.5
QYL5G	5	232	160	80	22	5.0
QYL5D	5	200	125	80	22	4.6
QYL8	8	236	160	80	16	6.9
QYL10	10	240	160	80	14	7.3
QYL16	16	250	160	80	9	11.0
QYL20	20	280	180	—	9.5	15.0
QYL32	32	285	180	—	6	23.0
QYL50	50	300	180	—	4	33.5
QYL71	71	320	180	—	3	66.0
QW100	100	360	200	—	4.5	120
QW200	200	400	200	—	2.5	250
QW320	320	450	200	—	1.6	435

注：1. 型号 QYL 表示立式油压千斤顶，QW 表示立卧两用千斤顶，G 表示高型，D 表示低型。
　　2. 起升进程为油泵工作 10 次的活塞上升量。

9. 卷扬机

卷扬机有手动卷扬机和电动卷扬机之分。手动卷扬机在结构吊装中已很少使用。

① 卷扬机的固定。

卷扬机必须用地锚予以固定，以防工作时产生滑动或倾覆。根据受力大小，固定卷扬机有螺栓锚固法、水平锚固法、立桩锚固法和压重锚固法四种（图 7.20）。

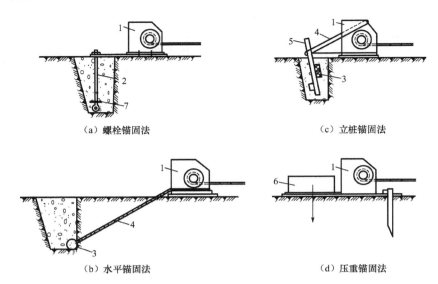

(a) 螺栓锚固法　　　　　　　(c) 立桩锚固法

(b) 水平锚固法　　　　　　　(d) 压重锚固法

1—卷扬机；2—地脚螺栓；3—横木；4—拉索；5—木桩；6—压重；7—压板

图 7.20　卷扬机的固定方法

② 卷扬机的布置。

卷扬机的布置（即安装位置）应注意下列几点。

A. 卷扬机安装位置周围必须排水畅通并应搭设工作棚。

B. 卷扬机的安装位置应能使操作人员看清指挥人员和起吊或拖动的物件。卷扬机至构件安装位置的水平距离应大于构件的安装高度，即当构件被吊到安装位置时，操作者视线仰角应小于 45°。

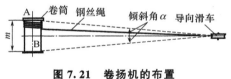

图 7.21　卷扬机的布置

C. 在卷扬机正前方应设置导向滑车，导向滑车至卷筒轴线的距离，带槽卷筒应不小于卷筒宽度的 15 倍，即倾斜角 α 不大于 2°（图 7.21），无槽卷筒应大于卷筒宽度的 20 倍，以免钢丝绳与导向滑车槽缘产生过分的磨损。

D. 钢丝绳绕入卷筒的方向应与卷筒轴线垂直，其垂直度允许偏差为 6°。这样能使钢丝绳圈排列整齐，不致斜绕和互相错叠挤压。

10. 地锚

地锚按设置形式分为桩式地锚和水平地锚两种。桩式地锚适用于固定受力不大的缆风绳，结构吊装中很少使用。水平地锚是将几根圆木（方木或型钢）用钢丝绳捆绑在一起，横放在地锚坑底，钢丝绳的一端从坑前端的槽中引出，绳与地面的夹角应等于缆风绳与地面的夹角，然后用土石回填夯实（图 7.22）。

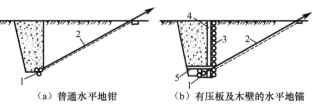

(a) 普通水平地锚　　　(b) 有压板及木壁的水平地锚

1—横木；2—拉索；3—木壁；4—立柱；5—压板

图 7.22　水平地锚

7.2 钢结构安装准备

钢结构安装离不开起重吊装设备，起重设备应根据起重设备性能、结构特点、现场环境、作业效率等因素综合确定。起重设备需要附着或支承在结构上时，应得到设计单位的同意，并应进行结构安全验算。

7.2.1 文件资料准备

1. 图纸的深化设计

设计院提供的设计图不能直接用于工厂的生产，应组织设计人员对详细设计图进行转换和深化，并将其分解为结构施工图、副件加工图和工厂制造图等。配合相关的技术工作（如生产管理制作工艺流程等文件）通过生产将图面变成现实。

① 依据设计院提供的蓝图进行详图设计，采用 AutoCAD 软件制图。

② 设计前应进行图会审，并编制会审记录且与甲方、设计师、监理工程师一同讨论会审记录的问题。寻求解决方法，并随时与甲方和设计院取得联系。

任何修改和建议必须按规定的程序，取得业主或甲方的批准方可有效。

③ 设计过程中，必须考虑实际的制作工艺要求。

④ 因变更因素而修改的图纸，应当做好换版号的工作。避免新旧图混用，由此图纸版本更换应及时通知加工车间和施工队。

2. 文件资料准备

① 设计文件：钢结构设计图、建筑图、相关基础图、钢结构施工总图、各分部工程施工详图、其他有关图纸及技术文件。

② 记录：图纸会审记录、支座或基础检查验收记录、构件加工制作检查记录等。

③ 文件资料：施工组织设计、施工方案或作业设计、技术交底、材料和成品质量合格证明文件及性能检测报告等。

7.2.2 技术准备

1. 图纸会审与设计变更

钢结构安装前应进行图纸会审，会审前施工单位应熟悉并掌握设计文件内容，检查设计中有无影响构件安装的问题，以及有无与其他专业工程配合不适宜的问题。

（1）图纸会审

图纸会审的内容一般包括以下几方面。

① 设计单位的资质是否合格，图纸是否经设计单位正式签署。

② 设计单位做设计意图说明和提出工艺要求，制作单位介绍钢结构主要制作工艺。

③ 各专业图纸之间有无矛盾。

④ 各图纸之间的平面位置、标高等是否一致，标注有无遗漏。
⑤ 各专业工程施工程序和施工配合有无问题。
⑥ 安装单位的施工方法能否满足设计要求。

(2) 设计变更

施工图纸在使用前、使用中均会出现由于建设单位要求，或现场施工条件的变化，或国家政策法规的改变等原因而引起的设计变更。设计变更必须征得建设单位同意并且办理书面变更手续。设计变更会对工期和费用产生影响，在实施时应严格按规定办事以明确责任，避免出现索赔事件或其他不利于施工的情况。

2. 钢结构安装施工组织设计

(1) 施工组织设计的编制依据
① 合同文件：上级主管部门批准的文件、施工合同、供应合同等。
② 设计文件：设计图、施工详图、施工布置图、其他有关图纸。
③ 调查资料：现场自然资源情况（如气象、地形）、技术经济调查资料（如能源、交通）、社会调查资料（如政治、文化）等。
④ 技术标准：现行的施工验收规范、技术规程、操作规程等。
⑤ 其他：建设单位提供的条件、施工单位自有情况、企业总施工计划、国家法规及其他参考资料。

(2) 施工组织设计的内容
① 工程概况及特点介绍。
② 施工程序和工艺设计。
③ 施工机械的选择及吊装方案。
④ 施工现场平面布置图。
⑤ 施工进度计划。
⑥ 劳动组织、材料、机具需用量计划。
⑦ 质量措施、安全措施、降低成本措施等。

3. 钢结构安装施工现场准备

(1) 工程轴线控制网及中转场地的准备

钢结构安装前应对建筑物的定位轴线、基础轴线和标高、地脚螺栓位置等进行检查，并应办理交接验收。当基础工程分批进行交接时，每次交接验收不应少于一个安装单元的柱基基础，并应符合下列规定。

A. 基础混凝土强度应达到设计要求。
B. 基础周围回填夯实应完毕。
C. 基础的轴线标志和标高基准点应准确、齐全，其允许偏差应符合设计规定。

钢结构安装是根据规定的安装流水顺序进行的，钢构件必须按照流水顺序的需要配套供应。如制造厂的钢构件供货分批进行，同结构安装流水顺序不一致，或者现场条件有限，则需要设置钢构件中转堆场用以起调节作用。现场场地应能满足堆放、检验、油漆、组装和配套供应的需要。钢结构按平面布置进行堆放，堆放时应注意下列事项。

A. 堆放场地要坚实，排水良好，不得有积水和杂物。

B. 钢结构构件可以铺垫木水平堆放，支座间的距离应不使钢结构产生残余变形。多层叠放时垫木应在一条垂线上。

C. 不同类型的构件应分类堆放，堆放位置要考虑施工安装顺序。

D. 堆放高度<2m，屋架、桁架等宜立放，紧靠立柱支撑稳定。

E. 堆垛之间需留出必要的通道，一般宽度为 2m。

F. 构件编号应标记在构件醒目处。

G. 构件堆放在铁路或公路旁，并配备装卸机械。

（2）钢构件的准备

① 钢构件的核查、编号与弹线准备。

A. 清点构件的型号、数量，并按设计和规范要求对构件质量进行全面检查，包括：构件强度与完整性（有无严重裂缝、扭曲、侧弯、损伤及其他严重缺陷），外形和几何尺寸、平整度，埋设件及预留孔的位置、尺寸和数量，接头钢筋吊环、埋设件的稳固程度和构件的轴线等，构件出厂合格证。如有超出设计或规范规定偏差的，应在吊装前纠正。

B. 现场构件进行脱模、排放，场外构件进场也应及时排放。

C. 按图纸对构件进行编号。不易辨别上下、左右、正反的构件，应在构件上用记号标明，以免吊装时搞错。

D. 在构件上根据就位、矫正的需要弹好就位和矫正线。柱应弹出三面中心线、牛腿面与柱顶面中心线、±0.000 线（或标高准线）、吊点位置；基础杯口应弹出纵横轴线；吊车梁、屋架等构件应在端头、顶面及支承处弹出中心线及标高线；在屋架（屋面梁）上弹出天窗架、屋面板或檩条的安装就位控制线，两端及顶面弹出安装中心线。

② 钢构件的基础、支撑面及预埋件准备。

A. 基础顶面直接作为柱的支承面、基础顶面预埋钢板（或支座）作为柱的支承面时，其支承面、地脚螺栓（锚栓）的允许偏差应符合表 7.10 的规定。

表 7.10 支承面、地脚螺栓（锚栓）的允许偏差

项 目		允 许 偏 差
支承面	标高	±3.0
	水平度	1/1 000
地脚螺栓（锚栓）	螺栓中心偏移	5.0
	螺栓露出长度	+30.00
	螺纹长度	+30.0 0
预留孔中心偏移		10.0

B. 钢柱脚采用钢垫板作为支撑时，应符合下列规定。

a. 钢垫板面积应根据基础混凝土的抗压强度、柱脚底板下细石混凝土二次浇灌前柱底承受的荷载和地脚螺栓（锚栓）的紧固拉力计算确定。

b. 垫板应设置在靠近地脚螺栓（锚栓）的柱脚底板加劲板下，每根地脚螺栓（锚栓）侧应设 1~2 组垫板，每组垫板不得多于 5 块。垫板与基础面和柱底面的接触应平整、紧密。

c. 采用坐浆垫板时，应采用无收缩砂浆。柱吊装前砂浆试块强度应高于基础混凝土强度一个等级，且砂浆垫块应有足够的面积以满足承载要求。

（3）施工前期准备各职能部门责任（表7.11）

表7.11 施工前期准备各职能部门责任

序号	准备项目	内容	职责部门
1	人员组织	项目经理部	总公司
2	进场组织	管理人员、工人、机械设备	项目经理
3	图纸会审	结构、设计变更	项目总工程师、设计人员
4	施工组织设计	确定施工方式、操作工艺，制定质量技术措施	项目经理、总工程师
5	定位、放线	坐标控制，建立平面	工程技术测量组
6	进度计划交底	明确总进度、计划安排情况	项目经理部
7	质量、安全交底	明确质量目标，进行进场安全教育	质量安全部
8	技术总交底	明确设计意图，技术要领施工方法，操作规程，工艺标准	项目经理、总工程师
9	临建搭设	现场内外各种生产临建搭设，生活临建修缮	项目部

7.3 单层钢结构安装施工

7.3.1 钢结构吊装方案

1. 钢结构吊装方案的基本原则

① 政策性。以图纸为依据，以规范为准则，严格执行国家有关安全生产法规。

② 可靠性。坚持安全第一，确保方案实施的可行性，增强其可靠度。

③ 先进性。随着科学技术的发展，应大力推广应用新技术、新工艺；尽量减少高空作业量，不断提高钢结构的安装效率。

④ 经济性。坚持方案对比的原则，进行技术经济分析，选择工期短、成本低的方案。

2. 钢结构吊装方案的适用条件

由于建筑造型和结构形式的不同，施工现场条件的千差万别，可以说没有一种工法或方案适用于任何钢结构项目安装，所以每一种安装方法都有各自的支持条件。

网架结构常用的安装方法有高空散装法、分条分块安装法、结构滑移法、支撑架滑移法、整体吊装法、整体提升法等。

按工艺方法考虑：首先了解结构形式、结构质量、安装高度、跨度等特点，结合现场实际情况尽量选用成熟、先进的安装工艺。

按起重设备考虑：首先选用自有设备，充分利用现场起重设备，其次就近租用。一般情况下构件数量少时，多选用汽车式起重机；门式刚架吊装多选用中小型汽车式起重机；安装工期较长、安装高度及回转半径较大时，履带式起重机比汽车式起重机经济；整体吊装和滑移多采用液压同步提升（顶推）器；中、高层钢结构安装一般选用塔式起重机；普通桥梁安装多采用门式起重机和架桥机。

3. 钢结构吊装安全注意事项

严格执行国家有关安全生产法规，坚持安全交底、安全教育制度，正确识别危险源，并有针对性措施和应急预案。

起重设备在使用过程中，重点预防倾翻事故。严禁超负荷、斜拉斜吊等违章现象，保证基础和行驶道路平整坚实。六级以上大风应停止作业，台风季节必须按规定采取预防措施。

结构吊装绑扎要点：绑扎点应在构件重心之上，多点绑扎时其连线（面）应在构件重心之上。

施工阶段采用的临时支撑架，是结构安装方案中的关键性技术措施。

在设计中除架体本身满足强度和稳定性要求外，还须对地基基础所支承的结构进行验算，必要时采取有效的加固措施。

支撑架受力后要进行观测，以防基础沉降或架体变形对结构产生影响。

支撑架顶部使用的千斤顶、倒链等安装机具，必须严格执行工艺方案，不得盲目使用，以防对架体和结构产生不利。

支撑架拆除必须有落位拆除措施，应同步、匀速、缓慢进行，不得盲目拆除。

7.3.2 单层钢结构安装

1. 钢柱安装

钢柱是工业厂房或民用框架结构支承吊车梁或梁和屋盖系统、传递荷载的主要构件，其安装内容包括钢柱和柱间支撑系统。其安装特点为：构件截面、高度和质量大，安装需用较重型设备，稳定系数要求高，安装尺寸标高要求严格，校正工作较复杂。按设计与施工验收规范

【钢结构安装】

要求，将钢柱和柱间钢支撑进行吊装、校正、固定到设计位置。安装工作程序为：基础复测→构件检查→钢柱拼装→吊装就位→校正→钢支撑安装→钢柱固定。

（1）安装准备

① 半成品、材料要求。

钢构件的型号、制作质量应符合设计要求和施工规范的规定，并有出厂合格证。连接材料中，焊条、螺栓等连接材料均应有质量证明书，并符合设计要求和有关国家标准的规定。在涂料方面，防腐油漆涂料的品种、牌号、颜色及配套底漆应符合设计要求和有关产品技术标准规定，并有产品质量证明书。准备其他材料，如各种规格的钢垫板、垫铁等。

② 主要机具设备。

起重设备有履带式起重机、轮胎式起重机、汽车式起重机或塔式起重机，也可使用桅

杆式起重机和卷扬机等；运输设备有载重汽车和平板拖车；焊接设备有电气焊设备。

主要工具：钢丝绳、棕绳、卡环、绳夹、倒链、千斤顶、扳手、撬杠、钢尺、线坠、经纬仪、水准仪、塔尺等。

③ 基础复测：厂房钢柱与基础用地脚螺栓连接。安装前，应根据厂房柱网纵横中心线和厂房基准标高，复测柱基础顶面标高和地脚螺栓位置。考虑到二次灌浆的厚度，基础顶面标高应比柱底面标高低 40～60mm；地脚螺栓的位置、间距尺寸和外露长度应符合设计和规范要求，螺纹应保持完好。同时，在基础上标出柱纵横中心线标记。

④ 构件检查：吊装前要检查钢柱和支撑构件的规格、数量、几何尺寸、孔眼间距等是否符合图纸要求，检查各杆件是否在运输和堆放中产生变形，发现问题及时在地面修复。

⑤ 钢柱拼装：一般钢柱多在制造厂整体制作，大型钢柱因受制作设备和运输条件限制，常采取分段制作现场拼装。拼装方式有焊接、高强度螺栓连接和焊-栓混合连接三种。在吊装设备能力允许的条件下，应尽可能采取地面拼接，减少空中作业。单层厂房柱接头多设在上肢靠近牛腿处，拼接时应设置拼装台架，经测量抄平，以保证拼装构件的水平度、中心线和外形尺寸准确。焊接拼装时，应保证焊接部位的等强度要求。

(2) 吊点选择

吊点位置及吊点数量根据钢柱形状、断面、长度、起重机性能等具体情况确定。

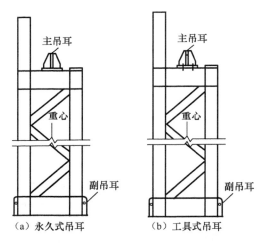

图 7.23 吊耳的设置

通常钢柱弹性和刚性都很好，可采用一点正吊，吊点设在柱顶处，柱身易于垂直和对位校正。当受到起重机械臂杆长度限制时，吊点也可设在柱长 1/3 处，此时，吊装时柱倾斜，对位校正较难。对于细长钢柱，为防止钢柱变形，也可采用两点或三点吊。为了保证吊装时索具安全及便于安装校正，在钢柱的吊点部位预先安有吊耳（图 7.23），吊装完毕再割去。如不采用在吊点部位焊接吊耳，也可直接用钢丝绳绑扎钢柱，此时，钢柱绑扎点处的四角应用割缝钢管或方形木条包角保护，以防钢丝绳割断。工字形钢柱为防止局部受挤压破坏，可加一块加强肋板在绑扎点处。

(3) 起吊方法

起吊方法应根据钢柱类型、起重设备和现场条件确定。起重机械可采用单机、双机、三机等，如图 7.24 所示。起吊方法可采用旋转法、滑行法、递送法。

① 旋转法是起重机边起钩边回转使钢柱绕柱脚旋转而将钢柱吊起，如图 7.25 所示。

② 滑行法是采用单机或双机抬吊钢柱，起重机只起钩，使钢柱滑行而将钢柱吊起，如图 7.26 所示。为减少钢柱与地面摩阻力，需在柱脚下铺设滑行道。

③ 递送法采用双机或三机抬吊钢柱，其中一台为副机，吊点选在钢柱下面，起吊时配合主机起钩，随着主机的起吊，副机行走或回转。在递送过程中副机承担了一部分荷载，将钢柱脚递送到柱基础顶面，副机脱钩卸去荷载，此时主机满荷，将柱就位，如图 7.27 所示。

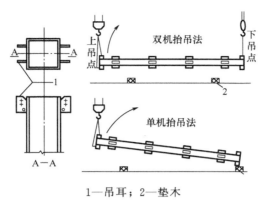

1—吊耳；2—垫木

图 7.24　钢柱吊装

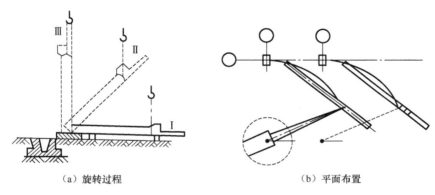

（a）旋转过程　　　　　　　　　（b）平面布置

图 7.25　钢柱绕柱脚旋转

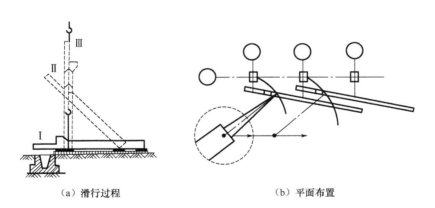

（a）滑行过程　　　　　　　　　（b）平面布置

图 7.26　用滑行法吊柱

（4）钢柱临时固定

对于采用杯口基础的钢柱，柱插入杯口就位，初步校正后即可用钢（或硬木）楔临时固定。其方法是当柱插入杯口使柱身中心线对准杯口（或杯底）中心线后刹车，用撬杠拨正初校，在柱杯口壁之间的四周空隙，每边塞入两个钢（或硬木）楔，再将钢柱下落到杯底后复查对位，同时打紧两侧的楔子，起重机脱钩即完成一个钢柱的吊装，如图 7.28 所示。对于采用地脚螺栓方式连接的钢柱，钢柱吊装就位并初步调整柱底与基础基准线达到

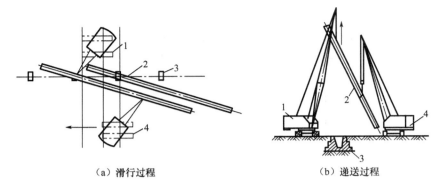

（a）滑行过程　　　　　（b）递送过程

1—主机；2—柱；3—基础；4—起重机

图 7.27　双机抬吊递送法

准确位置后，拧紧全部螺栓和螺母，进行临时固定，达到安全后摘除吊钩即完成一个钢柱的吊装。对于重型或高 10m 以上的细长柱及杯口较浅的钢柱，或遇到刮风天气，有时还在钢柱大面两侧加设缆风绳或支撑来临时固定。

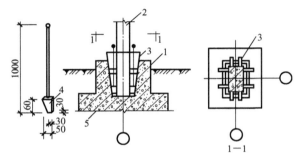

1—杯形基础；2—柱；3—钢楔或木楔；4—钢塞；5—嵌小钢塞或卵石

图 7.28　钢柱临时固定方法

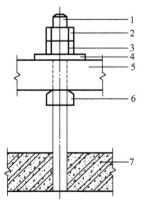

1—地脚螺栓；2—止松螺母；3—紧固螺母；
4—螺母垫板；5—柱脚底板；6—调整螺母；
7—钢筋混凝土基础

图 7.29　柱基标高调整示意

（5）钢柱的校正

① 柱基标高调整：根据钢柱实际长度、柱底平整度、钢牛腿顶部距柱底部的距离，控制基础找平标高，如图 7.29 所示。其重点是保证钢牛腿顶部标高值。调整方法为柱安装时，在柱底板下的地脚螺栓上加一个调整螺母，把螺母上表面的标高调整到与柱底板标高齐平，放上柱后，利用底板下的螺母控制柱的标高，精度可达 ±1mm 以内。用无收缩砂浆以捻浆法填实柱底板下面预留的空隙。

② 钢柱垂直度校正：钢柱吊装柱脚穿入基础螺栓就位后，柱校正工作主要是对标高进行调整和对垂直度进行校正，对钢柱垂直度的校正可采用起吊初校、加千斤顶复校的办法，其操作要点

为,对钢柱垂直度的校正,可在吊装柱到位后,利用起重机起重臂回转进行初校,一般钢柱垂直度控制在20mm之内,拧紧柱底地脚螺栓,起重机方可松钩。在用千斤顶复校过程中,须不断观察柱底和砂浆标高控制块之间是否有间隙,以防校正过程中顶升过度造成水平标高产生误差。待垂直度校正完毕,再度紧固地脚螺栓,并塞紧柱底部四周的承重校正块(每摞不得多于3块),并用电焊定位固定,如图7.30所示。为了防止钢柱在垂直度校正过程中产生轴线位移,应在位移校正后在柱底脚四周用4~6块10mm厚钢板作为定位靠模,并用电焊与基础面埋件焊接固定,防止移动。

③ 平面位置校正。钢柱底部制作时,在柱底板侧面用钢冲打出互相垂直的十字线上的4个点,作为柱底定位线。在起重机不脱钩的情况下,将柱底定位线与基础定位轴线对准缓慢落至标高位置,就位后如果有微小偏差,用钢楔或千斤顶侧向顶动校正。预埋螺杆与柱底板螺孔有偏差时,适当加大螺孔,上压盖板后焊接。

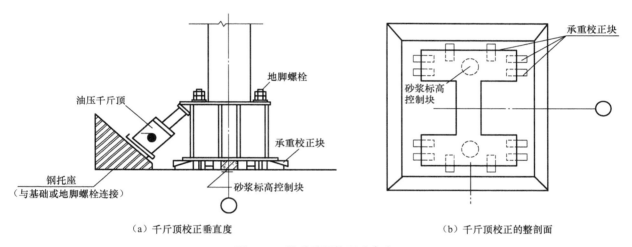

(a) 千斤顶校正垂直度　　　　　　(b) 千斤顶校正的整剖面

图 7.30　用千斤顶校正垂直度

(6) 钢柱的最后固定

当钢柱校正完毕后,应立即进行最后的固定。

对无垫板钢柱的固定方法是在柱与杯口的空隙内灌注细石混凝土。灌注前,先清理并湿润杯口。灌注分两次进行,第一次灌注至楔子底面,待混凝土强度达到25%后,拔出楔子;第二次灌注混凝土至杯口。对采用缆风绳校正法校正的柱,需待第二次灌注混凝土强度达到70%时,方可拆除缆风绳。对有垫板的钢柱的二次灌注方法,通常采用赶浆法或压浆法。赶浆法是在杯口一侧灌强度等级高一级的无收缩砂浆(掺水泥用量0.03%~0.05%的铝粉)或细豆石混凝土,用细振动棒振捣使砂浆从柱底另一侧挤出,待填满柱底周围高约10cm,在杯口四周均匀地灌细石混凝土与杯口齐平,如图7.31(a)所示;压浆法是在杯口空隙内插入压浆管与排气管,先灌20cm高混凝土,并插捣密实,然后开始压浆,待混凝土被挤压上拱后,便停止顶压,再灌20cm高混凝土,顶压一次即可拔出压浆管和排气管,继续灌注混凝土与杯口齐平,如图7.31(b)所示。本法适用于截面很大、垫板高度较小的杯底灌浆。

【钢柱安装及验收】

对采用地脚螺栓方式连接的钢柱,当钢柱安装并校正后,拧紧螺母做最后固定,如图7.31(c)所示。

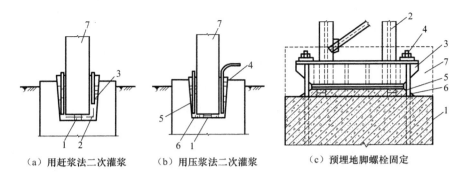

(a) 用赶浆法二次灌浆　(b) 用压浆法二次灌浆　(c) 预埋地脚螺栓固定

1—柱基础；2—钢柱；3—钢柱脚；4—地脚螺栓；5—钢垫板；
6—细石混凝土二次灌浆；7—柱脚外包混凝土

图 7.31　赶浆法及压浆法

(7) 钢柱安装允许偏差

① 保证项目。

A. 钢柱必须符合设计要求和施工规范的规定，由于运输、堆放和吊装造成构件的变形必须矫正。

B. 垫铁规格、位置正确，与柱底面和基础接触紧贴平稳，点焊牢固。垫铁坐浆的砂浆强度必须符合规定。

② 基本项目。

A. 钢柱中心和标高基准点等标记完备清楚。

B. 钢柱外观表面干净，无焊疤、油污和泥砂。

C. 钢柱柱脚磨光顶紧面紧贴不少于75%，且边缘最大间隙不超过0.8mm。

③ 允许偏差项目。

基础支承面、地脚螺栓（锚栓）的允许偏差及检验方法如表 7.12 所示。

表 7.12　基础支承面、地脚螺栓（锚栓）的允许偏差及检验方法

项次	项　目		允许偏差/mm	检验方法
1	支承面	标高	±3.0	用水准仪检查
		水平度	$l/1000$	用1m精度直尺检查
2	地脚螺栓（锚栓）	螺栓中心偏移	5.0	用钢尺检查
		螺栓露出长度	20.0 0	
		螺纹长度	20.0 0	
3	预留孔中心偏移		10.0	用钢尺检查

注：l 为支承面长度。

钢柱安装的允许偏差及检验方法如表 7.13 所示。

表 7.13 钢柱安装的允许偏差和检验方法

项次	项 目			允许偏差/mm	检验方法
1	柱脚底座中心线对定位轴线的偏移			5.0	用钢尺检查
2	柱基准点标高	有吊车梁的柱		+3.0 −5.0	用水准仪检查
		无吊车梁的柱		+5.0 −8.0	
3	挠曲矢高			$H/1000$ 15.0	用钢尺检查
4	柱轴线垂直度	单层柱	$H \leqslant 10$	10.0	用经纬仪或吊线和钢尺检查
			$H > 10$	$H/1000$ 25.0	
		多节柱	底层柱	10.0	
			柱全高	35.0	

(8) 成品保护

① 钢柱堆放场地应平整、坚实，无积水。底层应垫枕木，并有足够的支承面；钢柱叠放时，上下支点应在同一垂直线上，并应有防止被压坏和变形的措施。

② 钢柱绑扎吊点处柱的悬出部位如翼缘板等需用硬木支撑，以防变形。棱角处必须用厚胶皮、短方木或用厚壁钢管做成的保护件将吊索与构件棱角隔开，以免损坏棱角。

③ 不得在钢柱上焊接与设计无关的锚固件或杆件。

④ 安好的钢柱不准碰撞，用低合金钢制作的钢柱不准锤击。

⑤ 不得在已安装的钢柱上开孔或切断和焊接任何杆件。

(9) 安全措施

① 起重设备行走的路线应坚实、平整，停放地点应平坦；严禁超负荷吊装，操作时禁止斜吊，同时不得起吊质量不明的钢柱。

② 高空作业使用的撬杠和其他工具防止坠落；高空用的梯子、吊篮、临时操作台应绑扎牢固；跳板应铺平绑扎，严禁出现挑头板。

③ 钢柱安装固定后应随即进行校正固定，并将柱间支撑系统装好，如不能很快固定，刮风天气设缆风绳，防止造成失稳。

④ 安装现场用电要专人管理，各种电线接头应装入开关箱内，用后加锁。塔式起重机或长臂杆的起重设备应有避雷措施。

(10) 施工注意事项

① 钢柱拼装时的定位点焊应由有合格证的焊接工人操作。由于点焊的焊接材料其型号、材质与焊件相同，点焊的焊条直径不宜超过 4mm，焊缝的高度不宜超过设计焊缝高度的 2/3，长度不宜超过高度的 6～7 倍，间距宜为 300～400mm。点焊的质量应和设计要求相符。

② 除定位点焊外,严禁在拼装构件上焊其他无用的焊点,或在焊缝以外的母材上起弧、灭弧和打火。

③ 钢柱垂直度校正宜在无风天气的早晨或下午 4 点以后进行,以免因太阳照射受温差影响,柱向阴面弯曲,出现较大的水平位移数值从而影响垂直度正确。

④ 钢柱安装临时固定后,应及时在脚底板下浇筑细石混凝土和包柱脚,以防已校好的柱倾斜或移位。

2. 钢吊车梁的安装

(1) 安装准备

① 钢吊车梁安装前准备。

A. 钢柱吊装完成,经校正固定于基础上并办理预检手续。

B. 在钢柱牛腿上及柱侧面弹好吊车梁、制动桁架中心轴线、安装位置线及标高线,在钢吊车梁及制动桁架两端弹好中轴线。

C. 对起重设备进行保养、维修、试运转、试吊,使其保持完好状态;备齐吊装用的工具、连接料及电气焊设备。

D. 搭设好供施工人员高空作业上下的梯子、扶手、操作平台、栏杆等。

② 钢吊车梁安装的主要机具准备。

A. 设备:起重设备为 20t 汽车式起重机 2 台,8t 汽车一辆倒运;交流电焊机 10 台、气割设备 2 套、喷涂设备 2 套。

B. 机具:钢丝绳、吊索具、钢板夹、卡环、棕绳、倒链、千斤顶、榔头、扳手、撬杆、钢卷尺、经纬仪、水平仪、冲子等。

(2) 吊点选择

钢吊车梁绑扎一般采用两点对称绑扎,在两端各拴一根溜绳,以牵引就位和防止吊装时碰撞钢柱。

对设有预埋吊环的钢吊车梁,可采用带钢钩的吊索直接勾住吊环起吊;对梁自重较大的钢吊车梁,应用卡环与吊环、吊索相互连接起吊;对未设置吊环的钢吊车梁,可在梁端靠近支点处用轻便吊索配合卡环绕钢吊车梁下部左右对称绑扎起吊,如图 7.32 所示;或用工具式吊耳起吊,如图 7.33 所示。当起重能力允许时,也可采用将吊车梁与制动梁(或桁架)及支撑等组成一个大部件进行整体吊装,如图 7.34 所示。

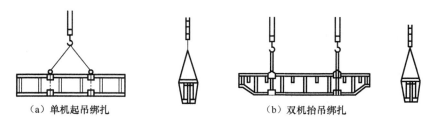

(a) 单机起吊绑扎　　(b) 双机抬吊绑扎

图 7.32　钢吊车梁的吊装绑扎

(3) 起吊与临时固定

吊车梁起吊应使用吊索绑扎或用可靠的夹具。绑扎点根据吊车梁自重和长度而定,一般在吊车梁重心对称的两端部,吊索角度 45°。

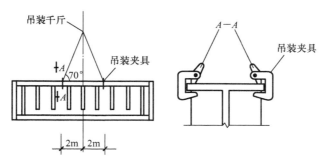

图 7.33 利用工具式吊耳吊装

（4）校正

钢吊车梁的校正一般在梁全部吊装完毕之后进行，可按厂房伸缩缝分区、分段进行校正，或在全部吊车梁安装完毕后进行一次总体校正。校正的范围包括标高、垂直度、平面位置（中心轴线）和跨距。一般除标高外，吊车梁的校正应在钢柱校正和屋盖吊装完成并校正固定后进行，以避免因屋架吊装校正引起钢柱跨间移位。

① 起重机梁的校正顺序是先校正标高，待屋盖系统安装完成后再校正、调整其他项目。这样可防止因屋盖安装而引起钢柱变形，从而影响起重机梁的垂直度和水平度。质量较大的起重机梁也可边安装边校正。

② 吊车梁中心线与轴线间距的校正。校正吊车梁中心线与轴线间距时，先在吊车轨道两端的

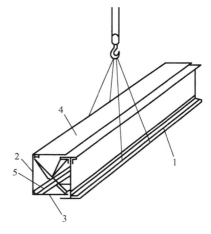

1—钢吊车梁；2—侧面桁架；3—底面桁架；
4—上平面桁架及走台；5—斜撑

图 7.34 钢吊车梁的组合吊装

地面上根据柱轴线放出吊车轨道轴线，用钢尺校正两轴线的距离，再用经纬仪放线、钢丝挂线锤或在两端拉钢丝等方法校正，如图 7.35 所示。如有偏差，用撬杠拨正，或在梁端设螺栓，液压千斤顶侧向顶正，如图 7.36 所示；或在柱头挂倒链将吊车梁吊起或用杠杆将吊车梁抬起，再用撬杠配合移动拨正，如图 7.37（a）所示。

③ 吊车梁标高的校正。当一跨即两排吊车梁全部吊装完毕后，将一台水准仪架设在某一钢吊车梁上或专门搭设的平台上，进行每梁两端的高程测量，计算各点所需垫板厚度，或在柱上测出一定高度的水准点，再用钢尺或样杆量出水准点至梁面铺轨需要的高度，根据测定标高进行校正，如图 7.37（b）所示。

④ 吊车梁垂直度的校正。在校正标高的同时，用靠尺或线锤在吊车梁的两端测垂直度（图 7.38），用楔形钢板在一侧填塞校正。

（5）最后固定

钢吊车梁校正完毕后应立即将钢吊车梁与柱牛腿上的预埋件焊接牢固，并在梁柱接头处、吊车梁与柱的空隙处支模浇筑细石混凝土并养护；或将螺母拧紧，对支座与牛腿上垫板进行焊接做最后固定。

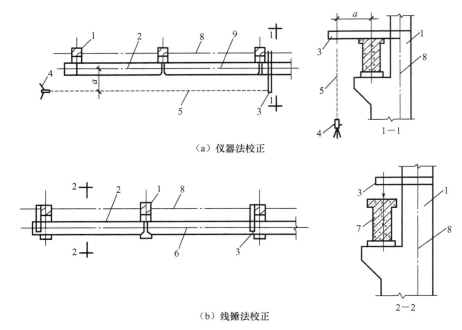

（a）仪器法校正

（b）线锤法校正

1—柱；2—吊车梁；3—短木尺；4—经纬仪；5—经纬仪与梁轴线平行视线；6—铁丝；
7—线锤；8—柱轴线；9—吊车梁轴线；10—钢管或圆钢；11—偏离中心线的吊车梁

图 7.35　吊车梁轴线的校正

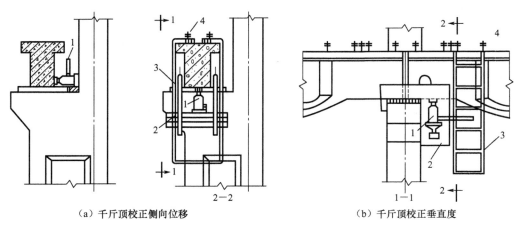

（a）千斤顶校正侧向位移　　　　（b）千斤顶校正垂直度

1—液压（或螺栓）千斤顶；2—钢托架；3—钢爬梯；4—螺栓

图 7.36　用千斤顶校正吊车梁

（6）钢吊车梁安装的允许偏差

钢吊车梁安装的允许偏差和检验方法应符合表 7.14 的规定。

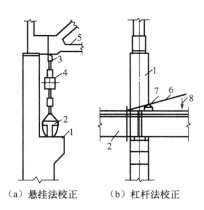 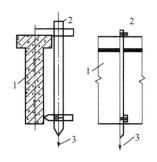

(a) 悬挂法校正　　(b) 杠杆法校正

1—柱；2—吊车梁；3—吊索；4—倒链；
5—屋架；6—杠杆；7—支点；8—着力点

1—吊车梁；2—靠尺；3—线锤

图 7.37　用悬挂法和杠杆法校正吊车梁　　　图 7.38　吊车梁垂直度的校正

表 7.14　钢吊车梁安装的允许偏差和检验方法

项次	项 目		允许偏差/mm	检验方法
1	梁的跨中垂直度		$h/500$	吊线和钢尺检查
2	侧向弯曲矢高		$l/1500$，且不应大于 10.0	拉线和钢尺检查
3	垂直上拱矢高		10.0	拉线和钢尺检查
4	两端支座中心位移	安装在钢柱上时，对牛腿中心的偏移	5.0	拉线和钢尺检查
		安装在混凝土柱上时，对定位轴线的偏移	5.0	
5	吊车梁支座加劲板中心与柱承压加劲板中心的偏移		$t/2$	吊线和钢尺检查
6	同跨间内同一横截面吊车梁顶面高差	连接处	10.0	用经纬仪、水准仪和钢尺检查
		其他处	15.0	
7	同跨间内同一横截面下挂式吊车梁底面高差		10.0	用经纬仪、水准仪和钢尺检查
8	同列相邻两柱间吊车梁顶面高差		$l/1500$，且不应大于 10.0	用水准仪或钢尺检查
9	相邻两吊车梁接头部位	中心错位	3.0	用钢尺检查
		上承式顶面高差	1.0	用钢尺检查
		下承式底面高差	1.0	用钢尺检查

续表

项次	项 目	允许偏差/mm	检 验 方 法
10	同跨间任一截面的吊车梁中心跨距	±10.0	用经纬仪或钢尺检查
11	轨道中心对吊车梁腹板轴线的偏移	$t/2$	用吊线和钢尺检查

注：h 为吊车梁高度；l 为梁长度；t 为梁腹的厚度。

(7) 钢吊车梁安装注意事项

① 检查数量：按各种构件数各抽查 10%，但均不少于 3 件。

② 钢吊车梁安装前应测量柱安装后牛腿的实际标高，以便吊车梁安装时调整标高的施工误差，以防误差积累。

③ 吊车梁安放后，应将吊车梁上翼缘板与柱用连接板连接固定，以防起重机松钩后吊车梁纵向移动和侧向倾倒。

④ 吊车梁校正应在螺栓全部安装后进行，以防安装螺栓时使吊车梁移位变动；严禁在吊车梁的下翼缘板和腹板上焊接悬挂物及卡具。

⑤ 校正吊车梁应先调正标高，然后校正中心线及跨距。

测量吊车梁的标高，把仪器架设在吊车梁面上进行，每根吊车梁均应观测 3 点（两端部和中点）。

⑥ 吊车梁安装时标高如有负偏差时，可在柱牛腿面与吊车梁下翼缘板之间放入铁垫板，但垫板不得超过 3 层，并应置于吊车梁的端部腹板或加劲肋下面，且垫板面积不得小于吊车梁与牛腿接触部分面积的 60%。

⑦ 测量吊车梁跨距应使用通长的钢尺丈量校核。

⑧ 吊车梁和轨道的校正应在主要构件固定后进行。校正后立即进行固定，固定的顺序为先安螺栓后焊接。

【钢结构网架安装】

3. 钢屋架安装

钢屋架（盖）安装包括屋架、天窗架、垂直及水平支撑系统、檩条、压型屋面板等的安装。其安装特点为：构件种类、型号、数量多，连接构造复杂，高空作业危险性增加，工序多，安装尺寸精度要求严格，稳定性要求高。本工艺标准适用于一般工业建筑单层厂房与民用建筑仓库等钢屋架（盖）安装工程。钢屋架（盖）安装一般采用综合安装法，从一端开始向另一端一节间一节间安装两榀屋架间全部的构件，使其形成稳定的结构；具有空间刚度的单元。

一般安装顺序为：屋架→天窗架→垂直及水平支撑系统→檩条→压型屋面板。

(1) 安装准备

① 钢屋架安装前准备。

A. 半成品、材料要求：屋架等钢构件型号、几何尺寸、制作质量应符合设计要求和施工规范的规定，并有出厂合格证及附件。焊条、普通螺栓、高强度螺栓等连接材料均应有质量证明书，连接副配套，并符合设计要求及有关国家标准的规定。涂料中，如防腐油漆涂料品种、牌号、颜色及配套底漆、腻子等，均应符合设计要求和有关产品技术标准的规定，并应有产品质量证明书。准备其他材料，如各种规格的垫板、垫圈等。

B. 主要机械设备：履带式起重机、轮胎式起重机或塔式起重机，也可采用独脚桅杆式起重机和卷扬机等，运输机械有载重汽车和平板拖车以及电、气焊设备等。主要工具有钢丝绳、棕绳、卡环、绳夹、铁扁担、扳手、撬杠、倒链、千斤顶、钢尺、线坠、经纬仪、水平仪、塔尺等。

C. 作业条件：编制屋架（盖）钢结构安装作业设计或工艺卡，并进行技术交底。按安装单元构件明细表核对进场构件的数量，要求配套供应，查验出厂合格证及有关技术资料。复查构件的几何尺寸、制孔、组装、焊接、摩擦面处理等，并做记录，发现构件损坏或变形，或焊缝质量不符合质量要求，应予以矫正或重新加工或补焊，被碰坏的防腐底漆应补刷，并再次检查办理验收。检查各类连接板、垫板及高强度螺栓、普通螺栓的规格和数量，应符合连续安装的要求。屋架、天窗架在现场拼装时，应搭设好拼装平台，拼装平台搭设和拼装方法同屋架制作。安装机械设备已进入现场，并经维护、检修、试运转、试吊，处于完好状态；安装需用工具已经备齐，数量和强度等可满足安装要求。整平场地，修筑好构件运输和起重机吊装开行的临时道路，做好周围排水设施，敷设安装用临时供电线路。在钢构件上，根据安装就位和校正的需要，弹好轴线、安装位置线及安装中心线；复核钢柱顶部的屋架安装轴线和标高。

② 吊点选择。

钢屋架的绑扎通常采用两点绑扎，跨度大于 21m，多采用三点或四点绑扎，吊点应位于屋架的重心线上，并在屋架一端或两端绑溜绳。由于屋架平面外刚度差，一般在侧向绑两道杉木杆或方木进行加固；当起重机高度满足要求时，天窗架可装在屋架上同时起吊安装。

为减少高空作业、提高生产率，可在地面上将天窗架预先拼装在屋架上，并由吊索把天窗架夹在中间，以保证整体安装稳定，如图 7.39 所示虚线。

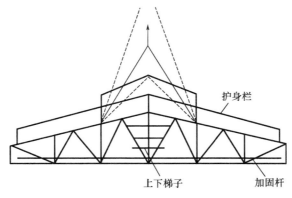

图 7.39 钢屋架吊装示意

（2）钢屋架吊装

屋架多用高空旋转法吊装，即将屋架从排放垂直位置吊起至超过柱顶 10～20cm 后再旋转转向安装位置，此时起重机边回转边拉屋架的溜绳，使屋架缓慢下降，平稳地落在柱头设计位置上，使屋架端部中心线与柱头中心轴线对准。

（3）临时固定

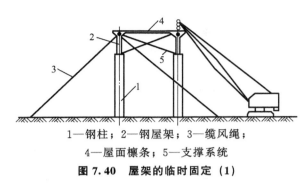

1—钢柱；2—钢屋架；3—缆风绳；
4—屋面檩条；5—支撑系统

图 7.40　屋架的临时固定（1）

安装第一榀屋架在就位并初步校正垂直度后，应在两侧设置缆风绳临时固定，方可卸钩，如图 7.40 所示。第二榀钢屋架用同样的方法吊装就位后，先用杉木杆或方木临时与第一榀屋架连接固定，卸钩后，随即安装支撑系统和部分檩条进行最后校正固定，以形成一个具有空间刚度和整体稳定性的单元体系。以后安装屋架则采取在上弦绑水平杉木杆或方木，与已安装的前榀屋架连接，保持稳定。从第三榀屋架开始，在屋架脊点及上弦中点装上檩条即可将屋架临时固定，如图 7.41 所示。第二榀及以后各榀屋架也可用工具式支撑临时固定到前一榀屋架上，如图 7.42 所示。屋架临时固定，如需用临时螺栓，则每个节点穿入数量不少于安装孔数的 1/3，且至少穿入两个临时螺栓；冲钉穿入数量不宜多于临时螺栓的 30%。当屋架与钢柱的翼缘连接时，应保证屋架连接板与柱翼缘板接触紧密，否则应垫入垫板使其严密。如屋架的支承反力靠钢柱上的承托板传递时，屋架端节点与承托板的接触要紧密，其接触面积应不小于承压面积的 70%，边缘最大间隙不应大于 0.8mm，较大缝隙应用钢板垫塞密实。

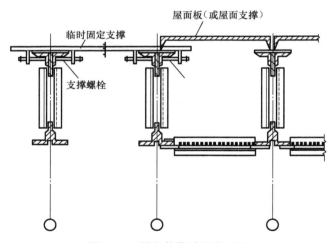

图 7.41　屋架的临时固定（2）

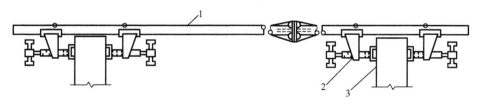

1—钢管；2—撑脚；3—屋架上弦

图 7.42　工具式支撑的构造

(4) 钢屋架校正

对于钢屋架的校正，垂直度可用线坠、钢尺对支座和跨中进行检查；屋架的弯曲度用拉紧测绳进行检查，如不符合要求，可推动屋架上弦进行校正。

(5) 钢屋架最后固定

每吊装一榀屋架经校正后，随即将其与前一榀屋架间的支撑系统吊装上，每一节的钢构件经校正、检查合格后，即可用电焊、高强度螺栓或普通螺栓进行最后固定。

(6) 天窗架及檩条安装

天窗架安装一般采取两种方式：①将天窗架单榀组装，屋架吊装校正、固定后，随即将天窗架吊上，校正并固定；②将单榀天窗架与单榀屋架在地面上组合（平拼或立拼），并按需要进行加固后一次整体吊装。每吊装一榀，随即将其与前一榀天窗架间的支撑系统及相应构件安装上。

檩条质量较小，为发挥起重机效率，多采用一钩多吊、逐根就位，间距用样杆顺着檩条来回移动检查，如有误差可放松或扭紧檩条之间的拉杆螺栓进行校正；平直度用拉线和长靠尺或钢尺检查，校正后用电焊或螺栓最后固定。

(7) 钢屋架安装允许偏差

① 保证项目。

A. 钢屋架等构件必须符合设计要求和施工规范的规定，由于运输、堆放和吊装造成的构件变形必须矫正。

B. 支座垫板规格、位置、做法正确，与柱顶面或承托表面接触紧贴平稳，点焊牢固。

C. 屋盖钢结构各节点的连接必须符合设计要求，螺栓必须上齐，焊缝不能漏焊、欠焊。

② 基本项目。

A. 钢构件标记中心和标高完备清楚。

B. 构件外观表面干净，无焊疤、油漆和泥砂。

③ 允许偏差项目。

钢屋架安装的允许偏差及检验方法见表 7.15。

表 7.15 钢屋架安装的允许偏差及检验方法

项次	项　目	允许偏差/mm	检验方法
1	屋架弦杆在相邻节点间的平直度	$E/1000$，且不大于 5	用拉线和钢尺检查
2	檩条间距	±6	用钢尺检查
3	垂直度	$H/250$，且不大于 15	用经纬仪或吊线和钢尺检查
4	侧向弯曲	$L/1000$，且不大于 10	用拉线和钢尺检查

注：E—弦杆在相邻节点间的距离；H—屋架高度；L—屋架长度

(8) 成品保护

① 安装好的钢构件不准撞击，用低合金钢制作的构件校正时不准锤击。

② 不准随意在已安装的屋盖钢构件上开孔或切断任何杆件，不得任意割断已安装好的永久螺栓。

③ 利用已安装好的钢屋盖构件悬吊其他构件和设备时，应经设计方同意，并采取措

施防止结构损坏。

④ 吊装损坏的防腐底漆应补涂，漆膜厚度应符合设计要求。

（9）安全措施

① 屋盖钢构件安装就位后应及时进行校正、固定，并安装好屋面支撑系统，当天安装的钢构件应形成稳定的空间体系。

② 屋架、天窗架未经临时或最后固定前，应设缆风绳或斜撑拉（撑）固定，防止构件失稳倒塌。对于已经就位的钢构件，必须完成临时或最后固定后方可进行下道工序作业。

③ 钢构件已经固定后，不得随意用撬杠撬动或移动位置，如需重新校正时，必须回钩。

【门式钢结构厂房安装】

④ 屋盖安装高空操作人员应戴安全帽，系安全带，携带工具；垫铁、焊条、螺栓等应放入随身携带的工具袋内；在高空传递时，应有保险绳，不得随意上下抛掷，防止脱落伤人或发生意外事故。

（10）钢屋架安装注意事项

① 屋盖构件安装连接时，螺栓孔眼不对，不得任意用气割扩孔或改为焊接。每个螺栓不得用两个以上垫圈；螺栓外露丝扣长度不少于2～3扣，并应防止螺母松动；更不能用螺母代替垫圈。精制螺栓孔不准使用冲钉，也不得用气割扩孔。构件表面有斜度时，应采用相应斜度的垫圈。

② 现场焊接的焊接工人应有考试合格证，并应编号；焊接部位须按编号做检查记录，安装焊缝须全数做外观检查，质量达不到要求的焊缝应补焊复验。对于重要的拼装对接焊缝，应检查内部质量，Ⅰ、Ⅱ级焊缝需进行超声波探伤，且均需做记录。

③ 安装高强度螺栓，必须按规范要求先使用安装螺栓临时固定，调整紧固后，再安装高强度螺栓替换。

④ 安装支撑系统时不得利用钢屋架、天窗架弦杆作为受力支承点起吊杆件，以防损伤弦杆或造成变形。

⑤ 支撑系统安装就位后，应立即校正并固定，不得以定位点焊来代替安装螺栓或安装焊缝，以防遗漏，从而造成结构失稳。

7.3.3 多层及高层钢结构安装

1. 材料要求

（1）一般要求

① 在多层与高层钢结构现场施工中，安装用的材料如焊接材料、高强度螺栓、压型钢板、栓钉等应符合现行国家产品标准和设计要求。

【超高层主体结构设计制作】

② 多层与高层建筑钢结构的钢材，主要采用Q235碳素结构钢和Q345低合金高强度结构钢。其质量标准应分别符合我国现行国家标准《碳素结构钢》（GB/T 700—2006）和《低合金高强度结构钢》（GB/T 1591—2018）的规定。当有可靠根据时，可采用其他牌号的钢材。当设计文件采用其他牌号的结构钢时，应符合相对应的现行国家标准。

③ 品种规格。

钢型材有热轧成型的钢板和型钢,以及冷弯成型的薄壁型钢。

热轧钢板有薄钢板(厚度为0.35~4mm)、厚钢板(厚度为4.5~6.0mm)、超厚钢板(厚度>60mm),还有扁钢(厚度为4~60mm、宽度为30~200mm,比钢板宽度小)。

热轧型钢有角钢、工字钢、槽钢、钢管等以及其他新型型钢。角钢分等边角钢和不等边角钢两种。工字钢有普通工字钢、轻型工字钢和宽翼缘工字钢,其中宽翼缘工字钢在我国也称H型钢。槽钢分普通槽钢和轻型槽钢。钢管有无缝钢管和焊接钢管。

钢板和型钢表面允许有不妨碍检查表面缺陷的薄层氧化铁皮、铁锈、由于压入氧化铁皮脱落引起的不显著的粗糙表面和划痕、轧辊造成的网纹和其他局部缺陷,但凹凸度不得超过厚度负公差的一半。对于低合金钢板和型钢的厚度,还应保证不低于允许最小厚度。

钢板和型钢表面缺陷不允许采用焊补和堵塞处理,应用凿子或砂轮清理。清理处应平缓无棱角,清理深度不得超过钢板厚度负偏差的范围,对低合金钢还应保证不薄于其允许的最小厚度。

④ 厚度方向性能钢板。

随着多层与高层钢结构的蓬勃发展,焊接结构使用的钢板厚度有所增加,对钢材材性要求提出新的内容,即要求钢板在厚度方向有良好的抗层状撕裂性能,因而出现了新的钢材即厚度方向性能钢板。国家标准《厚度方向性能钢板》(GB 5313—2010)有这方面的专用规定。

(2) 现场安装的材料准备

① 根据施工图测算各主耗材料(如焊条、焊丝等)的数量,做好订货安排,确定进厂时间。

② 各施工工序所需临时支撑、钢结构拼装平台、脚手架支撑、安全防护、环境保护器材数量确认后,安排进厂制作及搭设。

③ 根据现场施工安排,编制钢构件进厂计划,安排制作、运输计划。如为超重、超长、超宽的构件,还应规定好吊耳的设置,并标出重心位置。

2. 主要机具

在多层与高层钢结构施工中,常用主要机具有塔式起重机、汽车式起重机、履带式起重机、交直流电焊机、CO_2气体保护焊机、空压机、碳弧气刨、砂轮机、超声波探伤仪、磁粉探伤、着色探伤、焊缝检查量规、大六角头和扭剪型高强度螺栓扳手、高强度螺栓初拧电动扳手、栓钉机、千斤顶、葫芦、卷扬机、滑车及滑车组、钢丝绳、索具、经纬仪、水准仪、全站仪等。

3. 作业条件

① 参加图纸会审,与业主、设计、监理各方充分沟通,确定钢结构各节点、构件分节细节。

② 根据结构深化图纸,验算钢结构框架安装时构件受力情况,科学地预计其可能的变形情况,并采取相应合理的技术措施来保证钢结构安装的顺利进行。

③ 各专项工种施工工艺确定,编制具体的吊装方案、测量监控方案、焊接及无损检测方案、高强度螺栓施工方案、塔式起重机装拆方案、临时用电用水方案、质量安全环保

方案并审核完成。

④ 组织必要的工艺试验，如焊接工艺试验、压型钢板施工及栓钉焊接检测工艺试验。尤其是对新工艺、新材料，要做好工艺试验，作为指导生产的依据。对于栓钉焊接工艺试验，根据栓钉的直径、长度及是穿透压型钢板焊还是直接打在钢梁等支撑点上的栓钉焊接，要做相应的电流大小、通电时间长短调试。对于高强度螺栓，要做好高强度螺栓连接副和抗滑移系数的检测工作。

⑤ 对土建单位做的钢筋混凝土基础进行测量技术复核，如轴线、标高。如螺栓预埋是钢结构施工前由土建单位完成的，还需复核每个螺栓的轴线、标高，对超过规范要求的，必须采取相应的补救措施。

⑥ 对现场周边交通状况进行调查，确定大型设备及钢构件进厂路线。

⑦ 施工临时用电用水管线铺设到位。

⑧ 劳动力进场。

所有生产工人都要进行上岗前培训，取得相应资质的上岗证书，做到持证上岗。尤其是焊工、起重工、塔式起重机操作工、塔式起重机指挥工等特殊工种。

⑨ 施工机具安装调试验收合格。

⑩ 构件进场：按吊装进度计划配套进厂，运至现场指定地点，构件进厂验收检查。

⑪ 与周边的相关部门进行协调，如治安、交通、绿化、环保、文保、电力、气象等；并到当地的气象部门了解以往年份每天的气象资料，做好防台风、防雨、防冻、防寒、防高温等措施。

4. 工艺流程

多层与高层钢结构安装工艺流程如图 7.43 所示。

5. 操作工艺

(1) 钢结构吊装顺序

多层与高层钢结构吊装一般需划分吊装作业区域，钢结构吊装按划分的区域，平行顺序同时进行。当一片区吊装完毕后，即进入测量、校正、高强度螺栓初拧等工序，待几个片区安装完毕后，对整体再进行测量、校正、高强度螺栓终拧、焊接。焊后复测完，接着进行下一节钢柱的吊装，并根据现场实际情况进行本层压型钢板吊放和部分铺设工作等。

(2) 螺栓预埋

螺栓预埋很关键，柱位置的准确性取决于预埋螺栓位置的准确性。预埋螺栓标高偏差控制在±5mm 以内，定位轴线的偏差控制在±2mm。

(3) 钢柱安装工艺

第一节钢柱吊装。

① 吊点设置。

吊点位置及吊点数根据钢柱形状、断面、长度、起重机性能等具体情况确定。

一般钢柱弹性和刚性都很好，吊点采用一点正吊。吊点设置在柱顶处，柱身竖直，吊点通过柱重心位置，易于起吊、对线、校正。

② 起吊方法。

A. 多层与高层钢结构工程中，钢柱一般采用单机起吊，对于特殊或超重的构件，也

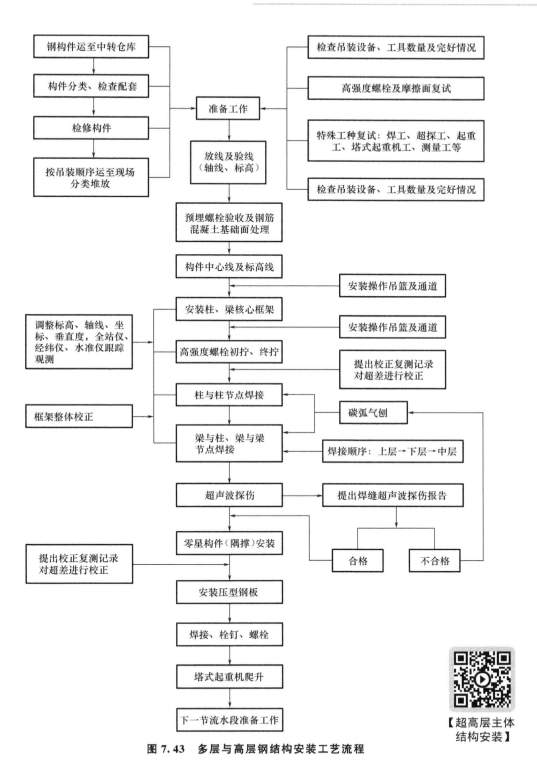

图 7.43　多层与高层钢结构安装工艺流程

可采取双机抬吊，双机抬吊应注意的事项为：a. 尽量选用同类型起重机；b. 根据起重机能力，对起吊点进行荷载分配；c. 各起重机的荷载不宜超过其相应起重能力的 80%；

d. 在操作过程中，要互相配合，动作协调，如采用铁扁担起吊，尽量使铁扁担保持平衡，倾斜角度小，以防一台起重机失重而使另一台起重机超载，造成安全事故；e. 对于信号指挥，分指挥必须听从总指挥。

B. 起吊时钢柱必须垂直，尽量做到回转扶直，根部不拖。起吊回转过程中应注意避免同其他已吊好的构件相碰撞，吊索应有一定的有效高度。

C. 第一节钢柱安装在柱基上，钢柱安装前应将登高爬梯和挂篮等挂设在钢柱预定位置并绑扎牢固，起吊就位后临时固定地脚螺栓，校正垂直度。钢柱两侧装有临时固定用的连接板，上节钢柱对准下节钢柱柱顶中心线后，即用螺栓固定连接板做临时固定。

D. 钢柱安装到位，对准轴线，必须等地脚螺栓固定后才能松开吊索。

③ 钢柱校正。

钢柱校正要做三件事：柱基标高调整、柱基轴线调整、柱身垂直度校正。

A. 柱基标高调整。

放上钢柱后，利用柱底板下的螺母或标高调整块控制钢柱的标高（因为有些钢柱过重，螺栓和螺母无法承受其自重，故柱底板下需加设标高调整块——钢板调整标高），精度可达到±1mm。柱底板下预留的空隙可以用高强度、微膨胀、无收缩砂浆以捻浆法填实，如图7.44所示。当使用螺母调整柱底板标高时，应对地脚螺栓的强度和刚度进行计算。

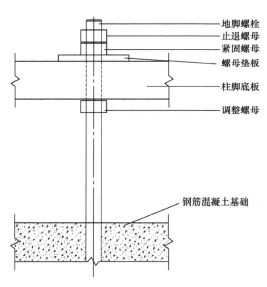

图7.44 柱基标高调整示意

现在有很多高层钢结构地下室部分钢柱是劲性钢柱，钢柱的周围都布满了钢筋，调整标高和轴线时，都要适当地将钢筋梳理开才能进行，工作较困难。

B. 第一节柱底轴线调整。

对线方法：在起重机不松钩的情况下，将柱底板上的4个点与钢柱的控制轴线对齐，缓慢降落至设计标高位置。如果这4个点与钢柱的控制轴线有微小偏差，可借线调整，即以控制线为基准进行平移。

C. 第一节柱身垂直度校正。

采用缆风绳校正方法，用两台呈90°的经纬仪找垂直。在校正过程中，不断微调柱底板下螺母，直至校正完毕，将柱底板上面的两个螺母拧上，缆风绳松开不受力，柱身呈自由状态，再用经纬仪复核，如有微小偏差，再重复上述过程，直至无误，将上螺母拧紧。

地脚螺栓上螺母一般用双螺母，可在螺母拧紧后将螺母与螺杆焊实。

D. 柱顶标高调整和其他节框架钢柱标高控制。

柱顶标高调整和其他节框架钢柱标高控制可以用两种方法：一是按相对标高安装，另一种是按设计标高安装，一般采用相对标高安装。钢柱吊装就位后，用大六角高强度螺栓固定连接上下钢柱的连接耳板，但不能拧太紧，通过起重机起吊，撬棍可微调柱间间隙。量取上下柱顶预先标定的标高值，符合要求后打入钢楔、点焊限制钢柱下落，考虑到焊缝及压缩变形，标高偏差调整至 4mm 以内。

E. 第二节柱轴线调整。

为使上下柱不出现错口，尽量做到上下柱中心线重合；如有偏差，钢柱中心线偏差调整每次 3mm 以内，如偏差过大，就分 2～3 次调整。

注意：每一节钢柱的定位轴线绝不允许使用下一节钢柱的定位轴线，应从地面控制线引至高空，以保证每节钢柱安装正确无误，避免产生过大的累积误差。

F. 第二节钢柱垂直度校正。

钢柱垂直度校正的重点是对钢柱有关尺寸进行预检，即对影响钢柱垂直度因素的预先控制。

经验值测定：梁与柱一般焊缝收缩值小于 2mm，柱与柱焊缝收缩值一般为 3.5mm。

为确保钢结构整体安装质量精度，在每层都要选择一个标准框架结构体（或剪力筒），依次向外发展安装。

安装标准化框架的原则为：指建筑物核心部分，几根标准柱能组成不可变的框架结构，便于其他柱安装及流水段划分。

标准柱的垂直度校正：采用两台经纬仪对钢柱及钢梁安装跟踪观测。钢柱垂直度校正可分两步。

第一步，采用无缆风绳校正。在钢柱偏斜方向的一侧打入钢楔或顶升千斤顶。

注意：临时连接耳板的螺栓孔应比螺栓直径大 4mm，利用螺栓孔扩大足够余量调节钢柱制作误差－1～5mm。

第二步，安装标准框架体的梁。先安装上层梁，再安装中、下层梁，安装过程会对柱垂直度有影响，可采用钢丝绳缆索（只适宜跨内柱）、千斤顶、钢楔和手拉葫芦进行安装，其他框架柱依标准框架体向四周发展，其做法与第一、第二步相同。

(4) 框架梁安装工艺

① 钢梁安装采用两点吊。

② 钢梁吊装宜采用专用卡具，而且必须保证钢梁在起吊后为水平状态。

③ 一节柱一般有 2 层、3 层或 4 层梁，原则上竖向构件由上向下逐件安装，由于上部和周边都处于自由状态，易于安装且保证质量。一般在钢结构安装实际操作中，同一列柱的钢梁从中间跨开始对称地向两端扩展安装，同一跨钢梁先安装上层梁再安装中、下层梁。

④ 在安装柱与柱之间的主梁时，会把柱与柱之间的开档撑开或缩小。测量必须跟踪校正，预留偏差值，留出节点焊接收缩量。

⑤ 柱与柱节点和梁与柱节点的焊接，以互相协调为好。一般可以先焊一节柱的顶层梁，再从下向上焊接各层梁与柱的节点。柱与柱的节点可以先焊，也可以后焊。

⑥ 次梁根据实际施工情况一层一层安装完成。

（5）柱底灌浆

在第一节柱及柱间钢梁安装完成后，即可进行柱底灌浆。

（6）补漆

补漆为人工涂刷，在钢结构按设计安装就位后进行。

补漆前应清渣、除锈、去油污，自然风干，并经检查合格。

（7）测量工艺

① 主要工作内容：多层与高层钢结构安装阶段的测量放线工作（包括控制网的建立，平面轴线控制点的竖向投递，柱顶平面放线，悬吊钢尺传递标高，平面形状复杂钢结构坐标测量，钢结构安装变形监控等）。

② 作业条件：设计图纸审核，并与设计方进行充分沟通；测量定位依据点的交接与校测；测量器具的鉴定与检校；测量方案的编制与数据准备。

③ 测量器具的检定与检验。

为获取正确的符合精度要求的测量成果，全站仪、经纬仪、水平仪、铅直仪、钢尺等施工测量前必须经计量部门检定。除按规定周期进行检定外，在计量器具校验周期内的全站仪、经纬仪、铅直仪等主要与有关轴线有关系的，还应每2~3个月定期检校。

④ 建筑物测量验线。

钢结构安装前，土建部门已做完基础，为确保钢结构安装质量，进场后首先要求土建部门提供建筑物轴线、标高及其轴线基准点、标高基准点，依此复测轴线及标高。

轴线复测：复测方法根据建筑物平面形状不同而采取不同的方法。宜选用全站仪进行。

建筑物平面控制网主要技术指标如表7.16所示。

表7.16 建筑物平面控制网主要技术指标

等级	适 用 范 围	测角中误差/s	边长相对中误差
1	钢结构高层、超高层建筑	±9	1/24000
2	钢结构多层建筑	±12	1/15000

误差处理如下。

A. 验线成果与原放线成果两者之差略小于或等于1/1.414限差时，可不必改正放线成果或取两者的平均值。

B. 验线成果与原放线成果两者之差超过1/1.414限差时，原则上不予验收，尤其是关键部位；若为次要部位，可令其局部返工。

⑤ 测量控制网的建立与传递。

建立基准控制点：根据施工现场条件，建筑物测量基准点有两种测设方法。

A. 一种方法是将测量基准点设在建筑物外部，俗称外控法。它适用于场地开阔的工地。

B. 另一种测设方法是将测量控制基准点设在建筑物内部，俗称内控法。它适用于场地狭窄、无法在场外建立基准点的工地。

⑥ 平面轴线控制点的竖向传递。

地下部分：一般高层钢结构工程中，均有地下部分1~6层，对地下部分可采用外控法。建立井字形控制点，组成一个平面控制格网，并测设出纵、横轴线。

地上部分：控制点的竖向传递采用内控法，投递仪器采用激光铅直仪。

⑦ 柱顶轴线（坐标）测量。

利用传递上来的控制点通过全站仪或经纬仪进行平面控制网放线，把轴线（坐标）放到柱顶上。

⑧ 悬吊钢尺传递标高。

A. 利用标高控制点，采用水准仪和钢尺测量的方法引测。

B. 多层与高层钢结构工程一般用相对标高法进行测量控制。

C. 根据外围原始控制点的标高，用水准仪引测水准点至外围框架钢柱处，在建筑物首层外围钢柱处确定+1.000m标高控制点，并做好标记。

D. 从做好标记并经过复测合格的标高点处，用50m标准钢尺垂直向上量至各施工层，在同一层的标高点应检测相互闭合，闭合后的标高点则作为该施工层标高测量的后视点并做好标记。

E. 当超过钢尺长度时，另布设标高起始点，作为向上传递的依据。

⑨ 钢柱垂直度测量。

A. 钢柱吊装时，钢柱垂直度测量一般选用经纬仪。用两台经纬仪分别架设在引出的轴线上，对钢柱进行测量校正。当轴线上有其他障碍物阻挡时，可将仪器偏离轴线150mm以内。

B. 钢柱安装测量工艺流程。

C. 钢结构安装工程中的测量顺序。

钢结构安装工程中的测量顺序如图7.45所示。

测量、安装、高强度螺栓安装与紧固、焊接四大工序的协同配合是高层钢结构安装工程质量的控制要素，而钢结构安装工程的核心是安装过程中的测量工作。

初校：初校是钢柱就位中心线的控制和调整，调整钢柱扭曲、垂偏、标高等综合安装尺寸。

重校：在某一施工区域框架形成后，应进行重校，对柱的垂直度偏差、梁的水平度偏差进行全面调整，使柱的垂直度偏差、梁的水平度偏差达到规定标准。

高强度螺栓终拧后的复校：在高强度螺栓终拧以后应进行复校，其目的是掌握高强度螺栓终拧时钢柱发生的垂直度变化。这时的变化只有考虑用焊接顺序来调整。

焊后测量：在焊接达到验收标准以后，对焊接后的钢框架柱及梁进行全面测量，编制单元柱（节柱）实测资料，确定下一节钢构件吊装的预控数据。

通过以上钢结构安装测量程序的运行，测量要求的贯彻、测量顺序的执行使钢结构安装的质量自始至终都处于受控状态，以达到不断提高钢结构安装质量的目的。

⑩ 逆作法施工工艺。

A. 适用范围：高层及超高层钢结构地下室工程。

B. 基本原理：利用支承钢柱与地下连续墙作为垂直承重结构，由地面向下挖土并施

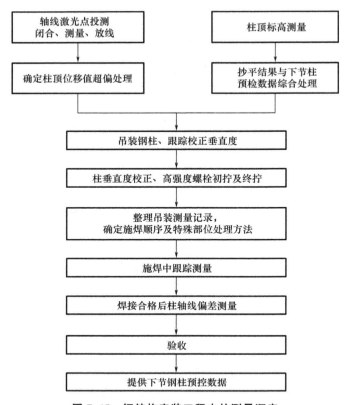

图 7.45　钢结构安装工程中的测量顺序

工各层地下室楼板，此顶板兼作地下连续墙的支撑体系。同时，利用此支撑柱承重，施工地上各层钢结构，从而实现地下、地上两个方向同时施工。

C．主要优点。

支护墙与结构墙合一，支撑与楼板合一，工程成本低；地上结构与地下结构同时施工，工期短；支护体系就是永久地下室，刚度大，挖土过程中变形小，环境安全更有保证。

6．质量标准

详见《钢结构工程施工质量验收标准》（GB 50205—2020）。

7．成品保护

① 高强度螺栓、栓钉、焊条、焊丝等，要求以上成品堆放在库房的货架上，最多不超过 4 层。

② 要求场地平整、牢固、干净、干燥，钢构件分类堆放整齐，下垫枕木，叠层堆放也要求垫枕木，并要求做到防止变形、牢固、防锈蚀。

③ 不得对已完工构件做任意焊割，或空中堆物，对施工完毕并经检验合格的焊缝、节点板处马上进行清理，并按要求进行封闭。

第 7 章　钢结构吊装及安装工程施工

本章小结

本章详细介绍了钢结构起重吊装设备的种类、技术参数、优缺点及选用原则；简要介绍了钢结构安装准备工作，包括文件资料的准备和技术准备；着重讲述了掌握单层钢结构安装基本原则、适用条件、注意事项、工艺流程及质量控制，详细讲述了单层钢结构柱、梁及屋架的安装准备内容、吊点选择、起吊方法、固定方法、允许偏差、成品保护、施工安全注意事项；重点讲述了多高层钢结构安装一般要求、材料准备、工艺流程、测量内容、质量控制及成品保护。

习　题

一、单项选择题

1. 起重设备需要附着或支承在结构上时，应得到（　　）的同意，并应进行结构安全验算。
   A. 建设单位　　B. 施工单位　　C. 设计单位　　D. 监理单位
2. 塔式起重机的主参数是（　　）。
   A. 幅度　　　　B. 起升高度　　C. 额定起重量　D. 公称起重力矩
3. 图纸深化设计前应进行图会审，并编制会审记录并与（　　）、设计师、监理一同讨论会审记录的问题。寻求解决方法，并随时与甲方和设计院取得联系。
   A. 甲方　　　　B. 行政主管部门　C. 施工方　　　D. 材料供应商
4. 施工阶段采用的（　　），是结构安装方案中的关键性技术措施。
   A. 焊接　　　　B. 临时支撑架　　C. 螺栓连接　　D. 混凝土灌注
5. 钢柱安装的（　　）是起重机边起钩边回转使钢柱绕柱脚旋转而将钢柱吊起。
   A. 旋转法　　　B. 滑行法　　　C. 递送法　　　D. 逆推法

二、名词解释

1. 履带式起重机
2. 汽车式起重机
3. 滑车组
4. 钢柱
5. 滑行法

三、简答题

1. 简述汽车式起重机的施工优缺点。
2. 施工组织设计的编制依据有哪些？
3. 施工组织设计的内容有哪些？
4. 多高层钢结构安装工艺流程是什么？

第8章 压型金属板安装工程施工

教学要求

能力要求	相关知识	权重
（1）熟悉压型金属板的类型； （2）熟悉压型金属板的质量要求； （3）熟悉压型金属板的选用	（1）镀锌压型钢板简介； （2）涂层压型钢板的主要技术参数； （3）锌铝复合涂层压型钢板简介； （4）常用压型钢板规格； （5）镀锌钢板的公称尺寸、允许偏差、表面质量； （6）环境对压型金属板的腐蚀； （7）压型金属板的选用原则； （8）彩色涂层钢板的使用寿命	30%
理解压型金属板的制作	（1）压型金属板制作的一般规定； （2）压型金属板外观检查方法	20%
（1）掌握压型金属板的安装； （2）掌握压型金属板工程的质量控制	（1）压型金属板的安装要求； （2）压型金属板配件种类及技术要求； （3）压型金属板连接的数量、夹角、板型、搭接、固定及屋面高波压型钢板的安装； （4）组合楼层构造； （5）组合楼层剪力连接件、铺设方向规定及支撑的作用； （6）围护结构的安装； （7）墙板与墙梁的连接； （8）屋面压型钢板的腐蚀处理； （9）压型金属板工程的质量控制要点	50%

第 8 章 压型金属板安装工程施工

本章导读

近几年来,压型金属板在工业与民用建筑的围护结构(屋面、墙面)与组合楼板等工程中的应用越来越广泛。它主要采用薄钢板中的镀锌板和彩色涂层钢板(优先采用卷板),由辊压成型机加工而成,也可采用一定牌号的铝合金板,加工为压型铝板。本章主要介绍压型金属板材料的质量要求及选用、压型金属板的制作、压型金属板的安装、压型金属板工程的质量控制。

8.1 压型金属板材料的质量要求及选用

8.1.1 压型金属板的类型

压型金属板是以冷轧薄钢板为基板,经镀锌或镀锌后覆以彩色涂层再经辊弯成型的波纹板材,具有成型灵活、施工速度快、外观美观、质量小、易于工业化、商品化生产等特点,广泛用作建筑屋面及墙面围护材料。

1. 镀锌压型钢板

镀锌压型钢板,其基板为热镀锌板,镀锌层重应不小于 275g/m²(双面),产品标准应符合国家标准《连续热镀锌薄钢板和钢带》(GB/T 2518—2008)的要求,如图 8.1 所示。

图 8.1 镀锌压型钢板

2. 涂层压型钢板

涂层压型钢板为在热镀锌基板上增加彩色涂层的薄板压型而成,其产品标准应符合《彩色涂层钢板及钢带》(GB/T 12754—2006)的要求,如图 8.2 所示,其性能指标如表 8.1 所示。

图 8.2　涂层压型钢板

表 8.1　涂层压型钢板性能指标

性能参数 涂料类型		涂层厚度/mm	600 光泽			铅笔硬度	弯曲		反向冲击/J		耐雾度/h
			高	中	低		厚度≤0.8mm, 180°, $t_{弯}$	厚度>0.8mm	厚度≤0.8mm	厚度>0.8mm	
建筑外用	外用聚酯	≥20	>70	40～70	<40	≥HB	≤8t	900	≥6	≥9	≥500
	硅改性聚酯						≤10t			≥4	≥750
	外用丙烯酸										≥500
	塑料溶胶	≥100	—	—	—	—	0			≥9	≥1000
	内用聚酯	—	—	—	—	—	—		t>6	≥9	—
	内用丙烯酸	≥20	>70			≥HB	≤8t			≥4	≥250
建筑内用	有机溶胶	≥20		40～70	<40		≤2t	900		≥9	≥500
	塑料溶胶	≥20					0				≥1000

注：t 为板厚。

【怎样安装金属屋面端墙板】

3. 锌铝复合涂层压型钢板

锌铝复合涂层压型钢板为新一代无紧固件扣压式压型钢板，其使用寿命更长，但要求基板为专用的、强度等级更高的冷轧薄钢板，如图 8.3 所示。压型钢板根据其波形截面可分为以下几种。

图 8.3　锌铝复合涂层压型钢板

① 高波板：波高大于 75mm，适用于做屋面板。
② 中波板：波高 50～75mm，适用于做楼面板及中小跨度的屋面板。
③ 低波板：波高小于 50mm，适用于做墙面板。

4. 常用压型钢板规格

常用压型钢板规格、型号如表 8.2 所示。

表 8.2 常用压型钢板规格、型号　　　　　　　　单位：mm

序号	型　号	截　面	展开宽度
1	YX173－300－300	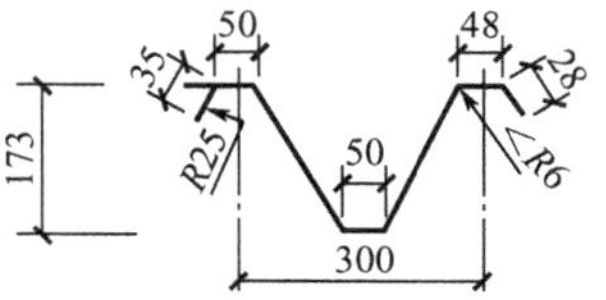	610
2	YX130－300－600	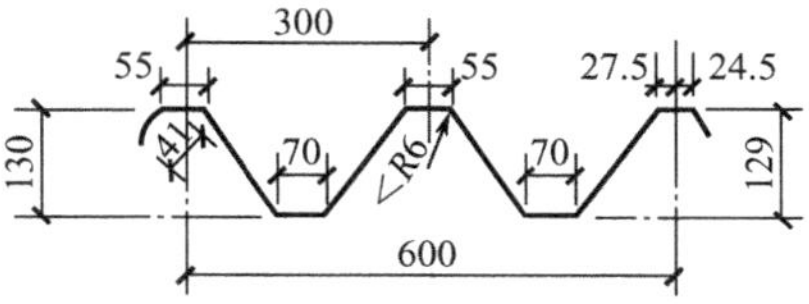	1000
3	YX130－275－550	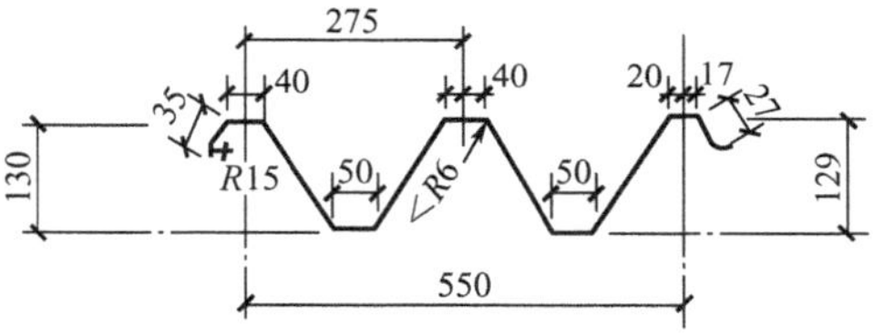	914
4	YX75－230－690（Ⅰ）	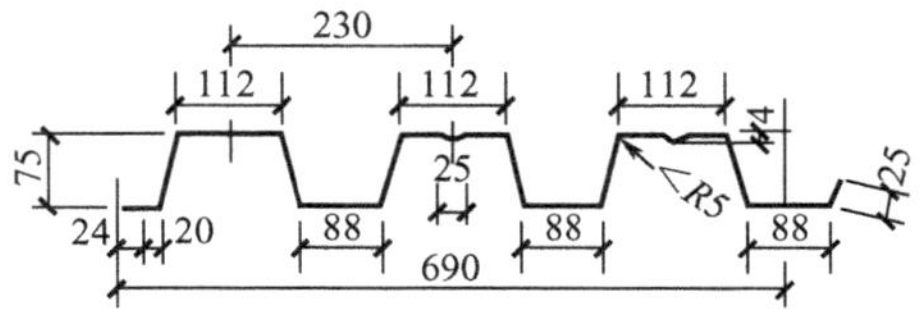	1100
5	YX75－230－690（Ⅱ）	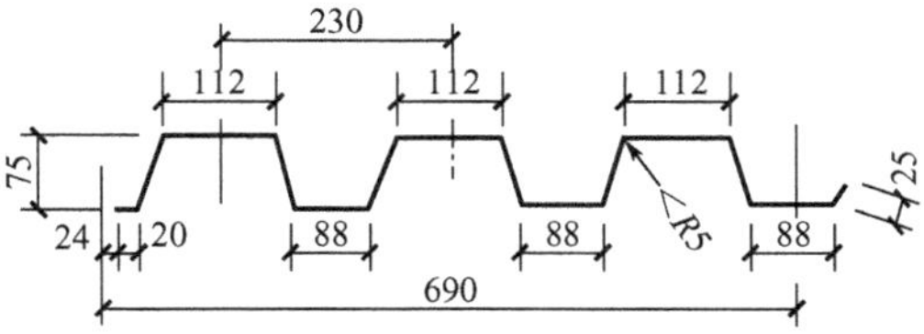	1100
6	YX75－210－840	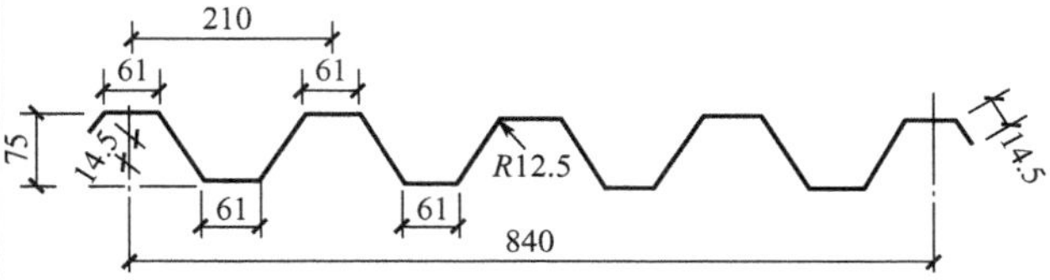	1250

续表

序号	型号	截面	展开宽度
7	YX75-200-600	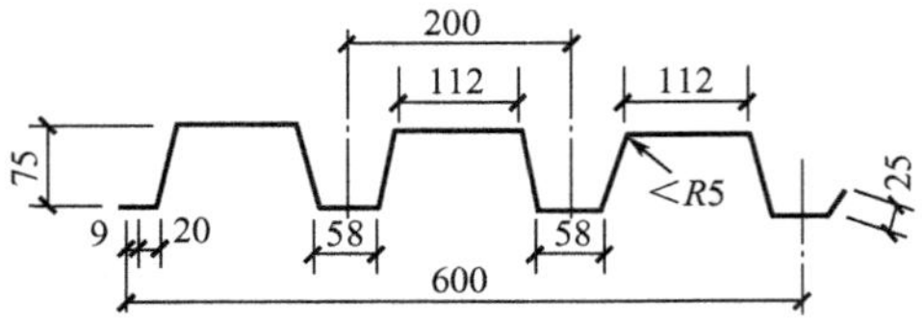	1000
8	YX70-200-600	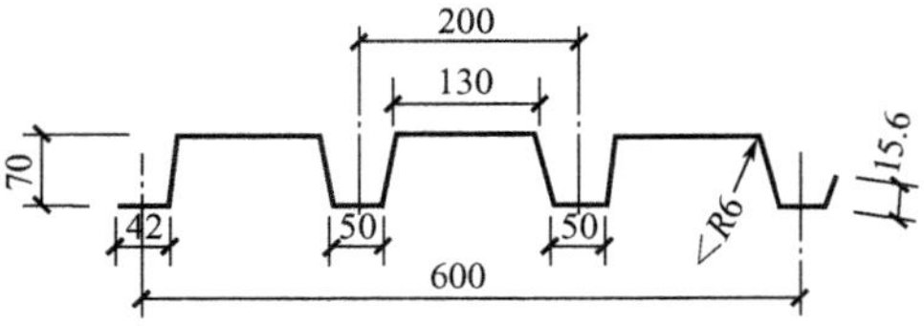	1000
9	YX28-200-600（Ⅰ）	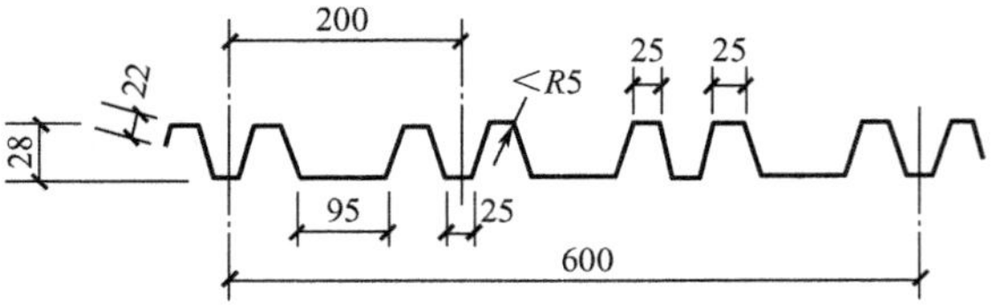	1000
10	YX28-200-600（Ⅱ）	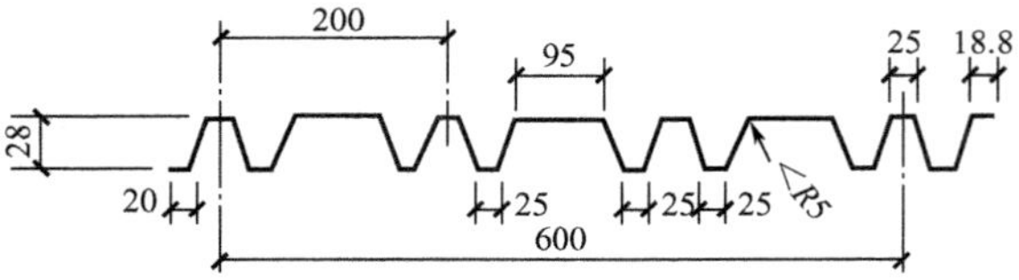	1000
11	YX28-150-900（Ⅰ）	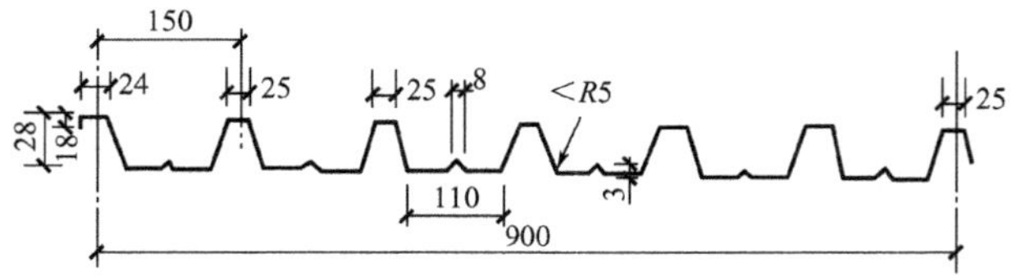	1200
12	YX28-150-900（Ⅱ）	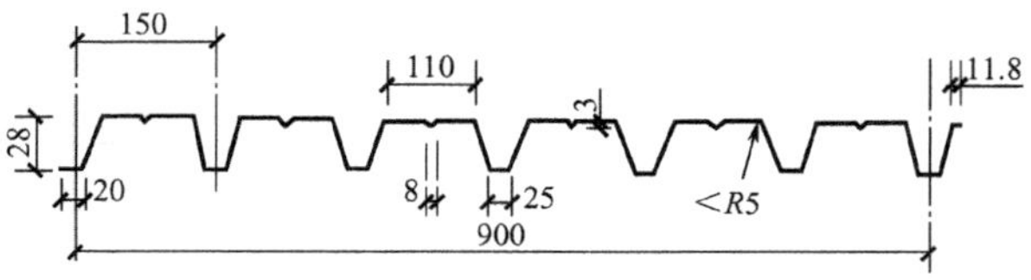	1200
13	YX28-150-900（Ⅲ）	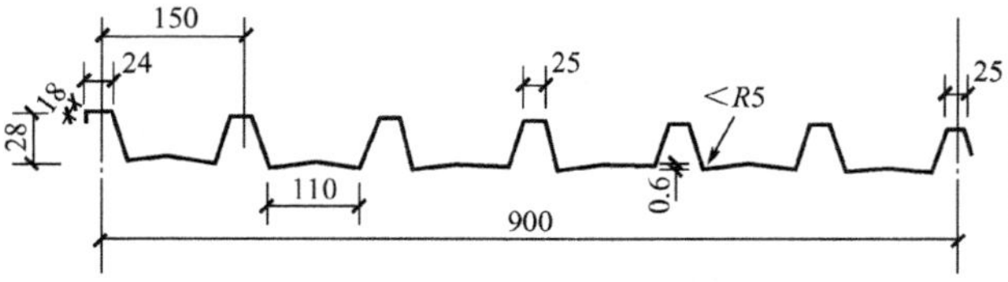	1200

续表

序号	型号	截面	展开宽度
14	YX28-150-900（Ⅳ）	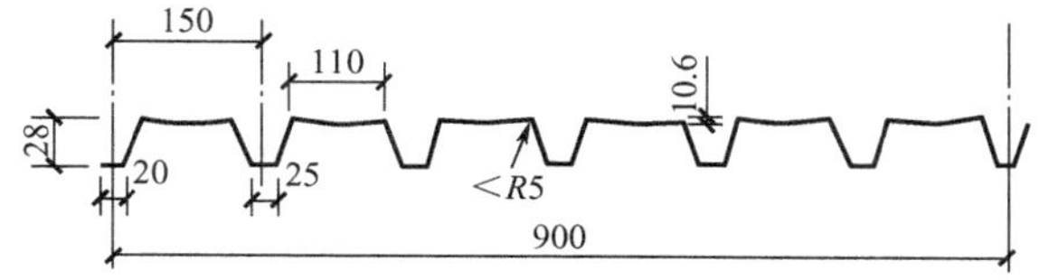	1200
15	YX28-150-750（Ⅰ）	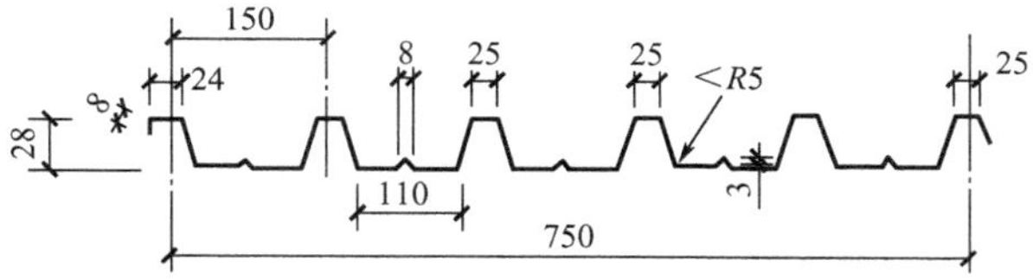	1000
16	YX28-150-750（Ⅱ）	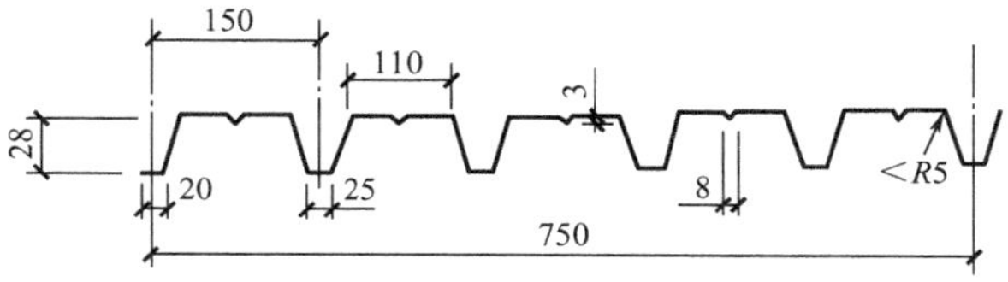	1000
17	YX51-250-750	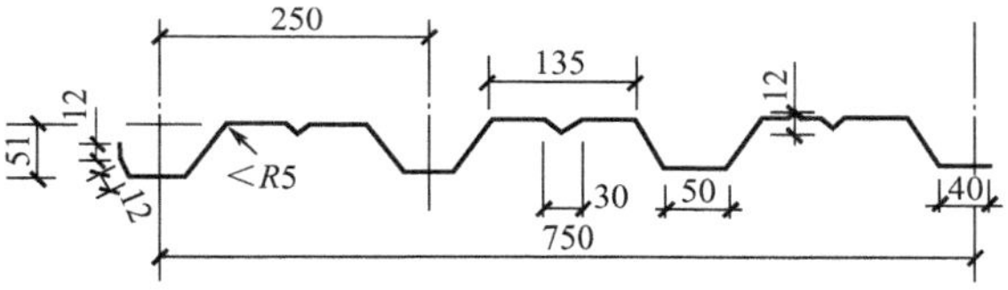	1000
18	YX38-175-700	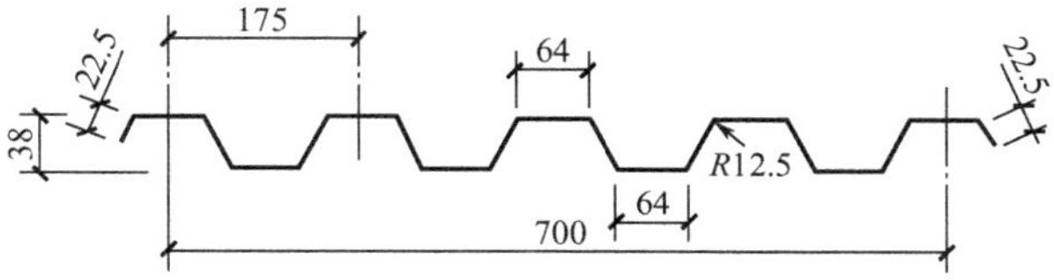	960
19	YX35-125-750	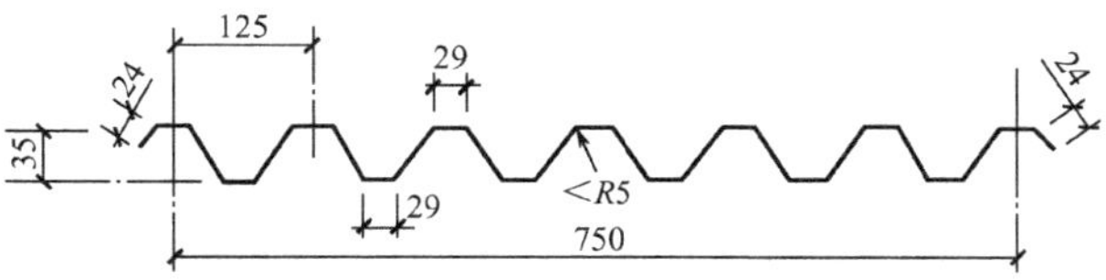	1000
20	YX35-187.5-750（Ⅰ）	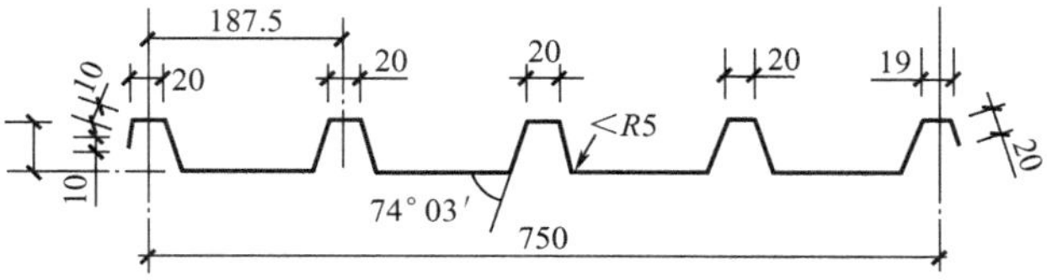	1000

续表

序号	型号	截面	展开宽度
21	YX35-187.5-750(Ⅱ)	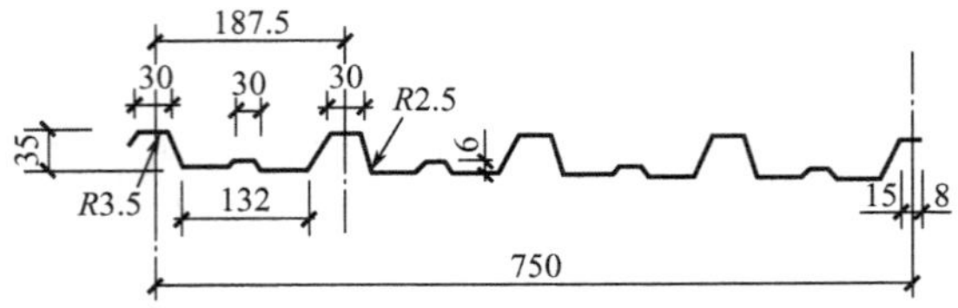	1000
22	YX35-115-690	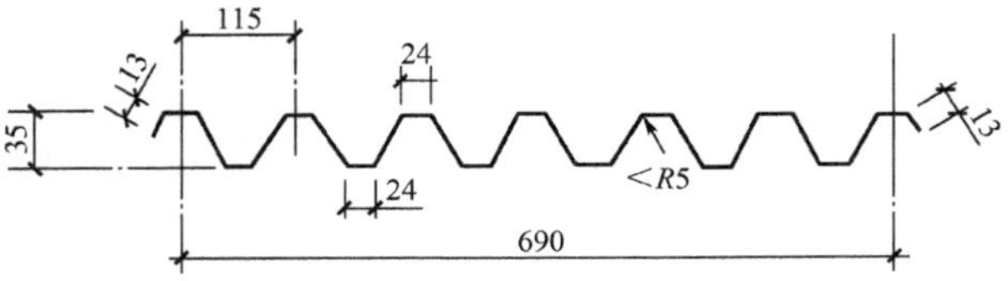	914
23	YX35-115-677	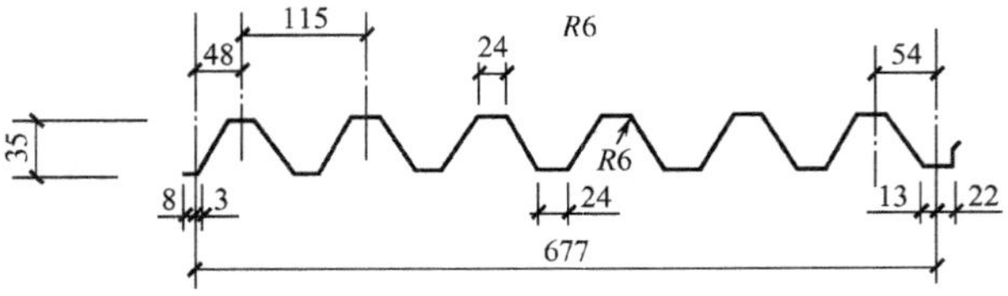	914
24	YX28-300-900(Ⅰ)	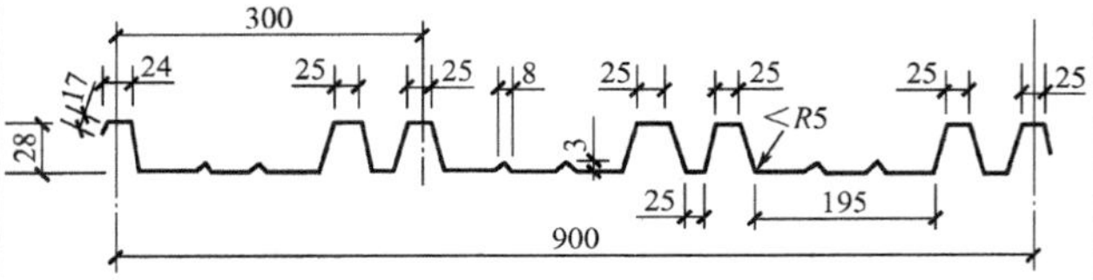	1200
25	YX28-300-900(Ⅱ)	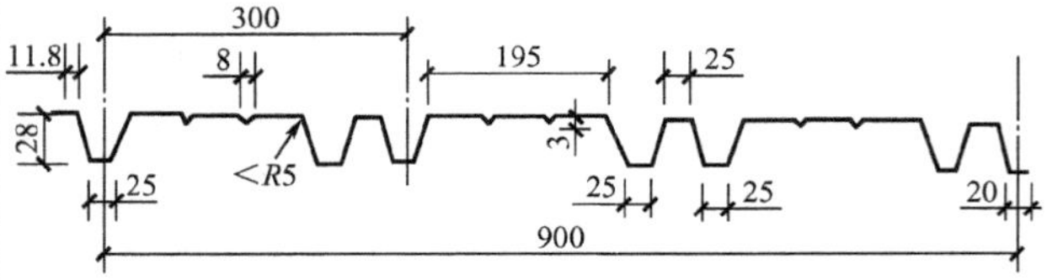	1200
26	YX28-100-800(Ⅰ)	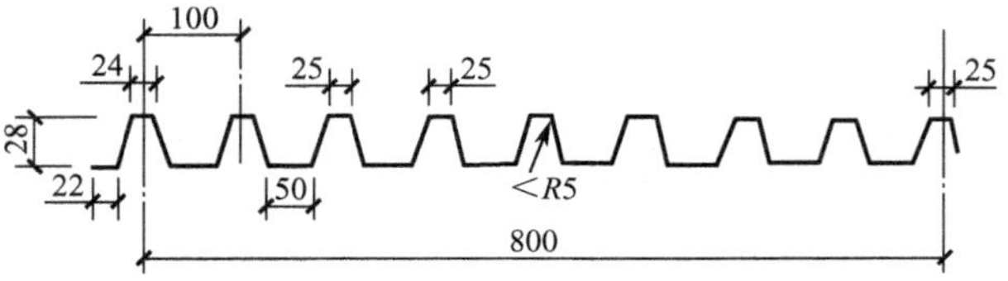	1200
27	YX28-100-800(Ⅱ)	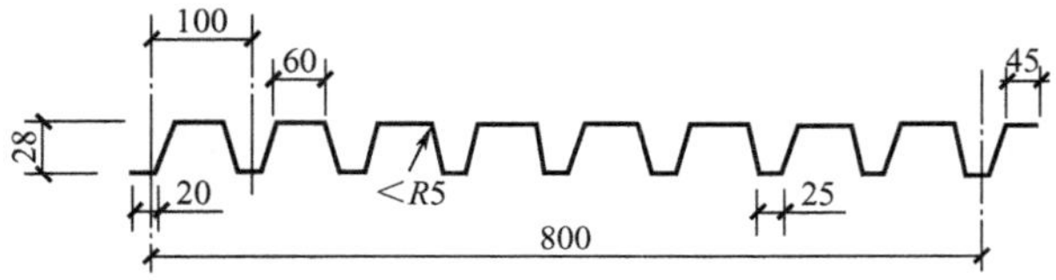	1200

续表

序号	型号	截面	展开宽度
28	YX21-180-900	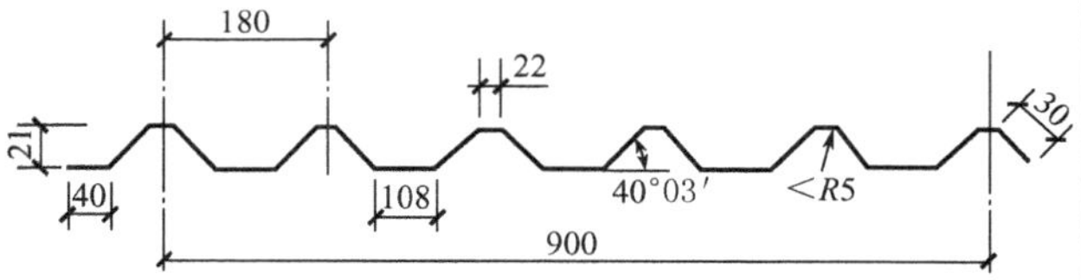	1100

8.1.2 压型金属板质量要求

压型钢板的钢材，应满足基材与涂层（镀层）两部分的要求，基板一般采用现行国家标准《普通碳素钢》（GB/T 700—2006）中规定的 Q215 和 Q235 牌号。镀锌钢板和彩色涂层钢板还应分别符合现行国家标准《连续热镀锌薄钢板和钢带》（GB/T 2518—2008）和《彩色涂层钢板和钢带》（GB/T 12754—2006）中的各项规定。

1. 镀锌钢板的公称尺寸

镀锌钢板的公称尺寸如表 8.3 所示。

表 8.3 镀锌钢板的公称尺寸

名称		公称尺寸/mm	
厚度		0.25～0.50	0.50～2.5
宽度		700～1500	
长度	钢板	1000～6000	
	钢带	卷内径 450	卷内径 610

2. 镀锌钢板厚度允许偏差

镀锌钢板厚度允许偏差如表 8.4 所示。

表 8.4 镀锌钢板厚度允许偏差

公称厚度/mm	PT（普通用途）普通精度 B 公称宽度/mm	
	≤1200	1200～1500
≤0.40	±0.07	—
0.50	±0.08	±0.09
0.60	±0.08	±0.09
0.70	±0.09	±0.10
0.80	±0.09	±0.10
0.90	±0.10	±0.11

续表

公称厚度/mm	PT（普通用途）普通精度 B 公称宽度/mm	
	≤1200	1200~1500
1.00	±0.10	±0.11
1.20	±0.11	±0.12
1.50	±0.13	±0.14
2.00	±0.15	±0.16
2.50	±0.17	±0.18

注：1. 厚度测量部位距边缘不小于20mm。
　　2. 钢带（卷板）头部和尾部30m内的厚度允许偏差最大不得超过上述规定值的50%。
　　3. 钢带焊缝区20m内的厚度允许偏差最大不得超过上述规定值的100%。

3. 镀锌钢板和钢带的表面质量

镀锌钢板和钢带的表面质量如表8.5所示。

【钢材表面处理】

表8.5　镀锌钢板和钢带的表面质量

表面结构	锌层牌号	表面质量
正常锌花	1组	275 350 450 600	允许有小腐蚀点、大小不均匀的锌花暗斑、气刀条纹，轻微划伤和压痕小的铬酸盐钝化处理缺陷、小的锌粒与结疤

8.1.3　压型金属板选用

在用作建筑物的围护板材及屋面与楼面的承重板材时，镀锌压型钢板宜用于无侵蚀和弱侵蚀环境；彩色涂层压型钢板可用于无侵蚀、弱侵蚀及中等侵蚀环境，并应根据侵蚀条件选用相应的涂层系列。

1. 环境对压型金属板的腐蚀

环境对压型金属板的腐蚀如表8.6所示。

2. 压型金属板的选用原则

当有保温隔热要求时，可采用压型钢板内加设矿棉等轻质保温层的做法形成保温隔热屋（墙）面。

压型钢板的屋面坡度可在1/20~1/6中选用，当屋面排水面积较大或地处大雨量区及板型为中波板时，宜选用1/12~1/10的坡度；当选用长尺高波板时，可采用1/20~1/15的屋面坡度；当为扣压式或咬合式压型板（无穿透板面紧固件）时，可用1/20的屋面坡度；对暴雨或大雨量地区的压型板屋面应进行排水验算。

一般永久性大型建筑选用的屋面承重压型钢板宽度与基板宽度（一般为1000mm）之比为覆盖系数，应用时在满足承载力及刚度的条件下宜尽量选用覆盖系数大的板型。

表8.6 环境对压型金属板的腐蚀

地 区	相对湿度 /%	对压型金属板的侵蚀作用		露 天
		室 内		
		采暖房屋	无采暖房屋	
农村、一般城市的商业区及住宅区	干燥＜60	无侵蚀性	无侵蚀性	弱侵蚀性
	普通60～75		弱侵蚀性	中等侵蚀性
	潮湿＞75	弱侵蚀性		
工业区、沿海地区	干燥＜60		中等侵蚀性	
	普通60～75			
	潮湿＞75	中等侵蚀性		

注：1. 表中的相对湿度指当地的年平均相对湿度，对于恒温、恒湿或有相对湿度指标的建筑物，则采用室内相对湿度。
2. 一般城市的商业区及住宅区泛指无侵蚀性介质的地区，工业区则包括受侵蚀性介质影响及散发轻微侵蚀性介质的地区。

3. 彩色涂层钢板的使用寿命

由于彩色涂层钢板的用途和使用环境条件不同，影响其使用寿命的因素较多，根据使用功能，彩色涂层钢板的使用寿命可分为以下几种。

① 装饰性使用寿命，指彩色涂层钢板表面表现为主观褪色、粉化、龟裂及涂层局部脱落等缺陷，对建筑物的形象和美观造成影响，但尚未达到涂层大片失去保护作用的程度所持续的时间。

② 涂层翻修的使用寿命，指彩色涂层钢板表面出现大部分脱层、锈斑等缺陷，造成基板进一步腐蚀的使用时间。

③ 极限使用寿命，指彩色涂层钢板不经翻修长期使用，直到出现严重腐蚀，已不能再使用的时间。

从我国目前常用的彩板种类和正常使用环境角度，建筑用彩色涂层钢板的使用寿命大体为：装饰性使用寿命为8～12年，翻修使用寿命为12～20年，极限使用寿命为20年。

8.2 压型金属板的制作

8.2.1 压型金属板制作的一般规定

压型金属板的制作是采用金属板压型机，如图8.4所示，将彩涂钢卷进行连续开卷、剪切、辊压成型等过程，制作过程中要注意以下几点。

① 压型金属板成型后，其基板不应有裂纹。

② 有涂层、镀层压型金属板成型后，涂层、镀层不应有肉眼可见的裂纹、剥落和擦痕等缺陷。

③ 压型金属板的尺寸允许偏差应符合表 8.7 的规定。

④ 压型金属板成型后，表面应干净，不应有明显凹凸和皱褶。

图 8.4 金属板压型机

表 8.7 压型金属板的尺寸允许偏差 单位：mm

项　　目			允 许 偏 差
波　距			±2.0
波高	压型钢板	截面高度≤70	±1.5
		截面高度＞70	±2.0
侧向弯曲	在测量长度 l_1 的范围内		20.0

注：l_1 为测量长度，指板长扣除两端各 0.5m 后的实际长度（小于 10m）或扣除后任选的 10m 长度。

⑤ 压型金属板施工现场制作的允许偏差应符合表 8.8 的规定。

表 8.8 压型金属板施工现场制作的允许偏差 单位：mm

项　　目		允 许 偏 差
压型金属板的覆盖宽度	截面高度≤70	10.0，−2.0
	截面高度＞70	6.0，−2.0
板　长		±9.0
横向剪切偏差		6.0
泛水板、包角板尺寸	板长	±6.0
	折弯面宽度	±3.0
	折弯面夹角	2°

8.2.2 压型金属板外观检查

压型钢板的成型过程实际上是对基板加工性能的检验。压型金属板成型后,除用肉眼和放大镜检查基板和涂层的裂纹情况外,还应对压型钢板的主要外形尺寸,如波高、波距及侧向弯曲等进行测量检查。检查方法如图 8.5、图 8.6 所示。

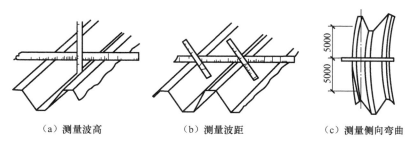

图 8.5 压型金属板的几何尺寸测量

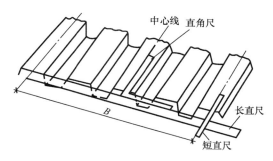

图 8.6 切斜的测量方法

8.3 压型金属板的安装

【屋面板安装】

8.3.1 压型金属板安装要求

① 在安装前,应检查各类压型金属板和连接件的质量证明卡或出厂合格证,并且压型金属板、泛水板和包角板等应固定可靠、牢固,防腐涂料涂刷和密封材料敷设应完好,连接件数量、间距应符合设计要求和国家现行有关标准规定。

② 压型金属板应在支承构件上可靠搭接,搭接长度应符合设计要求,且不应小于表 8.9 所规定的数值。

表 8.9 压型金属板在支承构件上的搭接长度　　　　　　　　　　　　　　单位:mm

项　　目	搭 接 长 度
截面高度>70	375

续表

项 目		搭 接 长 度
截面高度≤70	屋面坡度＜1/10	250
	屋面坡度≥1/10	200
墙 面		120

③ 组合楼板中压型钢板与主体结构（梁）的锚固支承长度应符合设计要求，且不应小于 50mm，端部锚固件连接应可靠，设置位置应符合设计要求。

④ 压型金属板安装应平整、顺直，板面不应有施工残留物和污物。檐口和墙面下端应呈直线，不应有未经处理的错钻孔洞。

⑤ 压型金属板安装的允许偏差应符合表 8.10 的规定。

表 8.10　压型金属板安装的允许偏差　　　　　　　　单位：mm

	项 目	允 许 偏 差
屋面	檐口与屋脊的平行度	12.0
	压型金属板波纹线对屋脊的垂直度	$L/800$，且不应大于 25.0
	檐口相邻两块压型金属板端部错位	6.0
	压型金属板卷边板件最大波高	4.0
墙面	墙板波纹线的垂直度	$H/800$，且不应大于 25.0
	墙板包角板的垂直度	$H/800$，且不应大于 25.0
	相邻两块压型金属板的下端错位	6.0

注：1. L 为屋面半坡或单坡长度。
　　2. H 为墙面高度。

8.3.2　压型金属板配件

泛水板、包角板一般采用与压型金属板相同的材料，用弯板机加工，由于泛水板、包角板等配件（包括落水管、天沟等）都是根据工程对象、具体条件单独设计，故除外形尺寸偏差外，不能有统一的要求和标准。压型金属板之间的连接除了板间的搭接外，还需使用连接件，国内常用的主要连接件及性能如表 8.11 所示。

表 8.11　国内常用的主要连接件及性能

名 称	性 能	用 途	备 注
单向固定螺栓	抗剪力 $2.7t$ 抗拉力 $1.5t$	屋面高波压型金属板与固定支架的连接	如图 8.7 所示
单向连接螺栓	抗剪力 $1.34t$ 抗拉力 $0.8t$	屋面高波压型金属板侧向搭接部位的连接	如图 8.8 所示

续表

名　称	性　能	用　途	备　注
连接螺栓	—	屋面高波压型金属板与屋面檐口挡水板、封檐板的连接	如图 8.9 所示
自攻螺钉（二次攻）	表面硬度：HRC50～58	墙面压型金属板与墙梁的连接	如图 8.10 所示
钩头螺栓	—	屋面低波压型金属板与檩条的连接，墙面压型金属板与墙梁的连接	如图 8.11 所示
铝合金拉铆钉	拉剪力 0.2t 抗拉力 0.3t	屋面低波压型金属板、墙面压型金属板侧向搭接部位连接，泛水板之间，包角板之间或泛水板、包角板与压型金属板之间搭接部位的连接	如图 8.12 所示

国内常用的主要连接件如图 8.7～8.12 所示。

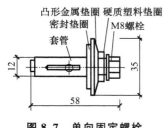

图 8.7　单向固定螺栓

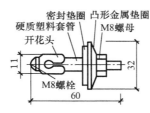

图 8.8　单向连接螺栓

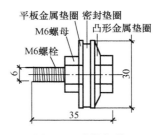

图 8.9　连接螺栓

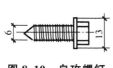

图 8.10　自攻螺钉

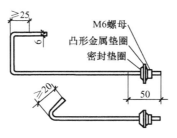

图 8.11　钩头螺栓

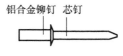

图 8.12　铝合金拉铆钉

8.3.3　压型金属板连接

1. 数量与间距

连接件的数量与间距应符合设计要求，在设计无明确规定时，按现行专业标准《压型金属板设计施工规程》（YBJ 216—88）规定有以下内容。

① 屋面高波压型金属板用连接件与固定支架连接，每波设置一个，低波压型板用连接件直接与檩条或墙梁连接，每波或隔一波设置一个，但搭接波处必须设置连接件。

② 高波压型金属板的侧向搭接部位必须设置连接件，间距为700~800mm。有关防腐涂料的规定除设计中应根据建筑环境的腐蚀作用选择相应涂料系列外，当采用压型铝板时，应在其与钢构件接触面上至少涂刷一道铬酸锌底漆或设置其他绝缘隔离层，在其与混凝土、砂浆、砖石、木材接触面上至少涂刷一道沥青漆。

2．夹角

压型钢板腹板与翼缘水平面之间的夹角，当用于屋面时不应小于50°，用于墙面时不应小于45°。

3．板型

压型钢板按波高分为高波板、中波板和低波板三种板型。屋面宜采用波高和波距较大的压型钢板，墙面宜选用波高和波距较小的压型钢板。压型钢板的横向连接方式有搭接、咬边和卡扣三种方式。其搭接方式是使压型钢板搭接边重叠并用各种螺栓、铆钉或自攻螺钉等连成整体；咬边方式是在搭接部位通过机械锁边，使其咬合相连；卡扣方式是利用钢板弹性在向下或向左（向右）的力作用下形成左右相连。以上三种连接方式如图8.13所示。

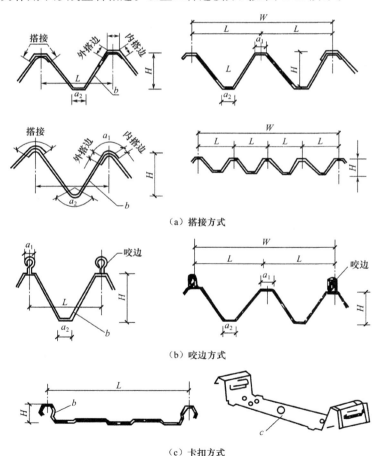

H—波高；L—波距；W—板宽；a_1—上翼缘宽；a_2—下翼缘宽；b—腹板；c—卡扣件

图8.13 压型钢板横向连接

4. 搭接

屋面压型钢板的纵向连接一般采用搭接，其搭接处应设在支承构件上，搭接区段的板间应设置防水密封带。

5. 固定

屋面高波压型钢板可采用固定支架固定在檩条上，如图8.14所示；当屋面或墙面压型钢板波高小于70mm时，可不设固定支架而直接用镀锌钩头螺栓或自攻螺钉等方法固定，如图8.15所示。

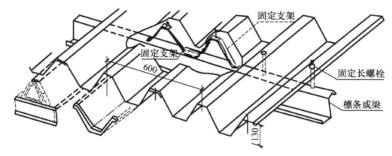

图 8.14 压型钢板采用固定支架的连接

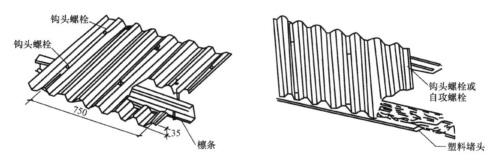

图 8.15 压型钢板不采用固定支架的连接

6. 屋面高波压型钢板

屋面高波压型钢板，每波均应与连接件连接；对屋面中波板或低波板可每波或隔波与支承构件相连。为保证防水可靠性，屋面板的连接应设置在波峰上。

8.3.4 压型金属板安装介绍

1. 组合楼层构造

高层钢结构建筑的楼面一般均为钢-混凝土组合结构，而且多数系用压型钢板与钢筋混凝土组成的组合楼层，其构造形式为"压型钢板＋栓钉＋钢筋＋混凝土"。这样楼层结构由栓钉将钢筋混凝土压型钢板和钢梁组合成整体。压型钢板系用0.7mm和0.9mm两种厚度镀锌钢板压制而成，宽640mm，板肋高51mm；在施工期间同时起永久性模板作用；可避免漏浆并减少支拆模工作，加快施工速度，压型钢板在钢梁上搁置情况如图8.16所示。

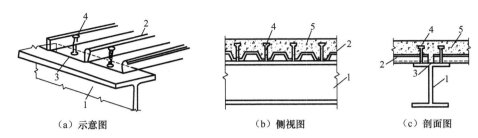

(a) 示意图　　　　　　　(b) 侧视图　　　　　　　(c) 剖面图

1—钢梁；2—压型钢板；3—点焊；4—剪力栓；5—楼板混凝土

图 8.16　压型钢板在钢梁上的搁置情况

2. 组合楼层剪力连接件

栓钉是组合楼层结构的剪力连接件，用以传递水平荷载到梁柱框架上，它的规格、数量按楼面与钢梁连接处的剪力大小确定。栓钉直径有 13mm、16mm、19mm、22mm 四种。栓钉、焊接底座和焊接参数如表 8.12 所示，栓钉焊接应遵守以下规定。

① 栓钉焊接前，必须按焊接参数调整好，提升高度（即栓钉与母材间隙），焊接金属凝固前，焊枪不能移动。

② 栓钉焊接的电流大小、时间长短应严格按规范进行，焊枪移动路线要平滑。

③ 焊枪脱落时要直起，不能摆动。

④ 母材材质应与栓钉匹配，栓钉与母材接触面必须彻底清除干净，低温焊接应通过低温焊接试验确定参数进行试焊，低温焊接不准立即清渣，应先及时保温后清渣。

表 8.12　栓钉、焊接底座和焊接参数

项　目			技　术　参　数			
栓钉	直径/mm		13	16	19	
	头部直径/mm		25	29	32	
	头部厚度/mm		9	12	12	
	标准长度/mm		80	130	80	
	长为130mm 时的质量/g		159	254	345	
	焊接母材最小厚度/mm		5	6	8	
焊接底座	标准型		YN-13FS	YN-16FS	YN-19FS	YN-22FS
	底座直径/mm		23	28.5	34	38
	底座高度/mm		10	12.5	14.5	16.5
焊接参数	标准条件（向下焊接）	焊接电流/A	900～1100	1030～1270	1350～1650	1470～1800
		弧光时间/s	0.7	0.9	1.1	1.4
		熔化量/mm	2.0	2.5	3.0	3.5
		容量/(kV·A)	>90	>90	>100	>120

⑤ 控制好焊接电流，以防栓钉与母材未熔合或焊肉咬边。
⑥ 瓷环几何尺寸应符合标准，排气要好，栓钉与母材接触面必须清理干净。

3．铺设方向

压型金属板铺设至变截面梁处，一般从梁中向两端进行，至端部调整补缺；等截面梁处则可从一端开始，至另一端调整补缺。压型板铺设后，将两端点焊于钢梁上翼缘上，并用指定的焊枪进行剪力栓焊接。

4．梁支撑

因结构梁是由钢梁通过剪力栓与混凝土楼面结合而成的组合梁，在浇捣混凝土并达到一定强度前抗剪强度和刚度较差，为解决钢梁和永久模板的抗剪强度不足，以支承施工期间楼面混凝土自重，通常需设置简单钢管排架支撑或桁架支撑，如图 8.17 所示。采用连续四层楼面支撑的方法，使四个楼面的结构梁共同支承楼面混凝土自重。

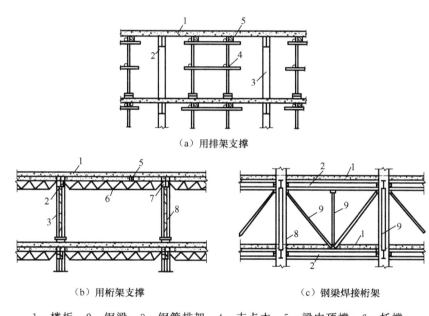

（a）用排架支撑

（b）用桁架支撑　　　（c）钢梁焊接桁架

1—楼板；2—钢梁；3—钢管排架；4—支点木；5—梁中顶撑；6—托撑；
7—钢桁架；8—钢柱；9—腹杆

图 8.17　楼面支撑压型板形式

5．楼面支撑

楼面施工程序是由下而上，逐层支撑，顺序浇筑。施工时钢筋绑扎和模板支撑可同时交叉进行。混凝土宜采用泵送浇筑。

8.3.5　围护结构的安装

围护结构的安装如图 8.18 所示，并应遵守以下规定。
① 安装压型板屋面和墙之前必须编制施工排放图，根据设计文件核对各类材料的规

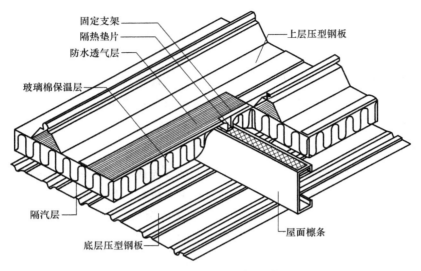

图 8.18 压型金属板安装

格、数量，检查压型钢板及零配件的质量，发现质量不合格的要及时修复或更换。

② 在安装墙板和屋面板时，墙梁和檩条应保持平直。

③ 隔热材料宜采用带有单面或双面防潮层的玻璃纤维毡。隔热材料的两端应固定，并将固定点之间的毡材拉紧。防潮层应置于建筑物的内侧，其面上不得有孔。防潮层的接头应采用粘接。

  A. 在屋面上施工时，应采取安全绳、安全网等安全措施。
  B. 安装前屋面板应擦干，操作时施工人员应穿胶底鞋。
  C. 搬运薄板时应戴手套，板边要有防护措施。
  D. 不得在未固定牢靠的屋面板上行走。

④ 屋面板的接缝方向应避开主要视角。当主风向明显时，应将屋面板搭接边朝向下风方向。

⑤ 压型钢板的纵向搭接长度应能防止漏水和腐蚀，可采用 200~250mm。

⑥ 屋面板搭接处均应设置胶条。纵、横方向搭接边设置的胶条应连续。胶条本身应拼接。檐口的搭接边除了胶条外尚应设置与压型钢板剖面相配合的堵头。

⑦ 压型钢板应自屋面或墙面的一端开始依序铺设，应边铺设边调整位置边固定。山墙檐口包角板与屋脊板的搭接处，应先安装包角板后安装屋脊板。

⑧ 在压型钢板屋面、墙面上开洞时，必须核实其尺寸和位置，可安装压型钢板后再开洞，也可先在压型钢板上开洞，然后再安装。

⑨ 铺设屋面压型钢板时，宜在其上加设临时人行木板。

⑩ 压型钢板围护结构的外观主要通过目测检查，应符合下列要求。

  A. 屋面、墙面平整，檐口呈一直线，墙面下端呈一直线。
  B. 压型钢板长向搭接缝呈一直线。
  C. 泛水板、包角板分别呈一直线。
  D. 连接件在纵、横两个方向分别呈一直线。

8.3.6 墙板与墙梁的连接

采用压型钢板作为墙板时,可通过以下方式与墙梁固定。

① 在压型钢板波峰处用直径为 6mm 的钩头螺栓与墙梁固定,如图 8.19(a)所示。每块墙板在同一水平处应有 3 个螺栓与墙梁固定,相邻墙梁处的钩头螺栓位置应错开。

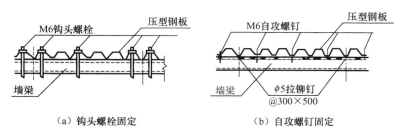

(a)钩头螺栓固定　　　　　(b)自攻螺钉固定

图 8.19　压型钢板与墙梁的连接

② 采用直径为 6mm 的自攻螺钉在压型钢板的波谷处与墙梁固定,如图 8.19(b)所示。每块墙板在同一水平处应有 3 个螺钉固定,相邻墙梁的螺钉应交错设置,在两块墙板搭接处另加设直径 5mm 的拉铆钉予以固定。

8.3.7 屋面压型钢板的腐蚀处理

压型钢板很薄、易于锈蚀,而且一旦开始锈蚀,会发展很快,如不及时处理,轻则压型钢板穿孔,屋面漏水,影响房屋的使用;重则屋面板塌落。

重叠铺板法是主要的处理方法,现简介如下。

① 在原螺栓连接的压型钢板上,再重叠铺放螺栓连接的压型钢板。

在原压型钢板固定螺栓的杆头上,旋紧一根特别的内螺纹长筒,然后在长筒上旋上一根带有固定挡板的螺栓,新铺设的压型钢板用此螺栓固定,如图 8.20 所示。

② 在原卷边连接的压型钢板屋面上,再重叠铺设螺栓连接的压型钢板。

在原屋面檩条上用固定螺栓安装一种厚度在 1.6mm 以上的带钢制成的固定支架,然后再将新铺设的压型钢板架设在固定支架上。压型钢板与固定支架的连接螺栓可以是固定支架本身带有的(一端焊牢在固定支架上),也可以在固定支架上留孔,用套筒螺栓(单面施工螺栓)或自攻螺钉等予以固定,如图 8.21 所示。

③ 在原卷边连接的压型钢板屋面上,再重叠铺设卷边连接的压型钢板。

在原檩条位置上铺设帽形钢檩条,其断面高度不得低于原有压型钢板的卷边高度,以确保新铺设的压型钢板不压坏原压型钢板的卷边构造,同时使帽形钢檩条可以跨越原压型钢板的卷边高度而不被切断。新的压型钢板就铺设在帽形钢檩条上,如图 8.22 所示。

应在新、旧两层压型钢板之间根据情况填以不同的隔断材料,如玻璃棉、矿渣棉、油毡等卷材,或硬质聚氨酯泡沫板等。以防止压型钢板因屋面结露而导致锈蚀和加速锈蚀,同时避免新、旧压型钢板相互之间的直接接触,以防传染锈蚀。

在铺设新压型钢板之前,应将已锈蚀破坏的钢板割掉,并将切口面用防腐涂料做封闭性涂刷。对原有压型钢板已经生锈的部位均涂刷防锈漆,以防止其继续锈蚀。

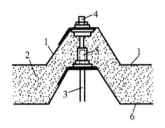

1—新铺设的压型钢板;2—隔断材料;
3—原固定螺栓;4—新固定螺栓;
5—特制长筒;6—原压型钢板

图 8.20 顶面重叠铺板(一)

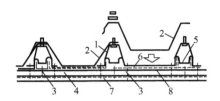

1—安装新压型钢板用的固定支架;2—新铺设的
压型钢板;3—固定螺栓;4—原有隔热材料;
5—原有卷边连接的压型钢板;6—新、旧压型钢板间
衬垫毡状隔离层;7—原檩条;8—原有压型钢板

图 8.21 顶面重叠铺板(二)

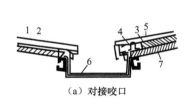 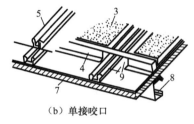

(a) 对接咬口 (b) 单接咬口 (c) 剖面

1—原屋面卷边连接的压型钢板;2—沥青油毡;3—硬质聚氨酯泡沫板;
4—新铺设的帽形钢檩条;5—新铺卷边连接压型钢板;6—原有钢板天沟;
7—原屋面水泥木丝板;8—原屋面钢檩条;9—通气孔道

图 8.22 顶面重叠铺板(三)

8.4 压型金属板工程的质量控制

压型金属板工程质量控制要点如表 8.13 所示。

表 8.13 压型金属板工程质量控制要点

项次	项 目	质量控制要点
1	压型金属板材质和成材质量	(1) 板材必须有出厂合格证及质量证明书,对钢材有异议时,应进行必要的检查,当有可靠依据时,也可使用具有材质相似的其他钢材; (2) 组合压型金属板应采用镀锌卷板,镀锌层两面总计 275g/m²,基板厚度 0.5~2.0mm; (3) 抗剪措施:无痕开口式压型金属板上翼缘焊剪力钢筋,无痕闭合式压型金属板,带压痕、加劲肋、冲孔的压型金属板; (4) 规格和参数必须达到要求,出厂前应进行抽检

续表

项次	项　目	质量控制要点
2	组合用压型金属板厚度	（1）压型金属板已用于工程上的，如果是单纯用作模板，厚度不够可采取支顶措施解决； 如果用于模板并受拉力，则应通过设计进行核算。如超过设计应力，必须采取加固措施。 （2）用于组合板的压型金属板净厚度（不包括镀锌层或饰面层厚度）不应小于0.75mm，仅作为模板用的压型金属板厚度不小于0.5mm。 压型金属板尺寸的允许偏差应符合表8.7的规定
3	栓钉直径及间距	（1）必须由经过栓钉施工专业培训的人员按有关单位会审的施工图纸进行施工。 （2）监理人员应审查栓钉材质及尺寸，必要时开始打栓钉时应进行跟踪质量检查，检查工艺是否正确。 （3）对已焊好的栓钉，如有直径不一、间距位置不准，应打掉重新按设计焊好，具体做法如下： ① 当栓钉焊于钢梁受拉翼缘时，其直径不得大于翼缘厚度的1.5倍；当栓钉焊于无拉应力部位时，其直径不得大于翼缘板厚度的2.5倍。 ② 栓钉沿梁轴线方向布置，其间距不得小于$5d$（d为栓钉的直径）；栓钉垂直于轴线布置，其间距不得小于$4d$，边距不得小于35mm。 ③ 当栓钉穿透钢板焊于钢梁时，其直径不得小于19mm，焊后栓钉高度应大于压型钢板波高加30mm。 ④ 栓钉顶面的混凝土保护层厚度不应小于15mm。 ⑤ 对穿透压型钢板跨度小于3m的板，栓钉直径宜为13mm或16mm；跨度为3.6m时，栓钉直径宜为16mm或19mm；对于跨度大于6m的板，栓钉直径宜为19mm
4	栓钉焊接	（1）栓焊工必须经过平焊、立焊、仰焊位置专业培训取得合格证，才可做相应的技术施焊。 （2）栓钉应采用自动定时的栓焊设备进行施焊，栓焊机必须连接在单独的电源上，电源变压器的容量应在100～250kV·A，容量应随焊钉直径的增大而增大，各项工作指数、灵敏度及精度要可靠。 （3）栓钉材质应合格，无锈蚀、氧化皮、油污、受潮，端部无涂漆、镀锌或镀镉等。焊钉焊接底座施焊前必须严格检查，不得使用焊接底座破裂或缺损的栓钉。被焊母材必须清理表面氧化皮、锈蚀、受潮、油污等，被焊母材低于-18℃或遇雨雪天气时不得施焊。必须焊接时应采取有效的技术措施。 （4）穿透压型钢板焊于母材上时，焊钉施焊前应认真检查压型钢板是否与母材点固焊牢，其间隙控制在1mm以内。被焊压型钢板在栓钉位置有锈蚀或镀锌层时，应使用角向砂轮将其打磨干净。

续表

项次	项 目	质量控制要点
4	栓钉焊接	瓷环几何尺寸要符合设计要求，破裂和缺损瓷环不能用，如瓷环已受潮，要经过250℃烘焙1h后再用。 （5）外观检查判定标准如表8.14所示。焊接时应保持焊枪与工件垂直，直至焊接金属凝固 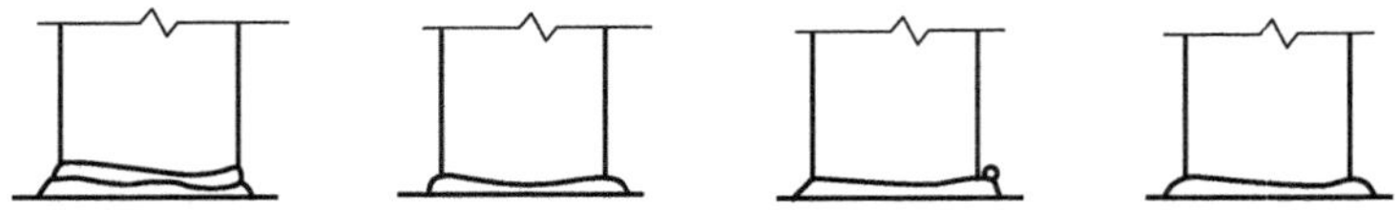 （a）双层过厚焊层　（b）薄少焊层　（c）凹陷焊层　（d）正常焊层 图8.23　栓钉焊外形检查标准 （6）栓钉焊后弯曲处理。 ① 栓钉焊于工件上，经外观检查合格后，应在主要构件上逐批抽1%打弯15°检验，若栓钉根部无裂纹则认为通过弯曲检验，否则抽2%检验，若其中1%不合格，则对此批栓钉逐个检验，打弯栓钉可不调直； ② 对不合格栓钉打掉重焊，被打掉栓钉底部不平处要磨平，母材损伤凹坑补焊好； ③ 如焊脚不足360°，可用合适的焊条用手工焊修，并做30°弯曲试验

外观检查的判定标准、允许偏差和检验方法如表8.14所示。

表8.14　外观检查的判定标准、允许偏差和检验方法

序号	外观检验项目	判定标准与允许偏差	检验方法
1	焊肉形状	360°范围内：焊肉高＞1mm，焊肉宽＞0.5m	目测
2	焊肉质量	无气泡和夹渣	目测
3	焊肉咬肉	咬肉深度＜0.5mm 或咬肉深度≤0.5mm 并已打磨去掉咬肉处的锋利部位	目测
4	焊钉焊后高度	焊后高度偏差＜±2mm	用钢尺量测

本章小结

本章简要介绍了压型金属板的类型、规格、质量要求，环境对压型金属板的腐蚀作用，压型金属板的选用原则，以及彩色涂层钢板的使用寿命；叙述了压型金属板制作的一般规定，压型金属板的外观检查，压型金属板的安装要求，压型金属板配件，压型金属板的连接；着重讲述了压型金属板的安装，包括组合楼层构造、组合楼层剪力连接件、铺设方向及支撑，围护结构的安装规定，墙板与墙梁的连接，屋面压型钢板的腐蚀处理，压型金属板工程的质量控制要点及验收方法等。

习 题

一、单项选择题

1. 压型金属板是以（　　）为基板，经镀锌或镀锌后覆以彩色涂层再经辊弯成型的波纹板材。
   A. 热轧薄钢板　　B. 冷轧薄钢板　　C. 热轧厚钢板　　D. 冷轧厚钢板

2. 镀锌压型钢板，其基板为（　　）。
   A. 热镀锌板　　B. 冷镀锌板　　C. 厚镀锌板　　D. 加厚镀锌板

3. 锌铝复合涂层压型钢板的高波板：波高大于（　　）mm，适用做屋面板。
   A. 50　　　　B. 50～75　　　C. 75　　　　D. 80

4. 压型金属板的尺寸允许偏差（mm），波距为（　　）。
   A. ±5.0　　　B. ±4.0　　　C. ±3.0　　　D. ±2.0

5. 压型金属板在支承构件上的搭接长度（mm），截面高度≤70，屋面坡度＜1/10，搭接长度为（　　）。
   A. 120　　　　B. 200　　　　C. 250　　　　D. 375

二、名词解释

1. 涂层压型钢板
2. 锌铝复合涂层压型钢板
3. 装饰性使用寿命
4. 涂层翻修的使用寿命
5. 极限使用寿命

三、简答题

1. 简述压型金属板的优点。
2. 简述压型金属板的选用原则。
3. 简述压型金属板外观检查内容。
4. 简述压型金属板安装前的要求。
5. 什么是组合楼层构造？

第9章
钢结构涂装工程施工

教学要求

能 力 要 求	相 关 知 识	权　　重
（1）了解钢材涂装表面处理的类型和原理； （2）了解清除钢材表面油污和旧涂层的方法； （3）掌握清除钢材表面锈蚀的方法	（1）钢材表面油污的清除； （2）钢材表面旧涂层的清除； （3）钢材表面锈蚀的清除； （4）钢材表面粗糙度的增大	15%
（1）掌握钢结构涂装的施工方法； （2）会选择相应的施工机具进行钢结构的防火与防腐涂装	（1）钢结构涂装的施工方法； （2）钢结构涂装的施工机具	20%
（1）了解钢构件的耐火极限等级； （2）了解防火涂料的种类及技术性能指标； （3）掌握钢结构防火涂装的施工工艺流程和质量控制要求	（1）构件耐火极限等级； （2）常用防火涂料及其选用； （3）防火涂装施工； （4）防火涂装质量控制	25%
（1）了解防腐涂料的种类及选用要求； （2）了解锈蚀等级及标准； （3）掌握钢结构防腐涂装的施工工艺流程和质量控制要求	（1）防腐涂料的要求与选用； （2）锈蚀等级和锈蚀标准； （3）钢结构涂装防护； （4）常用防腐涂料施工及金属镀层防腐； （5）防腐涂装质量控制	25%
（1）掌握钢结构涂装前的质量通病及防治措施； （2）掌握钢结构涂装过程中的质量通病及防治措施	（1）涂装前准备及涂料选择通病与防治； （2）涂装过程中的通病与防治	15%

本章导读

通过本章的学习,学生能够根据钢材表面的不同情况进行处理,选择合适的涂装方法和机具,能够进行常用防火及防腐涂料的施工,能识别钢结构涂装的质量通病,并找到预防和治理的措施。

9.1 钢材涂装表面处理

钢材表面处理,不仅要求除去钢材表面的污垢、油脂、铁锈、氧化皮、焊渣和已失效的旧漆膜,还要求在钢材表面形成合适的"粗糙度"。当设计无要求时,钢材表面除锈等级应符合表 9.1 的规定。

表 9.1 各种底漆或防锈漆要求最低的除锈等级

涂料品种	除锈等级
油性酚醛、醇酸等底漆或防锈漆	St2
高氯化聚乙烯、氯化橡胶、氯磷化聚乙烯、环氧树脂、聚氨酯等底漆或防锈漆	Sa2
无机富锌、有机硅、过氧乙烯等底漆	$Sa2\frac{1}{2}$

9.1.1 表面油污的清除

清除钢材表面的油污通常采用三种方法:碱液除油、有机溶剂除油、乳化碱液除油。

1. 碱液除油

碱液除油主要是借助碱的化学作用来清除钢材表面上的油脂。该法使用简便、成本低。在清洗过程中要经常搅拌清洗液或晃动被清洗的物件。碱液除油配方如表 9.2 所示。

表 9.2 碱液除油配方

组 成	钢及铸造铁件/$(g \cdot L^{-1})$		铝及其合金/$(g \cdot L^{-1})$
	一般油脂	大量油脂	
氢氧化钠	20~30	40~50	10~20
碳酸钠	—	80~100	—
磷酸三钠	30~50	—	50~60
水玻璃	3~5	5~15	20~30

2. 有机溶剂除油

有机溶剂除油是借助有机溶剂对油脂的溶解作用来除去钢材表面上的油污。在有机溶剂中加入乳化剂，可提高清洗剂的清洗能力。有机溶剂清洗液可在常温条件下使用，加热至50℃的条件下使用会提高清洗效率；也可以采用浸渍法或喷射法除油，一般喷射法除油效果较好，但比浸渍法复杂。有机溶剂除油配方如表9.3所示。

表9.3 有机溶剂除油配方

组 成	煤油	松节油	月桂酸	三乙醇胺	丁基溶纤剂
质量比/%	67.0	22.5	5.4	3.6	1.5

3. 乳化碱液除油

乳化碱液除油是在碱液中加入乳化剂，使清洗液除具有碱的皂化作用外，还有分散、乳化等作用，增强了除油能力，其除油效率比用碱液高。乳化碱液除油配方如表9.4所示。

表9.4 乳化碱液除油配方

组 成	配方（质量比）/%		
	浸 渍 法	喷 射 法	电 解 法
氢氧化钠	20	20	55
碳酸钠	18	15	8.5
三聚磷酸钠	20	20	10
无水偏硅酸钠	30	32	25
树脂酸钠	5	—	—
烷基芳基磺酸钠	5	—	1
烷基芳基聚醚醇	2	—	—
非离子型乙烯氧化物	—	1	0.5

9.1.2 表面旧涂层的清除

在有些钢材表面常带有旧涂层，施工时必须将其清除，常用方法有碱液清除法和有机溶剂清除法。

1. 碱液清除法

碱液清除法是借助碱对涂层的作用，使涂层松软、膨胀，从而便于除掉。该法与有机溶剂法相比成本低、生产安全，没有溶剂污染，但需要一定的设备，如加热设备等。

碱液的组成和质量比应符合表9.5的规定，使用时，将表中所列混合物按6%～15%的比例加水配制成碱溶液，并加热到90℃左右时即可进行清除。

表 9.5 碱液的组成和质量比

组　　成	质量比/%	组　　成	质量比/%
氢氧化钠	77	山梨醇或甘露醇	5
碳酸钠	10	甲酚钠	5
0P—10	3	—	—

2．有机溶剂清除法

有机溶剂清除法具有效率高、施工简单、不需要加热等优点，但是有一定的毒性、易燃和成本高。

清除前应将物件表面上的灰尘、油污等附着物除掉，然后放入脱漆槽中浸泡，或将脱漆剂涂抹在物件表面上，使脱漆剂渗透到旧漆膜中，并保持"潮湿"状态。浸泡 1～2h 后或涂抹 10min 左右后，用刮刀等工具轻刮，直至旧漆膜被除净为止。

有机溶剂脱漆剂有两种配方，如表 9.6 所示。

表 9.6 有机溶剂脱漆剂配方

配方（一）		配方（二）			
甲苯	30 份	甲苯	30 份	苯酚	3 份
乙酸乙酯	15 份	乙酸乙酯	15 份	乙醇	6 份
丙酮	5 份	丙酮	5 份	氨水	4 份
石蜡	4 份	石蜡	4 份	—	—

9.1.3　表面锈蚀的清除

钢材表面除锈前，应清除厚的锈层、油脂和污垢；除锈后应清除钢材表面上的浮灰和碎屑。

1．手工和动力工具除锈

① 手工和动力工具除锈，可以采用铲刀、手锤或动力钢丝刷、动力砂纸盘或砂轮等工具。

② 手工除锈施工方便，但劳动强度大，除锈质量差，影响周围环境，一般只能除掉疏松的氧化皮、较厚的锈和鳞片状的旧涂层。在金属制造厂加工制造钢结构时不宜采用此法，一般在不能采用其他方法除锈时可采用此法。

③ 动力工具除锈是利用压缩空气或电能为动力，使除锈工具产生圆周式或往复式运动，当与钢材表面接触时，利用其摩擦力和冲击力来清除锈和氧化皮等物。动力工具除锈比手工工具除锈效率高、质量好，是目前一般涂装工程除锈常用的方法。

④ 下雨、下雪、起雾或湿度大的天气，不宜在户外进行手工和动力工具除锈；钢材表面经手工和动力工具除锈后，应当满涂底漆，以防止返锈。如在涂底漆前已返锈，则需重新除锈和清理，并及时涂上底漆。

【抛丸机】

2. 抛射除锈

① 抛射除锈是利用抛射机叶轮中心吸入磨料和叶尖抛射磨料的作用进行工作。

② 抛射除锈常使用的磨料为钢丸和铁丸。磨料的粒径以选用 0.5～2.0mm 为宜，一般认为将 0.5mm 和 1mm 两种规格的磨料混合使用效果较好；可以得到适度的表面粗糙度，有利于漆膜附着，而且不需要增加外加的涂层厚度，并能减小钢材因抛丸而引起的变形。

③ 磨料在叶轮内由于自重的作用，经漏斗进入分料轮，并同叶轮一起高速旋转。磨料分散后，从定向套口飞出，射向物件表面，以高速的冲击和摩擦除去钢材表面的锈和氧化皮等污物，如图 9.1 所示。

图 9.1　抛射除锈

3. 喷射除锈

喷射除锈是利用经过油、水分离处理过的压缩空气将磨料带入并通过喷嘴高速喷向钢材表面，利用磨料的冲击和摩擦力将氧化皮、锈及污物等除掉，同时使钢材表面获得一定的粗糙度，以便漆膜附着，如图 9.2 所示。

喷射除锈有干喷射除锈、湿喷射除锈和真空喷射除锈三种。

图 9.2　喷射除锈

图 9.3　除锈喷砂机

① 干喷射除锈。干喷射除锈是利用除锈喷砂机（图 9.3）的真空压力喷射出磨料，以对钢材表面进行除锈。喷射压力应根据选用不同的磨料来确定，一般控制在 4~6 个大气压（1 个大气压＝0.1013MPa）的压缩空气即可，密度小的磨料采用压力可低些，密度大的磨料采用压力可高些；喷射距离一般以 100~300mm 为宜，喷射角度以 35°~75°为宜。

喷射操作应按顺序逐段或逐块进行，以免漏喷和重复喷射，一般应遵循先下后上、先内后外以及先难后易的原则进行喷射。

② 湿喷射除锈。湿喷射除锈一般是以砂子作为磨料，其工作原理与干喷射法基本相同。它是使水和砂子分别进入喷嘴，在出口处汇合，然后通过压缩空气，使水和砂子高速喷出，形成一道严密的包围砂流的环形水屏，从而减少大量的灰尘飞扬，并达到除锈目的。

湿喷射除锈用的磨料可选用洁净和干燥的河砂，其粒径和含泥量应符合磨料要求。对于喷射用的水，一般为了防止在除锈后涂底漆前返锈，可在水中加入 1.5% 的防锈剂（磷酸三钠、亚硝酸钠、碳酸钠和乳化液），在喷射除锈的同时，使钢材表面钝化，以延长返锈时间。

湿喷射磨料罐的工作压力为 0.5MPa，水罐的工作压力为 0.1~0.35MPa。如果以直径为 25.4mm 的橡胶管连接磨料罐和水罐，可用于输送砂子和水。一般喷射除锈能力为 3.5~4m^2/h，砂子耗用为 300~400kg/h，水的用量为 100~150kg/h。

③ 真空喷射除锈。真空喷射除锈在工作效率和质量上与干喷射法基本相同，但它可以避免灰尘污染环境，而且设备可以移动，施工方便。

真空喷射除锈是利用压缩空气将磨料从一个特殊的喷嘴喷射到物件表面上，同时又利用真空原理吸回喷出的磨料和粉尘，再经分离器和滤网把灰尘和杂质除去，剩下清洁的磨料又回到储料槽，再从喷嘴喷出，如此循环，整个过程都是在密闭条件下进行的，无粉尘污染。

4. 酸洗除锈

酸洗除锈也称化学除锈，其原理就是利用酸洗液中的酸与金属氧化物进行化学反应，使金属氧化物溶解，生成金属盐并溶于酸洗液中，而除去钢材表面上的氧化物及锈。酸洗除锈常用的方法有两种，即一般酸洗除锈和综合酸洗除锈。钢材经过酸洗后，很容易被空气氧化，因此还必须对其进行钝化处理，以提高其防锈能力，如图 9.4 所示。

图 9.4　酸洗除锈

(1) 一般酸洗

酸洗液的性能是影响酸洗质量的主要因素，它一般由酸、缓蚀剂和表面活性剂组成。

① 酸洗除锈所用的酸有无机酸和有机酸两大类。无机酸主要有硫酸、盐酸、硝酸和磷酸等，有机酸主要有乙酸和柠檬酸等。目前，国内对大型钢结构的酸洗主要用硫酸和盐酸，也有用磷酸进行除锈的。

② 缓蚀剂是酸洗液中不可缺少的重要组成部分，大部分是有机物。在酸洗液中加入适量的缓蚀剂，可以防止或减少在酸洗过程中产生"过蚀"或"氢脆"现象，同时也可减少酸雾。

③ 由于酸洗除锈技术的发展，在现代酸洗液配方中，一般都要加入表面活性剂。表面活性剂是由亲油性基和亲水性基两个部分所组成的化合物，具有润湿、渗透、乳化、分散、增溶和去污等作用。

(2) 综合酸洗

综合酸洗是对钢材进行除油、除锈、钝化及磷化等几种处理方法的综合。根据处理种类的多少，综合酸洗法可分为以下三种。

① "二合一"酸洗。"二合一"酸洗是同时进行除油和除锈的处理方法，去掉了一般酸洗方法的除油工序，提高了酸洗效率。

② "三合一"酸洗。"三合一"酸洗是同时进行除油、除锈和钝化的处理方法，与一般酸洗方法相比去掉了除油和钝化两道工序，较大程度地提高了酸洗效率。

③ "四合一"酸洗。"四合一"酸洗是同时进行除油、除锈、钝化和磷化的综合方法，去掉了一般酸洗的除油、钝化和磷化三道工序，与使用磷酸一般酸洗方法相比，大大提高了酸洗效率；但与使用硫酸或盐酸一般酸洗方法相比，由于磷酸对锈、氧化皮等的反应速度较慢，因此酸洗的总效率并没有提高，而费用却提高很多。

一般来说，"四合一"酸洗不宜用于钢结构除锈，主要适用于机械加工件的酸洗——除油、除锈、磷化和钝化。

(3) 钝化处理

钢材酸洗除锈后，为了延长其返锈时间，常采用钝化处理法对其进行处理，以便在钢材表面形成一种保护膜，以提高其防锈能力。常用钝化液配方及工艺条件如表 9.7 所示。

表9.7 常用钝化液配方及工艺条件

材料名称	配比/ (g·L^{-1})	工作温度/℃	处理时间/min
重铬酸钾	2～3	90～95	0.5～1
重铬酸钾 碳酸钠	0.5～1 1.5～2.5	60～80	3～5
亚硝酸钠 三乙醇胺	3 8～10	室温	5～10

根据具体施工条件，钝化可采用不同的处理方法：一般是在钢材酸洗后，立即用热水冲洗至中性，然后进行钝化处理；也可在钢材酸洗后立即用水冲洗，然后用5%碳酸钠水溶液进行中和处理，再用水冲洗以洗净碱液，最后进行钝化处理。

酸洗除锈比手工和动力机械除锈的质量高，与喷射方法除锈质量等级基本相当，但酸洗后的表面不能造成像喷射除锈后形成适合于涂层附着的表面粗糙度。

5. 火焰除锈

钢材火焰除锈是指在火焰加热作业后，以动力钢丝刷清除加热后附着在钢材表面的产物。钢材表面除锈前，应先清除附在钢材表面较厚的锈层，然后在火焰上加热除锈。

【火焰除锈】

9.1.4　表面粗糙度的增大

钢材表面粗糙度对漆膜的附着力、防腐蚀性能和使用寿命有很大影响。漆膜附着于钢材表面主要是靠漆膜中的基料分子与金属表面极性基团的范德华力相互吸引。

① 钢材表面在喷射除锈后，随着表面粗糙度的增大，表面积也显著增加，在这样的表面上进行涂装，漆膜与金属表面之间的分子引力也会相应增加，使漆膜与钢材表面间的附着力相应提高。

② 以棱角磨料进行的喷射除锈不仅增加了钢材的表面积，而且还能形成三维状态的几何形状，使漆膜与钢材表面产生机械的咬合作用，更进一步提高了漆膜的附着力和耐腐蚀性能，并延长了保护寿命。

③ 钢材表面合适的表面粗糙度有利于漆膜保护性能的提高。表面粗糙度太大，如漆膜用量一定时，则会造成漆膜厚度分布不均匀，特别是在波峰处的漆膜厚度往往低于设计要求，引起早期的锈蚀；另外，还常常在较深的波谷凹坑内截留住气泡，将成为漆膜起泡的根源。表面粗糙度太小不利于附着力提高。所以为了确保漆膜的保护性能，应对钢材的表面粗糙度有所限制。

对于普通涂料，合适的表面粗糙度范围以30～75μm为宜，最大表面粗糙度值为100μm。

④ 表面粗糙度的大小取决于磨料粒度的大小、形状、材料和喷射的速度、作用时间等工艺参数，其中以磨料粒度的大小对表面粗糙度影响较大。所以在钢材表面处理时必须对不同的材质、不同的表面处理有所要求，制定合适的工艺参数，并加以质量控制。

9.2 钢结构涂装施工方法和机具

9.2.1 钢结构涂装施工方法

1. 刷涂法

刷涂法是用漆刷进行涂装施工的一种方法，如图9.5所示。刷涂时，应注意以下几点。

① 使用漆刷时，一般采用直握法，用手将漆刷握紧，以腕力进行操作。

② 涂漆时，漆刷应蘸少许涂料，浸入漆的部分应为毛长的1/3～1/2。蘸漆后，要将漆刷在漆桶内的边上并轻抹一下，除去多余的漆料，以防流坠或滴落。

③ 对于干燥较慢的涂料，应按涂敷、抹平和修饰三道工序进行操作。

A. 涂敷：就是将涂料大致地涂布在被涂物的表面上，使涂料分开。

B. 抹平：就是用漆刷将涂料纵、横反复地抹平至均匀。

C. 修饰：就是用漆刷按一定方向轻轻地涂刷，消除刷痕及堆积现象。

④ 在进行涂敷和抹平时，应尽量使漆刷垂直，用漆刷的腹部刷涂；在进行修饰时，应将漆刷放平，用漆刷的前端轻轻涂刷。

⑤ 对于干燥较快的涂料，应从被涂物的一边按一定顺序快速、连续地刷平和修饰，不宜反复刷涂。

⑥ 刷涂法施工时，应遵循自上而下、从左到右、先里后外、先斜后直、先难后易的原则，最后用漆刷轻轻地抹理边缘和棱角，使漆膜均匀、致密、光亮和平滑。

⑦ 刷涂垂直表面时，最后一道应由上向下进行；刷涂水平表面时，最后一道应按光线照射的方向进行；刷涂木材表面时，最后一道应顺着木材的纹路进行。

图9.5 刷涂法施工

2. 浸涂法

浸涂法就是将被涂物放入漆槽中浸泡，经一定时间取出后吊起，让多余的涂料尽量滴净，并自然晾干或烘干。该法适用于形状复杂、骨架状的被涂物，可使被涂物的里外同时得到涂装。

采用该法时，涂料在低黏度时，颜料应不沉淀；在浸涂槽中和物件吊起后的干燥过程中应不结皮；在槽中长期储存和使用过程中，应不变质、性能稳定、不产生胶化。浸涂法施涂时，应注意以下几点。

① 为防止溶剂在厂房内扩散和灰尘落入槽内，应使浸涂装备隔离起来。在作业以外的时间，小的浸涂槽应加盖，大槽浸涂应将涂料存放于地下漆库。

② 浸涂槽敞口面应尽可能小些，以减少涂料挥发和方便加盖。

③ 在浸涂厂房内应设置排风设备，及时将挥发的溶剂排放出去，以保证人身健康和避免火灾。

④ 涂料的黏度对浸涂漆膜质量有很大影响。在施工过程中，应保持涂料黏度的稳定性，每班应测定1或2次黏度，如果黏度增稠，应及时加入稀释剂调整黏度。

⑤ 对于被涂物的装挂，应预先通过试浸来设计挂具及装挂方式，确保工件在浸涂时处于最佳位置，使被涂物的最大面接近垂直，其他平面与水平面呈 $10°\sim40°$，使余漆在被涂物面上能较流畅地流尽，避免产生堆漆或气泡现象。

⑥ 浸涂过程中，由于溶剂的挥发，易发生火灾，除及时排风外，在槽的四周和上方应设置有二氧化碳或蒸汽喷嘴的自动灭火装置，以备在发生火灾时使用。

3．滚涂法

滚涂法是用羊毛或合成纤维做成多孔吸附材料，贴附在空心的圆筒上制成滚子后进行涂料施工的一种方法。该法施工用具简单，操作方便，施工效率比刷涂法高 $1\sim2$ 倍，主要用于水性漆、油性漆、酚醛漆和醇酸漆类的涂装。滚涂法施工应注意以下几点。

① 涂料应倒入装有滚涂板的容器中，将滚子的一半浸入涂料，然后提起，在滚涂板上来回滚涂几次，使滚子全部均匀地浸透涂料，并把多余的涂料滚压掉。

② 使滚子按 W 形轻轻地滚动，将涂料大致地涂布于被涂物表面上，接着对滚子做上下密集滚动，将涂料均匀地分布开，最后使滚子按一定的方向滚动，滚平表面并修饰。

③ 在滚动时，初始用力要轻，以防流淌，随后逐渐用力，致使涂层均匀。

④ 滚子用后，应尽量挤压掉残存的涂料，或用涂料的溶剂清洗干净，晾干后保管起来，或悬挂着将滚子部分全部浸泡在溶剂中，以备再次使用。

4．无气喷涂法

无气喷涂法是利用特殊形式的气动、电动或其他动力驱动液压泵，将涂料增至高压，当涂料经管路通过喷嘴喷出时，其速度非常高（约 100m/s），随着冲击空气和高压的急速下降及涂料溶剂的急剧挥发，喷出涂料的体积骤然膨胀而雾化，高速地分散在被涂物表面上，形成漆膜。因为涂料的雾化和涂料的附着不是用压缩空气，所以称为无气喷涂；又因它是利用较高的液压，故又称为高压无气喷涂。

进行无气喷涂法施工应注意以下几点。

① 喷涂装置使用前，应首先检查高压系统各固定螺母及管路接头是否拧紧，如有松动，则应拧紧。

② 喷涂施工时，喷涂装置应满足下列要求。

A. 喷距是指喷枪嘴与被喷物表面的距离，一般以 $300\sim380\text{mm}$ 为宜。

B. 喷幅宽度：较大的物件以 300～500mm 为宜，较小的物件以 100～300mm 为宜，一般以 300mm 左右为宜。

C. 喷枪与物面的喷射角度为 30°～80°。

D. 喷幅的搭接应为幅宽的 1/6～1/4，视喷幅的宽度确定。

E. 喷枪运行速度为 60～100cm/s。

③ 涂料应经过滤后才能使用，否则容易堵塞喷嘴。

④ 在喷涂过程中不得将吸入管提离涂料液面，以免吸空，造成漆膜流淌，而且涂料容器内的涂料不应太少，应经常注意加入涂料。

⑤ 发生喷嘴堵塞时，应关枪，将自锁挡片置于横向，取下喷嘴，先用刀片在喷嘴口切割数下（不得用刀尖凿），用刷子在溶剂中清洗，然后再用压缩空气吹通，或用木钎捅通，不可用金属丝或铁钉捅喷嘴，以防损伤内面。

⑥ 在喷涂过程中，如果停机时间不长，可不排出机内涂料，把枪头置于溶剂中即可，但对于双组分涂料（干燥较快的涂料），则应排出机内涂料，并应清洗整机。

⑦ 喷涂结束后，将吸入管从涂料桶中提起，使泵空载运行，将泵内、过滤器、高压软管和喷枪内剩余涂料排出，然后用溶剂空载循环，将上述各器件清洗干净。清洗时应将进气阀门开小些。上述清洗工作应在喷涂结束后及时进行，否则涂料（双组分涂料）变稠或固化后，再清洗就十分困难。

⑧ 高压软管弯曲半径不得大于 50mm，也不允许将重物压在上面，以防损坏。

⑨ 在施工过程中，高压喷枪绝对不许对准操作者或他人，停喷时应将自锁挡片横向放置。

⑩ 喷涂过程中，涂料会自然地产生静电，因此要将机体和输漆管做好接地，防止发生意外事故。

【钢结构喷涂现场】

5. 空气喷涂法

空气喷涂法是利用压缩空气的气流将涂料带入喷枪，经喷嘴吹散成雾状，并喷涂到物体表面上的一种涂装方法（图 9.6）。

图 9.6 空气喷涂施工

该法的优点为：可以获得均匀、光滑、平整的漆膜；工效比刷涂法高 3～5 倍，一般每小时可喷涂100~150m²；主要适用于喷涂快干漆，但也可用于一般合成树脂漆的喷涂。

其缺点为：喷涂时漆料需加入大量稀释剂，喷涂后形成的漆膜较薄；涂料损失较大，涂料利用率一般只有50%~60%；飞散在空气中的漆雾对操作人员身体有害，同时污染了环境。

9.2.2 钢结构涂装施工机具

1. 钢结构防火涂装施工机具

钢结构防火涂装的主要施工机具如表9.8所示。

表9.8 钢结构防火涂装的主要施工机具

序号	机具名称	单位	用途
1	便携式搅拌机	台	配料
2	压送式喷涂机	台	厚涂型涂料喷涂
3	重力式喷枪	台	薄涂型涂料喷涂
4	空气压缩机	台	喷涂
5	抹灰刀	把	手工涂装
6	砂布	张	基层处理

2. 钢结构防腐涂装施工机具

钢结构防腐涂装的主要施工机具如表9.9所示。

【无气喷涂机】

表9.9 钢结构防腐涂装的主要施工机具

序号	机具名称	用途	序号	机具名称	用途
1	喷砂机	喷砂除锈	7	回收装置	喷砂除锈
2	气泵	喷砂除锈	8	喷漆气泵	涂漆
3	喷漆枪	涂漆	9	铲刀	人工除锈
4	手动砂轮	机械除锈	10	砂布	人工除锈
5	电动钢丝刷	机械除锈	11	油漆小筒	涂漆
6	小压缩机	涂漆	12	刷子	涂漆

9.3 钢结构防火涂料涂装

9.3.1 构件耐火极限等级

耐火极限是指对任一建筑构件按时间-温度标准曲线进行耐火试验，从受到火的作用时起，到失去支持能力或完整性被破坏或失去隔火作用时为止的这段时间。钢结构构件的耐火极限等级，是根据它在耐火试验中能继续承受荷载作用的最短时间来分级的。耐火时间大于或等于 30min，则耐火极限等级为 F30，每一级都比前一级长 30min，所以耐火极限等级分为 F30、F60、F90、F120、F150、F180 等。

钢结构构件耐火极限等级的确定，依建筑物的耐火等级和构件种类而定；而建筑物的耐火等级又是根据火灾荷载确定的。火灾荷载是指建筑物内如结构部件、装饰构件、家具和其他物品等可燃材料燃烧时产生的热量。单位面积的火灾荷载为

$$q = \frac{\sum Q_i}{A} \tag{9.1}$$

式中：Q_i——材料燃烧时产生的热量（MJ）；

A——建筑面积（m^2）。

与一般钢结构不同，高层建筑钢结构的耐火极限又与建筑物的高度相关，因为建筑物越高，重力荷载也越大。高层钢结构的耐火等级分为 I、II 两级，其构件的燃烧性能和耐火极限应不低于表 9.10 的规定。

表 9.10 建筑构件的燃烧性能和耐火极限

构件名称		I 级	II 级
墙体	防火墙	非燃烧体 3h	非燃烧体 3h
	承重墙、楼梯间墙、电梯井及单元之间的墙	非燃烧体 2h	非燃烧体 2h
	非承重墙、疏散走道两侧的隔墙	非燃烧体 1h	非燃烧体 1h
	房间隔墙	非燃烧体 45min	非燃烧体 45min
柱	从楼顶算起（不包括楼顶塔形小屋）15m 高度范围内的柱	非燃烧体 2h	非燃烧体 2h
	从楼顶算起向下 15～55m 高度范围内的柱	非燃烧体 2.5h	非燃烧体 2h
	从楼顶算起 55m 以下高度范围内的柱	非燃烧体 3h	非燃烧体 2.5h
其他	梁	非燃烧体 2h	非燃烧体 1.5h
	楼板、疏散楼梯及屋顶承重构件	非燃烧体 1.5h	非燃烧体 1h
	抗剪支撑、钢板剪力墙	非燃烧体 2h	非燃烧体 1.5h
	吊顶（包括吊顶隔栅）	非燃烧体 15min	非燃烧体 15min

注：当房间可燃物超过 200kg/m^2 而又不设自动灭火设备时，主要承重构件的耐火极限按本表的数据再提高 0.5h。

9.3.2 常用防火涂料及其选用

钢材是不会燃烧的建筑材料，具有抗震、抗弯等性能，受到各行业的青睐，但是钢材在防火方面存在一些难以避免的缺陷，其机械性能如屈服点、抗拉及弹性模量等均会因温度

的升高而急剧下降。

要使钢结构材料在实际应用中克服防火方面的不足,必须进行防火处理,其目的就是将钢结构的耐火极限提高到设计规范规定的极限范围。防止钢结构在火灾中迅速升温发生形变塌落,其措施是多种多样的,关键是根据不同情况采取不同方法,采用绝热、耐火材料阻隔火焰直接灼烧钢结构就是一种不错的方法。

1. 常用防火材料

钢结构的防火保护材料应选择绝热性好,具有一定抗冲击振动能力,能牢固地附着在钢构件上,又不腐蚀钢材的防火涂料或不燃性板型材。选用的防火材料,应具有国家检测机构提供的理化、力学和耐火极限试验检测报告。

防火材料的种类主要有:热绝缘材料,能量吸收(烧蚀)材料,膨胀涂料。

大多数最常用的防火材料实际上是前两类材料的混合物。采用最广的具有优良性能的热绝缘材料有矿物纤维和膨胀骨料(如蛭石和珍珠岩);最常用的热能吸收材料有石膏和硅酸盐水泥,它们遇热释放出结晶水。

(1) 混凝土

混凝土是采用最早和最广泛的防火材料,其导热系数较高,因而不是优良的绝热体,同其他防火涂层相比,它的防火能力主要依赖于它的化学结合水和游离水,其含量为16%~20%。火灾中混凝土相对冷却,是依靠它的表面和内部水。它的非暴露表面温度上升到100℃时,即不再升高;一旦水分完全蒸发掉,其温度将再度上升。

混凝土可以延缓金属构件的升温,而且可承受与其相对面积和刚度成比例的一部分柱荷载,有助于减少破坏。混凝土防火性能主要依靠的是厚度:耐火时间小于90min时,耐火时间同混凝土层的厚度呈曲线关系;大于90min时,耐火时间则与厚度的平方成正比。

(2) 石膏

石膏具有不寻常的耐火性质。当其暴露在高温下时,可释放出20%的结晶水而被火灾产生的热量所气化。所以,火灾中石膏一直保持相对的冷却状态,直至被完全煅烧脱水为止。石膏作为防火材料,既可做成板材,粘贴于钢构件表面,又可制成灰浆,涂抹或喷射到钢构件表面上。

(3) 矿物纤维

矿物纤维是最有效的轻质防火材料,它不燃烧,抗化学侵蚀,导热性低,隔声性能好。以前采用的纤维有石棉、岩棉、矿渣棉和其他陶瓷纤维,现在采用的纤维则不含石棉和晶体硅,原材料为岩石或矿渣,在1371℃下制成。

① 矿物纤维涂料。它由无机纤维、水泥类胶结料以及少量的掺和料配成。加掺和料有助于混合料的浸湿、凝固和控制粉尘飞扬。混合料中还掺有空气凝固剂、水化凝固剂和陶瓷凝固剂。按需要,这几种凝固剂可按不同比例混合使用,或只使用某一种。

② 矿棉板。如岩棉板,它有不同的厚度和密度。密度越大,耐火性能越高。矿棉板的固定件有以下几种:用电阻焊焊在翼缘板内侧或外侧的销钉,用薄钢带固定于柱上的角铁形固定件等。

矿棉板防火层一般做成箱形,可把几层叠置在一起。当矿棉板绝缘层不能做得太厚时,可在最外面加高熔点绝缘层,但造价将提高。矿棉板在厚度为62.5mm时,耐火极限为2h。

(4) 氯氧化镁

氯氧化镁水泥用作地面材料已近50年，20世纪60年代开始用作防火材料。它与水的反应是这种材料防火性能的基础，其含水量为44%～54%，相当于石膏含水量（按质量计）的2.5倍以上。当其被加热到大约300℃时，开始释放化学结合水。经标准耐火试验，当涂层厚度为14mm时，耐火极限为2h。

(5) 膨胀涂料

膨胀涂料是一种极有发展前景的防火材料，它极似油漆，直接喷涂于金属表面，黏结和硬化与油漆相同。涂料层上可直接喷涂装饰油漆，不透水，抗机械破坏性能好，耐火极限最大可达2h。

(6) 绝缘型防火涂料

近年来，我国科研单位大力开发了不少热绝缘型防火涂料，如TN-LG、JG-276、ST1-A、SB-1、ST1-B等。其厚度在30mm左右时，耐火极限均不低于2h。

2. 防火涂料技术性能指标

① 用于制造防火涂料的原料应预先检验，不得使用石棉材料和苯类溶剂。

② 防火涂料可用喷涂、抹涂、滚涂、刮涂或刷涂等方法中的任何一种或多种方法，方便施工，并能在通常的自然环境条件下干燥固化。

③ 防火涂料应呈碱性或偏碱性。复层涂料应相互配套。底层涂料应能同普通的防锈漆配合使用。钢结构防火涂料技术性能应符合表9.11的规定。

④ 涂层实干后不应有刺激性气味。燃烧时一般不产生浓烟和有损人体健康的气体。

表9.11 钢结构防火涂料技术性能指标

项 目	指 标	
	B 类	H 类
在容器中的状态	经搅拌后呈均匀液体或稠厚流体，无结块	经搅拌后呈均匀稠厚流体，无结块
干燥时间（表干）/h	≤12	≤24
初期干燥抗裂性	一般不应出现裂纹；如有1～3条裂纹，其宽度应不大于0.5mm	一般不应出现裂纹；如有1～3条裂纹，其宽度应不大于1mm
外观与颜色	涂层干燥后，外观与颜色同样品相比无明显差别	
黏结强度/MPa	≥0.15	≥0.04
抗压强度/MPa	—	≥0.5
干密度/(kg·m^{-3})	—	≤650
耐曝热性/h	≥720	≥720

续表

项 目		指 标	
		B 类	H 类
耐湿热性/h		≥504	≥504
耐酸碱性/h		≥360	≥360
耐水性/h		≥24	≥24
耐冻融循环性/次		≥15	≥15
耐火性能	涂层厚度/mm	3.0、5.5、7.0	8、15、20、30、40、50
	耐火极限（不低于）/h	0.5、1.0、1.5	0.5、1.0、1.5、2.0、2.5、3.0

3. 防火涂料选用

① 钢结构防火涂料必须有国家检测机构的耐火性能检测报告和理化性能检测报告，有消防监督机关颁发的生产许可证，方可选用。选用的防火涂料质量应符合国家有关标准的规定，有生产厂方的合格证，并应附有涂料品名、技术性能、制造批号和使用说明等。

② 民用建筑及大型公用建筑的承重钢结构宜采用防火涂料防火，一般应由建筑师与结构工程师按建筑物耐火等级及耐火极限，根据《钢结构防火涂料应用技术规范》（CECS 24：1990）选用涂料的类别（薄涂型或厚涂型）及构造做法。

③ 宜优先选用薄涂型防火涂料，选用厚涂型涂料时，其外需做装饰面层隔护。装饰要求较高的部位可选用超薄型防火涂料。

④ 室内裸露、轻型屋盖钢结构及有装饰要求的钢结构，当规定其耐火极限在1.5h及以下时，宜选用薄涂型钢结构防火涂料。

⑤ 室内隐蔽钢结构、高层全钢结构及多层厂房钢结构，当规定其耐火极限在2.0h及以上时，应选用厚涂型钢结构防火涂料。

⑥ 露天钢结构应选用符合室外钢结构防火涂料产品规定的厚涂型或薄涂型钢结构防火涂料，如石油化工企业的油（汽）罐支承等钢结构。

⑦ 比较不同厂家的同类产品时，应查看近两年内产品的耐火性能和理化性能检测报告、产品定型鉴定意见、产品在工程中应用情况和典型实例等。

9.3.3 防火涂装施工

1. 一般规定

① 钢结构防火涂料是一类重要消防安全材料，喷涂施工质量的好坏直接影响防火性能和使用要求。所以应由经过培训合格的专业施工队施工，或者由研制该防火涂料的工程技术人员指导施工，以确保工程质量。

② 通常情况下，在钢结构安装就位，与其相连的吊杆、马道、管架等相关联的构件安装完毕，并经验收合格之后才能进行喷涂施工。如提前施工，则安装好后应对损坏的涂层及钢结构的接点进行补喷。

③ 喷涂前，应将钢结构表面的尘土、油污、杂物等清除干净。钢构件连接处4～12mm宽的缝隙应采用防火涂料，如用硅酸铝纤维棉防火涂料等填补堵平。当钢构件表面已涂防锈面漆，涂层硬而光亮，会明显影响防火涂料黏结力时，应采用砂纸适当打磨再喷。

④ 对大多数防火涂料而言，施工过程中和涂层干燥固化前，环境温度宜保持在5～38℃，相对湿度不宜大于90%，空气应流动。当风速大于5m/s或构件表面结晶时不宜作业。化学固化干燥的涂料，施工温度、湿度范围可放宽。

2. 涂层厚度确定

① 按照有关规范对钢结构耐火极限的要求，并根据标准耐火试验数据设计规定相应的涂层厚度。薄涂型防火涂料的涂层厚度应符合有关耐火极限的设计要求；厚涂型防火涂料涂层的厚度，80%及以上面积应符合有关耐火极限的设计要求，且最薄处厚度不应低于设计要求的85%。

② 根据标准耐火试验数据，即耐火极限与相应的保护层厚度，确定不同规格钢构件达到相同耐火极限所需的同种防火涂料的保护层厚度，按下式计算。

$$T_1 = \frac{W_m/D_m}{W_1/D_1} T_m K \tag{9.2}$$

式中：T_1——待喷防火涂层厚度（mm）；

T_m——标准试验时的涂层厚度（mm）；

W_1——待喷钢梁质量（kg/m）；

W_m——标准试验时钢梁质量（kg/m）；

D_1——待喷钢梁防火涂层接触面周长（mm）；

D_m——标准试验时钢梁防火涂层接触面周长（mm）；

K——系数，对钢梁 $K=1$，对钢柱 $K=1.25$。

式（9.2）限定条件：$W/D \geqslant 22$，$T \geqslant 9mm$，耐火极限≥1h。

③ 根据钢结构防火涂料进行3次以上耐火试验所取得的数据作曲线图，确定出试验数据范围内某一耐火极限的涂层厚度。测量方法应符合国家现行标准《钢结构防火涂料应用技术规范》（CECS 24：1990）的规定及下列规定。

A. 测针。测针（厚度测量仪）由针杆和可滑动的圆盘组成，圆盘始终保持与针杆垂直，并在其上装有固定装置，圆盘直径不大于30mm，以保证完全接触被测试件的表面。如果测针不易插入被插材料中，也可使用其他适宜的方法测试。

测试时，将测厚探针垂直插入防火涂层直至钢基材表面上（图9.7），记录标尺读数。

B. 测点选定。

a. 楼板和防火墙的防火涂层厚度测定，可选两相邻纵、横轴线相交中的面积作为一个单元，在其对角线上，按每米长度选一点进行测试。

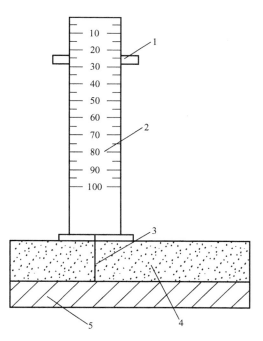

1—标尺；2—刻度；3—测针；4—防火涂层；5—钢基材
图 9.7 测厚度示意

b. 全钢框架结构的梁和柱的防火涂层厚度测定，在构件长度内每隔 3m 取一截面，按图 9.8 所示位置测试，其中 1、2、3、4 表示测点位置。

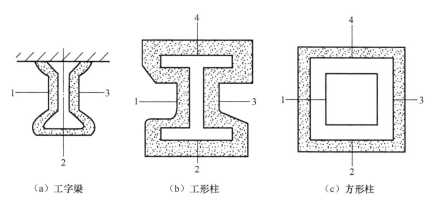

（a）工字梁　　　　（b）工形柱　　　　（c）方形柱

图 9.8 测点示意

c. 桁架结构，上弦和下弦按上一条的规定每隔 3m 取一截面检测，其他腹杆每根取一截面检测。

C. 测量结果。对于楼板和墙面，在所选择的面积中至少测出 5 个点；对于梁和柱，在所选择的位置中分别测出 6 个和 8 个点。分别计算出它们的平均值，精确到 0.5mm。

④ 直接选择工程中有代表性的型钢喷涂防火涂料做耐火试验，根据实测耐火极限确定待喷涂涂层厚度。

⑤ 设计防火涂层时，对保护层厚度的确定应以安全第一为原则，耐火极限留有余地，涂层适当厚一些。例如，某种薄涂型钢结构防火涂料在做标准耐火试验时，涂层厚度 5.5mm，刚好达到 1.5h 的耐火极限，采用该涂料喷涂保护耐火等级为一级的建筑，钢屋架宜规定喷涂涂层厚度不低于 6mm。

3. 防火保护方式

钢结构构件的防火喷涂保护方式应按图 9.9 所示选用。

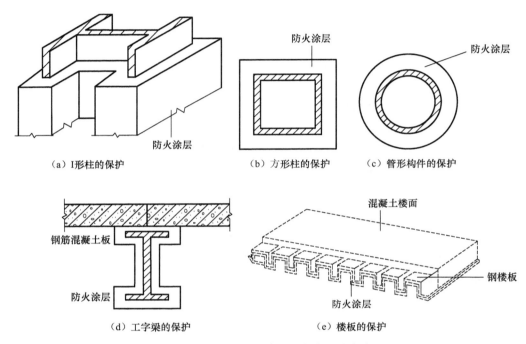

图 9.9　钢结构构件的防火喷涂保护方式

4. 薄涂型钢结构防火涂料施工

(1) 施工工具及方法

① 喷涂底层（包括主涂层，下同）时涂料宜采用重力（或喷斗）式喷枪，配能够自动调压 0.6~0.9m³/min 的空压机。喷嘴直径为 4~6mm，空气压力为 0.4~0.6MPa。

② 面层装饰涂料可以刷涂、喷涂或滚涂，一般采用喷涂施工。将喷底层涂料的喷枪喷嘴直径换为 1~2mm，空气压力调为 0.4MPa 左右，即可用于喷面层装饰涂料。

③ 局部修补或小面积施工，或者机器设备已安装好的厂房，不具备喷涂条件时，可用抹灰刀等工具进行手工抹涂。

(2) 涂料的搅拌与调配

① 应采用便携式电动搅拌器适当搅拌运送到施工现场的防火涂料，使之均匀一致后方可用于喷涂。

② 双组分包装的涂料，应按说明书规定的配合比进行现场调配，边配边用。

③ 搅拌和调配好的涂料应稠度适宜，以确保喷涂后不发生流淌和下坠现象。

(3) 底层施工操作要点

① 底涂层一般应喷 2 或 3 遍，每遍间隔 4~24h，待基本干燥后再喷后一遍。第一遍喷涂以盖住基底面 70% 即可，第二、第三遍喷涂每遍厚度以不超过 2.5mm 为宜。每喷 1mm 厚的涂层，耗湿涂料 1.2~1.5kg/m²。

② 喷涂时手握喷枪要稳，喷嘴与钢基材面垂直或呈 70°，喷嘴到喷面距离 40~60cm。要回旋转喷涂，注意搭接处颜色一致，厚薄均匀，防止漏涂、流淌。确保涂层完全闭合，轮廓清晰。

③ 喷涂过程中，操作人员要携带测厚计随时检测涂层厚度，确保各部位涂层达到设计规定的厚度要求后方可停止喷涂。

④ 喷涂形成的涂层是粒状表面，当设计要求涂层表面要平整光滑时，待喷完最后一遍，应采用抹灰刀或其他适用的工具做抹平处理，使外表面均匀平整。

(4) 面层施工操作要点

① 当底层厚度符合设计规定并基本干燥后，方可在施工面层喷涂料。

② 面层涂料一般涂 1 或 2 遍。如果第一遍是从左至右喷，第二遍则应从右至左喷，以确保全部覆盖住底涂层。面层涂料用料为 0.5~1.0kg/m²。

③ 对于露天钢结构的防火保护，喷好防火的底涂层后，也可选用适合建筑外墙用的面层涂料作为防水装饰层，用量为 1.0kg/m² 即可。

④ 面层施工应确保各部分颜色均匀一致，接槎平整。

5. 厚涂型钢结构防火涂料施工

(1) 施工工具及方法

一般是采用喷涂施工，机具可为压送式喷涂机或挤压泵，配能自动调压 0.6~0.9m³/min 的空压机，喷枪口径为 6~12mm，空气压力为 0.1~0.6MPa。局部修补可采用抹灰刀等工具手工抹涂。

(2) 涂料的搅拌与调整

① 现场应采用便携式搅拌器将工厂制造好的单组分湿涂料搅拌均匀。

② 由工厂提供的干粉料现场加水或其他稀释剂调配，应按涂料说明书规定的配合比混合搅拌，边配边用。

③ 由工厂提供的双组分涂料应按配制涂料说明书规定的配合比混合搅拌，边配边用。特别是化学固化干燥的涂料，配制的涂料必须在规定的时间内用完。

④ 搅拌和调配涂料使稠度适宜，喷涂后不会出现流淌和下坠现象。

(3) 施工操作要点

① 喷涂应分若干次完成，第一次喷涂基本盖住钢基材面即可，以后每次喷涂厚度为 5~10mm，一般以 7mm 左右为宜。必须在前一遍喷层基本干燥或固化后再喷后一遍，通常情况下每天喷一遍即可。

② 喷涂保护方式、喷涂次数与涂层厚度应根据防火设计要求确定。

③ 喷涂时，持枪手紧握喷枪，注意移动速度，不能在同一位置久留，以免涂料堆积流淌；输送涂料的管道长而笨重，应配一助手帮助移动和托起管道；配料及往挤压泵加料均要连续进行，不得停顿。

④ 当防火涂层出现下列情况之一时，应重新喷涂。

【钢结构防腐】

A. 涂层干燥固化不好、黏结不牢或粉化、空鼓、脱落时。
B. 钢结构的接头、转角处的涂层有明显凹陷时。
C. 涂层表面有浮浆或裂缝宽度大于 1.0mm 时。
D. 涂层厚度小于设计规定厚度的 85% 时，或涂层厚度虽大于设计规定厚度的 85%，但未达到规定厚度涂层连续面的长度超过 1m 时。

⑤ 施工过程中，操作者应采用测厚计检测涂层厚度，直到符合设计规定的厚度，方可停止喷涂。

⑥ 喷涂后的涂层要适当维修，采用抹灰刀等工具剔除明显的乳突，以确保涂层表面均匀。

9.3.4 防火涂装质量控制

① 薄涂型钢结构防火涂层应符合下列要求。
A. 涂层厚度符合设计要求。
B. 无漏涂、脱粉、明显裂缝等。如有个别裂缝，其宽度应不大于 0.5mm。
C. 涂层与钢基材之间和各涂层之间应黏结牢固，无脱层、空鼓等情况。
D. 颜色与外观符合设计规定，轮廓清晰，接槎平整。

② 厚涂型钢结构防火涂层应符合下列要求。
A. 涂层厚度符合设计要求。如厚度低于原定标准，但必须大于原定标准的 85%，且厚度不足部位连续面积的长度不大于 1m，并在 5m 范围内不再出现类似情况。
B. 涂层应完全闭合，不应露底、漏涂。
C. 涂层不宜出现裂缝。如有个别裂缝，其宽度应不大于 1mm。
D. 涂层与钢基材之间和各涂层之间应黏结牢固，无空鼓、脱层和松散等情况。
E. 涂层表面应无乳突。有外观要求的部位，母线不直度和失圆度允许偏差不应大于 8mm。

③ 薄涂型钢结构防火涂料的涂层厚度，应符合有关耐火极限的设计要求；厚涂型钢结构防火涂料涂层的厚度，80% 及以上面积应符合有关耐火极限的设计要求，且最薄处厚度不应低于设计要求的 85%。

④ 涂层检测的总平均厚度应达到规定厚度的 90%。计算平均值时，超过规定厚度 20% 的测点按规定厚度的 120% 计算。

⑤ 对于重大工程，应进行防火涂料的抽样检验。每使用 100t 薄涂型钢结构防火涂料，应抽样检测一次黏结强度；每使用 500t 厚涂型钢结构防火涂料，应抽样检测一次黏结强度和抗压强度。其抽样检测方法应按照《钢结构防火涂料》（GB 14907—2018）执行。

9.4 钢结构防腐涂装

9.4.1 油漆、防腐涂料的要求与选用

1. 油漆、防腐涂料要求

钢结构的锈蚀不仅会造成自身的经济损失，还会直接影响生产和安全，损失的价值要

比钢结构本身大得多。所以，做好钢结构的防锈工作具有重要意义。为了减轻或防止钢结构锈蚀，目前基本采用油漆涂装方法进行防护。

油漆防护是利用油漆涂层使被涂物与环境隔离，从而达到防锈蚀的目的，延长被涂物的使用寿命。影响防锈效果的关键因素是油漆的质量；另外，还与涂装之前钢构件表面的除锈质量、漆膜厚度、涂装的施工工艺条件等因素有关。

防腐涂料具有良好的绝缘性，能阻止铁离子的运动，所以不易产生腐蚀电流，从而起到保护钢材的作用。

钢结构防腐涂料是在耐油防腐蚀涂料的基础上研制成功的一种新型钢结构防腐蚀涂料。该涂料分为底漆和面漆两种，除了具有防腐蚀涂料优异的防腐蚀性能外，其应用范围更广，并且可根据需要将涂料调成各种颜色。钢结构防腐涂料的基本属性如表9.12所示。

表 9.12 钢结构防腐涂料的基本属性

序号	项目	内容说明
1	组成	改性羟基丙烯酸树脂、缩二脲多异氰酸酯、优质精制颜填料、添加剂、溶剂配制而成的双组分涂料
2	特性	较薄的涂层能适应薄壁板的防腐装饰要求，具有耐蚀、耐候、耐寒、耐湿热、耐盐、耐水、耐油等特性
3	物理、化学性能	附着力强、耐磨、硬度高、漆膜坚韧、光亮、丰满、保色性好、干燥快等

2. 油漆、防腐涂料选用

在施工前，应根据不同的品种合理地选择适当的涂料品种。如果涂料选用得当，其耐久性长，防护效果就好；反之，则防护时间短，效果差。另外，还应考虑结构所处环境，有无侵蚀性介质等因素，选用原则如下。

① 不同的防腐涂料，其耐酸、耐碱、耐盐性能不同，如醇酸耐酸涂料，耐盐性和耐候性很好，耐酸、耐水性次之，而耐碱性很差。所以在选用时，应了解涂料的性能。

② 防腐涂料分底漆和面漆，面漆不仅应具有防腐的作用，还应起到装饰的作用，所以应具备一定的色泽，使建筑物更加美观。

③ 底漆附着力的好坏直接影响防腐涂料的使用质量。附着力差的底漆，涂膜容易发生锈蚀、起皮、脱落等现象。

④ 涂料易于施工表现在以下两个方面。

A. 涂料配制及其适应的施工方法，如涂刷、喷涂等。

B. 涂料的干燥性。干燥性差的涂料影响施工进度。毒性高的涂料影响施工操作人员的健康，不应采用。

钢结构防腐涂料的种类较多，其性能也各不相同，各种涂料性能比较如表9.13所示，施工时可根据工程需要进行选择。

表9.13 各种涂料性能比较

涂料种类	优 点	缺 点
油脂漆	耐大气性较好；适于室内外作打底罩面用；价格低廉；涂刷性能好，渗透性好	干燥较慢；膜软，力学性能差；水膨胀性大；不能打磨抛光；不耐碱
天然树脂漆	干燥比油脂漆快；短油度的漆膜坚硬好打磨；长油度的漆膜柔韧，耐大气性好	力学性能差，短油度的耐大气性差，长油度的不能打磨抛光
酚醛树脂漆	漆膜坚硬，耐水性良好，纯酚醛的耐化学腐蚀性良好，有一定的绝缘强度，附着力好	漆膜较脆；颜色易变深，不能制白色或浅色漆；耐大气性比醇酸漆差，易粉化
沥青漆	耐潮、耐水性好，价格低廉，耐化学腐蚀性较好，有一定的绝缘强度，黑度好	不能制白色或浅色漆，对日光不稳定，有渗色性，自干漆，干燥后不爽滑
醇酸漆	光泽较亮；耐候性优良；施工性能好，可刷、可喷、可烘；附着力较好	漆膜较软，耐水、耐碱性差，干燥较挥发性漆慢，不能打磨
氨基漆	漆膜坚硬，可打磨抛光；光泽亮，丰满度好；色浅，不易泛黄；附着力较好；有一定的耐热性；耐候性好，耐水性好	需高温下烘烤才能固化；若烘烤过度，漆膜变脆
硝基漆	干燥迅速，耐油，漆膜坚韧，可打磨抛光	易燃，清漆不耐紫外光线，不能在60℃以上温度使用，固体成分低
纤维素漆	耐大气性、保色性好，可打磨抛光；个别品种有耐热、耐碱性，绝缘性好	附着力差，耐潮性差，价格高
过氯乙烯漆	耐候性优良，耐化学腐蚀性优良，耐水、耐油、防延燃性好，"三防"性能较好	附着力较差，打磨抛光性能较差，不能在70℃以上高温使用，固体成分低
乙烯漆	有一定的柔韧性，色泽浅淡，耐化学腐蚀性较好，耐水性好	耐溶剂性差，固体成分低，高温易碳化，清漆不耐紫外光线
丙烯酸漆	漆膜色浅，保色性良好；耐候性优良；有一定的耐化学腐蚀性；耐热性较好	耐溶剂性差，固体成分低
聚酯漆	固体成分高，耐一定的温度；耐磨能抛光；有较好的绝缘性	干性不易掌握，施工方法较复杂，对金属附着力差
环氧漆	附着力强；耐碱，耐溶剂；有较好的绝缘性能；漆膜坚韧	室外暴晒易风化，保光性差；色泽较深；漆膜外观较差
聚氨酯漆	耐磨性强，附着力好，耐潮、耐水、耐溶剂性好，耐化学和石油腐蚀，具有良好的绝缘性	漆膜易转化、泛黄，对酸、碱、盐醇、水等物很敏感，因此施工要求高，有一定毒性

续表

涂料种类	优　点	缺　点
有机硅漆	耐高温，耐候性极优，耐潮、耐水性好，具有良好的绝缘性	耐汽油性差，漆膜坚硬较脆，一般需要烘烤干燥，附着力较差
橡胶漆	耐化学腐蚀性强，耐水性好，耐磨	易变色，清漆不耐紫外光线，耐溶性差，个别品种施工复杂

9.4.2　锈蚀等级和除锈标准

① 锈蚀等级。钢材表面分 A、B、C、D 四个锈蚀等级，各等级文字说明如下。

A 级——全面地覆盖着氧化皮而几乎没有铁锈的钢材表面。

B 级——已发生锈蚀，并且部分氧化皮已经剥落的钢材表面。

C 级——氧化皮已因锈蚀而剥落或可以刮除，并有少量点蚀的钢材表面。

D 级——氧化皮已因锈蚀而全面剥离，并且已普遍发生点蚀的钢材表面。

② 除锈等级。除锈等级分为喷射或抛射除锈等级、手工和动力工具除锈等级以及火焰除锈等级三种。

A. 喷射或抛射除锈等级。喷射或抛射除锈分为四个等级，用字母"Sa"表示，其文字部分叙述如下。

Sa1——轻度的喷射或抛射除锈。

钢材表面应无可见的油脂或污垢，并且没有附着不牢的氧化皮、铁锈和油漆涂层等附着物。

附着物是指焊渣、焊接飞溅物和可溶性盐等。附着不牢是指氧化皮、铁锈和油漆涂层等能以金属腻子刀从钢材表面剥离掉，即可视为附着不牢。

Sa2——彻底的喷射或抛射除锈。

钢材表面无可见的油脂和污垢，并且氧化皮、铁锈等附着物已基本清除，其残留物应是牢固附着的。

$Sa2\frac{1}{2}$——非常彻底的喷射或抛射除锈。

钢材表面无可见的油脂、污垢、氧化皮、铁锈和油漆涂层等附着物，任何残留的痕迹应仅是点状或条纹状的轻微色斑。

Sa3——使钢材表观洁净的喷射或抛射除锈。

钢材表面应无可见的油脂、污垢、氧化皮、铁锈和油漆涂层等附着物，该表面应显示均匀的金属光泽。

B. 手工和动力工具除锈等级。手工和动力工具除锈以字母"St"表示，只有两个等级。

St2——彻底的手工和动力工具除锈。

钢材表面应无可见的油脂和污垢，并且没有附着不牢的氧化皮、铁锈和油漆涂层等附着物。

St3——非常彻底的手工和动力工具除锈。

钢材表面应无可见的油脂和污垢,并且没有附着不牢的氧化皮、铁锈和油漆涂层等附着物。除锈应比 St2 更为彻底,底材显露部分的表面应具有金属光泽。

C. 火焰除锈等级。火焰除锈等级以字母"F1"表示。在火焰加热作业后,以动力钢丝刷清除加热后附着在钢材表面的产物,只有一个等级。

F1——火焰除锈。

钢材表面应无氧化皮、铁锈和油漆涂层等附着物,任何残留的痕迹应仅为表面变色(不同颜色的暗影)。

各国制定钢材表面的除锈等级时,基本上都以瑞典和美国的除锈标准作为蓝本,因此各国的除锈等级大体上是可以对应采用的。各国除锈等级对应关系,如表 9.14 所示。

表 9.14 各国除锈等级对应关系

《涂覆涂料前钢材表面处理表面清洁度的目视规定》(GB/T 8923.1—2011)(中国)	SISO55900（瑞典）	SSPC（美国）	DIN55928（德国）	BS4232（英国）	JSRA SPSS（日本造船协会）	
轻度的喷射或抛射除锈 Sa1	Sa1	SP-7	Sa1	—	Sa1	Sh1
彻底的喷射或抛射除锈 Sa2	Sa2	SP-6	Sa2	三级	Sa2	Sh2
非常彻底的喷射或抛射除锈 Sa2$\frac{1}{2}$	Sa2.5	SP-10	Sa2.5	二级	Sa3	Sh2
使钢材表观洁净的喷射或抛射除锈 Sa3	Sa3	SP-5	Sa3	一级		
彻底的手工和动力工具除锈 St2	St2	SP-2	St2	—		
非常彻底的手工和动力工具除锈 St3	St3	SP-3	St3	—		
火焰除锈 F1	—	SP-4	F1			
—	—	SP-8	Be			

9.4.3 钢结构涂装防护

1. 涂层厚度

涂层厚度的确定应考虑钢材表面原始状况,钢材除锈后的表面粗糙度,选用的涂料品种,钢结构使用环境对涂料的腐蚀程度,预想的维护周期和涂装维护的条件。

涂层厚度应根据需要来确定,过厚虽然可增强防腐力,但附着力和力学性能都要降低;过薄易产生肉眼看不到的针孔和其他缺陷,起不到隔离环境的作用。钢结构涂装涂层厚度可参考表 9.15 确定。

表 9.15　钢结构涂装涂层厚度　　　　　　　　　　　　　　　　　单位：mm

涂料种类	基本涂层和防护涂层					附加涂层
	城镇大气	工业大气	化工大气	海洋大气	高温大气	
醇酸漆	100～150	125～175	—	—	—	25～50
沥青漆	—	—	150～210	180～240	—	30～60
环氧漆	—	—	150～200	75～225	150～200	25～50
过氯乙烯漆	—	—	160～200	—	—	20～40
丙烯酸漆	—	100～140	120～160	140～180	—	20～40
聚氨酯漆	—	100～140	120～160	140～180	—	20～40
氯化橡胶漆	—	120～160	140～180	160～200	—	20～40
氯磺化聚乙烯漆	—	120～160	140～180	160～200	120～160	20～40
有机硅漆	—	—	—	—	100～140	20～40

2. 涂料预处理

涂装施工前，应对涂料型号、名称和颜色进行校对，同时检查制造日期。如超过储存期，应重新取样检验，质量合格后才能使用，否则禁止使用。

涂料选定后，通常要进行以下处理操作程序，然后才能施涂。

① 开桶。开桶前应将桶外的灰尘、杂物除尽，以免其混入油漆桶内。同时，对涂料的名称、型号和颜色进行检查，看其是否与设计规定或选用要求相符合，检查制造日期是否超过储存期，凡不符合的应另行研究处理。若发现有结皮现象，应将漆皮全部取出，以免影响涂装质量。

② 搅拌。将桶内的油漆和沉淀物全部搅拌均匀后才可使用。

③ 配合比。对于双组分的涂料，使用前必须严格按照说明书所规定的比例来混合。双组分涂料一旦配制混合后，必须在规定的时间内用完。

④ 熟化。双组分涂料混合搅拌均匀后，需要经过一定熟化时间才能使用，对此应引起注意，以保证漆膜的性能。

⑤ 稀释。有的涂料因储存条件、施工方法、作业环境、气温高低等不同情况的影响，在使用时，有时需用稀释剂来调整黏度。

⑥ 过滤。过滤是将涂料中可能产生或混入的固体颗粒、漆皮或其他杂物滤掉，以免这些杂物堵塞喷嘴及影响漆膜的性能与外观。通常可以使用80～120目的金属网或尼龙丝筛进行过滤，以达到质量控制的目的。

3. 涂刷防腐底漆

① 涂底漆一般应在金属结构表面清理完毕后就进行，否则金属表面又会重新氧化生锈。涂刷方法是油刷上下铺油（开油），横竖交叉地将油刷匀，再把刷迹理平。

② 可用设计要求的防锈漆在金属结构上满刷一遍。如原来已刷过防锈漆，应检查其有无损坏及有无锈斑。凡有损坏及锈斑处，应将原防锈漆层铲除，用钢丝刷和砂布彻底打

磨干净后,再补刷防锈漆一遍。

③ 采用油基底漆或环氧底漆时,应均匀地涂或喷在金属表面上,施工时将底漆的黏度调到:喷涂为 18～22St,刷涂为 30～50St。

④ 底漆以自然干燥居多,使用环氧底漆时也可进行烘烤,质量要比自然干燥好。

4. 局部刮腻子

① 待防锈底漆干透后,将金属面的砂眼、缺棱、凹坑等处用石膏腻子刮抹平整。石膏腻子配合比(质量比)为:石膏粉:熟桐油:油性腻子(或醇酸腻子):底漆:水＝20:5:10:7:45。

② 可采用油性腻子和快干腻子。用油性腻子一般在 12～24h 才能全部干燥;而用快干腻子干燥较快,并能很好地黏附于所填嵌的表面,因此在部分损坏或凹陷处使用快干腻子可以缩短施工周期。

此外,也可用铁红醇酸底漆 50% 加光油 50% 混合拌匀,并加适量石膏粉和水调成腻子打底。

③ 一般第一道腻子较厚,因此在拌和时应酌量减少油分,增加石膏粉用量,可一次刮成,不必求得光滑;第二道腻子需要平滑光洁,因而在拌和时可增加油分,腻子调得薄些。

④ 刮涂腻子时,可先用橡皮刮或钢刮刀将局部凹陷处填平。待腻子干燥后应加以砂磨,并抹除表面灰尘,然后再涂刷一层底漆,接着再上一层腻子。刮腻子的层数应视金属结构的不同情况而定。金属结构表面一般可刮 2 或 3 道。

⑤ 每刮完一道腻子,待干后都要进行砂磨,第一道腻子比较粗糙,可用粗铁砂布垫木块打磨;第二道腻子可用细铁砂布或 240 号水砂纸砂磨;最后两道腻子可用 400 号水砂纸仔细打磨光滑。

5. 涂刷操作

① 涂刷必须按设计和规定的层数进行,必须保证涂刷层次及厚度。

② 涂第一遍油漆时,应分别选用带色铅油或带色调和漆、磁漆涂刷,但此遍漆应适当掺入配套的稀释剂或稀料,以达到盖底、不流淌、不显刷迹的目的。涂刷时厚度应一致,不得漏刷。

冬期施工应适当加些催干剂(铅油用铅锰催干剂),掺量为 2%～5%(质量比);磁漆等可用钴催干剂,掺量一般小于 0.5%。

③ 复补腻子。如果设计要求有此工序时,将前数遍腻子干缩裂缝或残缺不足处,再用带色腻子局部补一次,复补腻子与第一遍漆色相同。

④ 磨光。如设计有此工序(属中、高级油漆),宜用 1 号以下细砂布打磨,用力应轻而匀,注意不要磨穿漆膜。

⑤ 涂刷第二遍油漆时,如为普通油漆且为最后一层面漆,应用原装油漆(铅油或调和漆)涂刷,但不宜掺入催干剂。设计中要求磨光的,应予以磨光。

⑥ 涂刷完成后,应用湿布擦净。将干净湿布反复在已磨光的油漆面上揩擦直至干净。

6. 喷漆操作

① 喷漆施工时,应先喷第一道底漆,黏度控制在 20～30St,气压控制在 0.4～

0.5MPa，喷枪距物面控制在 20~30cm，喷嘴直径以 0.25~0.3cm 为宜。先喷次要面，后喷主要面。

② 喷漆施工时，应注意以下事项。

A. 在喷漆施工时应注意通风、防潮、防火。工作环境及喷漆工具应保持清洁，气泵压力应控制在 0.6MPa 以内，并应检查安全阀是否失灵。

B. 在喷大型工件时可采用电动喷漆枪或采用静电喷漆。

C. 使用氨基醇酸烘漆时要进行烘烤，物件在工作室内喷好后应先放在室温中流平 15~30min，然后再放入烘箱。先用低温 60℃烘烤 0.5h 后，再按烘漆预定的烘烤温度（一般在 120℃左右）进行恒温烘烤 1.5h，最后降温至工件干燥出箱。

③ 凡用于喷漆的一切油漆，使用时必须掺加相应的稀释剂或相应的稀料，掺量以能顺利喷出呈雾状为准（一般为漆重的 1 倍左右），并通过 0.125mm 孔径筛清除杂质。一个工作物面层或一项工程上所用的喷漆量应一次配够。

④ 喷漆干后用快干腻子将缺陷及细眼找补填平；腻子干透后，用水砂纸将刮过腻子的部分和涂层全部打磨一遍。擦净灰迹待干后再喷面漆，黏度控制在 18~22St。

⑤ 喷涂底漆和面漆的层数要根据产品的要求而定，面漆一般可喷 2~3 道，要求高的物件（如轿车）可喷 4~5 道。

⑥ 每次都用水砂纸打磨，越到面层，要求水砂纸越细，质量越高。如需增加面漆的亮度，可在漆料中加入硝基清漆（加入量不超过 20%），调到适当黏度（15St）后喷 1~2 遍。

7. 二次涂装

二次涂装一般是指由于作业分工在两地或分两次进行施工的涂装。前道漆涂完后，超过 1 个月再涂下一道漆，也应算作二次涂装。进行二次涂装时，应按相关规定进行表面处理和修补。

① 表面处理。对于海运产生的盐分，陆运或存放过程中产生的灰尘都要清除干净，方可涂下一道漆。如果涂漆间隔时间过长，前道漆膜可能因老化而粉化（特别是环氧树脂漆类），要求进行"打毛"处理，使表面干净和增加粗糙度，从而提高附着力。

② 修补。修补所用的涂料品种、涂层层次与厚度、涂层颜色应与原设计要求一致。表面处理可采用手工机械除锈方法，但要注意油脂及灰尘的污染。在修补部位与不修补部位的边缘处，宜有过渡段，以保证搭接处平整和附着牢固。对补涂部位的要求也应与上述相同。

9.4.4 常用防腐涂料施工

1. 过氯乙烯漆施工

① 过氯乙烯漆是以过氯乙烯树脂、醇酸树脂、增韧剂、颜料及稳定剂等溶于有机溶剂中配制而成，具有良好的耐无机酸、碱、盐类，以及耐酸、耐油、耐盐雾、防燃烧等性能，但不耐高温，最高使用温度为 60~70℃，不耐磨与冲击，附着力差，要用黏结力较好的底漆打底。过氯乙烯漆适于做化工金属储槽、管道和设备表面的防腐蚀涂料。

② 过氯乙烯漆可分为底漆、磁漆和清漆，施工时必须配套使用。

③ 涂覆层数一般不少于六层。在金属基层上为磷化底漆一层、底漆一层、磁漆二层、磁漆过渡漆一层、清漆二层。底漆与磁漆或磁漆与清漆间的过渡均应由两种漆按1∶1混合而成。

④ 刷（喷）涂前，必须先用过氯乙烯清漆打底，然后再涂过氯乙烯底漆。在金属基层上，当用人工除锈时，宜用铁红醇酸底漆或铁红环氧底漆打底；当用喷砂处理时，应先涂一层乙烯磁化底漆打底，再用过氯乙烯底漆打底，底漆实干后，再依次进行各层涂刷。

⑤ 施工黏度（涂-4黏度计，下同）：刷涂时，底漆为30～40St，磁漆、清漆、过渡漆为20～40St；喷涂时为15～15St。黏度调整用X-3过氯乙烯稀释剂，严禁用醇类或汽油。若采用铁红醇酸底漆，稀释剂可用二甲苯或松节油。磁化底漆可用丁醇和乙醇［(1～3)∶1］稀释剂调整。

⑥ 每层过氯乙烯漆（底漆除外）应在前一层漆实干前涂覆（均干燥2～3h），宜连续施工，如漆膜已实干应先用X-3过氯乙烯漆稀释剂喷润或揩涂一遍。手工涂刷要一上一下刷两下，手轻动作快，不应往复进行。全部施工完毕应在常温下干燥7天方可使用。

2. 酚醛漆施工

① 酚醛漆是由短油酚醛与耐酸颜料经研磨后加入催干剂调制而成，具有良好的电绝缘性、抗水性、耐油性和较好的耐腐蚀性，使用温度可达120℃，但漆膜较脆，与金属附着力较差，储存期短，使用期仅为三个月。

② 酚醛漆品种及其配套底漆有F53-31红丹酚醛防锈漆、F50-31各色酚醛耐酸漆、F01-1酚醛清漆、F06-8铁红酚醛底漆、T07-2灰酯胶腻子等。

③ 常用的涂覆方法有刷涂、喷涂、浸涂和真空浸渍等，一般采用刷涂法。

④ 施工时，常用的填料有瓷粉、辉绿岩粉、石墨粉、石英粉等，细度要求为4900孔/cm^2，筛余不大于15%，使用时必须干燥。

⑤ 在金属基层上，可直接用红丹酚醛防锈漆或铁红酚醛底漆打底，或不用底漆而直接涂刷酚醛耐酸漆。

⑥ 底漆实干后，再涂刷其余各遍漆，涂刷层数一般不少于三层。涂刷时的施工黏度为30～50St，每层漆应在前一层漆实干后涂刷，施工间隔一般为24h。

3. 沥青防腐漆施工

① 沥青防腐漆是用石油沥青和干性油溶于有机溶剂配制而成，具有干燥快、耐水性强、附着力强、原料易得、价格低等优点，耐热温度在60℃以下。其主要用于腐蚀程度较轻的设备、管道、金属、混凝土及木制表面涂覆，以防止工业气体、酸（碱）性土体、水的腐蚀。

② 常用沥青防腐漆有L50-1沥青耐酸漆、L01-6沥青漆、铝粉沥青漆、F53-31红丹酚醛防锈漆、C06-1铁红醇酸底漆等。

③ 沥青防腐漆可现场自行配制，其配合比为：10号石油沥青∶松香∶松节油∶白节油∶熟桐油∶催干剂（二氧化锰）=23.2∶2.5∶23∶24∶27∶0.3。配制时，先将沥青加热熔化脱水，依次加入附加材料调匀，最后加入催干剂拌匀即可。

④ 施工应采用刷涂法，不宜用喷涂法。其施工黏度为18～50St，如过黏，可加入200

号溶剂汽油或二甲苯稀释。

⑤ 金属基层刷 1~2 遍铁红醇酸底漆或红丹防锈漆打底，也可不刷底漆，直接涂刷沥青耐酸漆。

⑥ 涂刷遍数一般不少于 2 遍，每遍间隔 24h，全部涂刷完毕经 24~48h 干燥后方可使用。

4. 环氧漆施工

① 环氧漆是由环氧树脂、有机溶剂、颜料、填料与增韧剂配制而成。环氧沥青漆是由环氧树脂、焦油沥青、颜料、填料及溶剂配制而成。

② 常用环氧漆有 H06-2 铁红环氧底漆、环氧沥青底漆、H52-33 各色环氧防腐漆、H01-1 环氧清漆、H01-4 环氧沥青漆以及 H07-5 各色环氧酯腻子等。

③ 环氧漆也可自配，配合比为：6101 环氧树脂∶乙二胺∶邻苯二甲酸二丁酯∶丙酮（或乙醇）∶填料＝100∶（6~8）∶10∶（20~30）∶（25~30）。常用填料有石墨粉、石英粉、辉绿岩粉、瓷粉等，细度要求 4900 孔/cm^2，筛余不大于 15%。

④ 在使用时，应加入一定量的固化剂（间苯二胺或乙二胺），具有良好的耐酸、碱、盐类及耐水、耐磨性能，具有良好的韧性和硬度，附着力强，使用温度为 -40~100℃，但耐候性差，易粉化，不宜在室外使用，多用于金属、地下管线的防腐。

⑤ 施工时，可采用刷涂或喷涂。刷涂时的施工黏度为 30~40St，喷涂时的施工黏度为 18~25St。

如需调整黏度，环氧酯底漆、环氧漆多用环氧稀释剂（二甲苯∶丁醇＝7∶3），环氧沥青漆多用环氧沥青漆稀释剂（甲苯∶丁醇∶环己酮∶二氯化苯＝79∶7∶7∶7）。

⑥ 金属基层可直接用环氧底漆或环氧沥青底漆打底。底漆实干后，再涂刷其他各层漆。

⑦ 环氧漆的涂漆层数一般不少于 4 层，每层应在前一层实干前涂覆，间隔 6~8h，最后一层常温干燥 7 天方可使用。

5. 聚氨基甲酸酯漆施工

① 聚氨基甲酸酯漆是以甲苯二异氰酸酯为主要成分制成的配套涂料，具有良好的耐酸、碱及耐油、耐磨、耐潮和电绝缘性能，漆膜韧性好，附着力强，常温干燥快，光泽度好，最高耐热温度可达 155℃，但耐候性差。它适用于各种基层表面涂覆，不适用于室外防腐工程，棕黄色底漆仅用于金属表面。

② 聚氨基甲酸酯漆为配套用漆，可与底漆、磁漆、清漆配套使用。使用时可按规定的组分配制，包括 S07-1 聚氨基甲酸酯腻子、S06-2 铁红聚氨基甲酸酯底漆、S06-2 棕黄聚氨基甲酸酯底漆、S04-4 灰聚氨基甲酸酯磁漆、S01-2 聚氨基甲酸酯清漆。

③ 按组分配制时，可依次加入各组分，充分搅匀即可使用。配好的漆应在 3~5h 内用完。

④ 施工宜用涂刷，施工黏度为 30~50St，黏度过大时用 X-11 聚氨酯稀释剂或二甲苯调整。每层漆应在前一层漆实干前涂覆，常温间隔一般为 8~20h。全部刷完养护 7 天后交付使用。

⑤ 当为金属基层时，聚氨基甲酸酯漆的涂漆层数一般为 4~5 层，即一层棕黄底漆，

一层过渡漆，2～3层清漆。在金属基层上，可直接用棕黄聚氨酯底漆打底，再涂过渡漆和清漆。过渡漆可用 S06-2 底漆和 S04-4 磁漆按 1∶1 配合。

9.4.5　钢结构金属镀层防腐

在钢结构表面增加一层保护性的金属镀层（如镀锌），也是一种有效的防腐方法。

锌是保护性镀层用得最多的金属。在钢结构高层建筑中也有不少构件是采用镀锌来进行防腐的。镀锌防腐多用于较小的构件。

镀锌可用热浸镀法或喷镀法。热浸镀锌在镀槽中进行，可用来浸镀大构件，镀的锌层厚度为 80～100μm。

喷镀法可用于车间或工地上，镀的锌层厚度为 80～150μm。在喷镀之前应先将钢构件表面适当"打毛"。

钢结构防腐的费用占建筑总造价的 0.1%～0.2%。一个较好的防腐系统，在正常气候条件下的使用寿命为 10～15 年。在到达使用年限的末期，只要重新油漆一遍即可。

9.4.6　防腐涂装质量控制

漆膜质量的好坏与涂漆前的准备工作和施工方法等有关。

① 油漆的油膜作用是将金属表面和周围介质隔开，保护金属不受腐蚀。油膜应该连续无孔，无漏涂、起泡、露底等现象。因此，油漆的稠度既不能过大，也不能过小。稠度过大不但浪费油漆，还会产生脱落、卷皮等现象；稠度过小会产生漏涂、起泡、露底等现象。

② 漆膜外观要求：应使漆膜均匀，不得有堆积、漏涂、皱皮、气泡、掺杂及混色等缺陷。

③ 涂料和涂刷厚度应符合设计要求。如涂刷厚度设计无要求，一般涂刷 4 或 5 遍。漆膜总厚度：室外为 125～175μm，室内为 100～150μm。配制好的涂料不宜存放过久，使用时不得添加稀释剂。

④ 色漆在使用时应搅拌均匀。因为任何色漆在存放中，颜料多少都有些沉淀，如有碎皮或其他杂物，必须清除后方可使用。色漆不搅匀，不仅使涂漆工件颜色不一，而且影响遮盖力和漆膜的性能。

⑤ 根据选用的涂漆方法的具体要求，加入与涂料配套的稀释剂，调配到合适的施工浓度。已调配好的涂料应在其容器上写明名称、用途、颜色等，以防拿错。涂料开桶后，需密封保存，且不宜久存。

⑥ 涂漆施工的环境要求随所用涂料不同而有差异。一般要求施工环境温度不低于 5℃，空气相对湿度不大于 85%。由于温度过低会使涂料黏度增大，涂刷不易均匀，漆膜不易干燥；空气相对湿度过大，易使水汽包在涂层内部，漆膜容易剥落，故不应在雨、雾、雪天进行室外施工。在室内施工时，应尽量避免与其他工种同时作业，以免灰尘落在漆膜表面影响质量。

⑦ 涂料施工时，应先进行试涂。每涂覆一道，均应进行检查，发现不符合质量要求

的（如漏涂、剥落、起泡、透锈等缺陷），应用砂纸打磨，然后补涂。

⑧ 明装系统的最后一道面漆宜在安装后喷涂，这样可保证外表美观、颜色一致，无碰撞、脱漆、损坏等现象。

9.5 钢结构涂装质量通病及防治

9.5.1 涂装前的准备

1. 质量通病现象

涂装前钢构件没有除锈或者除锈质量不好，如图 9.10、图 9.11 所示。

【图9.10彩图】

图 9.10 构件除锈质量达不到要求存在大面积氧化铁皮

【图9.11彩图】

图 9.11 喷砂除锈不合格导致檩条漆膜翘皮、脱落

2. 预防治理措施

① 人工除锈。金属结构表面的铁锈可用钢丝刷、钢丝布或粗砂布擦拭，直到露出金属本色，再用棉纱擦净。

② 喷砂除锈。在金属结构量很大的情况下，可选用喷砂除锈。它能去掉铁锈、氧化皮、旧有的油层等杂物。经过喷砂的金属结构表面变得粗糙又很均匀，对增加油漆的附着力，保证漆层质量有很大好处。

喷砂就是用压缩空气把石英砂通过喷嘴喷射在金属结构表面，依靠砂子有力地撞击风

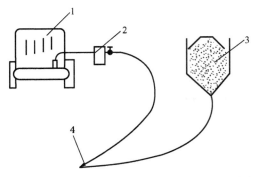

1—压缩机；2—油水分离器；3—砂斗；4—喷枪
图 9.12 喷砂流程示意

管的表面，去掉铁锈、氧化皮等杂物。在工地上使用的喷砂工具较为简单，如图 9.12 所示。

喷砂所用的压缩空气不能含有水分和油脂，所以在空气压缩机的出口处装设油水分离器。压缩空气的压力一般为 0.35～0.4MPa。

喷砂所用的砂粒应坚硬有棱角，粒径要求为 1.5～2.5mm，除经过筛除去泥土杂质外，还应经过干燥。

喷砂时，应顺气流方向；喷嘴与金属表面一般呈 70°～80°；喷嘴与金属表面的距离一般为 100～150mm。喷砂除锈要对金属表面无遗漏地进行。经过喷砂的表面要达到一致的灰白色。

喷砂除锈的优点是质量好、效率高、操作简单；但是产生的灰尘太大，施工时应设置简易的通风装置，操作人员应戴防护面罩（或风镜和口罩）。

经过喷砂处理后的金属结构表面可用压缩空气进行清扫，然后再用汽油或甲苯等有机溶剂清洗。待金属结构干燥后，便可进行刷涂操作。

③ 化学除锈。化学除锈方法，即把金属构件浸入 15%～20% 的稀盐酸或稀硫酸溶液中浸泡 10～20min，然后用清水洗干净。

如果金属表面锈蚀较轻，可用"三合一"溶液同时进行除油、除锈和钝化处理。"三合一"溶液配方为：草酸 150g，硫脲 10g，平平加 10g，水 1000g。经"三合一"溶液处理后的金属构件应用热水洗涤 2～3min，再用热风吹干，立即进行喷涂。

④ 对镀锌、镀铝、涂防火涂料的钢材表面的预处理应符合以下规定。

A. 外露构件需热浸锌和热喷锌、铝的，除锈质量等级为 Sa2.5～Sa3 级，表面粗糙度应达到 30～35μm。

B. 对热浸锌构件允许用酸洗除锈的，酸洗后必须经 3～4 道水洗，将残留酸完全清洗干净，干燥后方可浸锌。

C. 要求喷涂防火涂料的钢构件除锈，可按设计技术要求进行。

⑤ 钢材表面在喷射除锈后，随着粗糙度的增大，表面积也显著增加，在这样的表面上进行涂装，漆膜与金属表面之间的分子引力也会相应增加，使漆膜与钢材表面间的附着力相应提高。

以棱角磨料进行的喷射除锈不仅增加了钢材的表面积，而且还能形成三维状态的几何形状，使漆膜与钢材表面产生机械的咬合作用，进一步提高了漆膜的附着力和防腐蚀性能，并延长了保护寿命。

9.5.2 涂料的选择

1. 质量通病现象

涂装涂料的选择不合理。

2. 预防治理措施

涂料品种繁多，对品种的选择是直接决定涂装工程质量的因素之一。一般在选择时应考虑以下几个方面的因素。

① 使用场合和环境是否有化学腐蚀作用的气体，是否为潮湿环境。
② 涂料是打底用，还是罩面用。
③ 选择涂料时应考虑在施工过程中涂料的稳定性、毒性及所需的温度条件。
④ 按工程质量要求、技术条件、耐久性、经济效果、非临时性工程等因素，选择适当的涂料品种。不应将优质品种降格使用，也不应勉强使用达不到性能指标的品种。

9.5.3 误涂装

1. 质量通病现象

在不应涂装的部位（如高强度螺栓连接、焊接部位等）误涂装会影响后道工序作业，造成质量隐患。例如，在高强度螺栓连接部位误涂装油漆，会严重影响连接面的抗滑移系数，对连接节点造成严重的质量隐患。同样，在焊接部位误涂油漆，在涂过油漆的钢材表面上施焊，焊缝根部会出现密集气泡而影响焊缝质量。

2. 预防治理措施

在施工图中注明不涂装的部位，不得随意涂装。钢构件不应涂装的部位包括高强度螺栓连接面、安装焊缝处 30～50mm 范围、拼接部位、钢柱脚埋入基础混凝土内±0.000m 以下部分。为防止误涂，应加强技术交底，并在不刷涂料部位做出明显标记或采取有效保护措施（如用宽胶带纸将不刷涂料部位粘贴住，以后再揭下来）。

若出现误涂装情况，应按构件表面原除锈方法对误涂装部位进行处理，达到要求后方可进入下道工序作业。

9.5.4 涂装遍数与涂层厚度

1. 质量通病现象

钢构件涂料涂装遍数、涂层厚度均不符合设计和规范要求。由于钢构件涂料涂装遍数是保证防腐性能的重要因素，涂装遍数不足会降低防腐效果。而涂层厚度是保证其耐火性的重要指标，涂层厚度不足会影响涂层的使用年限，对钢结构的防腐产生不良影响，如图 9.13 所示。

2. 预防治理措施

钢构件涂装时，采用的涂料及涂装遍数、涂层厚度均应符合设计和规范要求。当设计对涂层厚度无要求时，涂层干漆膜总厚度：室外应为 $150\mu m$，室内应为 $125\mu m$，其允许偏差为 $-25\mu m$。

涂层层数宜为 4～5 层，每层涂层干漆膜厚度的允许偏差为 $-5\mu m$，各层涂层涂刷时，

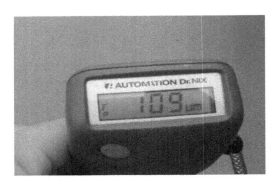

图 9.13　设计要求漆膜厚度为 150μm 但测量数据只为 109μm

上一涂层的涂刷应在下一层干燥后方可进行。涂装时应严格认真检查，不符合要求的部位应进行补涂刷。

9.5.5　涂层表面裂缝

1. 质量通病现象

钢结构防火涂料涂层表面裂缝宽度超过设计和规范允许值。由于涂层表面裂缝宽度超差，会在使用中发展，影响涂层的整体性和绝缘性，从而降低涂层的耐火极限等级和使用寿命。

2. 预防治理措施

防火涂料涂层表面的裂缝宽度：对于薄涂型防火涂料涂层，不应大于 0.5mm；对于厚涂型防火涂料涂层，不应大于 1mm。涂装时应加强监控和检查，发现裂缝宽度超差，应用同类涂料抹压修补。

本章小结

本章首先简要介绍了钢材表面处理的要求和方法，包括表面油污、旧涂层及锈蚀的处理，钢结构涂装的方法和各种机具的选择。然后着重讲述了钢结构防火及防腐涂装的施工与质量控制要点。最后提出了钢结构涂装过程中常见的质量问题及其防治措施。

习题

一、单项选择题

1. 抛射除锈中磨料的粒径为（　　）两种规格混合，使用效果较好。

A. 0.2mm 和 0.5mm　　　　　　　　B. 0.5mm 和 1mm

C. 0.5mm 和 2mm   D. 1mm 和 2mm

2. 钢结构涂装施工方法中，施工效率最低的是（　　）。

A. 刷涂法　　　B. 浸涂法　　　C. 滚涂法　　　D. 喷涂法

3. 钢材表面锈蚀等级中，（　　）锈蚀最严重。

A. A级　　　B. B级　　　C. C级　　　D. D级

4. 高层钢结构的耐火等级为Ⅰ级时，梁的耐火极限为（　　）。

A. 1h　　　B. 1.5h　　　C. 2h　　　D. 3h

5. 涂料和涂刷厚度应符合设计要求，当设计对涂层厚度无要求时，涂层干漆膜总厚度室内为（　　）。

A. 50～80μm　　　B. 80～100μm　　　C. 100～150μm　　　D. 150～200μm

6. 厚涂型防火涂料涂层的厚度，（　　）及以上面积应符合有关耐火极限的设计要求，且最薄处厚度不应低于设计要求的（　　）。

A. 80%，80%　　　B. 85%，85%　　　C. 80%，85%　　　D. 85%，80%

7. 薄涂型钢结构防火涂层裂缝宽度应不大于（　　）mm，厚涂型钢结构防火涂层裂缝宽度应不大于（　　）mm。

A. 0.5　　　B. 0.51　　　C. 11　　　D. 12

8. 钢结构防腐系统正常气候条件下的使用寿命为（　　）年。

A. 5～10　　　B. 10～15　　　C. 15～20　　　D. 20～30

二、名词解释

1. 喷射除锈

2. 酸洗除锈

3. 浸涂法

4. 滚涂法

5. 空气喷涂法

6. 耐火极限

三、简答题

1. 钢材表面锈蚀的清除方法有哪些？

2. 钢结构刷涂施工应遵循什么原则？

3. 钢结构滚涂法施工应注意哪些方面？

4. 如何选用防火涂料？

5. 怎样计算钢结构防火涂层厚度？

第10章 钢结构施工安全及环境保护

教学要求

能 力 要 求	相 关 知 识	权 重
（1）了解扣件式脚手架的构造； （2）掌握扣件式脚手架搭设、拆除的安全技术要求； （3）了解碗扣式钢管脚手架的构造； （4）掌握碗扣式钢管脚手架搭设、拆除的安全技术要求	（1）扣件式脚手架的构造及搭设、拆除的安全技术要求； （2）碗扣式钢管脚手架的构造及搭设、拆除的安全技术要求	20%
（1）了解钢挂梯的构造； （2）掌握钢挂梯使用安全技术	（1）了解钢挂梯的构造； （2）掌握钢挂梯安全技术	10%
（1）理解钢筋的连接方式； （2）掌握绑扎搭接、机械连接、焊接的概念以及适用条件； （3）掌握钢筋焊接的安全技术要求； （4）掌握钢筋螺栓连接的安全技术要求； （5）掌握钢筋加工的安全技术要求	（1）钢筋的连接方式； （2）绑扎搭接、机械连接、焊接的概念以及适用条件； （3）钢筋焊接的安全技术要求； （4）钢筋螺栓连接的安全技术要求； （5）钢筋加工的安全技术要求	30%
（1）了解常用溶剂的爆炸界限； （2）掌握涂装施工防火、防爆、防尘与防毒措施	（1）常用溶剂的爆炸界限； （2）涂装施工防火、防爆、防尘与防毒措施	20%

续表

能 力 要 求	相 关 知 识	权 重
（1）熟悉施工区、生活区、办公区卫生管理措施； （2）熟悉食堂、厕所卫生管理要求； （3）掌握施工期间噪声污染防治措施； （4）掌握施工期间大气污染防治措施； （5）掌握施工期间水污染、照明污染防治措施	（1）施工区、生活区、办公区卫生管理措施； （2）食堂、厕所卫生管理要求； （3）噪声污染防治措施； （4）大气污染防治措施； （5）水污染、照明污染防治措施	20%

本章导读

施工安全涵盖了在施工作业过程中所有的安全问题，钢结构施工安全主要涉及登高安全技术、钢筋连接安全技术、钢结构涂装施工安全技术等。我国政府历来重视生产安全、人民生命和财产安全，并制定了相关的法律、法规，为了保证施工过程中的安全，必须熟悉各作业过程的安全措施。本章主要从登高安全技术、钢挂梯使用安全技术、钢筋连接及加工的安全技术要求、钢结构涂装施工安全技术、环境保护措施等方面分别进行阐述。

10.1 登高安全技术

钢结构工程是一个复杂的系统工程，其构件和施工机具、材料及各种安全防护设施材料均需吊装、吊运，给工程施工带来诸多困难。施工时，应为作业人员提供符合国家现行有关标准规定的合格劳动保护用品，并应培训和监督作业人员正确使用。对易发生职业病的作业，应对作业人员采取专项保护措施。当高空作业的各项安全措施经检查不合格时，严禁高空作业，如图10.1所示。

【高空作业常见违章提示】

图 10.1 高空作业违规示例

10.1.1 登高脚手架安全技术

高处作业是指人在一定位置为基准的高处进行的作业。国家标准《高处作业分级》(GB/T 3608—2008) 规定："凡在坠落高度基准面 2m 以上（含 2m）有可能坠落的高处进行作业，都称为高处作业。"根据这一规定，在建筑业中涉及高处作业的范围相当广泛。在建筑物内作业时，若在 2m 以上的架子上进行操作，即为高处作业。搭设登高脚手架应符合现行行业标准《建筑施工扣件式钢管脚手架安全技术规范》(JGJ 130—2011) 和《建筑施工碗扣式钢管脚手架安全技术规范》(JGJ 166—2008) 的有关规定，当采取其他登高措施时，应进行结构安全计算。

1. 扣件式钢管脚手架

为建筑施工而搭设、承受荷载的由扣件和钢管等构成的脚手架与支撑架，统称脚手架。扣件采用螺栓紧固的扣接连接件。脚手架应由立杆（冲天），纵向水平杆（大横杆、顺水杆），横向水平杆（小横杆），剪刀撑（十字盖），抛撑（压栏子），纵、横扫地杆和拉结点等组成。脚手架必须有足够的强度、刚度和稳定性，在允许施工荷载作用下，确保不变形、不倾斜、不摇晃。扣件式钢管脚手架使用安全管理如下。

① 扣件式钢管脚手架安装与拆卸人员必须是经过考核合格的专业架子工。架子工应持证上岗。

② 搭拆脚手架人员必须戴安全帽、系安全带、穿防滑鞋，如图 10.2 所示。

图 10.2 搭拆脚手架

③ 脚手架的构（配）件质量与搭设质量应按规定进行检查验收，并应确认合格后使用。

④ 钢管上严禁打孔。

⑤ 作业层上的施工荷载应符合设计要求，不得超越。不得将模板支架、缆风绳、泵送混凝土和砂浆的输送管等固定在架体上；严禁悬挂起重设备，严禁拆除或移动架体上的安全防护设施。

⑥ 满堂支撑架在使用过程中，应设有专人监护施工，当出现异常情况时，应停止施工，并应迅速撤离作业面上人员。应在采取确保安全的措施后，查明原因、做出判断和处理。

⑦ 满堂支撑架顶部的实际荷载不得超过设计规定。

⑧ 当有六级及以上强风、浓雾、雨或雪天气时，应停止脚手架搭设与拆除作业。雨、雪后上架作业应有防滑措施，并应扫除积雪。

⑨ 夜间不宜进行脚手架搭设与拆除作业。

⑩ 脚手架的安全检查与维护应按有关规定进行。

⑪ 脚手板应铺设牢固、严实，并应用安全网双层兜底。施工层以下每隔 10m 应用安全网封闭。

⑫ 单双排脚手架、悬挑式脚手架沿墙体外围应用密目式安全网全封闭，密目式安全网宜设置在脚手架外立杆的内侧，并应与架体绑扎牢固，如图10.3～图10.5所示。

图 10.3　密目式安全网

图 10.4　脚手架违规示例

⑬ 在脚手架使用期间，严禁拆除下列杆件。

A. 主节点处纵、横向水平杆，纵、横向扫地杆。

B. 连墙件。

a. 当在脚手架使用过程中开挖脚手架基础下的设备基础或管沟时，必须对脚手架采取加固措施。

b. 满堂脚手架与满堂支撑架在安装过程中，应采取防倾覆的临时固定措施。

c. 临街搭设脚手架时，外侧应有防止坠物伤人的防护措施。

d. 在脚手架上进行电、气焊作业时，应有防火措施和专人看守。

图 10.5　悬挑架底部违规示例

e. 工地临时用电线路的架设及脚手架接地、避雷措施等，应按现行行业标准《施工现场临时用电安全技术规范》（JGJ 46—2005）的有关规定执行。

f. 搭拆脚手架时，地面应设围栏和警戒标志，并应派专人看守，严禁非操作人员入内。

2. 碗扣式钢管脚手架

碗扣式钢管脚手架，又称多功能碗扣型脚手架，是我国参考国外同类型脚手架接头和配件构造自行研制而成的一种多功能脚手架。该脚手架由钢管立管、横管、碗扣接头组成。其核心部件为碗扣接头，由上下碗扣、横杆接头和上碗扣限位销等组成，如图10.6所示。碗扣式钢管脚手架使用安全管理如下。

① 作业层上的施工荷载应符合设计要求，不得超载，不得在脚手架上集中堆放模板、

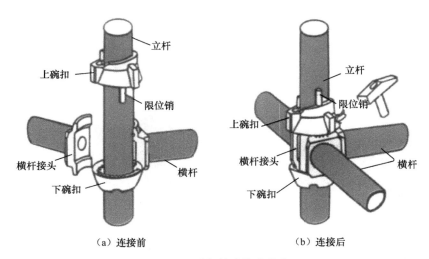

图 10.6 碗扣接头构造示意

钢筋等物料。

② 混凝土输送管、布料杆及塔架拉结缆风绳不得固定在脚手架上。

③ 大模板不得直接堆放在脚手架上。

④ 遇六级及以上大风、雨雪、大雾天气时,应停止脚手架的搭设与拆除作业。

⑤ 脚手架使用期间,严禁擅自拆除架体结构杆件,如需拆除必须报请技术主管同意,确定补救措施后方可实施。

⑥ 严禁在脚手架基础及邻近处进行挖掘作业。

⑦ 脚手架应与架空输电线路保持安全距离,工地临时用电线路架设及脚手架接地防雷措施等应按现行行业标准《施工现场临时用电安全技术规范》(JGJ 46—2005)的有关规定执行。

⑧ 使用后的脚手架构(配)件应清除表面黏结的灰渣,校正杆件变形,表面做防锈处理后待用。

10.1.2 钢挂梯安全技术

钢桩吊装松钩时,施工人员宜通过钢挂梯登高,并应采用防坠器进行人身防护。钢挂梯应预先与钢桩可靠连接,并应随柱起吊。钢柱登高挂梯构造如图 10.7 所示。

① 攀登用具的结构构造上必须牢固可靠。供人上下的踏板其使用荷载不应大于 $1100N/m^2$。当梯面上有特殊作业,重力超过上述荷载时,应按实际情况加以验算。

② 移动式梯子均应按现行的国家标准验收其质量。

③ 梯脚底部应坚实,不得垫高使用。梯子的上端应有固定措施。立梯工作角度以 $75°±5°$ 为宜,踏板上下间距以 30cm 为宜,不得有缺档。

④ 梯子如需接长使用,必须有可靠的连接措施,且接头不得超过 1 处。连接后梯梁的强度不应低于单梯梯梁的强度。

⑤ 折梯使用时上部夹角以 $35°\sim45°$ 为宜,铰链必须牢固,并应有可靠的拉撑措施。

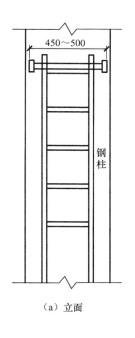
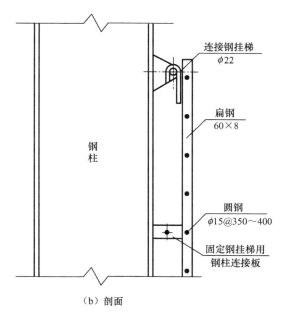

(a) 立面　　　　　　　　(b) 剖面

图 10.7　钢柱登高挂梯

⑥ 固定式直爬梯应用金属材料制成。梯宽不应大于 50cm，支撑应采用不小于∟70×6 角钢，埋设与焊接均必须牢固。梯子顶端的踏棍应与攀登的顶面齐平，并加设 1~1.5m 高的扶手。

⑦ 使用直爬梯进行攀登作业时，攀登高度以 5m 为宜。超过 2m 时，宜加设护笼；超过 8m 时，必须设置梯间平台。

⑧ 作业人员应从规定的通道上下，不得在阳台之间等非规定通道进行攀登，也不得任意利用吊车臂架等施工设备进行攀登。上下梯子时，必须面向梯子，且不得手持器物。

10.2　钢筋连接及安全技术

10.2.1　钢筋连接方法

钢筋的连接主要有绑扎搭接、机械连接、焊接等方式。接头应尽量设置在受力较小处，应避开结构受力较大的关键部位。抗震设计时避开梁端、柱端箍筋加密范围，如必须在该区域连接，则应采用机械连接或焊接。在同一跨度或同一层高内的同一受力钢筋上宜少设连接接头，不宜设置 2 个或 2 个以上接头。

1. 绑扎搭接

绑扎搭接连接指两根钢筋相互有一定的重叠长度，用扎丝绑扎的连接方法，适用于较小直径的钢筋连接。其一般用于混凝土内的加强筋网，经纬均匀排列，不用焊接，只需铁丝固定。

【钢筋螺纹套筒连接】

2. 机械连接

机械连接是近年来发展起来的一种钢筋连接方式,通过连贯于两根钢筋之间的套筒来实现钢筋的传力,是间接传力的一种形式。钢筋与套筒之间的传力可通过挤压变形的咬合、螺纹之间的楔合、灌注高强胶凝材料的胶合等形式实现,具有接头强度高于钢筋母材、速度快的优点。

3. 焊接

焊接(图10.8)是受力钢筋之间通过熔融金属直接传力。若焊接质量可靠,则不存在强度、刚度、恢复性能、破坏性能等方面的缺陷,是十分理想的连接方式。常用的焊接方法包括电阻电焊、闪光对焊、电渣压力焊、气压焊、电弧焊,使用中应注意以下方面。

图 10.8　焊接实例

(1) 电阻电焊

用于钢筋焊接骨架和钢筋焊接网。焊接骨架较小钢筋直径不大于10mm时,大、小钢筋直径之比不宜大于3;较小直径为12~16mm时,大、小钢筋直径之比不宜大于2。焊接网较小钢筋直径不得小于较大直径的60%。

(2) 闪光对焊

钢筋直径较小的400级以下钢筋可采用"连续闪光对焊";钢筋直径较大、端面较平整时,宜采用"预热闪光对焊";钢筋直径较大、端面不平整时,应采用"闪光-预热闪光对焊"。连续闪光对焊所能焊接的钢筋直径上限应根据焊接容量、钢筋牌号等具体情况而定,具体要求见《钢筋焊接及验收规程》(JGJ 18—2012)。不同直径钢筋焊接时径差不得超过4mm。

(3) 电渣压力焊

电渣压力焊仅用于柱、墙等构件中竖向或斜向(倾斜度不大于10°)钢筋。不同直径钢筋焊接时径差不得超过7mm。

【钢筋气压焊】

(4) 气压焊

气压焊可用于钢筋在垂直位置、水平位置或倾斜位置的对接焊接。不同直径钢筋焊接时径差不得超过7mm。

(5) 电弧焊

电弧焊包括帮条焊、搭接焊、坡口焊、窄间隙焊和熔槽帮条焊。帮条焊、熔槽帮条焊使用时应注意钢筋间隙的要求。窄间隙焊用于直径不小于16mm钢筋的现场水平连接；熔槽帮条焊用于直径不小于20mm钢筋的现场安装焊接。

4. 钢筋接头方式的选择

① 钢筋接头应优先采用焊接接头或机械连接接头，对于轴心受拉构件、小偏心受拉构件和承受振动的构件，纵向受力钢筋接头不应采用绑扎接头；双面配置受力钢筋的焊接骨架，不应采用绑扎接头；受拉钢筋直径大于28mm或受压钢筋直径大于32mm时，不宜采用绑扎接头。

② 加工厂加工钢筋接头应采用闪光对焊。不能进行闪光对焊时，宜采用电弧焊和机械连接。

③ 现场施工可采用绑扎搭接、手工电弧焊、气压焊和机械连接等。现场竖向或斜向（倾斜度在1:0.5范围内）钢筋的焊接，宜采用接触电渣焊。

④ 直径大于28mm的热轧钢筋接头，可采用熔槽焊、窄间隙焊或帮条焊连接。直径小于或等于28mm的热轧钢筋接头，可采用手工电弧搭接焊和闪光对焊焊接。

⑤ 直径16～40mm的Ⅱ级、Ⅲ级钢筋接头，可采用机械连接。采用直纹连接时，相连两钢筋的螺纹旋入套筒的长度应相等。

⑥ 钢筋的交叉连接宜采用接触点焊，不宜采用手工电弧焊。

5. 钢筋接头的一般要求

钢筋接头应分散布置，并应遵守下列规定。

① 配置在同一截面内的下述受力钢筋，其接头的截面面积占受力钢筋总截面面积的百分率应满足下列要求。

A. 闪光对焊、熔槽焊、接触电渣焊、窄间隙焊、气压焊接头在受弯构件的受拉区不超过50%，受压区不受限制。

B. 绑扎接头，在构件的受拉区不超过25%，在受压区不超过50%。

C. 机械连接接头，其接头分布应按设计文件规定执行，没有要求时，在受拉区不宜超过50%；在受压区或装配式构件中钢筋受力较小部位，Ⅰ级接头不受限制。

② 若两根相邻的钢筋接头中距小于500mm，或两绑扎接头的中距在绑扎搭接长度以内，均作为同一截面处理。

③ 施工中分辨不清受拉区或受压区时，其接头的分布可按受拉区处理。

④ 焊接与绑扎接头距钢筋弯起点不小于10d（d为钢筋直径），也不应位于最大弯矩处。

10.2.2　钢筋连接安全技术

1. 焊缝连接安全技术

① 电焊机外壳必须接地良好，其电源的装拆应由电工进行。

② 电焊机要设单独的开关。开关应放在防雨的闸箱内，拉合时应戴手套侧向操作。

③ 焊钳与把线必须绝缘良好，连接牢固。更换焊条应戴手套。在潮湿的地点工作，

应站在绝缘胶板或木板上。

④ 严禁在带压力的容器或管道上施焊，焊接带电的设备必须先切断电源。

⑤ 焊接储存过易燃、易爆、有毒物品的容器或管道，必须清除干净，并将所有孔口打开。

⑥ 在密闭金属容器内施焊时，容器必须可靠接地，通风良好，并应有人监护。严禁向容器内输入氧气。

⑦ 焊接预热工件时，应有石棉布或挡板等隔热措施。

⑧ 把线、地线禁止与钢丝绳接触，更不能用钢丝绳或机电设备代替零线。所有地线接头必须连接牢固。

⑨ 更换场地转动把线时，应切断电源，并不得手持把线爬梯登高。

⑩ 清除焊渣、采用电弧气刨清根时，应戴防护眼镜或面罩，防止铁渣飞溅伤人。

⑪ 多台焊机在一起集中施焊时，焊接平台或焊件必须接地，并应有隔光板。

⑫ 钍钨极要放置在密闭铅盒内，磨削钍钨极时，必须戴手套、口罩，并将粉尘及时排除。

⑬ 二氧化碳气体预热器的上壳应绝缘，端电压不应大于 36V。

⑭ 雷雨天气，应停止露天焊接作业。

⑮ 施焊场地周围应清除易燃、易爆物品，或进行覆盖、隔离。

⑯ 必须在易燃、易爆气体或液体扩散区施焊时，应经有关部门检试许可后方可施焊。

⑰ 工作结束，应切断电焊机电源并检查操作地点，确认无起火危险后方可离开。

2. 螺栓连接安全技术

① 作业人员进入施工现场必须戴安全帽，高空作业必须系安全带、穿防滑鞋。

② 高空操作人员使用的工具及安装用的零（部）件，应放入随身携带的工具袋内，不可随便向上下丢抛。手动工具如棘轮扳手、梅花扳手等应用小绳拴在施工人员的手腕上，拧下来的扭剪型螺栓梅花卡头应随手放入专用的收集袋内。

③ 地面操作人员应尽量避免在高空作业的下方停留或通过，防止高空坠物伤人。

④ 构件摆放及拼装必须卡牢。移动、翻身时，撬杠支点要垫稳；滚动或滑动时，前方不得站人。

⑤ 使用活扳手，扳口尺寸应与螺母尺寸相符，不应在手柄上加套管。高空操作应使用死扳手，如使用活扳手应用绳子拴牢。

⑥ 构件安装时，摩擦面应干燥，没有结霜、积霜、积雪，不得在雨中作业。

⑦ 安装高强度螺栓前，必须做好接头摩擦面清理，不允许有毛刺、铁屑、油污和焊接飞溅物。

⑧ 使用风动或其他噪声较大的工具、机具进行施工时，要尽量避免夜间施工，以免噪声扰民。

⑨ 高强度螺栓施工机具的接电口应有防雨、防漏电的保护措施。

⑩ 拧下来的扭剪型高强度螺栓梅花卡头要集中堆放，统一处理。

10.2.3 钢筋加工安全技术

钢筋作为混凝土的骨架构成钢筋混凝土，成为建筑结构中使用面广、量大的主材。在浇筑混凝土前，钢筋必须制成一定规格和形式的骨架纳入模板中。制作钢筋骨架，需要对钢筋进行强化、拉伸、调直、切断、弯曲、连接等加工，最后才能捆扎成形，加工时，要遵守以下安全技术规定。图10.9所示为钢筋加工机械及现场。

图 10.9　钢筋加工机械及现场

① 一切材料、构件的堆放必须平整稳固，应放在不妨碍交通和吊装安全的地方，边角余料应及时清除。

② 机械和工作台等设备的布置应便于安全操作，通道宽度不得小于1m。

③ 一切机械、砂轮电动工具、电气焊等设备都必须设有安全防护装置。

④ 对电气设备和电动工具，必须保证绝缘良好，露天电气开关要设防雨箱并加锁。

⑤ 凡是受力构件用电焊点固后，在焊接时不准在点焊处起弧，以防熔化塌落。

⑥ 焊接、切割锰钢、合金钢、有色金属部件时，应采取防毒措施。接触焊件，必要时应用橡胶绝缘板或干燥木板隔离，并隔离容器内的照明灯具。

⑦ 焊接、切割、气刨前，应清除现场的易燃、易爆物品。离开操作现场前，应切断电源，锁好闸箱。

⑧ 在现场进行射线探伤时，周围应设警戒区，并挂"危险"标志牌，现场操作人员应背离射线10m以外。在30°投射角范围内，一切人员要远离50m以上。

⑨ 构件就位时应用撬棍拨正，不得用手扳或在不稳固的构件上操作。严禁在构件下方操作。

⑩ 用撬棍拨正物件时，必须手压撬棍，严禁骑在撬棍上，不得将撬棍放在肋下，以免回弹伤人。在高空使用撬棍不能向下使劲过猛。

⑪ 用尖头板子拨正配合螺栓孔时，必须插入一定深度方能撬动构件。发现螺栓孔不符合要求时，不得用手指塞入检查。

⑫ 保证电气设备绝缘良好。在使用电气设备时，首先应该检查是否有保护接地，接好保护接地后再进行操作。另外，电线的外皮、电焊钳的手柄，以及一些电动工具都要保证有良好的绝缘。

⑬ 带电体与地面、带电体之间，带电体与其他设备和设施之间，均需要保持一定的安全距离。例如，常用的开关设备的安装高度应为1.3～1.5m；起重吊装的索具、重物等与导线的距离不得小于1.5m（电压在4kV及其以下）。

⑭ 工地或车间的用电设备，一定要按要求设置熔断器、断路器、漏电开关等器件。如果熔断器的熔丝熔断，必须查明原因，由电工更换，不得随意加大熔丝断面或用铜丝代替。

⑮ 手持电动工具，必须加装漏电开关，在金属容器内施工必须采用安全低电压。

⑯ 推拉闸刀开关时，一般应戴好干燥的皮手套，头部要偏斜，以防推拉开关时火花灼伤。

⑰ 应用电气设备时，操作人员必须穿胶底鞋和戴胶皮手套，以防触电。

⑱ 工作中，当有人触电时，不要赤手接触触电者，应该迅速切断电源，然后立即组织抢救，如图 10.10 所示。

图 10.10 触电处理方式

10.3 钢结构涂装施工安全技术

10.3.1 涂装施工安全技术要求

【钢结构喷涂施工】

① 配制使用乙醇、苯、丙酮等易燃材料的施工现场，应严禁烟火和使用电炉等明火设备，并应配备消防器材。

② 配制硫酸溶液时，应将硫酸注入水中，严禁将水注入硫酸中；配制硫酸乙酯时，应将硫酸慢慢注入酒精中，并充分搅拌，温度不得超过 60℃，以防酸波飞溅伤人。

③ 防腐涂料的溶剂常易挥发出易燃、易爆的蒸气，当达到一定浓度后，遇火易引起燃烧或爆炸，施工时应加强通风降低积聚浓度。

④ 涂料施工的安全措施主要要求为，涂漆施工场地要有良好的通风，如在通风条件不好的环境涂漆时，必须安装通风设备。

⑤ 因操作不小心，涂料溅到皮肤上时，可用木屑加肥皂水擦洗；最好不用汽油或强溶剂擦洗，以免引起皮肤发炎。

⑥ 使用机械除锈工具（如钢丝刷、粗锉，风动或电动除锈工具）清除锈层、工业粉尘、旧漆膜时，为避免眼睛被沾污受伤，要戴上防护眼镜，并戴上防尘口罩，以防呼吸道被感染。

⑦ 在涂装对人体有害的漆料（如红丹的铅中毒、天然大漆的漆毒、挥发型漆的溶剂中毒等）时，需要戴上防毒口罩、封闭式眼罩等保护用品。

⑧ 在喷涂硝基漆或其他挥发性、易燃性较大的涂料时，严禁使用明火，严格遵守防火规则，以免失火或引起爆炸。

⑨ 高空作业时要系安全带，双层作业时要戴安全帽，要仔细检查跳板、脚手杆子、吊篮、云梯、绳索、安全网等施工用具有无损坏、捆扎是否牢固，有无腐蚀或搭接不良等隐患；每次使用前均应在平地上做起重试验，以防造成事故，如图 10.11 所示。

⑩ 施工场所的电线要按防爆等级的规定安装，电动机的启动装置与配电设备应该是防爆式的，要防止漆雾飞溅在照明灯泡上。

⑪ 不允许将盛装涂料、溶剂或用剩的漆罐开口放置，浸染涂料或溶剂的破布及废棉纱等物必须及时清除，涂料环境或配料房要保持清洁、出入通畅。

⑫ 操作人员涂漆施工时，如感觉头痛、心悸或恶心，应立即离开施工现场，到通风良好、空气新鲜的地方，如仍然感到不适，应速去医院检查治疗。

图 10.11　潮白河大桥涂装工程

10.3.2　涂装施工与防火、防爆

涂料（指有机涂料）的溶剂和稀释剂都属易燃品，具有很强的易燃性。这些物品在涂装施工过程中形成漆雾和有机溶剂蒸气，它们与空气混合积聚到一定浓度时，一旦接触到明火，很容易引起火灾或爆炸。常用溶剂的爆炸界限如表 10.1 所示。

表 10.1　常用溶剂的爆炸界限

常用溶剂	爆炸下限		爆炸上限	
	容量/%	/(g/m³)	容量/%	/(g/m³)
苯	1.5	48.7	9.5	308
甲苯	1.0	38.2	7.0	264
二甲苯	3.0	130.0	7.6	330
松节油	0.8	—	44.5	—
漆用汽油	1.4	—	6.0	—
甲醇	3.5	46.5	36.5	478
乙醇	2.6	49.5	18.0	338

续表

常用溶剂	爆炸下限		爆炸上限	
	容量/%	/(g/m³)	容量/%	/(g/m³)
正丁醇	1.68	51.0	10.2	309
丙酮	2.5	60.5	9.0	218
环己酮	1.1	44.0	9.0	—
乙醚	1.85	—	36.5	—
醇酸乙酯	2.18	80.4	11.4	410
乙酸丁酯	1.70	80.6	15.0	712

涂装现场必须采取防火、防爆措施，具体应做到以下几点。
① 施工现场不允许堆放易燃、易爆物品，并应远离易燃、易爆物品仓库。
② 施工现场严禁烟火。
③ 施工现场必须有消防器材和消防水源。
④ 擦拭过溶剂的棉纱、破布等应存在带盖铁桶内并定期处理。
⑤ 严禁向下水道或随地倾倒涂料和溶剂。
⑥ 涂料配制时应注意先后次序，并应加强通风降低积聚浓度。
⑦ 涂装过程中避免产生静电、摩擦、电气等易引起爆炸的火花。

10.3.3 涂装施工与防尘、防毒

涂料中大部分溶剂和稀释剂都是有毒物品，再加上粉状填料，工人长时间吸入体内对人体的中枢神经系统、造血器官和呼吸系统会造成损害。为了防止中毒，应做到以下几点。
① 严格限制挥发性有机溶剂蒸气和粉尘在空气中的浓度。
② 施工现场应有良好的通风。
③ 施工人员应戴防毒口罩或防毒面具。
④ 施工人员应避免与溶剂接触，操作时穿工作服、戴手套和防护眼镜等。
⑤ 因操作不当，涂料溅到皮肤上应立刻擦洗。
⑥ 操作人员施工时如发现不适，应立刻离开施工现场或去医院检查治疗。

10.4 环境保护措施

环境保护是我国的一项基本国策。在建筑工程施工过程中，由于使用的设备大型化、复杂化，往往会给环境造成一定的影响和破坏，特别是大中城市，由于施工对环境造成影响而产生的矛盾尤其突出。为了保护环境，防止环境污染，按照相关法规规定，建设单位与施工单位在施工过程中都要保护施工现场周围的环境，防止对自然环境的破坏，防止和减轻粉尘、噪声、振动对周围居住区的污染和危害。

10.4.1 施工期间卫生管理

1. 施工区卫生管理

(1) 环境卫生管理责任区

为创造舒适的工作环境，养成良好的文明施工作风，保证职工身体健康，施工区域和生活区域应有明确划分，把施工区和生活区分成若干片，分片包干，建立责任区，从道路交通、消防器材、材料堆放到垃圾、厕所、厨房、宿舍、火炉等都有专人负责，做到责任落实到人（名单上墙），使文明施工、环境卫生工作保持经常化、制度化。

(2) 环境卫生管理措施

① 施工现场要天天打扫，保持整洁，场地平整，各类物品堆放整齐，道路平坦畅通，无堆放物、无散落物，做到无积水、无垃圾，有排水措施。生活垃圾与建筑垃圾要分别定点堆放，严禁混放，并应及时清运，如图10.12所示。

图 10.12 环境卫生违规实例

② 施工现场严禁大小便，发现有随地大小便现象要对责任区负责人进行惩罚。施工区、生活区有明确划分，设置标志牌，标志牌上注明责任人姓名和管理范围。

③ 卫生区的平面图应按比例绘制，并注明责任区编号和负责人姓名。

④ 施工现场零散材料和垃圾要及时清理，垃圾临时存放不得超过3天，如违反本条规定，要处罚工地责任人。

⑤ 办公室内做到天天打扫，保持整洁卫生，做到窗明地净，文具摆放整齐，达不到要求时对当天卫生值班员进行罚款。

⑥ 职工宿舍铺上、铺下做到整洁有序，室内和宿舍四周保持干净，污水、污物和生活垃圾集中堆放，及时外运，发现不符合此要求时处罚当天卫生值班员。冬季办公室和职工宿舍取暖炉必须有验收手续，合格后方可使用。

⑦ 楼内清理出的垃圾要用容器或小拖车，用塔式起重机或提升设备运下，严禁高空抛撒。

⑧ 施工现场的厕所做到有顶、门窗齐全并有纱，坚持天天打扫，每周撒白灰或打药 1 或 2 次，消灭蝇蛆，便坑须加盖。

⑨ 为了保证广大职工身体健康，施工现场必须设置保温桶（冬季）和备有开水（水杯自备），公用杯子必须采取消毒措施，茶水桶有盖并加锁。

⑩ 施工现场的卫生要定期进行检查，发现问题限期改正。

2. 生活区卫生管理

(1) 宿舍卫生管理

① 职工宿舍要有卫生管理制度，实行室长负责制，规定一周内卫生值日名单并张贴上墙，要做到天天有人打扫，保持室内窗明地净、通风良好，如图 10.13 所示。

② 宿舍各类物品应堆放整齐，床下整洁干净、无杂物，做到整齐美观。

③ 宿舍内保持清洁卫生，清扫出的垃圾要倒在规定的垃圾堆放处，并及时清理。

④ 生活废水应有污水池，二楼以上也要有水源及水池，做到卫生区内无污水、污物，废水不得乱倒乱流。

⑤ 夏季宿舍内应有防暑灭蚊措施，冬季采暖和防煤气中毒设施齐全、有效，建立验收合格制度，经验收合格发证后方准使用。

图 10.13　生活区卫生管理实例

(2) 办公室卫生管理

① 办公室的卫生由办公室全体人员轮流值班，负责打扫，排出值班表。

② 值班人员负责打扫卫生、打水，做好来访记录，整理文具。文具应摆放整齐，做到窗明地净，无蝇、无鼠。

③ 冬季负责取暖炉的看火，落地炉灰及时清扫，炉灰按指定地点堆放，定期清理外运，防止发生火灾。

④ 未经许可一律禁止使用电炉及其他电加热器具。

(3) 食堂卫生管理

为加强建筑工地食堂管理，保证食品卫生安全，确保工地食堂食品安全，保障现场工作人员的身体健康，各单位要加强对食堂的整理、整顿。根据《中华人民共和国食品安全法》规定，依照食堂规模的大小、入伙人数的多少，应当有相应的食品原料处理、加工、储存等场所及必要的上下水等卫生设施。要做到防尘、防蝇，与污染源（污水沟、厕所、垃圾箱等）应保持 30m 以上的距离。食堂内外每天做到清洗打扫，并保持内外环境整洁。

① 食品卫生管理。

a. 采购原料食品，要保证新鲜卫生；不得购买未经有关部门检验的肉类、病死、毒死或死因不明的畜禽、水产品及有异味、腐烂、发霉、生虫的原料；各种食品、调料要符合卫生要求，防止过期变质；存放食品、原料要做到离地、离墙，干湿物品不得同室存放。

b. 食品要做到生、熟分开，以确保食品味美纯正。

c. 操作时要分台、分池操作，以免交叉污染；蔬菜类要按"一拣、二洗、三切、四浸泡"的顺序操作。

d. 处理过的原料应及时加工烹调，烹调时要煮熟，以保证食用安全，防止中毒。

e. 加工好的熟食品要妥善保管，如存放时间超过 1h，要重新回炉加热处理后才能食用。

f. 生、熟食品要分冰箱存放，以防熟制食品受到污染。

② 炊管人员卫生管理。

a. 员工须持卫生防疫站开具健康证方可上岗，并定期接受体检。

b. 员工须接受卫生培训，保持个人卫生，养成良好的卫生习惯，做到勤洗手、勤剪指甲、勤洗澡、勤洗衣服、勤洗被褥、勤换工作服，使自己保持良好的工作风貌。

c. 在工作范围内不得随地吐痰、吸烟、留长指甲、涂口红等，工作时间严禁谈笑打闹、不得在厨房内洗涤衣物。

d. 保持良好的卫生操作习惯，上班时穿好工作服，戴好标识牌、工帽、口罩，不得对着食品咳嗽、打喷嚏及其他不卫生动作，不允许用勺直接尝味。

e. 员工有感冒等疾病时须休假，以免造成食物感染。

③ 集体食堂卫生管理。

a. 食堂应取得相关部门颁发的许可证，并应悬挂在制作间醒目位置。

b. 食堂应设置在远离厕所、垃圾站、有毒有害场所等有污染源的地方。

c. 食堂应设置隔油池，并应定期清理。

d. 食堂应设置独立的制作间、储藏间，门扇下方应设不低于 0.2m 的防鼠挡板。制作间灶台及周边应采取宜清洁、耐擦洗措施，墙面处理高度大于 1.5m，地面应做硬化和防滑处理，并保持墙面、地面整洁。

e. 食堂应配备必要的排风和冷藏设施，宜设置通风天窗和油烟净化装置，油烟净化装置应定期清理。

f. 食堂宜使用电炊具。使用燃气的食堂，燃气罐应单独设置存放间并应加装燃气报警装置，存放间应通风良好并严禁存放其他物品。供气单位资质应齐全，气源应有可追溯性。

g. 食堂制作间的炊具宜存放在封闭的橱柜内，刀、盆、案板等炊具应生、熟分开。

h. 食堂制作间、锅炉房、可燃材料库房及易燃、易爆危险品库房等应采用单层建筑，应与宿舍和办公用房分别设置，并应按相关规定保持安全距离。临时用房内设置的食堂、库房和会议室应设在首层。

i. 食堂的炊具、餐具和公共饮水器具应及时清洗、定期消毒。

j. 对集体食堂应做经常性食品卫生检查工作，各单位要根据《中华人民共和国食品安全法》《建筑现场环境与卫生标准》（JGJ 146—2013）及本地颁布的有关建筑工地食堂卫生管理标准和要求进行管理检查。

④ 职工饮水卫生管理。

施工现场供应开水，饮水器就要卫生。夏季要确保施工现场的凉开水或清凉饮料供应，暑伏天可增加绿豆汤，防止中暑脱水现象出现。

3. 厕所卫生管理

① 施工现场应按规定设置水冲式或移动式厕所，厕所地面应硬化，门窗应齐全并通风良好。厕位宜设置门及隔板，高度不应小于 0.9m。

② 厕所面积应根据施工人员数量设置。厕所应设专人负责，定期清扫、消毒，化粪池应及时清掏。高层建筑施工超过 8 层时，宜每隔 4 层设置临时厕所。

③ 淋浴间内应设置满足需要的淋浴喷头，并应设置储衣柜或挂衣架。

④ 施工现场应设置满足施工人员使用的盥洗设施。盥洗设施的下水管口应设置过滤网，并应与市政污水管线连接，排水应畅通。

10.4.2 施工期间污染控制

国家关于保护和改善环境、防治污染的法律、法规主要有《中华人民共和国环境保护法》《中华人民共和国环境噪声污染防治法》《中华人民共和国大气污染防治法》等，施工单位在施工时应当自觉遵守。

1. 防治噪声污染

噪声是指发声体做无规则振动时发出的声音。声音由物体的振动产生，以波的形式在一定的介质（如固体、液体、气体）中进行传播。通常所说的噪声污染是人为造成的。凡是干扰人们休息、学习和工作，以及对他人所要听的声音产生干扰的声音，即不需要的声音，统称为噪声。当噪声对人及周围环境造成不良影响时，就形成噪声污染。施工过程中防治噪声污染的主要方法如下。

① 施工现场应按照国家标准《建筑施工场界环境噪声排放标准》（GB 12523—2011）制定降噪措施，并应对施工现场的噪声值进行监测和记录。

② 对因生产工艺要求或其他特殊需要，确需在 22：00 至次日 6：00 期间进行强噪声施工的，施工前建设单位和施工单位应到有关部门提出申请，经批准后方可进行夜间施工，并公告附近居民。

③ 施工现场的强噪声设备宜设置在远离居民区的一侧。

④ 夜间运输材料的车辆进入施工现场严禁鸣笛，装卸材料应轻拿轻放。

⑤ 对产生噪声和振动的施工机械、机具的使用，应当采取消声、吸声、隔声等有效控制和降低噪声的措施。

【工地扬尘污染】

2. 防治大气污染

大气污染，又称为空气污染，是指由于人类活动或自然过程引起某些物质进入大气中，呈现出足够的浓度，达到足够的时间，并因此危害人体的舒适、健康和环境，以至于破坏生态系统和人类正常生存与发展的条件,对人或物造成危害的现象。施工过程中,防治大气污染的主要方式如下。

① 施工现场宜采取措施硬化,其中主要道路、料场、生活办公区域必须进行硬化处理,土方应集中堆放。裸露的场地和集中堆放的土方应采取覆盖、固化或绿化等措施。

【工地加装防尘网 有效抑制扬尘】

② 使用密目式安全网对在建建筑物、构筑物进行封闭,防止施工过程扬尘;拆除旧有建筑物时,应采取隔离、洒水等措施防止扬尘,并应在规定期限内将废弃物清理完毕;不得在施工现场熔融沥青,严禁在施工现场焚烧含有毒、有害化学成分的装饰废料、油毡、油漆、垃圾等各类废弃物。

③ 从事土方、渣土和施工垃圾运输应采用密闭式运输车辆或采取覆盖措施。施工现场出入口处应采取保证车辆清洁的措施。

④ 施工现场应根据风力和大气湿度的具体情况进行土方回填、转运作业。

⑤ 水泥和其他易飞扬的细颗粒建筑材料应密闭存放,砂石等散料应采取覆盖措施。

⑥ 施工现场混凝土搅拌所应采取封闭、降尘措施。

⑦ 建筑物内施工垃圾的清运应采用专用封闭式容器吊运或传送,严禁凌空抛撒。

⑧ 施工现场应设置密闭式垃圾站,施工垃圾、生活垃圾应分类存放,并及时清运出场。

⑨ 城区、旅游景点、疗养区、重点文物保护地及人口密集区的施工现场应使用清洁能源。

⑩ 施工现场的机械设备、车辆尾气排放应符合国家环保排放标准要求。

当环境空气质量指数达到中度及以上污染时,施工现场应增加洒水频次,加强覆盖措施,减少易造成大气污染的施工作业,如图 10.14 所示。

图 10.14 施工现场及出入口处应采取保证车辆清洁的措施

3. 防治水污染

丧失了原来使用功能的水简称为污水。水污染是指由于水中掺入新的物质或者因为外界条件的变化,导致水变质不能继续保持原来的使用功能,使用价值降低或丧失。施工过程中防治水污染的主要方法如下。

① 施工现场应设置排水沟及沉淀池,现场废水不得直接排入市政污水管网和河流。

② 现场存放的油料、化学溶剂等应设有专门的库房，地面应进行防渗漏处理。

③ 食堂应设置隔油池，并应及时清理。

④ 厕所的化粪池应进行抗渗处理。

⑤ 食堂、盥洗室、淋浴间的下水管线应设置隔离网，并应与市政污水管线相连接，保证排水通畅。

4. 防治施工照明污染

照明污染是指爆光对环境产生的污染。广义的光污染包括一些可能对人的视觉环境和身体健康产生不良影响的事物，工程中主要涉及照明污染，其防治的主要措施如下。

① 根据施工现场情况照明要求选用合理的灯具，减少不必要的浪费。

② 建筑工程应尽量多采用高品质、遮光性能好的荧光灯。工作频率在 20kHz 以上的荧光灯，闪烁度大幅下降，可改善视觉环境，有利于人体健康。应较少采用黑光灯、激光灯、探照灯、空中玫瑰灯等不利光源。

③ 施工现场应采取遮蔽措施，限制电焊炫光、夜间施工照明光、具有强反光性建筑材料的反射光等污染光源外泄，使夜间照明只照射施工区域而不影响周围居民休息。

④ 施工现场大型照明灯应采用俯视角度，不应将直射光线射入空中。利用挡光板、遮光板或利用减光方法将投光灯产生的溢散光和干扰光降到最低限度。

⑤ 加强个人防护措施，对紫外线和红外线等看不见的辐射源必须采取必要的防护措施，如电焊工要佩戴防护镜和防护面罩。

本章小结

本章主要讲述登高安全技术、钢筋连接及安全技术、钢结构涂装施工安全技术、环境保护措施四部分。登高安全技术主要介绍扣件式和碗扣式钢管脚手架的构造、搭设、拆除的安全技术要求，钢挂梯的构造及使用安全技术；钢筋连接及安全技术主要介绍绑扎搭接、机械连接、焊接的概念及适用条件，钢筋焊接、螺栓连接、钢筋加工的安全技术要求；钢结构涂装施工安全技术主要介绍常用溶剂的爆炸界限，涂装施工防火、防爆、防尘与防毒措施；环境保护措施主要介绍施工区、生活区、办公区卫生管理措施，食堂、厕所卫生管理要求，施工期间噪声污染、大气污染、水污染、照明污染防治措施。

一、单项选择题

1. 距离坠落高度基准面（　　），称为高处作业。

A. 2m　　　　B. 2.5m　　　　C. 5m　　　　D. 3m

2. 遇（　　）及以上大风、雨雪、大雾天气时，应停止脚手架的搭设与拆除作业。
A. 五级　　　　B. 六级　　　　C. 七级　　　　D. 八级

3. 施工现场所有的开关箱必须安装（　　）装置。
A. 防雷　　　　B. 接地保护　　C. 熔断器　　　D. 漏电保护

4. 关于模板安装施工的做法，不正确的是（　　）。
A. 遇到六级大风，停止模板安装作业
B. 高耸结构的模板作业设有避雷措施
C. 操作架子上长期堆放大量模板
D. 高压电线旁进行模板施工时，按规定采取隔离防护措施

5. 关于建筑施工现场安全文明施工的说法，正确的是（　　）
A. 场地四周围挡应连续设置
B. 现场组出入口可以不设置保安值班室
C. 高层建筑消防水源可与生产水源共用管线
D. 在建工程审批后可以住人

6. 下列时间段中，全过程不属于夜间施工的时间段有（　　）。
A. 22：00～次日4：00　　　　B. 22：00～次日5：00
C. 19：00～21：00　　　　　　D. 23：00～次日6：00

7. 关于人工拆除作业的做法，正确的有（　　）。
A. 拆除后材料集中堆放在楼板上　　B. 梁、柱、板同时拆除
C. 直接拆除原用于可燃气体的管道　D. 逐层分段进行拆除

8. 对因生产工艺要求或其他特殊需要，确需在夜间进行强噪声施工的，下列做法正确的有（　　）。
A. 施工前到有关部门提出申请　　B. 施工中到有关部门提出申请
C. 施工完成后到有关部门进行核备　D. 不需要申请或核备

二、名词解释
1. 高处作业
2. 脚手架
3. 钢筋连接
4. 绑扎搭接
5. 机械连接
6. 大气污染
7. 噪声污染

三、简答题
1. 钢筋连接方式有哪些？
2. 钢筋接头的一般要求有哪些？
3. 安装高强度螺栓前，接头摩擦面应如何处理？
4. 涂装现场必须采取防火防爆措施有哪些？
5. 施工期间噪声污染的控制方式有哪些？
6. 施工期间大气污染的控制方式有哪些？

附 录

附表 1　钢材的设计强度指标　　　　　　　　　　　　　　单位：N/mm²

钢材牌号		钢材厚度或直径/mm	强度设计值			屈服强度 f_y	抗拉强度 f_u
			抗拉、抗压、抗弯 f	抗剪 f_v	端面承压（刨平顶紧）f_{ce}		
碳素结构钢	Q235	≤16	215	125	320	235	370
		>16,≤40	205	120		225	
		>40,≤100	200	115		215	
低合金高强度结构钢	Q345	≤16	305	175	400	345	470
		>16,≤40	295	170		335	
		>40,≤63	290	165		325	
		>63,≤80	280	160		315	
		>80,≤100	270	155		305	
	Q390	≤16	345	200	415	390	490
		>16,≤40	330	190		370	
		>40,≤63	310	180		350	
		>63,≤100	295	170		330	
	Q420	≤16	375	215	440	420	520
		>16,≤40	355	205		400	
		>40,≤63	320	185		380	
		>63,≤100	305	175		360	
	Q460	≤16	410	235	470	460	550
		>16,≤40	390	225		440	
		>40,≤63	355	205		420	
		>63,≤100	340	195		400	

注：1. 表中直径指实芯棒材直径，厚度系指计算点的钢材或钢管壁厚度，对轴心受控和轴心受压构件系指截面中较厚板件的厚度。
　　2. 冷弯型材和冷弯钢管，其强度设计值应按现行有关国家标准的规定采用。

附表 2　建筑结构钢板的设计用强度指标　　　　　　单位：N/mm²

建筑结构用钢板	钢材厚度或直径/mm	强度设计值			屈服强度 f_y	抗拉强度 f_u
		抗拉、抗压、抗弯 f	抗剪 f_v	端面承压(刨平顶紧) f_{ce}		
Q345GJ	>16, ≤50	325	190	415	345	490
	>50, ≤100	300	175		335	

附表 3　铸钢件的强度设计值　　　　　　单位：N/mm²

类　别	钢　号	铸件厚度/mm	抗拉、抗压和抗弯 f	抗剪 f_v	端面承压(刨平顶紧) f_{ce}
非焊接结构用铸钢件	ZG230-450	≤100	180	105	290
	ZG270-500		210	120	325
	ZG310-570		240	140	370
焊接结构用铸钢件	ZG230-450H	≤100	180	105	290
	ZG270-480H		210	120	310
	ZG300-500H		235	135	325
	ZG340-550H		265	150	355

注：表中强度设计值仅适用于本表规定的厚度。

附表 4　结构设计用无缝钢管的强度指标　　　　　　单位：N/mm²

钢管钢材牌号	壁厚/mm	强度设计值			屈服强度 f_y	抗拉强度 f_u
		抗拉、抗压、抗弯 f	抗剪 f_v	端面承压(刨平顶紧) f_{ce}		
Q235	≤16	215	125	320	235	375
	>16, ≤30	205	120		225	
	>30	195	115		215	
Q345	≤16	305	175	400	345	470
	>16, ≤30	290	170		325	
	>30	260	150		295	
Q390	≤16	345	200	415	390	490
	>16, ≤30	330	190		370	
	>30	310	180		350	
Q420	≤16	375	220	445	420	520
	>16, ≤30	355	205		400	
	>30	340	195		380	

单位：N/mm² （续表）

钢管钢材牌号	壁厚/mm	强度设计值			屈服强度 f_y	抗拉强度 f_u
		抗拉、抗压、抗弯 f	抗剪 f_v	端面承压(刨平顶紧) f_{ce}		
Q460	≤16	410	240	470	460	550
	>16, ≤30	390	225		440	
	>30	355	205		420	

附表5　钢材和铸钢件的物理性能指标

弹性模量 E/(N/mm²)	剪变模量 G/(N/mm²)	线膨胀系数 α(以每℃计)	质量密度 ρ/(kg/m³)
206×10³	79×10³	12×10⁻⁶	7850

附表6　焊缝的强度指标　　　　　单位：N/mm²

焊接方法和焊条型号	构件钢材		对接焊缝强度设计值				角焊缝强度设计值	对接焊缝抗拉强度 f_u^w	角焊缝抗拉、抗压和抗剪强度 f_u^f
	牌号	厚度或直径/mm	抗压 f_c^w	焊缝质量为下列等级时，抗拉 f_t^w		抗剪 f_v^w	抗拉、抗压和抗剪 f_f^w		
				一级、二级	三级				
自动焊、半自动焊和E43型焊条手工焊	Q235	≤16	215	215	185	125	160	415	240
		>16, ≤40	205	205	175	120			
		>40, ≤100	200	200	170	115			
自动焊、半自动焊和E50、E55型焊条手工焊	Q345	≤16	305	305	260	175	200 (E50) 220 (E55)	480 (E50) 540 (E55)	280 (E50) 315 (E55)
		>16, ≤40	295	295	250	170			
		>40, ≤63	290	290	245	195			
		>63, ≤80	280	280	240	160			
		>80, ≤100	270	270	230	155			
	Q390	≤16	345	345	295	200			
		>16, ≤40	330	330	280	190			
		>40, ≤63	310	310	265	180			
		>63, ≤100	295	295	250	170			
自动焊、半自动焊和E50、E60型焊条手工焊	Q420	≤16	375	375	320	215	220 (E55) 240 (E60)	540 (E55) 590 (E60)	315 (E55) 340 (E60)
		>16, ≤40	355	355	300	205			
		>40, ≤63	320	320	270	185			
		>63, ≤100	305	305	260	175			

单位：N/mm² （续表）

焊接方法和焊条型号	构件钢材		对接焊缝强度设计值				角焊缝强度设计值	对接焊缝抗拉强度 f_u^w	角焊缝抗拉、抗压和抗剪强度 f_u^f
	牌号	厚度或直径/mm	抗压 f_c^w	焊缝质量为下列等级时，抗拉 f_t^w		抗剪 f_v^w	抗拉、抗压和抗剪 f_f^w		
				一级、二级	三级				
自动焊、半自动焊和E50、E60型焊条手工焊	Q460	≤16	410	410	350	235	220（E55）240（E60）	540（E55）590（E60）	315（E55）340（E60）
		>16，≤40	390	390	330	225			
		>40，≤63	355	355	300	205			
		>63，≤100	340	340	290	195			
自动焊、半自动焊和E50、E55型焊条手工焊	Q345GJ	>16，≤35	310	310	265	180	200	480（E50）540（E55）	280（E50）315（E55）
		>35，≤50	290	290	245	170			
		>50，≤100	285	285	240	165			

注：表中厚度系指计算点的钢材厚度，对轴心受拉和轴心受压构件系指截面中较厚板件的厚度。

附表7　螺栓连接的强度指标　　　　　　　单位：N/mm²

螺栓的性能等级、锚栓和构件钢材的牌号		强度设计值									高强度螺栓的抗拉强度 f_u^b
		普通螺栓						锚栓	承压型连接或网架用高强度螺栓		
		C级螺栓			A级、B级螺栓						
		抗拉 f_t^b	抗剪 f_v^b	承压 f_c^b	抗拉 f_t^b	抗剪 f_v^b	承压 f_c^b	抗拉 f_t^a	抗拉 f_t^b	抗剪 f_v^b	承压 f_c^b	
普通螺栓	4.6级、4.8级	170	140	—	—	—	—	—	—	—	—	
	5.6级	—	—	—	210	190	—	—	—	—	—	
	8.8级	—	—	—	400	320	—	—	—	—	—	
锚栓	Q235	—	—	—	—	—	—	140	—	—	—	
	Q345	—	—	—	—	—	—	180	—	—	—	
	Q390	—	—	—	—	—	—	185	—	—	—	
承压型连接高强度螺栓	8.8级	—	—	—	—	—	—	—	400	250	—	860
	10.9级	—	—	—	—	—	—	—	500	310	—	1040

单位：N/mm² （续表）

螺栓的性能等级、锚栓和构件钢材的牌号		强度设计值									高强度螺栓的抗拉强度 f_u^b
		普通螺栓					锚栓	承压型连接或网架用高强度螺栓			
		C 级螺栓			A 级、B 级螺栓						
		抗拉 f_t^b	抗剪 f_v^b	承压 f_c^b	抗拉 f_t^b	抗剪 f_v^b	承压 f_c^b	抗拉 f_t^a	抗拉 f_t^b	抗剪 f_v^b	承压 f_c^b	
螺栓球节点用高强度螺栓	9.8 级	—	—	—	—	—	—	—	385	—	—	—
	10.9 级	—	—	—	—	—	—	—	430	—	—	—
构件钢材牌号	Q235	—	—	305	—	—	405	—	—	—	470	—
	Q345	—	—	385	—	—	510	—	—	—	590	—
	Q390	—	—	400	—	—	530	—	—	—	615	—
	Q420	—	—	425	—	—	560	—	—	—	655	—
	Q460	—	—	450	—	—	595	—	—	—	695	—
	Q345GJ	—	—	400	—	—	530	—	—	—	615	—

注：1. A 级螺栓用于 $d \leqslant 24$mm 和 $L \leqslant 10d$ 或 $L \leqslant 150$mm（按较小值）的螺栓；B 级螺栓用于 $d > 24$mm 和 $L > 10d$ 或 $L > 150$mm（按较小值）的螺栓；d 为公称直径，L 为螺栓公称长度。
2. A、B 级螺栓孔的精度和孔壁表面粗糙度，C 级螺栓孔的允许偏差和孔壁表面粗糙度，均应符合现行国家标准《钢结构工程施工质量验收标准》（GB 50205—2020）的要求。
3. 用于螺栓球节点网架的高强度螺栓，M12～M36 为 10.9 级，M39～M64 为 9.8 级。

附表 8 高强度螺栓连接的孔型尺寸匹配   单位：mm

螺栓公称直径			M12	M16	M20	M22	M24	M27	M30
孔型	标准孔	直径	13.5	17.5	22	24	26	30	33
	大圆孔	直径	16	20	24	28	30	35	38
	槽孔	短向	13.5	17.5	22	24	26	30	33
		长向	22	30	37	40	45	50	55

附表 9 类截面轴心受压构件的稳定系数 φ

λ/ε_k	0	1	2	3	4	5	6	7	8	9
0	1.000	1.000	1.000	1.000	0.999	0.999	0.998	0.998	0.997	0.996
10	0.995	0.994	0.993	0.992	0.991	0.989	0.988	0.986	0.985	0.983
20	0.981	0.979	0.977	0.976	0.974	0.972	0.970	0.968	0.966	0.964
30	0.963	0.961	0.959	0.957	0.954	0.952	0.950	0.948	0.946	0.944
40	0.941	0.939	0.937	0.934	0.932	0.929	0.927	0.924	0.921	0.918
50	0.916	0.913	0.910	0.907	0.903	0.900	0.897	0.893	0.890	0.886

续表

λ/ε_k	0	1	2	3	4	5	6	7	8	9
60	0.883	0.879	0.875	0.871	0.867	0.862	0.858	0.854	0.849	0.844
70	0.839	0.834	0.829	0.824	0.818	0.813	0.807	0.801	0.795	0.789
80	0.783	0.776	0.770	0.763	0.756	0.749	0.742	0.735	0.728	0.721
90	0.713	0.706	0.698	0.691	0.683	0.676	0.668	0.660	0.653	0.645
100	0.637	0.630	0.622	0.614	0.607	0.599	0.592	0.584	0.577	0.569
110	0.562	0.555	0.548	0.541	0.534	0.527	0.520	0.513	0.507	0.500
120	0.494	0.487	0.481	0.475	0.469	0.463	0.457	0.451	0.445	0.439
130	0.434	0.428	0.423	0.417	0.412	0.407	0.402	0.397	0.392	0.387
140	0.382	0.378	0.373	0.368	0.364	0.360	0.355	0.351	0.347	0.343
150	0.339	0.335	0.331	0.327	0.323	0.319	0.316	0.312	0.308	0.305
160	0.302	0.298	0.295	0.292	0.288	0.285	0.282	0.279	0.276	0.273
170	0.270	0.267	0.264	0.261	0.259	0.256	0.253	0.250	0.248	0.245
180	0.243	0.240	0.238	0.235	0.233	0.231	0.228	0.226	0.224	0.222
190	0.219	0.217	0.215	0.213	0.211	0.209	0.207	0.205	0.203	0.201
200	0.199	0.197	0.196	0.194	0.192	0.190	0.188	0.187	0.185	0.183
210	0.182	0.180	0.178	0.177	0.175	0.174	0.172	0.171	0.169	0.168
220	0.166	0.165	0.163	0.162	0.161	0.159	0.158	0.157	0.155	0.154
230	0.153	0.151	0.150	0.149	0.148	0.147	0.145	0.144	0.143	0.142
240	0.141	0.140	0.139	0.137	0.136	0.135	0.134	0.133	0.132	0.131

注：表中值系按本标准第 D.0.5 条中的公式计算而得。

附表 10　b 类截面轴心受压构件的稳定系数 φ

λ/ε_k	0	1	2	3	4	5	6	7	8	9
0	1.000	1.000	1.000	0.999	0.999	0.998	0.997	0.996	0.995	0.994
10	0.992	0.991	0.989	0.897	0.985	0.983	0.981	0.978	0.976	0.973
20	0.970	0.967	0.963	0.960	0.957	0.953	0.950	0.946	0.943	0.939
30	0.936	0.932	0.929	0.925	0.921	0.918	0.914	0.910	0.906	0.903
40	0.899	0.895	0.891	0.886	0.882	0.878	0.874	0.870	0.865	0.861
50	0.856	0.852	0.847	0.842	0.837	0.833	0.828	0.823	0.818	0.812
60	0.807	0.802	0.796	0.791	0.785	0.780	0.774	0.768	0.762	0.757
70	0.751	0.745	0.738	0.732	0.726	0.720	0.713	0.707	0.701	0.694
80	0.687	0.681	0.674	0.668	0.661	0.654	0.648	0.641	0.634	0.628

续表

λ/ε_k	0	1	2	3	4	5	6	7	8	9
90	0.621	0.614	0.607	0.601	0.594	0.587	0.581	0.574	0.568	0.561
100	0.555	0.548	0.542	0.535	0.529	0.523	0.517	0.511	0.504	0.498
110	0.492	0.487	0.481	0.475	0.469	0.464	0.458	0.453	0.447	0.442
120	0.436	0.431	0.426	0.421	0.416	0.411	0.406	0.401	0.396	0.392
130	0.387	0.383	0.378	0.374	0.369	0.365	0.361	0.357	0.352	0.348
140	0.344	0.340	0.337	0.333	0.329	0.325	0.322	0.318	0.314	0.311
150	0.308	0.304	0.301	0.297	0.294	0.291	0.288	0.285	0.282	0.279
160	0.276	0.273	0.270	0.267	0.264	0.262	0.259	0.256	0.253	0.251
170	0.248	0.246	0.243	0.241	0.238	0.236	0.234	0.231	0.229	0.227
180	0.225	0.222	0.220	0.218	0.216	0.214	0.212	0.210	0.208	0.206
190	0.204	0.202	0.200	0.198	0.196	0.195	0.193	0.191	0.189	0.188
200	0.186	0.184	0.183	0.181	0.179	0.178	0.176	0.175	0.173	0.172
210	0.170	0.169	0.167	0.166	0.164	0.163	0.162	0.160	0.159	0.158
220	0.156	0.155	0.154	0.152	0.151	0.150	0.149	0.147	0.146	0.145
230	0.144	0.143	0.142	0.141	0.139	0.138	0.137	0.136	0.135	0.134
240	0.133	0.132	0.131	0.130	0.129	0.128	0.127	0.126	0.125	0.124
250	0.123	—	—	—	—	—	—	—	—	—

注：表中值系按本标准第 D.0.5 条中的公式计算而得。

附表 11　C 类截面轴心受压构件的稳定系数 φ

λ/ε_k	0	1	2	3	4	5	6	7	8	9
0	1.000	1.000	1.000	0.999	0.999	0.998	0.997	0.996	0.995	0.993
10	0.992	0.990	0.988	0.986	0.983	0.981	0.978	0.976	0.973	0.970
20	0.966	0.959	0.953	0.947	0.940	0.934	0.928	0.921	0.915	0.909
30	0.902	0.896	0.890	0.883	0.877	0.871	0.865	0.858	0.852	0.845
40	0.839	0.833	0.826	0.820	0.813	0.807	0.800	0.794	0.787	0.781
50	0.774	0.768	0.761	0.755	0.748	0.742	0.735	0.728	0.722	0.715
60	0.709	0.702	0.695	0.689	0.682	0.675	0.669	0.662	0.656	0.649
70	0.642	0.636	0.629	0.623	0.616	0.610	0.603	0.597	0.591	0.584
80	0.578	0.572	0.565	0.559	0.553	0.547	0.541	0.535	0.529	0.523
90	0.517	0.511	0.505	0.499	0.494	0.488	0.483	0.477	0.471	0.467
100	0.462	0.458	0.453	0.449	0.445	0.440	0.436	0.432	0.427	0.423

续表

λ/ε_k	0	1	2	3	4	5	6	7	8	9
110	0.419	0.415	0.411	0.407	0.402	0.398	0.394	0.390	0.386	0.383
120	0.379	0.375	0.371	0.367	0.363	0.360	0.356	0.352	0.349	0.345
130	0.342	0.338	0.335	0.332	0.328	0.325	0.322	0.318	0.315	0.312
140	0.309	0.306	0.303	0.300	0.297	0.294	0.291	0.288	0.285	0.282
150	0.279	0.277	0.274	0.271	0.269	0.266	0.263	0.261	0.258	0.256
160	0.253	0.251	0.248	0.246	0.244	0.241	0.239	0.237	0.235	0.232
170	0.230	0.228	0.226	0.224	0.222	0.220	0.218	0.216	0.214	0.212
180	0.210	0.208	0.206	0.204	0.203	0.201	0.199	0.197	0.195	0.194
190	0.192	0.190	0.189	0.187	0.185	0.184	0.182	0.181	0.179	0.178
200	0.176	0.175	0.173	0.172	0.170	0.169	0.167	0.166	0.165	0.163
210	0.162	0.161	0.159	0.158	0.157	0.155	0.154	0.153	0.152	0.151
220	0.149	0.148	0.147	0.146	0.145	0.144	0.142	0.141	0.140	0.139
230	0.138	0.137	0.136	0.135	0.134	0.133	0.132	0.131	0.130	0.129
240	0.128	0.127	0.126	0.125	0.124	0.123	0.123	0.122	0.121	0.120
250	0.119	—	—	—	—	—	—	—	—	—

注：表中值系按本标准第 D.0.5 条中的公式计算而得。

附表 12　d 类截面轴心受压构件的稳定系数 φ

λ/ε_k	0	1	2	3	4	5	6	7	8	9
0	1.000	1.000	0.999	0.999	0.998	0.996	0.994	0.992	0.990	0.987
10	0.984	0.981	0.978	0.974	0.969	0.965	0.960	0.955	0.949	0.944
20	0.937	0.927	0.918	0.909	0.900	0.891	0.883	0.874	0.865	0.857
30	0.848	0.840	0.831	0.823	0.815	0.807	0.798	0.790	0.782	0.774
40	0.766	0.758	0.751	0.743	0.735	0.727	0.720	0.712	0.705	0.697
50	0.690	0.682	0.675	0.668	0.660	0.653	0.646	0.639	0.632	0.625
60	0.618	0.611	0.605	0.598	0.591	0.585	0.578	0.571	0.565	0.559
70	0.552	0.546	0.540	0.534	0.528	0.521	0.516	0.510	0.504	0.498
80	0.492	0.487	0.481	0.476	0.470	0.465	0.459	0.454	0.449	0.444
90	0.439	0.434	0.429	0.424	0.419	0.414	0.409	0.405	0.401	0.397
100	0.393	0.390	0.386	0.383	0.380	0.376	0.373	0.369	0.366	0.363
110	0.359	0.356	0.353	0.350	0.346	0.343	0.340	0.337	0.334	0.331
120	0.328	0.325	0.322	0.319	0.316	0.313	0.310	0.307	0.304	0.301

续表

λ/ε_k	0	1	2	3	4	5	6	7	8	9
130	0.298	0.296	0.293	0.290	0.288	0.285	0.282	0.280	0.277	0.275
140	0.272	0.270	0.267	0.265	0.262	0.260	0.257	0.255	0.253	0.250
150	0.248	0.246	0.244	0.242	0.239	0.237	0.235	0.233	0.231	0.229
160	0.227	0.225	0.223	0.221	0.219	0.217	0.215	0.213	0.211	0.210
170	0.208	0.206	0.204	0.202	0.201	0.199	0.197	0.196	0.194	0.192
180	0.191	0.189	0.187	0.186	0.184	0.183	0.181	0.180	0.178	0.177
190	0.175	0.174	0.173	0.171	0.170	0.168	0.167	0.166	0.164	0.163
200	0.162	—	—	—	—	—	—	—	—	—

注：表中值系按本标准第 D.0.5 条中的公式计算而得。

参 考 文 献

中华人民共和国住房和城乡建设部，2017. 钢结构设计标准：GB 50017—2017［S］. 北京：中国计划出版社.

中国建筑标准设计研究院，2016. 多、高层民用建筑钢结构节点构造详图：16G519［S］. 北京：中国计划出版社.

中国建筑金属结构协会钢结构专家委员会，2016. 钢结构建筑工业化与新技术应用［M］. 北京：中国建筑工业出版社.

魏瑞演，董卫华，2016. 钢结构. 2 版［M］. 北京：高等教育出版社.

中国建筑标准设计研究院，2015. 钢结构连接施工图示（焊接连接）：15G909－1［S］. 北京：中国计划出版社.

黄珍珍，朱锋，郑召勇，2014. 钢结构制造与安装［M］. 北京：北京理工大学出版社.

胡习兵，张再华，2013. 钢结构设计（附施工图）［M］. 北京：北京大学出版社.

郭荣玲，2011. 轻松读懂钢结构施工［M］. 北京：机械工业出版社.

邱耀，秦纪平，2011. 钢结构基本理论与施工技术［M］. 北京：中国水利水电出版社.

看图学施工丛书编写组，2010. 看图学钢结构工程［M］. 北京：化学工业出版社.

谢国昂，王松涛，2010. 钢结构设计深化及详图表达［M］. 北京：中国建筑工业出版社.

李社生，2010. 钢结构工程施工［M］. 北京：化学工业出版社.

李耐，2010. 钢结构［M］. 北京：中国电力出版社.

马向东，孙斌，等，2009. 钢结构施工员一本通［M］. 北京：中国建筑工业出版社.

中国建筑标准设计研究院，2008. 钢结构施工图参数表示方法制图规则和构造详图：08SG115－1［S］. 北京：中国计划出版社.

筑龙网，2008. 钢结构工程施工技术案例精选［M］. 北京：中国电力出版社.

中国建筑标准设计研究院，2006. 单层房屋钢结构节点构造详图：06SG529－1［S］. 北京：中国计划出版社.